园艺园林专业系列教材

园艺产品贮藏与加工

华景清 主编

苏州大学出版社

图书在版编目(CIP)数据

园艺产品贮藏与加工 / 华景清主编. —苏州:苏州大学出版社,2009.3(2016.2 重印)
(园艺园林技术系列教材)
ISBN 978 - 7 - 81137 - 217 - 5

Ⅰ. 园… Ⅱ. 华… Ⅲ. ①园艺作物-贮藏-高等学校-教材②园艺作物-加工-高等学校-教材 Ⅳ. S609

中国版本图书馆 CIP 数据核字(2009)第 023426 号

园艺产品贮藏与加工
华景清 主编
责任编辑 肖丽娟

苏州大学出版社出版发行
(地址:苏州市十梓街 1 号 邮编:215006)
丹阳市兴华印刷厂印装
(地址:丹阳市胡桥镇 邮编:212313)

开本 787mm × 1 092mm 1/16 印张 17.5 字数 435 千
2009 年 3 月第 1 版 2016 年 2 月第 14 次印刷
ISBN 978 - 7 - 81137 - 217 - 5 定价:35.00 元

苏州大学版图书若有印装错误,本社负责调换
苏州大学出版社营销部 电话:0512 - 65225020
苏州大学出版社网址 http://www.sudapress.com

园艺园林专业系列教材
编委会

前　言

近年来，随着我国经济社会的发展和人们生活水平的不断提高，园艺园林产业发展和教学科研水平获得了长足的进步，编写贴近园艺园林科研和生产实际需求、凸显时代性和应用性的职业教育与培训教材便成为摆在园艺园林专业教学和科研工作者面前的重要任务。

苏州农业职业技术学院的前身是创建于1907年的苏州府农业学堂，是我国“近现代园艺与园林职业教育的发祥地”。园艺技术专业是学院的传统重点专业，是“江苏省高校品牌专业”，在此基础上拓展而来的园林技术专业是“江苏省特色专业建设点”。该专业自1912年开始设置以来，秉承“励志耕耘、树木树人”的校训，培养了以我国花卉学先驱章守玉先生为代表的大批园艺园林专业人才，为江苏省乃至全国的园艺事业发展作出了重要贡献。

近几年来，结合江苏省品牌、特色专业建设，学院园艺专业推行了以“产教结合、工学结合，专业教育与职业资格证书相融合、职业教育与创业教育相融合”的“两结合两融合”人才培养改革，并以此为切入点推动课程体系与教学内容改革，以适应新时期高素质技能型人才培养的要求。本套教材正是这一轮改革的成果之一。教材的主编和副主编大多为学院具有多年教学和实践经验的高级职称的教师，并聘请具有丰富生产、经营经验的企业人员参与编写。编写人员围绕园艺园林专业的培养目标，按照理论知识“必须、够用”、实践技能“先进、实用”的“能力本位”的原则确定教学内容，并借鉴课程结构模块化的思路和方法进行教材编写，力求及时反映科技和生产发展实际，力求体现自身特色和高职教育特点。本套教材不仅可以满足职业院校相关专业的教学之需，也可以作为园艺园林从业人员技能培训教材或提升专业技能的自学参考书。

由于时间仓促和作者水平有限，书中错误之处在所难免，敬请同行专家、读者提出意见，以便再版时修改！

园艺园林专业系列教材编写委员会

2009.1

编写说明

园艺产品贮藏与加工技术是食品类、农学类、园艺类专业的必修课程。本书包括绪论、园艺产品贮藏与加工基本知识、园艺产品贮藏方式、果品贮藏技术、蔬菜贮藏技术、切花保鲜技术、园艺产品加工技术以及相应的实验实训等内容。

本书是根据教育部高职高专规划教材建设的具体要求，根据高等职业教育的特点，结合高职高专人才培养目标而编写的。在内容安排上，以园艺产品贮藏与加工的基本原理为基础，以生产工艺和技术要点为重点，并注重对生产实践中出现的主要问题进行分析和解决。本书每章都明确了学习目标，列出了本章小结和复习思考题，相应章节还安排了实验实训项目，便于开展实践教学和提高学生的实践技能。

本书构思新颖，图文并茂，直观易懂，突出实践，可操作性强。本书的读者对象为高等职业院校的学生及从事园艺产品贮藏与加工的生产、经营及企业策划人员。

本书由华景清主编，周翠英、李海林副主编，蔡健主审。华景清编写绪论、第一章、第五章，周翠英编写第二章、第三章、第四章，李海林编写第六章。蔡健教授对本书进行了认真的审阅，并提出不少修改意见，出版社的同志对本书的定稿和编辑工作付出了辛勤劳动，在此一并表示衷心的感谢。

由于我们水平有限，编写过程中难免有疏漏和不妥之处，热诚期望读者批评指正。

编　者

2009 年 1 月

目录 Contents

第0章　绪　　论

0.1　园艺产品贮藏加工的作用和意义 …… 001
0.2　国内外园艺产品贮藏与加工的现状和发展 …… 002
0.3　本课程的学习要求和方法 …… 004

第1章　园艺产品贮藏与加工基本知识

1.1　园艺产品品质特征 …… 006
1.2　园艺产品采后生理 …… 018
1.3　园艺产品商品化处理技术 …… 048
实验实训1　园艺产品呼吸强度的测定 …… 073
实验实训2　园艺产品中可溶性固形物含量的测定(折光仪法) …… 075
实验实训3　园艺产品含酸量的测定 …… 075
实验实训4　园艺产品硬度的测定 …… 076

第2章　园艺产品贮藏方式

2.1　常温贮藏 …… 077
2.2　低温贮藏 …… 092
2.3　气调贮藏 …… 113
2.4　其他新技术贮藏 …… 123
实验实训5　园艺产品贮藏环境中氧和二氧化碳含量的测定 …… 127

第3章　果品贮藏技术

3.1　苹果贮藏技术 …… 130
3.2　柑橘贮藏技术 …… 135

3.3　桃贮藏技术 …… 139
3.4　板栗贮藏技术 …… 142

第4章　蔬菜贮藏技术

4.1　蒜薹贮藏技术 …… 146
4.2　番茄贮藏技术 …… 149
4.3　甘蓝贮藏技术 …… 152
4.4　莲藕贮藏技术 …… 153

第5章　切花保鲜技术

5.1　影响切花保鲜的因素 …… 157
5.2　切花的保鲜技术 …… 160
5.3　切花保鲜剂 …… 162
5.4　切花保鲜技术实例分析 …… 171
5.5　切花贮藏 …… 173

第6章　园艺产品加工技术

6.1　园艺产品的制汁技术及实例 …… 176
6.2　园艺产品的酿造技术及实例 …… 188
6.3　园艺产品的罐制技术及实例 …… 204
6.4　园艺产品的腌制技术及实例 …… 218
6.5　园艺产品的速冻技术及实例 …… 239
6.6　园艺产品的干制技术及实例 …… 248
6.7　园艺产品的其他加工技术及实例 …… 259
实验实训6　糖水菠萝罐头的制作 …… 267
实验实训7　泡菜的制作 …… 269

参考文献 …… 271

第0章 绪 论

本章导读

通过本章的学习，使学生了解园艺产品贮藏与加工的内容，了解发展园艺产品贮藏与加工业的必要性，同时对园艺产品贮藏与加工的现状和存在的问题有全面的了解。

园艺产品包括水果、蔬菜及花卉等。园艺产品，尤其水果蔬菜是人们日常生活中不可缺少的副食品，是仅次于粮食的世界第二重要的农产品，同时也是食品工业重要的加工原料。众所周知，新鲜的果蔬和花卉不仅能为人体提供多种营养物质，同时也是重要的疗效食品。由于这些园艺产品属鲜活易腐农产品，因此，搞好园艺产品的采后处理、贮藏、保鲜及加工保藏越来越受到普遍重视。

园艺产品贮藏保鲜技术是指采取一切可能的手段和措施，抑制新鲜的果蔬花卉生命活动，降低其新陈代谢水平，减少其病害损失，延长其贮藏时间，以保持良好的、新鲜的果蔬花卉质量的技术；而园艺产品加工技术是指以新鲜的果蔬花卉为原料，依据其不同的理化特性，采用不同的加工方法，改变其形状和性质，制成各种制品的技术。

0.1 园艺产品贮藏加工的作用和意义

中国园艺产品资源丰富，其中水果年产量近 7 000 万吨，蔬菜年产量约 5 亿吨，均居世界第一位。中国果蔬产业已成为仅次于粮食作物的第二大农业产业。预计到 2010 年，中国果、蔬总产量将分别达到 1 亿吨和 6 亿吨。而花卉在世界 3 万余种观赏植物中中国常用的就有 6 000 余种，丰富的园艺产品资源为果蔬花卉贮藏加工业的发展提供了充足的原料。因此，园艺产品贮藏与加工业作为一种新兴产业，在中国农业和农村经济发展中的地位日趋明显，已成为中国广大农村和农民最主要的经济来源和新的经济增长点，成为极具外向型发展潜力的区域性特色和高效农业支柱性产业。

采取科学的园艺产品贮藏加工技术，可以减损果蔬的损失，创造更高的经济效益。以目前中国果蔬产量和采后损失率为基准,若水果产后减损15%,就等于增产约1 000万吨,扩大果园面积约66.7万公顷;蔬菜采后减损10%,就等于增产约4 500万吨,扩大菜园面积约133.4万公顷;若使果蔬采后损耗降低10%,就可获得约550亿元的直接经济效益;若果蔬加工转化能力提高10%,则可直接增加经济效益约300亿元。

由此可知,及时针对目前中国的优势和特色农业产业,积极发展园艺产品贮藏与加工业,不仅能够大幅度地提高产后附加值,增强出口创汇能力,还能够带动相关产业的快速发展,大量吸纳农村剩余劳动力,增加就业机会,促进地方经济和区域性高效农业产业的健康发展。对实现农民增收,农业增效,促进农村经济与社会的可持续发展,从根本上缓解农业、农民、农村"三农"问题,均具有十分重要的战略意义。

另外,中国园艺产品生产已开始形成较合理的区域化分布,经过进一步的产业结构战略性调整,特别是通过加速西部大开发的步伐,中国园艺产品产业"西移"已现端倪。切实抓住"园艺产品贮藏产业转移"的机遇,积极推进西部地区园艺产品贮藏加工业的发展,为西部大开发作出贡献。

0.2 国内外园艺产品贮藏与加工的现状和发展

中国园艺产品种植业的发展突飞猛进,但长期以来人们将重点放在采前栽培、病虫害的防治等方面,对于采后的保鲜与加工重视不够,再加上产地基础设施和条件匮乏,不能很好地解决产地园艺产品分选、分级、清洗、预冷、冷藏、运输等问题,致使园艺产品在采后流通过程中的损失相当严重;另一方面,园艺产品缺少规格化、标准化管理,销售价格只有国际平均价格的一半。除此之外,品种结构不合理,品种单一,早熟、中熟、晚熟品种比例不当,缺乏适于加工的优质原料品种,这些都严重制约着园艺产品业的发展。

园艺产品的保鲜和加工是农业生产的继续,园艺产品采后保鲜和加工领域具有很大的经济潜力。除了保鲜和加工带来的高附加值,仅减少现有园艺产品的损失,就可以为社会带来近千亿元的效益。发达国家劳动力成本较高,使其生产的鲜菜、鲜果、鲜花成本售价很高,所以园艺产品是最有希望打入国际市场的大宗农产品之一,我们应该抓住这一有利的条件和难得的机遇。提高果蔬品质、发展园艺产品保鲜和加工业既是我国园艺产品业健康可持续发展的前提,同时也是我国农产品的新的经济增长点。

目前,国内外园艺产品的保鲜技术主要有物理和化学两大类手段,每一类又衍生出很多新技术,各自依托于不同的保鲜原理。最广泛应用的保鲜方式是低温贮藏保鲜和气调贮藏保鲜。其他保鲜技术有简易贮藏保鲜、通风库贮藏保鲜、冷库贮藏保鲜、气调库和塑料薄膜小包装气调贮藏保鲜等。目前,比较先进的保鲜技术有临界低温高湿保鲜、细胞间水结构化气调保鲜、臭氧气调保鲜、低剂量辐射预处理保鲜、高压保鲜、基因工程保鲜、涂膜保鲜等。目前国内外园艺产品的加工趋势主要有功能型园艺产品、鲜切型园艺产品、脱水型园艺产品、谷-菜复合型食品、园艺产品功能成分的提取、园艺产品汁的加工、园艺产品综合利用等。

发达国家把园艺产品产后贮藏加工放在首要位置,其发展趋势主要有以下几方面。

0.2.1 产业化经营水平日趋提高

发达国家已实现了园艺产品产、加、销一体化经营,具有加工品种专用化、原料基地化、质量体系标准化、生产管理科学化、加工技术先进及大公司规模化、网络化、信息化经营等特点。

0.2.2 加工技术与设备日趋高新化

近年来,生物技术、膜分离技术、高温瞬时杀菌技术、真空浓缩技术、微胶囊技术、微波技术、真空冷冻干燥技术、无菌贮藏与包装技术、超高压技术、超微粉碎技术、超临界流体萃取技术、膨化与挤压技术、基因工程技术及相关设备等已在园艺产品加工领域得到广泛应用。先进的无菌冷罐装技术与设备、冷打浆技术与设备等在美国、法国、德国、瑞典、英国等发达国家果蔬深加工领域被迅速应用,并得到不断提升。这些技术与设备的合理应用,使发达国家园艺产品加工增值能力得到明显提高。

0.2.3 深加工产品趋于多样化

发达国家各种园艺产品深加工产品日益繁荣,产品质量稳定,产量不断增加,产品市场覆盖面不断扩大。在质量、档次、品种、功能及包装等方面已能满足各种消费群体和不同消费层次的需求。多样化的园艺产品深加工产品不但丰富了人们的日常生活,也拓展了园艺产品深加工空间。

0.2.4 资源利用更加合理

在园艺产品加工过程中,往往产生大量废弃物,如风落果、不合格果以及大量的果皮、果核、种子、叶、茎、花、根等下脚料。无废弃开发,已成为国际园艺产品加工业新热点。发达国家农产品加工企业均从环保和经济效益两个角度对加工原料进行综合利用,将农产品转化为高附加值产品。如美国利用废弃的柑橘果籽榨取食用油和蛋白质,从橘子皮中提取柠檬酸并且已形成规模化生产。美国 ADM 公司在农产品加工利用方面具有较强的综合能力,已实现完全清洁生产(无废生产)。

0.2.5 产品标准体系与质量控制体系更加完善

发达国家园艺产品加工企业均有科学的产品标准体系和全程质量控制体系,极其重视生产过程中食品安全体系的建立,普遍通过了 ISO-9000 质量管理体系认证,实施科学的质量管理,采用 GMP(良好生产操作规程)进行厂房、车间设计,同时在加工过程中实施了 HACCP 规范(危害分析和关键控制点),使产品的安全、卫生与质量得到了严格控制与保证。国际上对食品的卫生与安全问题越来越重视，世界卫生组织（WHO）、联合国粮农组织（FAO）、国际标准化组织（ISO）、FAO / WHO 国际联合食品法典委员会（CAC）、欧洲经济委员会（ECE）、国际果汁生产商联合会（IFJU）、国际葡萄与葡萄酒局（OIV）、经济合作与发展组织（CRCD）等有关国际组织和许多发达国家均积极开展了果蔬及其加工品标准的制订工作。

0.3　本课程的学习要求和方法

园艺产品贮藏与加工技术是一门应用性技术，它涉及的知识面很广，有植物学、采后生理学、微生物学、化学、物理、食品化学、食品工程原理、食品工厂设计、制冷学、建筑工程学及食品机械设备等学科。要搞好园艺产品的贮藏加工，并使之不断提高与发展，就必须具备这些学科的基本知识，关注它们的发展动态，重视最新研究成果的应用。近些年，随着科学技术的不断进步，各学科的相互渗透，新技术、新方法不断出现和应用，园艺产品贮藏与加工技术的深度和广度也在不断发展，因此，不仅要学习园艺产品的贮藏与加工的基本保鲜和保藏理论、基本的保鲜和加工技术，还应掌握各相关学科的发展，以及这门学科的新技术、新知识、新产品等知识，学会能与生产实践相联系，应用所学知识解决生产中的实际问题，为实现中国园艺产品贮藏与加工技术赶上和超过世界先进水平打下扎实基础。

本章小结

园艺产品贮藏保鲜技术是指采取一切可能的手段和措施，抑制新鲜的果蔬花卉生命活动，降低其新陈代谢水平，减少其病害损失，延长其贮藏时间，以保持良好的新鲜的果蔬花卉质量的一门应用性技术。

园艺产品贮藏与加工业，不仅能够大幅度地提高产后附加值，增强出口创汇能力，还能够带动相关产业的快速发展，大量吸纳农村剩余劳动力，增加就业机会，促进地方经济和区域性高效农业产业的健康发展。对实现农民增收，农业增效，促进农村经济与社会的可持续发展，从根本上缓解农业、农民、农村“三农”问题，均具有十分重要的战略意义。

园艺产品贮藏与加工业发展趋势：产业化经营水平日趋提高；加工技术与设备日趋高新化；深加工产品趋于多样化；资源利用更加合理；产品标准体系与质量控制体系更加完善。

复习思考

1. 园艺产品贮藏保鲜技术的主要内容是什么？
2. 我国园艺产品贮藏保鲜技术发展的现状和存在的问题是什么？

第1章 园艺产品贮藏与加工基本知识

本章导读

通过对园艺产品的品质特征、采后生理和商品化处理技术的学习，掌握园艺产品贮藏与加工的相关基本知识、基本原理和基本技能，明确园艺产品贮藏的任务是使采收后的果蔬尽可能长时间地保持其特有的新鲜品质；懂得园艺产品良好的品质与耐贮性是采收之前形成的生物学特性。

贮藏的园艺产品是植物体的一部分或一个器官，采收之后仍然是个有生命的活体，在产品处理、运输、贮藏等过程中，继续进行着各种生理活动，向着衰老、败坏方面变化，直至生命活动停止。进行园艺产品贮藏保鲜，就是要采取一切可能的措施，去减缓这种变化的速度，延长采后园艺产品的生命，尽可能长时间地保持其特有的新鲜品质。

园艺产品新鲜品质的保持能力决定于园艺产品自身的品质与耐贮性。园艺产品的品质与耐贮性是在园艺产品采收之前形成的生物学特性，是受遗传因子控制的，还受园艺产品生长环境和栽培技术等因素的影响。所以，在贮藏之前应选择品质优良、耐贮性好的园艺产品原料才会有完满的贮藏效果。园艺产品的品质与耐贮性还受采后处理、运输、贮藏设施与管理技术等的影响。由此可见，园艺产品贮藏保鲜是一项系统工程，采前因素、园艺产品自身化学特性、采后因素等均影响着园艺产品的品质与耐贮性。做好每一项技术环节，才能够有效抑制园艺产品的呼吸，延缓衰老，延长贮藏寿命，较长期保持园艺产品良好的品质。表1-1显示了园艺产品从收获到消费过程中的贮运保鲜处理技术环节及其所需的基础知识支持。

表1-1　贮运保鲜处理技术环节的质量问题与知识基础

技术环节	可能出现的质量问题	相关的基础知识支持
选择贮藏对象	园艺产品质量不符合贮运保鲜的要求	采前遗传、生态、农业技术因素对园艺产品贮藏性的影响，果蔬中的化学成分及贮藏特性
采收	成熟度不适宜，机械伤	呼吸生理，蒸发生理，成熟与衰老生理，休眠生理
采后处理	机械伤，高温或低温伤害，失水	蒸发生理，成熟与衰老生理，低温伤害生理，休眠生理

续表

技术环节	可能出现的质量问题	相关的基础知识支持
运输	机械伤,病害,失水	呼吸生理,蒸发生理,低温伤害生理
贮藏保鲜	温度逆境、湿度逆境、气体逆境等伤害,生理病害	呼吸生理,蒸发生理,成熟与衰老生理,低温伤害生理,休眠生理
流通销售	温度、湿度逆境伤害,机械伤	呼吸生理,蒸发生理,低温伤害生理

1.1 园艺产品品质特征

果品、蔬菜和花卉等园艺产品品质的好坏是影响产品市场竞争力的主要因素。园艺产品的品质主要由色泽、风味、营养、质地与安全状况来评价。

园艺产品的化学组成是构成品质的最基本的成分,同时它们又是生化反应的基质。因此,它们在贮运加工过程中的变化直接影响着产品质量、贮运性能与加工的品质。根据这些化学成分功能性质的不同,通常可将其分为四类,即色素物质(如叶绿素、类胡萝卜素等),营养物质(如维生素、矿物质等),风味物质(如糖、酸等),质构物质(如纤维素、果胶等)。

1.1.1 风味物质

园艺产品的风味是构成果蔬品质的主要因素之一,园艺产品因其独特的风味而倍受人们的青睐。不同园艺产品所含风味物质的种类和数量各不相同,风味各异,但构成园艺产品的基本风味只有香、甜、酸、苦、辣、涩、鲜等几种。

1. 香味物质

醇、酯、醛、酮和萜类等化合物是构成果蔬香味的主要物质,它们大多是挥发性物质,且多具有芳香气味,故又称之为挥发性物质或芳香物质,也有人称之为精油。正是这些物质的存在,赋予果蔬特定的香气与味感,它们的分子中都含有一定的基团如羟基、羧基、醛基、羰基、醚基、酯基、苯基、酰胺基等。这些基团称为“发香团”,它们的存在与香气的形成有关,但是与香气种类无关。

果品的香味物质多在成熟时开始合成,进入完熟阶段时大量形成,产品香味也达到了最佳状态。但这些香气物质大多不稳定,在贮运加工过程中很容易在受热、氧化或酶的作用下挥发或分解。

果蔬的香味物质是多种多样的(见表 1-2),据分析,苹果含有 100 多种芳香物质,香蕉含有 200 多种,草莓中已分离出 150 多种,葡萄中现已检测到 78 种。但果蔬中香味物质的含量甚微,除柑橘类果实外,其含量通常在百万分之几。水果的香味物质以酯类、醇类和酸类物质为主,而蔬菜则主要是一些含硫化合物和高级醇、醛等。

表 1-2　几种果蔬的主要香味物质

品 名	香味主体成分	品 名	香味主体成分
苹果	乙酸异戊酯、乙酸戊脂、戊脂等	萝卜	甲硫醇、异硫氰酸烯丙醣
梨	甲酸异戊酯	叶菜类	叶醇
香蕉	乙酸戊酯、异戊酸异戊酯	花椒	天竺葵醇、香茅醇
桃	乙酸乙酯、γ-癸酸内酯 、甲酸、乙酸等	蘑菇	辛烯-1-醇
橘	柠檬酸、烯、葵醛、橙花醇等	蒜	二烯丙基二硫化物、甲基烯丙基二硫化物、烯丙基
杏	丁酸戊酯	番茄	二硫化二丙烯酯

2. 甜味物质

糖及其衍生物糖醇类物质是构成果蔬甜味的主要物质，一些氨基酸、胺等非糖物质也具有甜味。蔗糖、果糖、葡萄糖是果蔬中主要的糖类物质，此外还含有甘露糖、半乳糖、木糖、核糖以及山梨醇、甘露醇和木糖醇等。

果蔬的含糖量差异很大，其中水果含糖量较高，而蔬菜中除西瓜、甜瓜、番茄、胡萝卜含糖量稍高外，大多都很低。大多数水果的含糖量在 7% ~18% 之间，但海枣含糖量可高达鲜重的 64%，而蔬菜的含糖量大多在 5% 以下。常见果蔬所含糖的种类及含量见表 1-3。

表 1-3　几种果蔬中糖的种类及含量　[g/100g(鲜重)]

品名	蔗糖	转化糖	总糖	品名	蔗糖	转化糖	总糖
苹果	1.29 ~2.99	7.35 ~11.61	8.62 ~14.61	葡萄	—	16.83 ~18.04	—
梨	1.85 ~2.00	6.52 ~8.00	8.37 ~10.00	橘子	4.53	2.14	6.67
香蕉	7.00	10.00	17.00	白菜	—	—	5.00 ~17.00
草莓	1.48 ~1.76	5.56 ~7.11	7.41 ~8.59	胡萝卜	—	—	3.30 ~12.00
桃	8.61 ~8.74	1.77 ~3.67	10.38 ~12.41	番茄	—	—	1.50 ~4.20
杏	5.45 ~8.45	3.00 ~3.45	8.45 ~11.90	南瓜	—	—	2.50 ~9.00
甜樱桃	0.17 ~0.43	13.18 ~16.57	13.35 ~17.01	甘蓝	—	—	1.50 ~4.50
酸樱桃	0.17 ~0.40	11.52 ~12.30	1.69 ~12.7	西瓜	—	—	5.50 ~11.00
甜橙	3.01	4.82	7.99				

气候、土壤及栽培管理措施是影响果蔬含糖量的重要因素，通常光照好、营养充足、栽培措施合理，果蔬的含糖量较高，品质好，贮运加工性能也好。故用作长期贮运或加工的果蔬应选择生长条件好、含糖量高的果蔬。不同的生长、发育阶段的果蔬，其含糖量也各不相同。以淀粉为贮藏性物质的果蔬，在其成熟或完熟过程中，含糖量会因淀粉类物质的水解而大量增加；以后随着果蔬的衰老，糖的含量会因呼吸消耗而降低，进而导致果蔬品质与贮运加工性能下降。故园艺产品加工必须选择新鲜的原料。

果蔬的甜味不仅与糖的含量有关，还与所含糖的种类相关，各种糖的相对甜味差异很大（表 1-4）。若蔗糖的甜度为 100，果糖则为 173，葡萄糖为 74。不同果蔬所含糖的种类及各种糖之间的比例各不相同,甜度与味感也不尽一样,仁果类果实果糖含量占优势,核果类、柑橘类果实蔗糖含量较多,而成熟浆果类如葡萄、柿果以葡萄糖为主。

表1-4　几种糖的相对甜度　　（以蔗糖的甜度为100计）

品　名	相对甜度	品　名	相对甜度	品　名	相对甜度
果糖	173	葡萄糖	74	半乳糖	32
蔗糖	100	木糖	40	麦芽糖	32

果蔬甜味的强弱除了和含糖种类与含量有关外,还受含糖量与含酸量之比(糖/酸)的影响,糖酸比越高,甜味越浓,反之酸味增强,如红星、红玉苹果的含糖量基本相同。红玉苹果含酸量约为0.9%,而红星苹果的酸含量在0.3%左右,故红玉苹果食之有较强的酸味。

3. 酸味物质

果蔬的酸味主要来自一些有机酸,其中柠檬酸、苹果酸、酒石酸在水果中含量较高,故又称为果酸,还有少量的草酸、苯甲酸和水杨酸等。仁果类的苹果、梨和核果类的桃杏、樱桃等以苹果酸为主,柑橘类仅含柠檬酸,其他大多数果实中苹果酸和柠檬酸同时存在(见表1-5)。葡萄含有酒石酸,蔬菜的含酸量相对较少,除番茄外,大多都感觉不到酸味的存在,但有些蔬菜,如菠菜、茭白、苋菜、竹笋含有较多量的草酸,由于草酸会刺激腐蚀人体消化道内的黏膜蛋白,还可与人体内的钙盐结合形成不溶性的草酸钙沉淀,降低人体对钙的吸收利用,故多食有害。

不同种类和品种的果蔬,有机酸种类和含量不同。例如,苹果含总酸量为0.2%～1.6%,梨为0.1%～0.5%,葡萄为0.3%～2.1%,橘子为1%,柠檬为5.6%。常见果蔬中的主要有机酸种类见表1-5。

表1-5　几种果蔬中的主要有机酸种类

品名	有机酸种类	品名	有机酸种类
苹果	苹果酸	菠菜	草酸、苹果酸、柠檬酸
桃	苹果酸、柠檬酸、奎宁酸	甘蓝	柠檬酸、苹果酸、琥珀酸、草酸
梨	苹果酸、果心含柠檬酸	石刁柏	柠檬酸、苹果酸
葡萄	酒石酸、苹果酸	莴苣	苹果酸、柠檬酸、草酸
樱桃	苹果酸	甜菜叶	草酸、柠檬酸、苹果酸
柠檬	柠檬酸、苹果酸	番茄	柠檬酸、苹果酸
杏	苹果酸、柠檬酸	甜瓜	柠檬酸
菠萝	柠檬酸、苹果酸、酒石酸	甘薯	草酸

果蔬酸味的强弱不仅与含酸量有关,还与酸根的种类、解离度(pH)、缓冲物质的有无、糖的含量有关。酒石酸表现出酸味的最低浓度为75 mg/kg,苹果酸为107 mg/kg,柠檬酸为115 mg/kg,可见酒石酸呈现酸味所需的浓度最低,苹果酸次之,柠檬酸最高,故酒石酸酸度最高。此外,果蔬的酸味并不取决于酸的绝对含量,而是由它的pH决定的,pH越低酸味越

浓。缓冲物质的存在可以降低由酸引起的 pH 降低和酸味的增强。几种果品的 pH 见表 1-6。

表 1-6　几种果品的 pH

品　名	pH	品　名	pH	品　名	pH
苹果	3.00~5.00	桃	3.20~3.90	甜樱桃	3.20~3.95
西洋梨	3.20~3.95	杏	3.40~4.00	酸樱桃	2.50~3.70
中国梨	3.70~4.60	葡萄	2.55~4.55	柠檬	2.20~3.50
甜橙	3.55~4.90	温州蜜橘	3.00~4.00	草莓	3.80~4.40

通常幼嫩的果蔬含酸量较高,随着发育与成熟,酸的含量会因呼吸消耗而降低,使糖酸比提高,导致酸味下降。

除柠檬酸、苹果酸和酒石酸外,果蔬还含有参与三羧酸循环的所有有机酸(如琥珀酸、α-酮戊二酸等)。在采后贮运过程中,这些有机酸可直接用作呼吸底物而被消耗,使果蔬的含酸量下降。由于酸的含量降低,使糖酸比提高,果蔬风味变甜、变淡,食用品质与贮运性能也下降,故糖酸比是衡量果蔬品质的重要指标之一。另外,糖酸比也是判断某些果蔬成熟度、采收期的重要参考指标。

一些蔬菜中还含有一些酚酸类物质,如氯原酸、咖啡酸、阿魏酸、水杨酸等,在果蔬受到伤害时,这些物质会在伤口部位急速增加,其增加的程度与果蔬抗病能力的强弱有关,因为酚酸类物质可以抑制、甚至杀死微生物。

4. 果蔬的涩味

果蔬的涩味主要来自于单宁类物质,当单宁含量(如涩柿)达 0.25% 左右时就可感到明显的涩味,当含量达到 1% ~2% 时就会产生强烈的涩味。未熟果蔬的单宁含量较高,食之酸涩,难以下咽,但一般成熟果中可食部分的单宁含量通常在 0.03% ~0.1% 之间(表 1-7),食之具有清凉口感。除了单宁类物质外,儿茶素、无色花青素以及一些羟基酚酸等也具涩味。单宁为高分子聚合物,组成它的单体主要有:邻苯二酚、邻苯三酚与间苯三酚。根据单体间的连接方式与其化学性质的不同,可将单宁物质分为两大类,即水解型单宁与缩合型单宁。

表 1-7　几种果品的单宁含量(%)

品　名	单宁含量	品　名	单宁含量	品　名	单宁含量	品　名	单宁含量
涩柿	0.800~1.940	梨	0.015~0.170	桃	0.028~0.240	西番莲	1.400
苹果	0.025~0.270	葡萄	0.064~0.950	樱桃	0.053~0.151	草莓	0.120~1.41

水解型单宁,也称为焦性没食子酸类单宁,组成单体间通过酯键连接。它们在稀酸、酶、煮沸等温和条件下水解为单体。

缩合型单宁,又称为儿茶酚类单宁,它们是通过单体芳香环上 C—C 键连接而形成的高分子聚合物,当与稀酸共热时,进一步缩合成高分子无定型物质。它们在自然界中的分布很广,果蔬中的单宁就属此类。

涩味的产生是由于可溶性的单宁使口腔黏膜蛋白质凝固,使之发生收敛性作用而产生的一种味感。随着果蔬的成熟,可溶性单宁的含量降低。当人为采取措施使可溶性单宁转变为不溶性单宁时,涩味减弱,甚至完全消失。无氧呼吸产物乙醛可与单宁发生聚合反应,使可溶性单宁转变为不溶性酚醛树脂类物质,涩味消失,所以生产上人们往往通过温水浸泡、酒精或高浓度二氧化碳等,诱导柿果产生无氧呼吸而达到脱涩的目的。

单宁与水果加工品的色泽有着密切的关系,在有氧条件下极易氧化发生酶促性褐变,尤其是在遇到铁等金属离子后,会加剧色变。此外,单宁遇碱很快变黑色,因此在果蔬碱液去皮处理后,一定要尽快洗去碱液。

5. 苦味物质

果蔬中的苦味主要来自一些糖苷类物质,由糖基与苷配基通过糖苷键连接而成。当苦味物质与甜、酸或其他味感恰当组合时,就会赋予果蔬特定的风味。果蔬中的苦味物质组成不同,性质也各异。下面简单介绍几种常见的糖苷类物质。

(1) 苦杏仁苷

苦杏仁苷是苦杏仁素(氰苯甲醇)与龙胆二糖形成的苷,具有强烈苦味,在医学上具有镇咳作用。普遍存在于桃、李、杏、樱桃、苦扁桃和苹果等果实的果核及种仁中。苦杏仁苷本身无毒,但生食桃仁、杏仁过多,会引起中毒,这是因为同时摄入的苦杏仁酶使苦杏仁苷水解为葡萄糖、苯甲醛和剧毒的氢氰酸之故,其反应的化学过程为

$$\underset{\text{苦杏仁苷}}{C_{20}H_{27}NO_{11}} + 2H_2O \longrightarrow \underset{\text{葡萄糖}}{2C_6H_{12}O_6} + \underset{\text{苯甲醛}}{C_6H_5CHO} + \underset{\text{氢氰酸}}{HCN}$$

(2) 黑芥子苷

黑芥子苷本身呈苦味,普遍存在于十字花科蔬菜中。在芥子酶作用下水解生成具有特殊辣味和香气的芥子油、葡萄糖及其他化合物,使苦味消失。这种变化在蔬菜的腌制中很重要。其反应的化学过程为

$$\underset{\text{黑芥子苷}}{C_{10}H_{16}NS_2KO_9} + H_2O \longrightarrow \underset{\text{芥子油}}{CSNC_3H_5} + \underset{\text{葡萄糖}}{C_6H_{12}O_6} + KHSO_4$$

(3) 茄碱苷

茄碱苷又称龙葵苷。主要存在于茄科植物中,以马铃薯块茎中含量较多。超过0.01%时就会感觉到明显的苦味,因为茄碱苷分解后产生的茄碱是一种有毒物质,对红细胞有强烈的溶解作用,超过0.02%时即可使人食后中毒。马铃薯所含的茄碱苷集中在薯皮和萌发的芽眼部位,当马铃薯块茎受日光照射表皮呈淡绿色时,茄碱含量显著增加,据分析可由0.006%增加到0.02%,所以,发绿和发芽的马铃薯应将皮部和芽眼削去方能食用。茄碱苷分解的化学过程为

$$\underset{\text{茄碱苷}}{C_{45}H_{73}O_{15}N} + 3H_2O \longrightarrow \underset{\text{茄碱}}{C_{27}H_{43}ON} + \underset{\text{葡萄糖}}{C_6H_{12}O_6} + \underset{\text{半乳糖}}{C_6H_{12}O_6} + \underset{\text{鼠李糖}}{C_6H_{12}O_6}$$

(4) 柚皮苷和新橙皮苷

柚皮苷和新橙皮苷存在于柑橘类果实中,尤以白皮层、种子、囊衣和轴心部分为多,具有强烈的苦味。在柚皮苷酶作用下,可水解成糖基和苷配基,使苦味消失,这就是果实在成熟过程中苦味逐渐变淡的原因。据此,在柑橘加工业中常利用酶制剂来使其进行水解,以降低

橙汁的苦味。此类糖苷是一类具有维生素 P 活性的黄酮类物质，因此橘皮、橘络的白皮层是提取维生素 P 的良好原料。

橙皮苷是引起糖水橘片罐头白色混浊和沉淀的主要原因。柚皮苷是某些柑橘汁苦味的原因，它们的结晶对柑橘汁的混浊也有一定影响。

6. 辣味物质

适度的辣味具有增进食欲、促进消化液分泌的功效。辣椒、生姜及葱蒜等蔬菜含有大量的辣味物质，它们的存在与这些蔬菜的食用品质密切相关。

生姜中辣味的主要成分是姜酮、姜酚和姜醇，是由 C、H、O 所组成的芳香物质，其辣味有快感。辣椒中的辣椒素由 C、H、O、N 所组成，属于无臭性的辣味物质。

葱、蒜等蔬菜中辣味物质的分子中含有硫，有强烈的刺鼻辣味和催泪作用，其辛辣成分是硫化物和异硫氰酸酯类，它们在完整的蔬菜器官中以母体的形式存在，气味不明显，只有当组织受到挤压或破碎时，母体才在酶的作用下转化成具有强烈刺激性气味的物质，如大蒜中的蒜氨酸，它本身并无辣味，只有蒜组织受到挤压或破坏后，蒜氨酸才在蒜酶的作用下分解生成具有强烈辛辣气味的蒜素。

芥菜中的刺激性辣味成分是芥子油，为异硫氰酸酯类物质。它们在完整组织中以芥子苷的形式存在，本身并不具辣味，只有当组织破碎后，才在酶的作用下分解为葡萄糖和芥子油，芥子油具有强烈的刺激性辣味。

7. 鲜味物质

果蔬的鲜味物质主要来自一些具有鲜味的氨基酸、酰胺和肽，其中以 L-谷氨酸、L-天门冬氨酸、L-谷氨酰胺和 L-天门冬酰胺最为重要，它们广泛存在于果蔬中。在梨、桃、葡萄、柿子、番茄中含量较为丰富。此外，竹笋中含有的天门冬氨酸钠也具有天门冬氨酸的鲜味。另一种鲜味物质谷氨酸钠是我们熟知的味精，其水溶液有浓烈的鲜味。谷氨酸钠或谷氨酸的水溶液加热到 120℃ 以上或长时间加热时，则发生分子内失水，缩合成有毒的、无鲜味的焦性谷氨酸。

1.1.2　营养物质

果蔬是人体所需维生素、矿物质与膳食纤维的重要来源，此外有些果蔬还含有大量淀粉、糖、蛋白质等维持人体正常生命活动必需的营养物质。随着人们健康意识地不断增强，果蔬在人们膳食营养中的作用也日趋重要。

1. 维生素

维生素是维持人体正常生命活动不可缺少的营养物质，它们大多以辅酶或辅因子的形式参与生理代谢。维生素缺乏会引起人体代谢的失调，诱发生理病变。果蔬中含有多种多样的维生素，但与人体关系最为密切的主要有维生素 C 和类胡萝卜素（维生素 A 原）。据报道人体所需维生素 C 的 98%、维生素 A 的 57% 左右来自于果蔬。

(1) 维生素 C

维生素 C 在体内主要参与氧化还原反应，可促进造血作用和抗体形成。维生素 C 还具有促进胶原蛋白合成的作用，可以防止毛细血管通透性、脆性的增加和坏血病的发生，故又称为抗坏血酸。

维生素C有还原型与氧化型两种形态，但氧化型维生素C的生理活性仅为还原型维生素C的二分之一，两者之间可以相互转化。还原型的维生素C在抗坏血酸氧化酶的作用下，氧化成为氧化型的维生素C；而氧化型的维生素C在低pH条件下和还原剂存在时，能可逆地转变为还原型维生素C。维生素C在pH小于5的溶液中比较稳定。当pH增大时，氧化型的维生素C可继续氧化，生成无生理活性的2,3-二酮古洛糖酸，此反应为不可逆反应。

维生素C为水溶性维生素，在人体内无累积作用，因此人们需要每天从膳食中摄取大量维生素C，而果蔬是人体所需维生素C的主要来源。不同果蔬维生素C含量差异较大(表1-8)，含量较高的果品有鲜枣、山楂、猕猴桃、草莓及柑橘类。在蔬菜中辣椒、绿叶蔬菜、嫩茎花椰菜等含有较多量的维生素C。柑橘中的维生素C大部分是还原型的，而在苹果、柿中氧化型占优势，所以在衡量比较不同果蔬维生素C营养时，仅仅以含量为标准是不准确的。

表1-8　几种鲜果的维生素含量　(mg/100g)

品　名	维生素C	维生素B_1	胡萝卜素	尼克酸	品　名	维生素C	维生素B_1	胡萝卜素	尼克酸
苹果	5.00	0.01	0.08	0.04	葡萄	4.00	0.04	0.04	0.10
梨	3.00	0.01	0.0	0.10	菠萝	7.00	0.09	0.09	0.20
桃	6.00	0.01	0.01	0.70	草莓	35.00	0.02	0.01	0.30
杏	7.00	0.02	1.79	0.60	柑橘	30.00	0.08	0.55	0.30
山楂	89.00	0.02	0.82	0.31	红枣	380.00	0.06	0.01	0.60

维生素C容易氧化，尤其与铁等金属离子接触会加剧氧化作用，在光照和碱性条件下也易遭破坏，低温、低氧可有效防止果蔬贮藏中维生素C的损耗。在加工过程中，切分、漂烫、蒸煮是造成维生素C损耗的重要原因，应采取适当措施尽可能减少维生素C的损耗。此外，在果蔬加工中，维生素C还常常用作抗氧化剂，防止加工产品的褐变。

(2) 维生素A

新鲜果蔬中含有大量的胡萝卜素，本身不具维生素A的生理活性，但胡萝卜素在人和动物的肠壁以及肝脏中能转变为具有生物活性的维生素A，因此胡萝卜素又被称为维生素A原。维生素A是一类含己烯环的异戊二烯聚合物，含有两个维生素A的结构部分，理论上可生成2分子的维生素A，但胡萝卜素在体内的吸收率、转化率都很低，实际上6μg β-胡萝卜素只相当于1μg维生素A的生物活性。除β-胡萝卜素外，α-胡萝卜素、γ-胡萝卜素和羟基β-胡萝卜素在体内也能转化为维生素A，但它们分子中只含有一个维生素A的结构，功效也只有β-胡萝卜素的一半。

维生素A可抗眼干燥，促进皮肤和牙齿正常生长，参加骨骼蛋白质形成，维持黏膜的正常生理功能，能提高人体对疾病的抵抗力。维生素A缺乏时，易患夜盲症。维生素A为脂溶性维生素，在人体内具有累积作用，不需要天天补充，但是若在短期内大量食用，会对人产生毒害作用。

维生素 A 和胡萝卜素比较稳定，但由于其分子的高度不饱和性，在果蔬加工中容易被氧化，加入抗氧化剂可以得到保护。在果蔬贮运时，冷藏、避免日光照射有利于减少胡萝卜素的损失。绿叶蔬菜、胡萝卜、南瓜、杏、柑橘、黄肉桃、芒果等黄色、绿色的果蔬含有较多量的胡萝卜素。

2. 矿物质

矿物质是人体结构的重要组分，又是维持体液渗透压和 pH 不可缺少的物质，同时许多矿物离子还直接或间接地参与体内的生化反应。人体缺乏某些矿物元素时，会产生营养缺乏症，因此矿物质是人体不可缺少的营养物质。

矿物质在果蔬中分布极广，约占果蔬干重的 1% ~5%，而一些叶菜的矿物质含量可高达 10% ~15%，是人体摄取矿物质的重要来源。一些果蔬中主要矿物质含量见表 1-9。

表 1-9 常见果蔬中主要矿物质含量(mg/L)

品名	钠	钾	钙	铁	磷	品名	钠	钾	钙	铁	磷
苹果	20.0	1 120.0	70.0	1.0	60.0	番茄	1 200.0	3 100.0	430.0	9.0	410.0
葡萄	60.0	1 630.0	130.0	8.0	820.0	菠菜	700.0	7 500.0	800.0	30.0	1 650.0
杏	30.0	1 000.0	90.0	3.0	130.0						

果蔬中矿物质的 80% 是钾、钠、钙等金属成分，其中钾元素可占其总量的 50% 以上，它们进入人体后，与呼吸释放的 HCO_3^- 离子结合，可中和血液 pH，使血浆的 pH 增大，因此果蔬又称为“碱性食品”。相反，谷物、肉类和鱼、蛋等食品中，磷、硫、氯等非金属成分含量很高，它们的存在会增加体内的酸性。同时这些食品富含淀粉、蛋白质与脂肪，它们经消化吸收后，其最终氧化产物为 CO_2，CO_2 进入血液会使血液 pH 降低，故又称此类食品为“酸性食品”。过多食用酸性食品，会使人体液、血液的酸性增强，易造成体内酸碱平衡的失调，甚至引起酸中毒，因此为了保持人体血液、体液的酸碱平衡，在鱼、肉等动物食品消费量不断增加的同时，更需要增加果蔬的食用量。

在食品矿物质中，钙、磷、铁与人体健康关系最为密切，人们通常以这三种元素的含量来衡量食品的矿质营养价值。果蔬含有较多量的钙、磷、铁，尤其是某些蔬菜的含量很高，是人体所需钙、磷、铁的重要来源之一。

钙不仅是人体必需的营养物质，而且对果蔬自身的品质和耐贮性的影响也非常大。许多果蔬的生理病害如苹果水心病、苦痘病、红玉斑点病、大白菜干烧心等都与其缺钙有关，采前喷钙和采后浸钙处理都有助于提高果蔬的品质与耐贮性。

3. 淀粉

虽然果蔬不是人体所需淀粉的主要来源，但某些未熟的果实如香蕉、苹果以及地下根茎菜类含有大量的淀粉。成熟的香蕉淀粉几乎全部转化为糖，在非洲和某些亚洲国家与地区，香蕉常常作为主食来消费，是人们获取膳食能量的重要渠道；土豆在欧洲某些国家或地区也是不可缺少的食品，更是当地居民膳食淀粉的重要来源之一。

淀粉不仅是人类膳食的重要营养物质，淀粉含量及其采后变化还直接关系到果蔬自身的品质与贮运性能的强弱。富含淀粉的果蔬，淀粉含量越高，耐贮性越强；而对于地下根茎

菜，淀粉含量越高，品质与加工性能也越好。而对于青豌豆、菜豆、甜玉米，这些以幼嫩的豆荚或子粒供鲜食的蔬菜，淀粉含量的增加意味着品质的下降。

一些富含淀粉的果实如香蕉、苹果，在后熟期间淀粉会不断地水解为低聚糖和单糖，会使食用品质增加。但是采后的果蔬光合作用停止，淀粉等大分子贮藏性物质不断地消耗，最终会导致果蔬品质与贮藏、加工性能的下降。

淀粉的含量与果蔬的品质及耐贮性密切相关，因此淀粉含量又常常用作衡量某些果蔬品质与采收成熟度的参考指标。

1.1.3 色素类物质

色泽是人们感官评价果蔬质量的一个重要因素，在一定程度上反映了果蔬的新鲜程度、成熟度和品质的变化，因此，果蔬的色泽及其变化是评价果蔬品质和判断成熟度的重要外观指标。

构成果蔬的色素种类很多，有时单独存在，有时几种色素同时存在，或显现或被遮盖，随着生长发育阶段、环境条件及贮藏加工方式的不同，果蔬的颜色也会发生变化。为了保持或提高果蔬贮藏和加工品的感官品质，就需要对构成果蔬的基本色素及其变化做进一步的了解。

1. 叶绿素类

叶绿素主要由叶绿素 a 和叶绿素 b 两种色素组成，叶绿素 a 呈蓝绿色，叶绿素 b 为黄绿色，通常它们在植物体内以 3∶1 的比例存在。

叶绿素不溶于水，易溶于酒精、丙酮、乙醚、氯仿、苯等有机溶剂。叶绿素不稳定，在酸性介质中形成脱镁叶绿素，绿色消失，呈现褐色；在碱性介质中叶绿素分解生成叶绿酸、甲醇和叶醇。叶绿酸呈鲜绿色，较稳定，与碱结合可生成绿色的叶绿酸钠（或钾）盐，更稳定。这也是加工绿色蔬菜时加小苏打护绿的依据。此外，在绿色蔬菜加工时，为了保持加工品的绿色，人们还常用一些盐类，如 $CuSO_4$、$ZnSO_4$、$ZnCl_2$、$MgSO_4$、$CaCl_2$等进行护绿。

在正常生长发育的果蔬中，叶绿素的合成作用大于分解作用，但果蔬进入成熟期和采收以后，叶绿素的合成停止，原有的叶绿素逐渐减少或消失，绿色消退，表现出果蔬的特有色泽。而对绿色果蔬来讲，尤其是绿叶蔬菜，绿色的消退，意味着品质的下降，低温、气调贮藏可有效抑制叶绿素的降解。

2. 类胡萝卜素

类胡萝卜素广泛地存在于果蔬中，其颜色表现为黄、橙、红。果蔬中类胡萝卜素有 300 多种，但主要的有胡萝卜素、番茄红素、番茄黄素、辣椒红素、辣椒黄素和叶黄素等。

类胡萝卜素的耐热性强，即使与锌、铜、铁等金属共存时也不易被破坏；遇碱稳定；但在有氧条件下，易被脂肪氧化酶、过氧化酶等氧化脱色，尤其是紫外线也会促进其氧化；但完整的果蔬细胞中的类胡萝卜素比较稳定。

胡萝卜素常与叶黄素、叶绿素同时存在，在胡萝卜、南瓜、番茄、辣椒、绿叶蔬菜、杏、黄桃中含量较高。果蔬中胡萝卜素的85%为β-胡萝卜素，是人体膳食维生素 A 的主要来源。由于胡萝卜素分子的高度不饱和性，近年来有报道说胡萝卜素具有抗癌、防癌等营养保健

功能。

番茄红素、番茄黄素存在于番茄、西瓜、柑橘、葡萄柚等果蔬中。番茄中番茄红素的最适合成温度为16℃～24℃,29.4℃以上的高温会抑制番茄红素的合成,这是炎夏季节番茄着色不好的原因。但高温对其他果蔬番茄红素的合成没有抑制作用。

各种果蔬中均含有叶黄素,它与胡萝卜素、叶绿素共同存在于果蔬的绿色部分中,只有叶绿素分解后,才能表现出黄色。椒黄素、椒红素存在于辣椒中,黄皮洋葱中也有。椒黄素表现为黄色或白色。

3. 花青素

花青素是一类水溶性色素,以糖苷形式存在于植物细胞液中,呈现红、蓝、紫色。花青素的基本结构是一个2-苯基苯并吡喃环,随着苯环上取代基的种类与数目的变化,颜色也随之发生变化。当苯环上羟基数目增加时,颜色向蓝紫方向移动,而当甲氧基数目增加时,颜色向红色方向移动。

花青素的颜色还随着pH的增减而变化,呈现出酸红、中紫、碱蓝的趋势。因为在不同pH条件下,花青素的结构也会发生变化。因此,同一种色素在不同果蔬中,可以表现出不同的颜色;而不同的色素在不同的果蔬中,也可以表现出相同的色彩。

花青素是一种感光色素,充足的光照有利于花青素的形成,因此山地、高原地带果品的着色往往好于平原地带。此外,花青素的形成和累积还受植物体内营养状况的影响,营养状况越好,着色越好。着色好的水果,风味品质也越佳。所以,着色状况也是判断果蔬品质和营养状况的重要参考指标。

花青素很不稳定,加热对它有破坏作用,遇金属铁、铜、锡则变色,所以果蔬在加工时应避免使用这些金属器具。但花青苷可与钙、镁、锰、铁、铝等金属结合生成蓝色或紫色的络合物,色泽变得稳定而不受pH的影响。

4. 黄酮类色素

黄酮类色素也是一类水溶性的色素,呈无色或黄色,其水溶液呈涩味或苦味,以游离或糖苷的形式存在于果蔬中。它的基本结构为2-苯基苯并芘喃酮,与花青素一样,也属于"酚类色素",但比花青素稳定。黄酮类物质在酸性条件下无色,碱性时呈黄色,与铁盐作用会变成绿色或紫褐色。

比较重要的黄酮类色素有圣草苷、芸香苷、橙皮苷,它们存在于柑橘、芦笋、杏、番茄等果实中,是维生素P的重要组分。维生素P又称柠檬素,具有调节毛细血管透性的功能。柚皮苷存在于柑橘类果实中,是柑橘皮苦味的主要来源。

1.1.4 质地

果蔬是典型的鲜活易腐品,它们的共同特性是含水量很高,细胞膨压大,对于这类商品,人们希望它们新鲜饱满、脆嫩可口。而对于叶菜、花菜等除脆嫩饱满外,组织致密、紧实也是重要的质量指标。因此果蔬的质地主要体现为脆、绵、硬、软、细嫩、粗糙、致密、疏松等,它们与品质密切相关,是评价果蔬品质的重要指标。在生长发育不同阶段,果蔬质地会有很大变化,因此质地又是判断果蔬成熟度、确定采收期和加工适性的重要参考依据。

果蔬质地的好坏取决于组织的结构,而组织结构又与其化学组成密切相关。化学成分是影响果蔬质地的最基本因素,下面具体介绍一些与果蔬质地有关的化学成分。

1. 水分

水分是影响果蔬新鲜度、脆度和口感的重要成分,与果蔬的风味品质有密切的关系。新鲜果品、蔬菜的含水量大多在75%~95%之间,少数蔬菜,如黄瓜、番茄、西瓜含水量可高达96%,甚至98%。几种常见果蔬的含水量见表1-10。

表1-10 几种常见果蔬的含水量(%)

品名	含水量	品名	含水量	品名	含水量	品名	含水量	品名	含水量
苹果	84.60	柿	82.40	黄岩蜜橘	86.20	马铃薯	79.90	洋葱	88.30
梨	89.30	荔枝	84.80	杨梅	92.00	蘑菇	93.30	甘蓝	93.00
桃	87.50	龙眼	81.40	草莓	90.70	辣椒	92.40	姜	87.00
梅	91.10	无花果	83.60	芒果	82.40	冬笋	88.10		
杏	85.00	山楂	74.10	菠萝	89.30	萝卜	91.70		
葡萄	87.90	枣	73.40	荠菜	92.00	白菜	95.00		

含水量高的果蔬,细胞膨压大,组织饱满脆嫩,食用品质和商品价值高。但采后由于水分的蒸散,果蔬会大量失水,失水后的果蔬会变得疲软、萎蔫,品质下降。另外,很多果蔬采后一旦失水,就难以补充再恢复新鲜状态。因此为了保持采后果蔬的新鲜品质,应采用如塑料薄膜包装、高湿贮藏等措施,尽可能减少采后失水。

正因为含水量高,果蔬产品的生理代谢非常旺盛,物质消耗很快,极易衰老败坏;同时含水量高也给微生物的活动创造了条件,使得果蔬产品容易腐烂变质。因此,要做好果蔬贮运工作,维持其新鲜品质,既要采用高湿、薄膜包装等措施防止果蔬失水,又需要配合低温、气调、防腐、保鲜等措施降低自身的衰老,抑制病原微生物的侵害。

2. 果胶物质

果胶物质存在于植物的细胞壁与中胶层,果蔬组织细胞间的结合力与果胶物质的形态、数量密切相关。果胶物质有三种形态,即原果胶、可溶性果胶与果胶酸。在不同生长发育阶段,果胶物质的形态会发生变化。见图1-1。

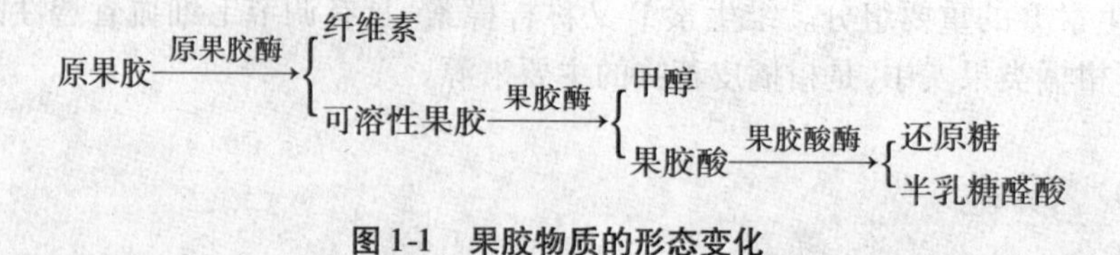

图1-1 果胶物质的形态变化

原果胶存在于未熟的果蔬中,是可溶性果胶与纤维素缩合而成的高分子物质,不溶于水,具有黏结性,它们在胞间层与蛋白质、钙、镁等形成蛋白质-果胶-阳离子黏合剂,使相邻的细胞紧密地黏结在一起,赋予未熟果蔬较大的硬度。

随着果实成熟,原果胶在原果胶酶的作用下,分解为可溶性果胶与纤维素。可溶性果胶是由多聚半乳糖醛酸甲酯与少量多聚半乳糖醛酸连接而成的长链分子,存在于细胞汁液中,

相邻细胞间彼此分离,组织软化。但可溶性果胶仍具有一定的黏结性,故成熟的果蔬组织还能保持较好的弹性。

当果实进入过熟阶段时,果胶在果胶酶的作用下,分解为果胶酸与甲醇。果胶酸无黏结性,相邻细胞间没有了黏结性,组织就变得松软无力,弹性消失。

果胶物质形态的变化是导致果蔬硬度下降的主要原因,在生产中硬度是影响果蔬贮运性能的重要因素。人们常常借助硬度来判断某些果蔬,如苹果、梨、桃、杏、柿果、番茄等的成熟度,确定它们采收期,同时也是评价它们贮藏效果的重要参考指标。

不同果蔬的果胶含量及果胶中甲氧基的含量差异很大(表 1-11)。山楂中果胶的含量较高,并富含甲氧基。甲氧基具有很强凝胶能力,人们常常利用山楂的这一特性来制作山楂糕。虽然有些蔬菜果胶含量很高,但由于甲氧基含量低,凝胶能力很弱,不能形成胶冻,当与山楂混合后,可利用山楂果胶中甲氧基的凝胶能力,制成混合山楂糕,如胡萝卜山楂糕。

图 1-11 几种果蔬产品的果胶含量(%)

品名	果胶含量	品名	果胶含量	品名	果胶含量	品名	果胶含量
山楂	3.00~6.40	胡萝卜	8.00~10.00	苹果皮	1.20~2.00	杏	0.50~1.20
柑橘皮	20.00~25.00	甘兰花	5.00~7.50	鲜向日葵托盘	1.60	桃	0.56~1.25
橘子	1.50~3.00	梨	0.50~1.40	番茄	2.00~2.90	草莓	0.70
柚皮	6.00	苹果心	0.45	土豆	0.60~2.00	南瓜	7.00~17.00
柠檬皮	4.00~5.00	苹果渣	1.50~2.50	李	0.21~1.50	芜菁	11.90

3. 纤维素和半纤维素

纤维素、半纤维素是植物细胞壁中的主要成分,是构成细胞壁的骨架物质,它们的含量与存在状态,决定着细胞壁的弹性、伸缩强度和可塑性。幼嫩的果蔬中的纤维素多为水合纤维素,组织质地柔韧、脆嫩,老熟时纤维素会与半纤维素、木质素、角质、木栓质等形成复合纤维素,组织变得粗糙坚硬,食用品质下降。

纤维素是由葡萄糖分子通过 β-1,4 糖苷键连接而成的长链分子,主要存在于细胞壁中,具有保持细胞形状,维持组织形态的作用,并具有支持功能。它们在植物体内一旦形成,就很少再参与代谢,但是对于某些果实如番茄、鳄梨、荔枝、香蕉、菠萝等在其成熟过程中,需要有纤维素酶与果胶酶及多聚半乳糖醛酸酶等共同作用才能软化。

半纤维素是由木糖、阿拉伯糖、甘露糖、葡萄糖等多种五碳糖和六碳糖组成的大分子物质,它们不很稳定,在果蔬体内可分解为单体。刚采收的香蕉中,半纤维素含量约为 8% ~10%,但成熟的香蕉果肉中,半纤维素含量仅为 1% 左右,所以半纤维素既具有纤维素的支持功能,又具有淀粉的贮藏功能。

纤维素、半纤维素是影响果蔬质地与食用品质的重要物质,同时它们也是维持人体健康不可缺少的辅助成分。纤维素、半纤维素、木质素等统称为粗纤维,虽然它们不具营养功能,但能刺激肠胃蠕动,促进消化液的分泌,提高蛋白质等营养物质的消化吸收率,同时还可以防止或减轻如肥胖、便秘等许多现代"文明病"的发生,是维持人体健康必不可少的物质。故有人又将纤维素与水、碳水化合物、蛋白质、脂肪、维生素、矿物质一起,统称为维持生命健

康的“七大要素”。人体所需的膳食纤维主要来自于果蔬,随着生活水平的不断提高,肉、蛋等动物产品食用量的增加,果蔬在人们日常膳食中的作用也日趋重要。

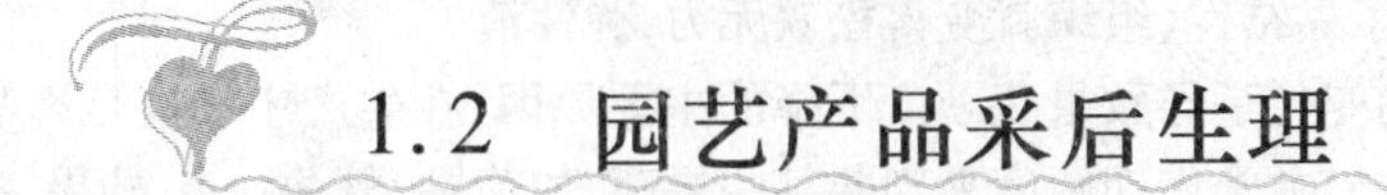

1.2 园艺产品采后生理

水果、蔬菜、花卉等园艺产品在田间生长发育到一定阶段,达到人们鲜食、贮藏、加工或观赏的要求后,就需要进行采收。采收后的果蔬属于其生命周期的一部分,在加工、运输和贮藏中仍然继续进行着生长时期中的各种生理过程。但采收后的果蔬来自根部的营养被切断,光合作用停止,生物化学变化从以合成为主改变为以水解为主,成为一个利用自身已有贮藏物质进行生命活动的独立个体。当所需物质无法及时供应时,变质就开始了。

果蔬和花卉采后的败坏有两方面的原因,一是微生物引起的腐烂变质,二是由于周围环境中的理化因素(温度、湿度、气体等)和产品自身的生命活动引起的物理、化学和生理生化变化造成的品质下降。能够消除或控制以上两个基本因素,就能起到保护产品、防止其败坏变质的作用。贮藏和加工就是从不同方面采取的相应措施。各种加工方法的一个共同的特点是使果蔬食品或花卉产品都失去了生命,不会由于自身代谢造成品质变化,然后通过各种手段控制一种或几种环境条件来控制微生物的侵染或生长繁殖,达到防止败坏变质的目的。

贮藏与加工的根本是贮藏方法使园艺产品保持鲜活性质,利用自身的生命活动控制变质和败坏。贮藏技术是通过控制环境条件,对产品采后的生命活动进行调节,尽可能延长产品的寿命,一方面使其保持生命活力以抵抗微生物侵染和繁殖,达到防止腐烂败坏的目的;另一方面使产品自身品质的劣变也得以推迟,达到保鲜的目的。因此,只有掌握了这些产品采后的各种生命活动规律后,才能更好地对其进行调节和控制。

1.2.1 呼吸作用与保鲜

呼吸作用是基本的生命现象,也是植物具有生命活动的标志。水果、蔬菜和花卉等园艺产品采后同化作用基本停止,呼吸作用成为新陈代谢的主导。呼吸是生活的植物细胞的呼吸底物在一系列酶系统的参与下,经过许多中间环节,逐步从复杂形态分解成简单形态,同时释放出蕴藏在其中的能量的过程。呼吸底物在氧化分解中形成各种中间产物,其中有些是再合成新物质的原料。维持细胞结构和功能的完整性以及再合成新物质都是需能反应,这些能是由呼吸释放而暂时贮备在 ATP 等高能化合物中随时提供的。可见,呼吸同各种生理生化过程都有着密切联系,并制约着这些过程,这就显然会影响到果蔬采收后全部质和量的变化,影响到耐贮性的变化和整个贮藏寿命。因此,控制和利用呼吸作用这个生理过程来延长贮藏期是至关重要的。在植物生理学中,我们已经了解了有关呼吸作用的一些理论知识,现在我们对产品采后的呼吸特点及其与保鲜的关系作一介绍。

1. 呼吸作用

(1) 有氧呼吸和无氧呼吸

呼吸作用是在许多复杂的酶系统参与下,经由许多中间反应环节进行的生物氧化还原过程,能把复杂的有机物逐步分解成简单的物质,同时释放能量。呼吸途径有多种,主要有糖酵解、三羧酸循环和磷酸戊糖支路等,在植物生理中都有详细论述。

有氧呼吸通常是呼吸的主要方式,是在有氧气参与的情况下,将本身复杂的有机物(如糖、淀粉、有机酸及其他物质)逐步分解为简单物质(水和 CO_2),并释放能量的过程。葡萄糖直接作为底物时,可释放能量 2 817. 7kJ(公式①),其中的 46% 以生物形式(38 个 ATP)贮藏起来,为其他的代谢活动提供能量,剩余的 1 544kJ 以热能形式释放到体外。

无氧呼吸是指在无氧气参与的情况下将复杂有机物分解的过程。这时,糖酵解产生的丙酮酸不再进入三羧酸循环,而是脱羧成乙醛,然后还原成酒精(公式②)。

$$C_6H_{12}O_6 + 6O_2 + 38ADP + 38H_3PO_4 \longrightarrow 6CO_2 + 38ATP(1\,276.8kg) + 6H_2O + 1\,544kJ \quad ①$$

$$C_6H_{12}O_6 \longrightarrow 2C_2H_5OH + 2CO_2 + 87.9kJ \quad ②$$

园艺产品采后的呼吸作用与采前基本相同,在某些情况下又有一些差异。采前产品在田间生长时,氧气供应充足,一般进行有氧呼吸;而在采后的贮藏条件下,即有时当产品放在容器和封闭的包装中;埋藏在沟中的产品积水时;通风不良或在其他氧气供应不足时,都容易产生无氧呼吸。无氧呼吸对于产品贮藏是不利的,一方面无氧呼吸提供的能量少,以葡萄糖为底物,无氧呼吸产生的能量约为有氧呼吸的 1/32,在需要一定能量的生理过程中,无氧呼吸消耗的呼吸底物更多,使产品更快失去生命力;另一方面,无氧呼吸生成有害物乙醛、酒精和其他有毒物质会在细胞内积累,造成细胞死亡或腐烂。因此,在贮藏期应防止产生无氧呼吸。但当产品体积较大时,内层组织气体交换差,部分无氧呼吸也是对环境的适应,即使在外界氧气充分的情况下,果实中进行一定程度的无氧呼吸也是正常的。

(2) 与呼吸有关的几个概念

① 呼吸强度[呼吸速率(Respiration Rate)]

它是表示呼吸作用进行快慢的指标,指一定温度下,一定量的产品进行呼吸时所吸入的氧气或释放二氧化碳的量,单位可以用 O_2或 CO_2 $mg(mL)\cdot kg^{-1}\cdot h^{-1}$(鲜重)来表示。由于无氧呼吸不吸入 O_2,一般用 CO_2生成的量来表示更确切。呼吸强度高,说明呼吸旺盛,消耗的呼吸底物(糖类、蛋白质、脂肪、有机酸)多而快,贮藏寿命不会太长。

② 呼吸商[呼吸系数(Respiration Quotient),RQ]

它是指产品呼吸过程释放 CO_2和吸入 O_2的体积比。RQ:VCO_2/VO_2,RQ 的大小与呼吸底物和呼吸状态(有氧呼吸、无氧呼吸)有关。

以葡萄糖为底物的有氧呼吸,如公式所示,$RQ = 6mol\ CO_2/6mol\ O_2 = 1$。以含氧高的有机酸为底物的有氧呼吸,$RQ > 1$,如: 苹果酸:

$$2C_4H_6O_5 + 6O_2 \longrightarrow 8CO_2 + 6H_2O$$

$$RQ = 8mol\ CO_2/6mol\ O_2 = 1.33 > 1$$

以含碳多的脂肪酸为底物的有氧呼吸,$RQ < 1$,如: 硬脂酸甘油酯:

$$C_{18}H_{36}O_2 + 26O_2 \longrightarrow 18CO_2 + 18H_2O$$

$$RQ = 18mol\ CO_2/26mol\ O_2 = 0.69 < 1$$

RQ 值也与呼吸状态即呼吸类型有关。当无氧呼吸发生时，吸入的氧气少，RQ >1，RQ 值越大，无氧呼吸所占的比例也越大；当有氧呼吸和无氧呼吸各占一半时，公式①和②相加，可以看出，RQ =8/6 =1.33；RQ >1.33 时，说明无氧呼吸占主导。

RQ 值还与贮藏温度有关。如茯苓夏橙或华盛顿脐橙在0℃ ~25℃范围内，RQ 值接近1或等于1；在38℃时，茯苓夏橙 RQ 接近1.5，华盛顿脐橙 RQ 接近2.0；这表明，高温下可能存在有机酸的氧化或有无氧呼吸，也可能二者兼而有之。在冷害温度下，果实发生代谢异常，RQ 值杂乱无规律，如黄瓜在13℃时 RQ =1；在0℃时，RQ 有时小于1，有时大于1。

③ 呼吸热

呼吸热是呼吸过程中产生的、除了维持生命活动以外而散发到环境中的那部分热量。以葡萄糖为底物进行正常有氧呼吸时，每释放1mg CO_2相应释放近似10.68J 的热量。由于测定呼吸热的方法极其复杂，园艺产品贮藏运输时，常采用测定呼吸速率的方法间接计算它们的呼吸热。

当大量产品采后堆积在一起或长途运输缺少通风散热装置时，由于呼吸热无法散出，产品自身温度升高，进而又刺激了呼吸，放出更多的呼吸热，加速产品腐败变质。因此，贮藏中通常要尽快排除呼吸热，降低产品温度；但在北方寒冷季节，环境温度低于产品要求的温度时，产品可利用自身释放的呼吸热进行保温，防止冷害和冻害的发生。

④ 呼吸温度系数

在生理温度范围内，温度升高10℃时呼吸速率与原来温度下呼吸速率的比值即温度系数，用 Q_{10}来表示。它能反映呼吸速率随温度而变化的程度，如 Q_{10} =2 ~2.5 时，表示呼吸速率增加了1 ~1.5 倍；该值越高，说明产品呼吸受温度影响越大。研究表明，园艺产品的 Q_{10} 在低温下较大，因此，在贮藏中应严格控制温度，即维持适宜而稳定的低温，是搞好贮藏的前提。

⑤ 呼吸高峰

在果实的发育过程中，呼吸强度随发育阶段的不同而不同。根据果实呼吸曲线的变化模式（图1-2），可将果实分成两类。其中一类果实，在其幼嫩阶段呼吸旺盛，随着果实细胞的膨大，呼吸强度逐渐下降，开始成熟时，呼吸上升，达到高峰（称呼吸高峰）后，呼吸下降，果实衰老死亡；伴随呼吸高峰的出现，体内的代谢发生很大的变化，这一现象被称为呼吸跃变，这一类果实被称为跃变型或呼吸高峰型果实。另一类果实在发育过程中没有呼吸高峰，呼吸强度在采后一直下降，被称为非跃变型果实。表1-12 归纳了部分果实的呼吸类型，表中显示，呼吸类型与植物分类或果实组织结构无明显相关。

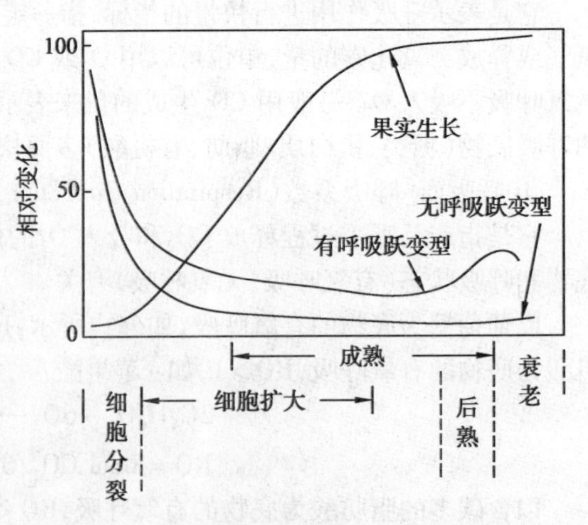

图1-2　跃变型、非跃变型果实的呼吸曲线
（引自赵丽芹《园艺产品贮藏加工学》）

表 1-12　果实采后的呼吸类型例举

跃变型果实	非跃变型果实
苹果，杏，莺梨，香蕉，面包果，柿，大椒，李，榴莲，无花果，猕猴桃，甜瓜，番木瓜，红毛丹，桃，梨，人心果，芒果，油桃，西番莲，番石榴，番茄，蓝莓，番荔枝，南美番荔枝	黑莓，杨桃，樱桃，茄子，葡萄，柠檬，枇杷，荔枝，秋葵，豌豆，辣椒，菠萝，红莓，草莓，葫芦，枣，龙眼，柑橘类，黄瓜，莱姆，橄榄，石榴，西瓜，刺梨

2. 呼吸与耐藏性和抗病性的关系

由于果实、蔬菜、花卉等园艺产品在采后仍是生命活体，具有抵抗不良环境和致病微生物的特性，才使其损耗减少，品质得以保持，贮藏期延长。产品的这些特性被称为耐藏性和抗病性。耐藏性是指在一定贮藏期内，产品能保持其原有的品质而不发生明显不良变化的特性；抗病性是指产品抵抗致病微生物侵害的特性。生命消失，新陈代谢停止，耐藏性和抗病性也就不复存在。新采收的黄瓜、大白菜等产品在通常环境下可以存放一段时间，而炒熟的菜的保质期则明显缩短，说明产品的耐藏性和抗病性依赖于生命。

呼吸作用是采后新陈代谢的主导，正常的呼吸作用能为一切生理活动提供必需的能量，还能通过许多呼吸的中间产物使糖代谢与脂肪、蛋白质及其他许多物质的代谢联系在一起，使各个反应环节及能量转移之间协调平衡，维持产品其他生命活动能有序进行，保持耐藏性和抗病性。通过呼吸作用还可防止对组织有害中间产物的积累，将其氧化或水解为最终产物，进行自身平衡保护，防止代谢失调造成的生理障碍，这在逆境条件下表现得更为明显。

呼吸与耐藏性和抗病性的关系还表现在，当植物受到微生物侵袭、机械伤害或遇到不适环境时，能通过激活氧化系统，加强呼吸而起到自卫作用，这就是呼吸的保卫反应。呼吸的保卫反应主要有以下几方面的作用：采后病原菌在产品有伤口时很容易侵入，呼吸作用为产品恢复和修补伤口提供合成新细胞所需要的能量和底物，加速愈伤，不利于病原菌感染；在抵抗寄生病原菌侵入和扩展的过程中，植物组织细胞壁的加厚、过敏反应中植保素类物质的生成都需要加强呼吸，以提供新物质合成的能量和底物，使物质代谢根据需要协调进行；腐生微生物侵害组织时，要分泌毒素，破坏寄主细胞的细胞壁，并透入组织内部，作用于原生质，使细胞死亡后加以利用，其分泌的毒素主要是水解酶，植物的呼吸作用有利于分解、破坏、消弱微生物分泌的毒素，从而抑制或终止侵染过程。

呼吸虽然有上述的这些重要作用，但同时也是造成品质下降的主要原因，呼吸旺盛造成营养物质消耗加快，是贮藏中发生失重和变味的重要原因，表现在使组织老化、风味下降、失水萎蔫，导致品质劣变，甚至失去食用价值。新陈代谢的加快将缩短产品寿命，造成耐藏性和抗病性下降，同时释放的大量呼吸热使产品温度较高，容易造成腐烂，对产品的保鲜不利。

因此，延长果蔬贮藏期首先应该保持产品有正常的生命活动，不发生生理障碍，使其能够正常发挥耐藏性、抗病性的作用；在此基础上，维持缓慢的代谢，延长产品寿命，从而延缓耐藏性和抗病性的衰变，才能延长贮藏期。

3. 影响呼吸强度的因素

(1) 内在因素

① 种类与品种

园艺产品种类繁多，被食用部分各不相同，包括根、茎、叶、花、果实和变态器官，这些器官在组织结构和生理方面有很大差异,采后的呼吸作用有很大不同。在蔬菜的各种器官中,生殖器官新陈代谢异常活跃,呼吸强度一般大于营养器官,所以通常以花的呼吸作用最强,叶次之。这是因为营养器官的新陈代谢比贮藏器官旺盛,且叶片有薄而扁平的结构并分布大量气孔,气体交换迅速;散叶型蔬菜的呼吸要高于结球型,因为叶球变态成为积累养分的器官;根茎类蔬菜如直根、块根、块茎、鳞茎的呼吸强度相对最小,除了受器官特征的影响外,还与其在系统发育中形成的对土壤或盐水环境中缺氧的适应特性有关,有些产品采后进入休眠期,呼吸更弱。果实类蔬菜介于叶菜和地下贮藏器官之间,其中水果中以浆果呼吸强度最大,其次是桃、李、杏等核果,苹果、梨等仁果类和葡萄呼吸强度较小(见表1-13、表1-14)。

表1-13　一些园艺产品的呼吸强度

类型	呼吸强度 [CO_2:mg·kg^{-1}·h^{-1}]	园艺产品
非常低	<5	坚果,干果
低	5~10	苹果,柑橘,猕猴桃,柿子,菠萝,甜菜,芹菜,白兰瓜,西瓜,番木瓜,酸果蔓,洋葱,马铃薯,甘薯
中等	10~20	杏,香蕉,蓝莓,白菜,罗马甜瓜,樱桃,块根芹菜,黄瓜,无花果,醋栗,芒果,油桃,桃,梨,李,西葫芦,芦笋头,番茄,橄榄,胡萝卜,萝卜,鳄梨,黑莓,菜花,莴笋叶,利马豆,韭菜,红莓
高	20~40	
非常高	40~60	朝鲜蓟,豆芽,花茎甘蓝,抱子甘蓝,切花,菜豆,青葱,食荚菜豆,甘蓝
极高	>60	芦笋,蘑菇,菠菜,甜玉米,豌豆,欧芹

表1-14　几种蔬菜在0℃~2℃时的呼吸强度　(CO_2: mg·kg^{-1}·h^{-1})

品　名	呼吸强度	品　名	呼吸强度	品　名	呼吸强度	品　名	呼吸强度
石刁柏	44.0	胡萝卜	5.4	菠菜	21.0	马铃薯	1.7~8.4
豌豆	14.7	番茄	18.8	生菜	11.0	甘蓝	6.0
甜玉米	30.0	洋葱	2.4~4.8	菜豆	20.0	甜瓜	5.0

同一类产品的不同,品种之间呼吸也有差异。一般来说,由于晚熟品种生长期较长,积累的营养物质较多,呼吸强度高于早熟品种;夏季成熟品种的呼吸比秋冬成熟品种强;南方生长的比北方的要强。

果蔬部位不同,气体交换程度不同,呼吸作用有很大差异。从橘子不同部位的呼吸作用(表1-15)可以明显看到这种差异。

表 1-15　橘子不同部位的呼吸作用

部　位	呼吸强度(mg·kg⁻¹·h⁻¹)		呼　吸　商
	O_2	CO_2	
外果皮	61.90	59.30	0.95
内果皮	23.10	19.70	0.85
果　肉	10.50	18.60	1.75

② 成熟度

在产品的系统发育过程中，幼嫩组织处于细胞分裂和生长阶段代谢旺盛阶段，且保护组织尚未发育完善，便于气体交换而使组织内部供氧充足，呼吸强度较高，随着生长发育，呼吸逐渐下降。如生长期采收的叶菜类蔬菜，此时营养生长旺盛，各种生理代谢非常活跃，呼吸强度也大。不同采收期的瓜果，呼吸强度也有很大差异，以嫩果供食的瓜果，呼吸强度大于以成熟果供食的瓜果；成熟产品表皮保护组织如蜡质、角质加厚，新陈代谢缓慢，呼吸就较弱。在果实发育成熟过程中，幼果期呼吸旺盛，随果实长大而减弱。跃变型果实在成熟时呼吸升高，达到呼吸高峰后又下降，非跃变型果实成熟衰老时则呼吸作用一直缓慢减弱，直到死亡。块茎、鳞茎类蔬菜田间生长期间呼吸强度一直下降，采后进入休眠期，呼吸降到最低，休眠期后重新上升。

(2) 外在因素

① 温度

呼吸作用是一系列酶促生物化学反应过程，在一定温度范围内，随温度的升高而增强。一般在 0℃ 左右时，酶的活性极低，呼吸很弱，跃变型果实的呼吸高峰得以推迟，甚至不出现呼吸高峰；在 0℃ ~35℃ 之间，如果不发生冷害，多数产品温度每升高 10℃，呼吸强度增大 1 ~1.5 倍(Q_{10} =2 ~2.5)，高于 35℃时，呼吸经初期的上升之后就大幅度下降(图 1-3)。

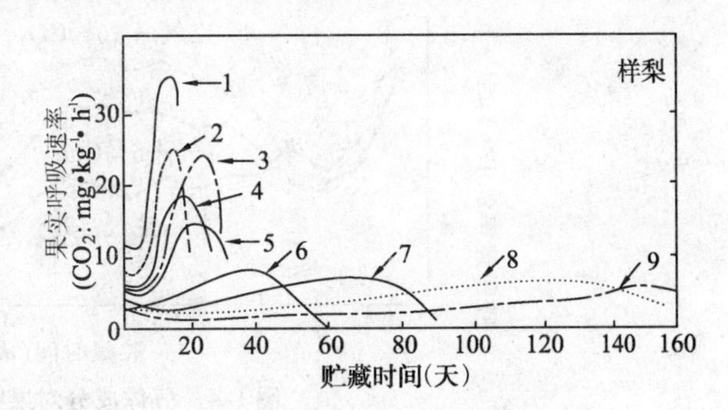

图 1-3　温度对呼吸作用的影响

(引自赵丽芹《园艺产品贮藏加工学》)

为了抑制产品采后的呼吸作用，常需要采取低温，但也并非贮藏温度越低越好。一些原产于热带、亚热带的产品对冷敏感，在一定低温下会发生代谢失调，失去耐藏性和抗病性，反而不利于贮藏。所以，应根据产品对低温的忍耐性，在不破坏正常生命活动的条件下，尽可能维持较低的贮藏温度，使呼吸降到最低的限度。

贮藏期温度的波动会刺激产品体内水解酶活性，加速呼吸。如 5℃ 恒温下贮藏的洋葱、胡萝卜、甜菜的呼吸强度分别为 9.9、7.7、12.2CO_2 mg·kg⁻¹·h⁻¹，若是在 2℃ 和 8℃ 隔日互变而平均温度为 5℃ 的条件下，呼吸强度则分别为 11.4、11.0、15.9CO_2 mg·kg⁻¹·h⁻¹，因此在贮藏中要避免库体温度的波动。

② 气体成分

贮藏环境中影响果蔬、花卉等产品的气体主要是 O_2、CO_2 和乙烯。一般空气中 O_2 是过量的，在 O_2浓度大于 16% 而低于大气中的含量时，对呼吸无抑制作用；在 O_2浓度小于 10% 时，呼吸强度受到显著的抑制；O_2 <5% ~7% 受到较大幅度的抑制，但在 O_2浓度小于 2% 时，常会出现无氧呼吸。因此，贮藏中 O_2浓度常维持在 2% ~5% 之间，一些热带、亚热带产品需要在 5% ~9% 的范围内。提高环境 CO_2浓度对呼吸也有抑制作用，对于多数果蔬来说，适宜的浓度为 1% ~5%，过高会造成生理伤害，但产品不同，差异也很大，如鸭梨在 CO_2 >1% 时就受到伤害，而蒜薹能耐受 8% 以上，草莓耐受 15% ~20% 而不发生明显伤害。

O_2和 CO_2有拮抗作用：CO_2毒害可因提高 O_2浓度而有所减轻，而在低 O_2中，CO_2毒害会更为严重；另一方面，当较高浓度的 O_2伴随着较高浓度的 CO_2时，对呼吸作用仍能起明显的抑制作用。低 O_2和高 CO_2不但可以降低呼吸强度，还能推迟果实的呼吸高峰，甚至使其不发生呼吸跃变（图 1-4）。

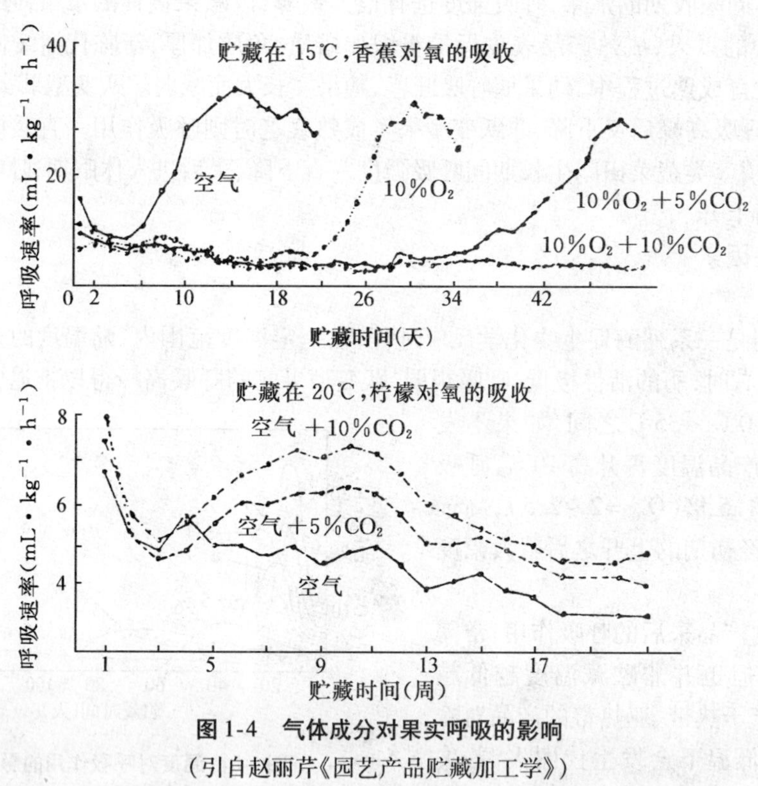

图 1-4 气体成分对果实呼吸的影响

（引自赵丽芹《园艺产品贮藏加工学》）

乙烯是一种成熟衰老植物激素，可增强呼吸强度。园艺产品采后贮运过程中，由于自身的代谢作用可产生乙烯，并在贮运中积累，对于一些对乙烯敏感的产品的呼吸作用有较大的影响。

③ 湿度

湿度对呼吸的影响还缺乏系统研究，在大白菜、菠菜、温州蜜柑中已经发现轻微的失水有利于抑制呼吸。一般来说，在相对湿度高于 80% 的条件下，产品呼吸基本不受影响；过低的湿度则影响很大。如香蕉在相对湿度低于 80% 时，不产生呼吸跃变，不能正常后熟。

④ 机械伤和微生物侵染

在采收、分级、包装、运输和贮藏过程中，产品常会受到挤压、震动、碰撞、摩擦等损伤，都会引起呼吸加快以促进伤口愈合，损伤程度越高，呼吸越强。如茯苓夏橙从61cm和122cm高处跌落到地面，呼吸增加10.9%～13.3%。受伤后造成开放性的伤口，可利用的氧增加，同时生成创伤乙烯，也加速其呼吸。产品感染微生物后，因抗病的需要，呼吸也很快升高，不利于贮藏。因此，在采后的各环节中都要避免机械伤，在贮藏前要进行严格选果。

⑤ 其他

对果蔬采取涂膜、包装、避光等措施，均可不同程度地抑制产品的呼吸作用。

1.2.2　采后失水与保鲜

水分是生命活动必不可少的，是影响园艺产品新鲜度的重要物质。果蔬、花卉在田间生长时不断从地面以上部分，特别是叶子向大气中蒸腾水分，带动根部不断吸收水分和养分，便于体内营养物质的运输和防止体温异常升高。这对于生长中的植物，蒸腾是不可缺少的、具有重要意义的生理过程。采收后产品断绝了水分的供应，这时水分从产品表面的丧失并不能形成蒸腾流，也失去了原来的积极作用，将使产品失水，造成失鲜，对贮藏不利。采后贮运中园艺产品失水的过程和作用与采前的蒸腾截然不同，又不单纯是像蒸发一样的物理过程，它与产品本身的组织细胞结构密切相关，因而称之为水分蒸散。

1. 水分蒸散对果实贮藏的影响

(1) 失重和失鲜

果蔬、花卉的含水量很高，大多在65%～96%之间，某些瓜果类如黄瓜可高达98%，这使得这些鲜活园艺产品的表面具有光泽并有弹性，组织呈现坚挺脆嫩的状态，外观新鲜。水分散失主要造成失重(即“自然损耗”，包括水分和干物质的损失)和失鲜。水分蒸散是失重的重要原因，例如，苹果在2.7℃冷藏时，每周由水分蒸散造成的重量损失约为果品重的0.5%，而呼吸作用仅使苹果失重0.05%；柑橘贮藏期失重的75%由失水引起，25%是呼吸消耗干物质所致。失鲜是产品质量的损失，许多果实失水高于5%就引起失鲜，表面光泽消失、形态萎蔫、失去外观饱满、新鲜和脆嫩的质地，甚至失去商品价值。不同产品失鲜的具体表现有所不同，如叶菜和鲜花失水很容易萎蔫、变色、失去光泽；萝卜失水易造成糠心，外表则不易察觉；苹果失鲜不十分严重时，外观也不明显，表现为果肉变沙；而黄瓜、柿子椒等幼嫩果实失水造成外观鲜度下降很明显。

(2) 对代谢和贮藏的影响

多数产品失水都对贮藏产生不利影响，失水严重还会造成代谢失调。萎蔫时，原生质脱水，会促使水解酶活性增加，加速水解。例如，风干的甘薯变甜，就是水解酶活性加强，引起淀粉水解为糖的结果；甜菜根脱水程度越严重，组织中蔗糖酶的合成活性越低，水解活性越高。水解加强，一方面使呼吸基质增多，促进了呼吸作用，加速营养物质的消耗，削弱组织的耐藏性和抗病性；另一方面营养物质的增加也为微生物活动提供方便，加速腐烂，如萎蔫的甜菜腐烂率大大增加，萎蔫程度越高，腐烂率越大。失水严重还会破坏原生质胶体结构，干扰正常代谢，产生一些有毒物质；同时，细胞液浓缩，某些物质和离子(如NH_4^+、H^+)浓度增高，也能使细胞中毒；过度缺水还使脱落酸（ABA）含量急剧上升，有时增加几十倍，加速脱落和衰老。如大白菜晾晒过度，脱水严重时，NH_4^+、H^+等离子浓度增高到有害的程度，引起细胞中毒：ABA积累，加重脱帮。花卉失水后易脱落，失去观赏价值。

由于失水萎蔫破坏了正常的代谢，通常导致耐藏性和抗病性下降，缩短贮藏期。但某些园艺产品采后适度失水可抑制代谢，并延长贮藏期。如有些果蔬产品（大白菜、菠菜以及一些果菜类），收获后轻微晾晒，使组织轻度变软，利于码垛、减少机械伤。适度失水还有利于降低呼吸强度（在温度较高时这种抑制作用表现得更为明显）。洋葱、大蒜等采收后进行晾晒使其外皮干燥，也可抑制呼吸。有时，采后轻度失水还能减轻柑橘果实的生理病害，使"浮皮"减少，保持好的风味和品质。

2. 水分蒸散的影响因素

蒸散失水与园艺产品自身特性和贮藏环境的外部因素有关。

(1) 内部因素

水分蒸散过程是先从细胞内部到细胞间隙，再到表皮组织，最后从表面蒸散到周围大气中的。因此，产品的组织结构是影响水分蒸散直接的内部因素，包括以下几个方面：

表面积比：即单位重量或体积的果蔬具有的表面积（cm^2/g）。因为水分是从产品表面蒸发的，表面积比越大，蒸散就越强。

表面保护结构：水分在产品表面的蒸散途径有两个，一是通过气孔、皮孔等自然孔道，二是通过表皮层；气孔的蒸散速度远大于表皮层。表皮层的蒸散因表面保护层结构和成分的不同差别很大。角质层不发达，保护组织差，极易失水；角质层加厚，结构完整，有蜡质、果粉则利于保持水分。

细胞持水力：原生质亲水胶体和固形物含量高的细胞有高渗透压，可阻止水分向细胞壁和细胞间隙渗透，利于细胞保持水分。洋葱的含水量一般比马铃薯高，但在相同贮藏条件下（在0℃下贮藏三个月），洋葱失重1.1%，而马铃薯失重2.5%，这和原生质胶体的持水力和表面组织结构有很大的关系。此外，细胞间隙大，水分移动的阻力小，也会加速失水。

除了组织结构外，新陈代谢也影响产品的蒸散速度，呼吸强度高、代谢旺盛的组织失水较快。

不同种类和品种的产品、同一产品不同的成熟度，在组织结构和生理生化特性方面都不同，蒸散的速度差别很大。叶菜的表面积比其他器官大许多倍，主要是气孔蒸散（长成的叶片占蒸散量的90%以上，幼嫩叶片占40%～70%），其组织结构疏松、表皮保护组织差，细胞含水量高而可溶性固形物少，且呼吸速率高，代谢旺盛，所以叶菜类在贮运中最易脱水萎蔫。果实类的表面积比相对要小，且主要是表皮层和皮孔蒸散。一些果实表面有角质层和蜡质层，同时多数产品比叶菜代谢相对弱，失水就慢；同一种果实，个体小的表面积比大，失水较多。成熟度与蒸散有关是由于幼嫩器官是正在生长的组织，代谢旺盛，且表皮层未充分发育，透水性强，因而极易失水，随着成熟，保护组织完善，蒸散量即下降。

(2) 贮藏环境因素

① 空气湿度

空气湿度是影响产品表面水分蒸散的直接因素。表示空气湿度的常见指标包括：绝对湿度、饱和湿度、饱和差和相对湿度。绝对湿度是单位体积空气中所含水蒸气的量（g/m^2）。饱和湿度是在一定温度下，单位体积空气中所能最多容纳的水蒸气量。空气中水蒸气超过此量，就会凝结成水珠，温度越高，容纳的水蒸气越多，饱和湿度越大。饱和差是空气达到饱和尚需要的水蒸气量，即绝对湿度与饱和湿度的差值，直接影响产品水分的蒸散。贮藏中通常用空气的相对湿度（RH）来表示环境的湿度。RH 是绝对湿度与饱和湿度之比，反映空气中水分达到饱和的程度。一定的温度下，一般空气中水蒸气的量小于其所能容纳的量，存在饱和差，也就是其蒸汽压小于饱和蒸汽压；鲜活的园艺产品组织中充满水，其蒸汽压一般是接近饱和的，高于周围空气的蒸汽压，水分就蒸散，其快慢程度与饱和差成正比。因此，在一定温度下，绝对湿度或相对湿度大时，达到饱和的程度高、饱和差小，蒸散就慢。表 1-16 列出了猕猴桃果实 0℃贮藏环境 RH 与失重的关系。

表 1-16　猕猴桃果实 0℃贮藏环境 RH 与失重的关系

贮藏条件	环境（RH%）	失重 1% 所需时间
大帐气调	98～100	3～6 个月
Air-wash 冷藏	95	6 周
普通冷藏	70	1 周

② 温度

不同产品蒸散的快慢随温度的变化差异很大（表 1-17）。同时温度的变化造成了空气湿度发生改变而影响到表面蒸散的速度。环境温度升高时饱和湿度增高。若绝对湿度不变，饱和差上升而相对湿度下降，产品水分蒸散加快；温度降低时，由于饱和湿度低，同一绝对湿度下，水分蒸散下降甚至结露。例如，15℃下，若贮藏库空气含水蒸气 7g/m^2，可以查出此温度下的饱和湿度为 13g/m^2，饱和差就是 6g/m^2，RH 为 54%，蒸发较快；当库温降到 5℃时，查出饱和湿度为 7g/m^2，饱和差为 0，RH 为 100%，达到饱和，蒸散相对停止；温度继续下降则出现结露现象。因此，库温的波动会在温度上升时加快产品蒸散，而降低温度时减慢产品蒸散，温度波动大就很容易出现结露现象，不利于贮藏。

表 1-17　不同类型果蔬随温度变化的蒸散特性

类型	蒸散特性	水　果	蔬　菜
A 型	随温度的降低蒸散量急剧降低	柿子、橘子、西瓜、苹果、梨	马铃薯、甘薯、洋葱、南瓜、胡萝卜、甘蓝
B 型	随温度的降低蒸散量也降低	无花果、葡萄、甜瓜、板栗、桃、枇杷	萝卜、花椰菜、番茄、豌豆
C 型	与温度关系不大，蒸散强烈	草莓、樱桃	芹菜、石刁柏、茄子、黄瓜、菠菜、蘑菇

同一 RH 的情况下，饱和差 = 饱和湿度 - 绝对湿度 = 饱和湿度 - 饱和湿度 × RH = 饱和湿度（1 - RH）。温度高时，饱和湿度高，饱和差就大，水分蒸散快。因此，在保持了同样相对湿度的两个贮藏库中，产品的蒸散速度也是不同的，库温高的蒸散更快。

此外，温度升高，分子运动加快，产品的新陈代谢旺盛，蒸散也加快。产品见光可使气孔张开，提高局部温度，也促进蒸散。

③ 空气流动

在靠近园艺产品的空气中，由于蒸散而使水气含量较多，饱和差比环境中的小，蒸散减慢;空气流速较快的情况下,这些水分被带走,饱和差又升高,就不断蒸散。在一定空气流速下,贮藏环境中空气湿度越低,空气流速对产品失水的影响越大。

④ 气压

气压也是影响蒸散的一个重要因素。在一般的贮藏条件下,气压是正常的一个大气压,对产品影响不大。采用真空冷却、真空干燥、减压预冷等减压技术时,水分沸点降低,很快蒸散。此时,要加湿以防止失水萎蔫。

⑤ 光照

光照可刺激气孔开放,减小气孔阻力,促进水分蒸发;同时光照还可使产品的体温升高,提高产品组织内水蒸气压,加大产品与环境空气的水蒸气压差,从而加速蒸发速率。

3. 抑制蒸散的方法

通过改变产品组织结构来抑制产品蒸散失水是不可能的,但了解各种产品失水的难易程度,能为保鲜提供参考。对于容易蒸散的产品,更要用各种贮藏手段防止水分散失。生产中常从以下几个方面采取措施:

(1) 直接增加库内空气湿度

贮藏中可以采用地面洒水、库内挂湿帘的简单措施,或用自动加湿器向库内喷迷雾和水蒸气的方法,以增加环境空气中的含水量,达到抑制蒸散的目的。

(2) 增加产品外部小环境的湿度

最普遍而简单有效的方法是用塑料薄膜或其他防水材料包装产品。在小环境中产品可依靠自身蒸散出的水分来提高绝对湿度,起到减轻蒸散的作用。用塑料薄膜或塑料袋包装后的产品需要在低温贮藏时,在包装前,一定要先预冷,使产品的温度接近库温,然后在低温下包装;否则,一方面高温下包装时带有的空气在降温后易达到过饱和;另一方面,产品温度高,呼吸旺盛,蒸散出大量的水分在塑料袋中,都将会造成结露,加速产品腐烂。用包果纸和瓦楞纸箱包装也比不包装堆放失水少得多,一般不会造成结露。

(3) 采用低温贮藏

低温贮藏也是防止失水的重要措施。一方面,低温抑制代谢,对减轻失水起一定作用;另一方面,低温下饱和湿度小,产品自身蒸散的水分能明显增加环境相对湿度,失水缓慢。但低温贮藏时,应避免温度较大幅度的波动,因为温度上升,蒸散加快,环境绝对湿度增加,在此低温下(特别是包装于塑料袋内的产品),本来空气中相对湿度就高,蒸散的水分很容易使其达到饱和,这样,当温度下降,达到过饱和时,就会造成产品表面结露,引起腐烂。

另外,严格控制采收成熟度,使保护层发育完全;涂膜,打蜡等方法可在一定程度上阻隔水分蒸发。

1.2.3 休眠的利用及生长的抑制

1. 休眠的利用

(1) 休眠

休眠是植物长期进化过程中,为了适应周围的自然环境而产生的一个生理过程,即在生

长发育过程中的一定阶段,有的器官会暂时停止生长,以度过高温、干燥、严寒等不良环境条件,达到保持其生命力和繁殖力的目的。体眠器官包括种子、花芽、腋芽和一些块茎、鳞茎、球茎、根茎类蔬菜,这些器官形成后结束田间生长时,体内积累了大量的营养物质,原生质内部发生深刻的变化,新陈代谢逐渐降低,生长停止并进入相对静止的状态。休眠期间,蔬菜等园艺产品的新陈代谢、物质消耗和水分蒸发降到最低限度。因此,休眠使产品更具有耐藏性,一旦脱离休眠,耐藏性迅速下降。贮藏中需要利用产品的休眠延长贮藏期。

休眠期的长短与品种、种类有关,如马铃薯 2 ~ 4 个月,洋葱 1.5 ~ 2 个月,大蒜 60 ~ 80 天,姜、板栗约 1 个月。蔬菜的根茎、块茎借助休眠度过高温、干旱环境,而板栗是借助休眠度过低温条件的。

(2) 休眠的生理生化特性

休眠的果蔬产品,根据其生理生化的特点可将休眠期分为三阶段:

第一阶段为休眠前期(准备期)是从生长到休眠的过渡阶段。此时产品器官已经形成,但刚收获,新陈代谢还比较旺盛,伤口逐渐愈合,表皮角质层加厚,属于鳞茎类产品的外部鳞片变成膜质,水分蒸散下降,从生理上为休眠做准备。此时,产品如受到某些处理,可以阻止这阶段的休眠而萌发生长或缩短第二阶段。如提早收获马铃薯进行湿沙层积处理,可使其不进入休眠而很快发芽。

第二阶段为生理休眠期(真休眠、深休眠)。此阶段产品的新陈代谢显著下降,外层保护组织完全形成,此时即使给适宜的条件,也难以萌芽,是贮藏的安全期。这段时间的长短与产品的种类和品种、环境因素有关。如洋葱管叶倒伏后仍留在田间不收,有可能因为鳞茎吸水而缩短生理休眠期;在华北地区贮藏到 9 月下旬,日平均温度 20℃ 以下时,其生理休眠结束;低温(0℃ ~5℃)处理也可解除洋葱休眠。

第三阶段为休眠苏醒期(强迫休眠期)。度过生理休眠期后,产品开始萌芽,新陈代谢有恢复到生长期间的状态,呼吸作用加强,酶系统也发生变化。此时,生长条件不适宜,就生长缓慢,给予适宜的条件则迅速生长。实际贮藏中采取强制的办法,给予不利于生长的条件如温、湿度控制和气调等手段延长这一阶段的时间。因此,又称强迫休眠期。

在休眠期间的不同阶段,组织细胞和化学物质都发生了一系列的变化。生理休眠期组织的原生质和细胞壁分离,脱离休眠后原生质重新紧贴于细胞壁上。用高渗透压蔗糖溶液使细胞产生的质壁分离,可以判断产品组织所处的休眠阶段。正处于生理休眠状态的细胞呈凸形,已经脱离休眠的呈凹形,正在进入或脱离休眠的为混合形。胞间连丝起着细胞之间信息传递和物质运输的作用,休眠期胞间连丝中断,细胞处于孤立状态,物质交换和信息交换大大减少;脱离休眠后胞间连丝又重新出现。生理休眠期原生质也发生变化,进入休眠前,原生质脱水,疏水胶体增加。这些物质,特别是一些类脂物质排列聚集在原生质和液泡界面,阻止胞内水和细胞液透过原生质,也很难使电解质通过,同时由于外界的水分和气体也不容易渗透到原生质内部,原生质几乎不能吸水膨胀,脱离休眠后,疏水性胶体减少,亲水性胶体增加,原生质能膨胀。化学成分的变化主要是休眠准备期合成大于水解,低分子(如糖、氨基酸)合成高分子化合物(淀粉和蛋白质等),导致细胞的复简比增加,休眠后水解作用加强,复简比下降。

植物体内各种激素,对植物的休眠现象起重要的调节作用。现有的研究表明:休眠一方面是由于器官缺乏促进生长的物质，另一方面是器官积累了抑制生长的物质。如体内有高浓度 ABA 和低浓度外源赤霉素（GA）时，可诱导休眠；低浓度的 ABA 和高浓度 GA 可以解除休眠。GA、吲哚乙酸、细胞分裂素是促进生长的激素，能解除许多器官的休眠。深休眠的马铃薯块茎中，脱落酸的含量最高，休眠快结束时，脱落酸在块茎生长点和皮中的含量减少 4/5 ~5/6。马铃薯解除休眠状态时，吲哚乙酸、细胞分裂素和赤霉素的含量也增长，使用外源激动素和玉米素能解除块茎休眠。

一些教科书或参考书中，将具有休眠期产品的休眠称“自发休眠”，将没有生理休眠期产品（如有些 2 年生蔬菜）在采后低温或其他不适宜于生长的条件下没有发芽的现象称为“被动休眠”或“强迫休眠”，但从生理生化和组织结构变化的角度看，这类产品暂时停止生长的现象与进化过程中产生的休眠无关。

（3）延长休眠期的贮藏措施

植物器官休眠期过后就会发芽，使得体内的贮藏物质分解并向生长点运输，导致产品重量减轻、品质下降。因此，贮藏中需要根据休眠不同阶段的特点，创造有利于休眠的环境条件，尽可能延长休眠期，推迟发芽和生长以减少这类产品的采后损失。

① 温度、湿度的控制

块茎、鳞茎、球茎类的休眠是由于要度过高温、干燥的环境，创造此条件利于休眠，而潮湿、冷凉条件会使休眠期缩短。例如，0℃ ~5℃使洋葱解除休眠，马铃薯采后 2℃ ~4℃能使休眠期缩短，5℃打破大蒜的休眠期。因此，采后给予自然的温度或略高于自然温度，并进行晾晒，使产品愈伤，尽快进入生理休眠。休眠期间，防止受潮和低温，以防缩短休眠期。度过生理休眠期后，利用低温可强迫这些蔬菜休眠而不萌芽生长。板栗的休眠是由于要度过低温环境，采收后就要创造低温条件使其延长休眠期，延迟发芽。

② 气体成分

调节气体成分对马铃薯的抑芽效果不是很有效，洋葱可以利用气调贮藏。但由于气体成分与休眠期关系的研究结果不一致，生产上很少采用。因此，在不同贮藏产品以及贮藏不同阶段中气体成分对休眠期的影响还需要进行研究。

③ 药物处理

青鲜素（MH）对块茎、鳞茎类以及大白菜、萝卜、甜菜块根有一定的抑芽作用，而对洋葱、大蒜效果最好。采前 2 周将 0.25% MH 喷施到洋葱和大蒜的叶子上，药液吸收并渗入组织中，转移到生长点，起到抑芽作用，在 0℃贮藏，4 ~6 个月不发芽，0.1% MH 对板栗的发芽也有效。抑芽剂氯苯胺灵（CIPC）对防止马铃薯发芽有效用法是将 CIPC 粉剂分层喷在马铃薯中，密闭 24 ~48h，用量为 1.4kg/kg（薯块），但不能在种薯上使用。

④ 射线处理

辐射处理对抑制马铃薯、洋葱、大蒜和鲜姜都有效，许多国家已经在生产上大量使用。一般用 60 ~150Gy 的 γ-射线照射，可防止发芽。应用最多的是马铃薯，可使其在常温下，3 个月到 1 年不发芽。

2. 延缓生长

（1）生长现象及其对品质的影响

园艺产品采收后由于中断了根系或母体水分和无机物的供给，一般看不到生长，但生长

旺盛的分生组织能利用其他部分组织中的营养物质，进行旺盛的细胞分裂和延长生长。蔬菜采后的生长现象表现在许多方面，一般造成品质下降，并缩短贮藏期，不利于贮藏。如石刁柏（芦笋）是在生长初期采收的幼茎，由于顶端有生长旺盛的生长点，贮藏中会继续伸长并木质化。再如，嫩茎花椰菜（绿菜花）这类处于开花前花蕾阶段的产品，贮藏中将不可避免地要开花。蒜薹为幼嫩花茎，采后顶端薹苞膨大和气生鳞茎的形成需要利用薹基部的营养物质，造成食用薹部发干、纤维化，甚至形成空洞。胡萝卜、萝卜、牛蒡等根菜类，收获后在利于生长的环境条件下抽薹时，由于利用了薄壁组织中的营养物质和水分，致使组织变糠，最后无法食用。蘑菇等食用菌采后开伞和轴伸长也是继续生长的一种，将造成品质下降。

（2）延缓生长的方法

产品采后生长与自身的物质运输有关，非生长部分组织中贮藏的有机物通过呼吸水解为简单物质，然后与水分一起运输到生长点，为生长合成新物质提供底物，同时呼吸作用释放的能量也为生长提供能量来源。因此，避光、低温、控制湿度、气调等能延缓代谢和物质运输的措施可以抑制产品采后生长带来的品质下降。此外，将生长点去除也能抑制物质运输而保持品质，如蒜薹去掉薹苞后薹梗发空的现象减轻；胡萝卜去掉芽眼，虽由于物质运输造成的糠心减少，但形成的刀伤容易造成腐烂。实际应用时应根据具体情况采取措施。

个别情况下，也利用生长时的物质运输延长贮藏期。如菜花采收时保留 2 ~ 3 个叶片，贮藏期间外叶中积累养分并向花球转移而使其继续长大、充实或补充花球的物质消耗，保持品质。假植贮藏也是利用植物的生长缓慢吸收养分和水分，维持生命活力，不同的是这些物质来源于土壤，而不是植物自身。

1.2.4　成熟和衰老的调控

1. 成熟衰老生理

果实的一生，在授粉以后可分为生长、成熟和衰老三个生理阶段。不同种类的果蔬，可食部分不同，需要在不同的生理阶段采收。处在不同生理阶段的果蔬，其色泽、质地和风味有很大差异，且采收后各生理阶段的代谢活动仍然继续进行，直到最后机体衰老、死亡。能够控制果蔬的成熟和衰老生理，就能延长果蔬的贮藏寿命（图 1-5）。

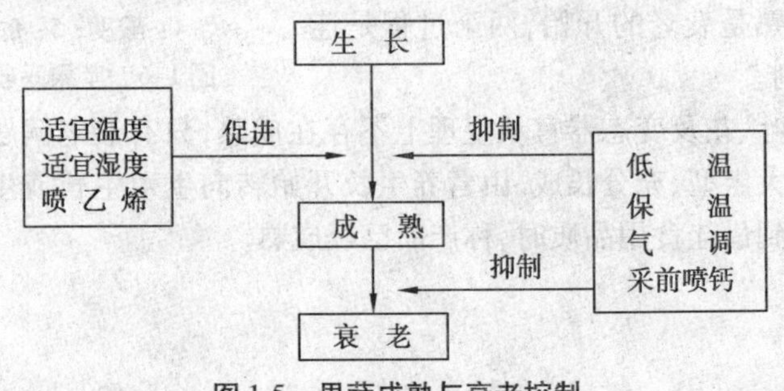

图 1-5　果蔬成熟与衰老控制

生长指从授粉开始至果实生长达到品种应有的大小，包括细胞分裂、细胞膨大的过程，是肉质性果实鲜重增加的决定因素。一般鲜食的蔬菜需要此时采收，如黄瓜、西葫芦、菠菜、油菜等，只需细胞分裂结束，不需细胞完全膨大，食用时才能鲜嫩质脆。

成熟指从果实发育定型到生理上完全成熟的阶段。成熟的特征是绿色完全消失，显现出本品种特有的色彩和香气，糖分增加，酸度下降，涩味减少，果肉组织由硬变软，种子颜色由浅褐变成深褐色。这一阶段，种子仍以合成过程占优势，果肉部分以分解过程为主导。由于果蔬种类不同，成熟变化并非同步进行，所以成熟又分为初熟、完熟和老熟。大部分果蔬是食用幼嫩的果实，需在初熟阶段采收，如苹果、梨、番茄、甜瓜和西瓜等；充分成熟的食用价值高，可在完熟时采收，如葡萄；冬瓜和南瓜可在老熟时采收，这时生理上尚未进入明显的衰老阶段，以后还有一段较长的"后熟"时期。有的果实如鳄梨、巴梨，尽管已完全成熟，但采收后仍不能食用，质地硬，含糖量低，要经历一个后熟的过程才能食用，这种采后成熟的现象叫做后熟。对于长期贮藏的果蔬，要适当控制温度、湿度和空气成分，使后熟过程缓慢进行，达到延长果蔬贮藏寿命的目的。

果蔬的衰老是指个体发育的最后阶段，开始发生一系列不可逆的变化，最终导致细胞崩溃及整个器官死亡。衰老的症状是果肉组织开始软化，细胞逐渐自溶崩溃，细胞间隙减小，气体交换受阻，正常的呼吸代谢被破坏，无氧呼吸比重增大，组织内积累的乙醛、酒精等有毒物质达到最高含量。这标志着果蔬的贮藏性、抗逆性已处在迅速衰降的过程中。有些果蔬成熟过渡到衰老是连续性的，不能截然分开，成熟是衰老的开始，衰老意味着生命的终结。

一般果蔬在具有该品种固有的颜色、风味、质地和营养价值时采收（图1-6）。采收后，物质积累停止，干物质不再增加，由于生命活动的需要，体内物质不断转化，使固有的色、香、味、质地及营养价值发生变化。表现在物质的转化、转移、分解和重组上。衰老是植物的器官或整体生命的最后阶段，开始发生一系列不可逆的变化，最终导致细胞崩溃及整个器官死亡的过程。从图1-7中可以看出成熟、完熟、衰老三者是不容易划分出严格界限的。果实中最佳食用阶段以后的品质劣变或组织崩溃阶段称为衰老。成熟是衰老的开始，两个过程是连续的，二者不易分割。

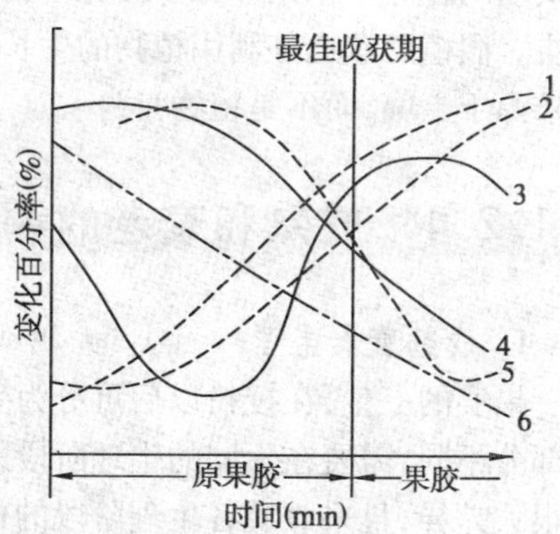

1：糖；2：颜色；3：风味；
4：酸度；5：底色；6：淀粉

图1-6 苹果采收前后物质变化

植物的根、茎、叶、花及变态器官从生理上不存在成熟，只有衰老问题。园艺学上，一般将产品器官细胞膨大定型、充分长成，由营养生长开始转向生殖生长或生理休眠时，或根据人们的食用习惯达到最佳食用品质时，称产品已经成熟。

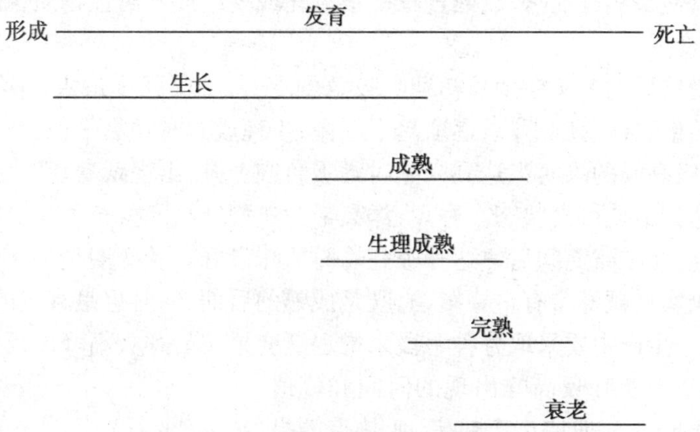

形成 —— 发育 —— 死亡

生长

成熟

生理成熟

完熟

衰老

图 1-7　果蔬生命的不同阶段

（引自赵丽芹《园艺产品贮藏加工学》）

2. 成熟和衰老期间果蔬的变化

(1) 外观品质

产品外观最明显的变化是色泽，常作为成熟的指标。果实未成熟叶绿素含量高，外观呈现绿色，成熟期间叶绿素含量下降，果实底色显现，同时色素（如花青素和胡萝卜素）积累，呈现本产品固有的特色。成熟期间果实产生一些挥发性的芳香物质，使产品出现特有的香味。茎、叶菜衰老时与果实一样，叶绿素分解，色泽变黄并萎蔫，花则出现花瓣脱落和萎蔫现象。

(2) 质地

果肉硬度下降是许多果实成熟时的明显特征。此时一些能水解果胶物质和纤维素的酶类活性增加，水解作用使中胶层溶解，纤维分解，细胞壁发生明显变化，结构松散失去黏结性，造成果肉软化。有关的酶主要是果胶甲酯酶（PE）、多聚半乳糖醛酸酶（PG）和纤维素酶。PE 能从酯化的半乳糖醛酸多聚物中除去甲基，PG 水解果胶酸中非酯化的 1,4-α-D-半乳糖苷键，生成低聚的半乳糖醛酸。根据 PG 酶作用于底物的部位不同，可分为内切酶（Endo-PG）和外切酶（Exo-PG）。内切酶可随机分解果胶酸分子内部的糖苷键，外切酶只能从非还原末端水解聚半乳糖醛酸。由于 PG 作用于非甲基化的果胶酸，故 PE、PG 共同作用下便将中胶层的果胶水解。纤维素酶即 β-1,4-D-葡聚糖酶，能水解纤维素、一些木葡聚糖和交错连接的葡聚糖中的 β-1,4-D-葡萄糖键。近来还发现其他一些有关的水解酶，但果实的软化机制仍不十分清楚。

甘蓝叶球、花椰菜花球发育良好、充分成熟就坚硬，品质好。茎、叶菜衰老时，主要表现为组织纤维化，甜玉米、豌豆、蚕豆等采后硬化，都导致品质下降。

(3) 口感风味

采收时不含淀粉或含淀粉较少的果蔬，如番茄和甜瓜等，随贮藏时间的延长，含糖量逐渐减少。采收时淀粉含量较高（1% ~2%）的果蔬（如苹果），采后淀粉水解，含糖量暂时增加，果实变甜，达到最佳食用阶段后，含糖量因呼吸消耗而下降。通常果实发育完成后，含酸量最高，随着成熟或贮藏期的延长逐渐下降。因为果蔬贮藏更多利用有机酸为呼吸底物，消耗比可溶性糖更快，贮藏后的果蔬糖酸比增加，风味变淡。未成熟的柿、梨、苹果等果实细胞内含有单宁物质,使果实有涩味,成熟过程中被氧化或凝结成不溶性物质,涩味消失。

(4) 呼吸跃变

一般来说,受精后的果实在生长初期呼吸急剧上升,呼吸强度最大,是细胞分裂的旺盛期,然后随果实的生长而急剧下降,逐渐趋于缓慢,生理成熟时呼吸平稳,然后根据果实的类型而不同。有呼吸高峰的果实当达到完熟时呼吸急剧上升,出现跃变现象,果实就进入完全成熟阶段,品质达到最佳可食状态。香蕉、洋梨最为典型,收获时,充分长成,但果实硬、糖分少,食用品质不佳,在贮藏期间后熟达呼吸高峰时风味最好。跃变期是果实发育进程中的一个关键时期,对果实贮藏寿命有重要影响,既是成熟的后期,同时也是衰老的开始,此后产品就不能继续贮藏。生产中要采取各种手段来推迟跃变果实的呼吸高峰以延长贮藏期。

不同种类跃变果实呼吸高峰出现的时间和峰值不完全相同(图 1-8)。一般原产于热带、亚热带的果实如油梨和香蕉,跃变顶峰的呼吸强度分别为跃变前的 3~5 倍和 10 倍,且跃变时间维持很短,很快完熟而衰老。原产于温带的果实如苹果、梨等,跃变顶峰的呼吸强度只比跃变前增加 1 倍左右,跃变时间维持也长,成熟比前一类型慢,因而更耐藏。有些果实如苹果留在树上也可以出现呼吸跃变,但比采摘果实出现得晚,峰值高。另外一些果实如油梨,只有采后才能成熟而出现呼吸跃变,若留在植株上可以维持不断的生长而不能成熟,当然也不出现呼吸跃变。

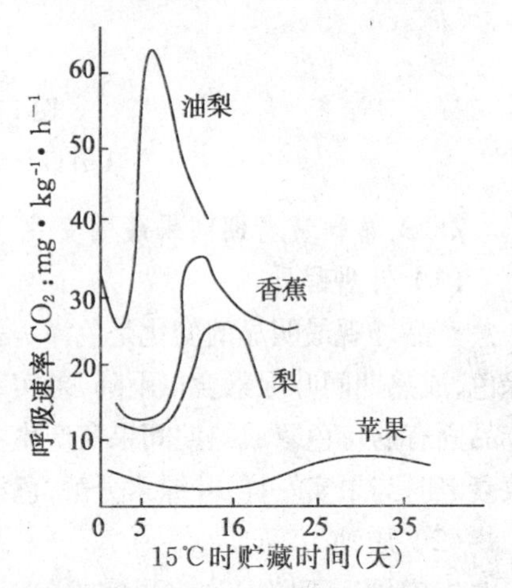

图 1-8 几种跃变果实的呼吸曲线

(引自赵丽芹《园艺产品贮藏加工学》)

某些未成年的幼果(如苹果、桃、李)采摘或脱落后,也可发生短期的呼吸高峰。甚至某些非跃变型果实如甜橙的幼果采后也出现呼吸上升的现象,而长成的果实反而没有。此类果实的呼吸上升并不伴有成熟过程,因此称伪跃变现象。

在某些蔬菜和花卉的衰老中,发现有类似果实呼吸跃变的现象。嫩茎花椰菜采后的呼吸漂移呈现高峰型变化,某些叶菜的幼嫩叶片呼吸快,长成后呼吸降低,衰老变黄阶段重新上升,然后又降低,麝香石竹采切后呼吸急剧下降,花瓣枯萎时,再度上升,有典型跃变现象,但玫瑰切花衰老期间呼吸则逐渐下降。

(5) 乙烯合成

乙烯(C_2H_4)属植物激素,是一种化学结构十分简单的气体。几乎所有高等植物的器官、组织和细胞都具有产生乙烯的能力,一般生成量很少,不超过 0.1mg/kg,在某些发育阶段(如果实成熟期)急剧增加,对植物的生长发育起着重要的调节作用。乙烯对园艺产品保鲜的影响极大,主要是它能促进成熟和衰老,使产品寿命缩短,造成损失,我们将在后面详细论述。

(6) 细胞膜

果蔬采后劣变的重要原因是组织衰老或遭受环境胁迫时,细胞的膜结构和特性将发生改变。膜的变化会引起代谢失调,最终导致产品死亡。细胞衰老时普遍的特点是正常膜的双层结构转向不稳定的双层和非双层结构,膜的液晶相趋向于凝胶相,膜透性和微黏度增

加,流动性下降,膜的选择性和功能受损,最终导致死亡。这些变化主要是由于膜的化学组成发生了变化造成的,多表现在总磷脂含量下降,固醇/磷脂、游离脂肪酸/酯化脂肪酸、饱和脂肪酸/不饱和脂肪酸等几种物质比上升,过氧化脂质积累和蛋白质含量下降几方面。衰老中膜损伤的重要原因之一就是磷脂的降解。细胞衰老中,约 50% 以上膜磷脂被降解,积累各种中间产物(图 1-9)。

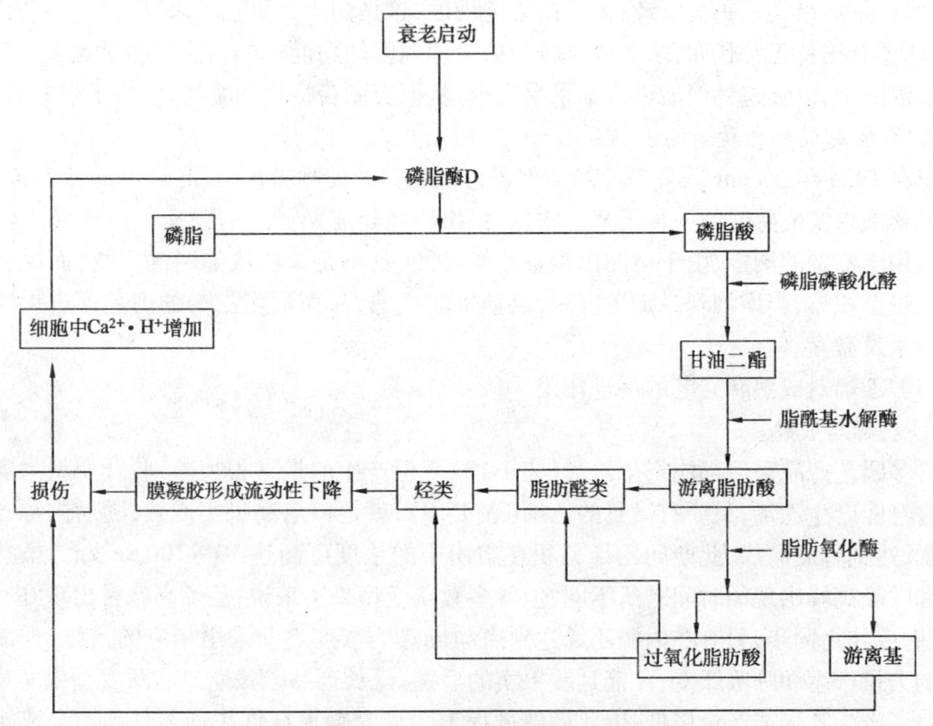

图 1-9　衰老中磷脂降解的自动催化循环

(引自赵丽芹《园艺产品贮藏加工学》)

磷脂降解的第一步是在磷脂酶 D 作用下转化成磷脂酸,此产物不积累,在磷脂磷酸酶作用下水解生成甘油二酯,然后在脂酰水解酶作用下脱酰基释放游离脂肪酸。其中含有顺、顺-1,4-戊二烯结构的脂肪酸在脂肪氧化酶作用下,形成脂肪酸氢过氧化物,该物质不稳定,生成中经历各种变化,包括生成游离基。脂肪酸氢过氧化物在氢过氧化物水解酶和氢过氧化物脱氢酶作用下转变成短链酮酸、乙烷等,脂肪酸也可氧化降解,产生 CO_2 和醛等。

3. 成熟衰老机制

细胞内有许多因素对果蔬成熟与衰老起着调节作用,首先是乙烯,此外还有其他植物激素和钙等。

不同种类的激素对果实成熟的作用不同。生长素低浓度可抑制叶绿素分解、果肉软化、呼吸上升及组织对乙烯的敏感性,高浓度则可刺激乙烯的产生与果肉的成熟。细胞分裂素和赤霉素有延迟果实成熟和衰老的作用。近年来,有些人认为脱落酸对果实的成熟起非常重要的促进作用,甚至在有些果实上的作用比乙烯更大。越来越多的人认为植物激素对果实后熟的影响可能是通过体内平衡而起作用的。

近年来的研究指出，钙在调节植物呼吸和推延衰老方面，以及在防止果蔬代谢病害方面，都有着重要作用。研究发现，含钙量低的苹果，从跃变前到跃变后的呼吸强度都高于含钙量高的，但跃变的时间不受含钙量的影响。高氮量常促进果实的呼吸、衰老和败坏，含钙量高则可抵消这些不良的影响。果实进入衰老时合成活性常下降，钙能使蛋白质合成加强，或使之保持在较高的水平上。钙有助于维持细胞器膜的结构，保持膜的完整性，并控制一些酶的活性，采后果实以钙盐浸渍，可保持果肉硬度，这是因为钙阻止了果胶酶破坏果胶物质。此外，钙还有维持正常代谢，防止或减轻一些生理病害的功能。如人们将苹果置于真空并浸于钙盐溶液中，以强迫钙溶液进入苹果果肉内，从而控制苦痘病和腐烂，取得了很好的效果。

4. 乙烯对成熟和衰老的影响

早在1924年，Denny就发现乙烯能促进柠檬变黄及使呼吸作用加强，1934年Gane发现乙烯是苹果果实成熟时的一种天然产物，并提出乙烯是成熟激素的概念。1959年人们将气相色谱用于乙烯的测定，由于可测出微量乙烯，证实其不是果实成熟时的产物，而是在果实发育中慢慢积累，当增加到一定浓度时，启动果实成熟，从而证实乙烯的确是促进果实成熟的一种生长激素。

(1) 乙烯对成熟和衰老的促进作用

① 乙烯与成熟

许多园艺产品采后都能产生乙烯（表1-18）。但产生的量有很大差别，跃变型果实成熟期间自身能产生乙烯，只要有微量的乙烯（表1-19），就足以启动果实成熟，随后内源乙烯迅速增加，达到释放高峰，此期间乙烯累积在组织中的浓度可高达10～100mg/kg。虽然乙烯高峰和呼吸高峰出现的时间有所不同，但就多数跃变型果实来说，乙烯高峰常出现在呼吸高峰之前，或与之同步，只有在内源乙烯达到启动成熟的浓度之前采用相应的措施，抑制内源乙烯的大量产生和呼吸跃变，才能延缓果实的后熟，延长产品贮藏期。非跃变型果实成熟期间自身不产生乙烯或产量极低，因此后熟过程不明显。麝香石竹花衰老时乙烯合成也明显增加，类似于成熟的果实。紫露草属植物切花衰老时乙烯自动催化能力提高，然后随衰老的进程下降。

表1-18 园艺产品的乙烯生成量(1992) [C_2H_4:$\mu L \cdot kg^{-1} \cdot h^{-1}$(20℃)]

类型	乙烯生成量	产品名称
非常低	<0.1	朝鲜蓟，芦笋，菜花，樱桃，柑橘类，枣，葡萄，草莓，石榴，甘蓝，结球甘蓝，菠菜，芹菜，葱，洋葱，大蒜，胡萝卜，萝卜，甘薯，多数切花，石刁柏，豌豆，菜豆，甜玉米
低	0.1～1.0	黑莓，蓝莓，红莓，酸果蔓，橄榄，柿子，菠萝，黄瓜，绿菜花，茄子，秋葵，柿子椒，南瓜，西瓜，马铃薯，加沙巴甜瓜
中等	1.0～10.0	香蕉，无花果，番石榴，白兰瓜，荔枝，番茄，大蕉，甜瓜（蜜王、蜜露等品种）
高	10.0～100.0	苹果，杏，莺梨，公爵甜瓜，罗马甜瓜，猕猴桃，榴莲，油桃，桃，番木瓜，梨
非常高	>100.0	南美番荔枝，曼密苹果，西番莲，番荔枝

表 1-19　几种果实成熟的乙烯阈值

品 名	乙烯阈值/(mg/kg)	品 名	乙烯阈值/(mg/kg)	品 名	乙烯阈值/(mg/kg)
香蕉	0.1～0.2	芒果	0.04～0.4	甜橙	0.1
油梨	0.1	梨	0.46	番茄	0.5
柠檬	0.1	甜瓜	0.1～1.0	—	—

外源乙烯处理能诱导和加速果实成熟，使跃变型果实呼吸上升和内源乙烯大量生成，乙烯浓度的大小对呼吸高峰的峰值无影响，但浓度大时，呼吸高峰出现得早。乙烯对跃变型果实呼吸的影响只有一次，且只有在跃变前处理起作用。对非跃变型果实，外源乙烯在整个成熟期间都能促进呼吸上升，在很大的浓度范围内，乙烯浓度与呼吸强度成正比，当除去外源乙烯后，呼吸下降，恢复到原有水平，也不会促进内源乙烯增加(图 1-10)。

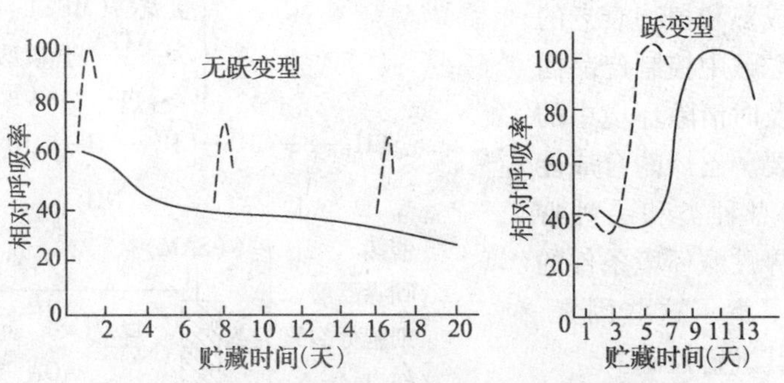

图 1-10　乙烯对跃变型和非跃变型果实呼吸的影响

(引自《赵丽芹《园艺产品贮藏加工学》》)

② 其他生理作用

伴随对园艺产品呼吸的影响，乙烯促进了成熟过程的一系列变化。其中最为明显的包括使果肉很快变软，产品失绿黄化和器官脱落。如仅 0.02mg/kg 乙烯就能使猕猴桃冷藏期间的硬度大幅度降低，0.2mg/kg 乙烯就使黄瓜变黄，1mg/kg 乙烯使白菜和甘蓝脱帮，加速腐烂。植物器官的脱落，使装饰植物加快落叶、落花瓣、落果，如 9.15mg/kg 乙烯使石竹花瓣脱落，0.3mg/kg 乙烯使康乃馨 3 天败落，缩短花卉的保鲜期。此外，乙烯还加速马铃薯发芽、使萝卜积累异香豆素，造成苦味，刺激石刁柏老化合成木质素而变硬，乙烯也造成产品的伤害，使花芽不能很好地发育。

(2) 乙烯的生物合成途径

乙烯生物合成途径是：蛋氨酸(Met)→S-腺苷蛋氨酸(SAM)→1-氨基环丙烷→1-羧酸(ACC)→乙烯。乙烯来源于蛋氨酸分子中的 C_2 和 C_3，Met 与 ATP 通过腺苷基转移酶催化形成 SAM。这并非限速步骤，体内 SAM 一直维持着一定水平。SAM→ACC 是乙烯合成的关键步骤，催化这个反应的酶是 ACC 合成酶，专一以 SAM 为底物，需磷酸吡哆醛为辅基，强烈受到磷酸吡哆醛酶类抑制剂氨基乙氧基乙烯基甘氨酸(AVG)和氨基氧乙酸(AOA)的抑制，该酶在组织中的浓度非常低，为总蛋白的 0.000 1%，存在于细胞质中。果实成熟、受到伤害、吲哚乙酸和乙烯本身都能刺激 ACC 合成酶活性。最后一步是 ACC 在乙烯形成酶(EFE)的作用下，在有 O_2 的参与下形成乙烯，一般不成为限速步骤。EFE 是膜依赖的，其活性不仅需要膜的完整性，且需组织的完整性，组织细胞结构破坏（匀浆时）时合成停止。因此，跃变后的过熟果实细胞内虽然 ACC 大量积累，但由于组织结构瓦解，乙烯的生成降低了。多胺、低氧、解偶联剂（如氧化磷酸化解偶联剂二硝基苯酚 DNP）、自由基清除剂和某些金属离子（特别是 Co^{2+}）都能抑制 ACC 转化成乙烯。

ACC 除了氧化生成乙烯外，另一个代谢途径是在丙二酰基转移酶的作用下与丙二酰基结合，生成无活性的末端产物丙二酰基-ACC（MACC）。此反应是在细胞质中进行的，MACC 生成后，转移并贮藏在液泡中。果实遭受胁迫时，因 ACC 增高而形成的 MACC 在胁迫消失后仍然积累在细胞中，成为一个反映胁迫程度和进程的指标。果实成熟过程中也有类似的 MACC 积累，成为成熟的指标。

(3) 影响乙烯合成和作用的因素

乙烯是果实成熟和植物衰老的关键调节因子。贮藏中控制产品内源乙烯的合成和及时清除环境中的乙烯气体都很重要。乙烯的合成能力及其作用受自身种类和品种特性、发育阶段、外界贮藏环境条件的影响（图 1-11），了解了这些因素，才能从多途径对其进行控制。

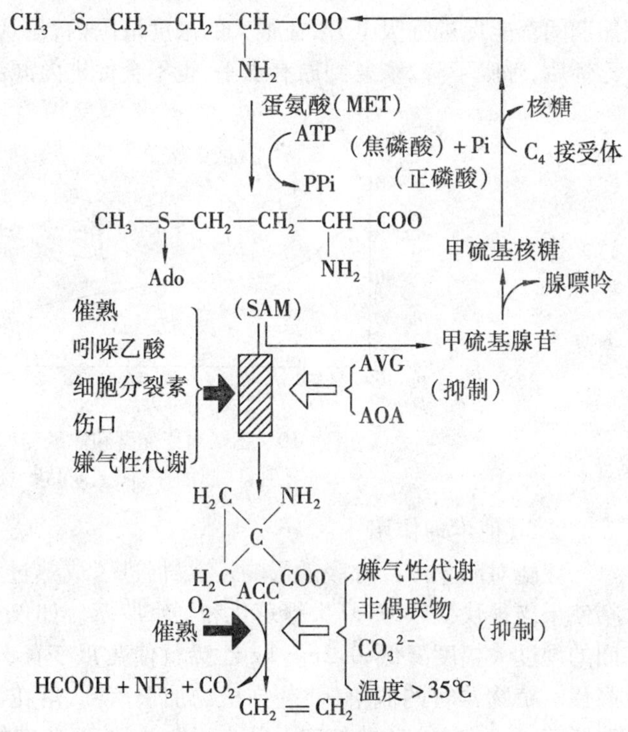

图 1-11　乙烯生物合成的控制
（引自赵丽芹《园艺产品贮藏加工学》）

① 果实的成熟度

跃变型果实中乙烯的生成有两个调节系统：系统Ⅰ负责跃变前果实中低速率合成的基础乙烯，系统Ⅱ负责成熟过程中跃变时乙烯自我催化大量生成，有些品种在短时间内系统Ⅱ合成的乙烯可比系统Ⅰ增加几个数量级。两个系统的合成都遵循蛋氨酸途径。不同成熟阶段的组织对乙烯作用的敏感性不同。跃变前的果实对乙烯作用不敏感，系统Ⅰ生成的低水平乙烯不足以诱导成熟；随果实发育，在基础乙烯不断作用下，组织对乙烯的敏感性不断上升，当组织对乙烯敏感性增加到能对内源乙烯（低水平的系统Ⅰ）作用起反应时，便启动了成熟和乙烯的自我催化（系统Ⅱ），乙烯便大量生成，长期贮藏的产品一定要在此之前采收。采后的果实对外源乙烯的敏感程度也是如此，随成熟度的提高，对乙烯越来越敏感。非跃变果实乙烯生成速率相对较低，变化平稳，整个成熟过程只有系统Ⅰ活动，缺乏系统Ⅱ，这类果实只能在树上成熟，采后呼吸一直下降，直到衰老死亡，所以应在充分成熟后采收。

② 伤害

贮藏前要严格去除有机械伤、病虫害的果实，这类产品不但呼吸旺盛，传染病害，还由于

其产生伤乙烯，会刺激成熟度低且完好的果实很快成熟衰老，缩短贮藏期。干旱、淹水、温度等胁迫以及运输中的震动都会使产品形成伤乙烯。

③ 贮藏温度

乙烯的合成是一个复杂的酶促反应，一定范围内的低温贮藏会大大降低乙烯合成。一般在0℃左右乙烯生成很弱，后熟得到抑制，随温度上升，乙烯合成加速，如苹果在10℃～25℃之间乙烯增加的Q_{10}为2.8，荔枝在5℃下，乙烯合成只有常温下的1/10左右；许多果实乙烯合成在20℃～25℃左右最快。因此，采用低温贮藏是控制乙烯合成的有效方式。一般低温贮藏的产品EFE活性下降，乙烯产生少，ACC积累，回到室温下，乙烯合成能力恢复，果实能正常后熟。但冷敏感果实于临界温度下贮藏时间较长时，如果受到不可逆伤害，细胞膜结构遭到破坏，EFE活性就不能恢复，乙烯产量少，果实则不能正常成熟，使口感、风味，或色泽受到影响，甚至失去实用价值。

此外，多数果实在35℃以上时，高温抑制了ACC向乙烯的转化，乙烯合成受阻，有些果实如番茄则不出现乙烯峰。近来发现用35℃～38℃热处理能抑制苹果、番茄、杏等果实的乙烯生成和后熟衰老。

④ 贮藏气体条件

O_2：乙烯合成的最后一步是需氧的，低O_2可抑制乙烯产生。一般O_2浓度低于8%，果实乙烯的生成和对乙烯的敏感性下降，一些果蔬在3% O_2中，乙烯合成能降到正常空气中的5%左右。如果O_2浓度太低或在低O_2中放置太久，果实就不能合成乙烯或丧失合成能力。如香蕉在10%～13% O_2中乙烯生成量开始降低，空气中O_2 <7.5%时，便不能合成；从5% O_2中移至空气中后，乙烯合成恢复正常，能后熟；若1% O_2中放置11天，移至空气中乙烯合成能力则不能恢复，丧失原有风味。跃变上升期的“国光”苹果经低O_2（1%～3% O_2，0% CO_2）处理10天或15天，ACC明显积累，回到空气中30～35天，乙烯的产量比对照组低100多倍，ACC含量始终高于对照组，若处理时间短（4天），回到空气中乙烯生成将逐渐恢复接近对照组。

CO_2：提高环境中CO_2浓度能抑制ACC向乙烯的转化和ACC的合成，CO_2还被认为是乙烯作用的竞争性抑制剂，因此，适宜的高浓度CO_2从抑制乙烯合成及乙烯的作用两方面都可推迟果实后熟。但这种效应在很大程度上取决于果实种类和CO_2浓度，3%～6%的CO_2抑制苹果乙烯的效果最好，浓度在6%～12%效果反而下降，在油梨、番茄、辣椒上也有此现象。高浓度CO_2做短期处理，也能大大抑制果实乙烯合成，如苹果上用高CO_2（5%～21% O_2，10%～20% CO_2）处理4天，回到空气中乙烯的合成能恢复，处理10天或15天，转到空气中回升变慢。在贮藏中，需创造适宜的温度、气体条件，既要抑制乙烯的生成和作用，也要使果实产生乙烯的能力得以保存，才能使贮后的果实能正常后熟，保持特有的品质和风味。

乙烯：对果实特别是跃变型果实的贮藏寿命起决定性的作用。产品一旦产生少量乙烯，会诱导ACC合成酶活性，造成乙烯迅速合成，因此，贮藏中要及时排除已经生成的乙烯。采用高锰酸钾等作乙烯吸收剂，方法简单，价格低廉。一般采用活性炭、珍珠岩、砖块和沸石等小碎块为载体以增加反应面积，将它们放入饱和的高锰酸钾溶液中浸泡15～20min，自然晾干。制成的高锰酸钾载体暴露于空气中会氧化失效，晾干后应及时装入塑料袋中密封，使用时放到透气袋中。乙烯吸收剂用时现配更好，一般生产上采用碎砖块更为经济，用量约为果蔬的5%。适当通风,特别是贮藏后期要加大通风量,也可减弱乙烯的影响。使用气调库时,焦碳分子筛气调机进行空气循环可脱除乙烯,效果更好。

⑤ 产品混贮

将自身释放乙烯少的非跃变型果蔬与大量释放乙烯的果实混合贮藏,就会受到乙烯的不良影响,故贮藏中要注意将上述果蔬分开贮藏。更严格来讲,每一种果蔬都要分别贮藏,以减少风味物质的相互影响。

⑥ 化学物质

一些药物处理可抑制内源乙烯的生成。ACC 合成酶是一种以磷酸吡哆醛为辅基的酶,强烈受到磷酸吡哆醛酶类抑制剂 AVG 和 AOA 的抑制,Ag^{+}能阻止乙烯与酶结合,抑制乙烯的作用,在花卉保鲜上常用银盐处理。Co^{2+}和 DNP 能抑制 ACC 向乙烯的转化。还有某些解偶联剂、铜螯合剂、自由基清除剂,紫外线有也破坏乙烯并消除其的作用。最近发现多胺也具有抑制乙烯合成的作用。

5. 其他植物激素对果实成熟的影响

果实生长发育和成熟并非某种激素单一作用的结果,还受到其他激素的调节(图 1-12)。1973 年 Coombe 提出跃变型果实有明显呼吸高峰,由乙烯调节成熟,非跃变型果实中很少生成乙烯,而由 ABA 调节成熟进程。

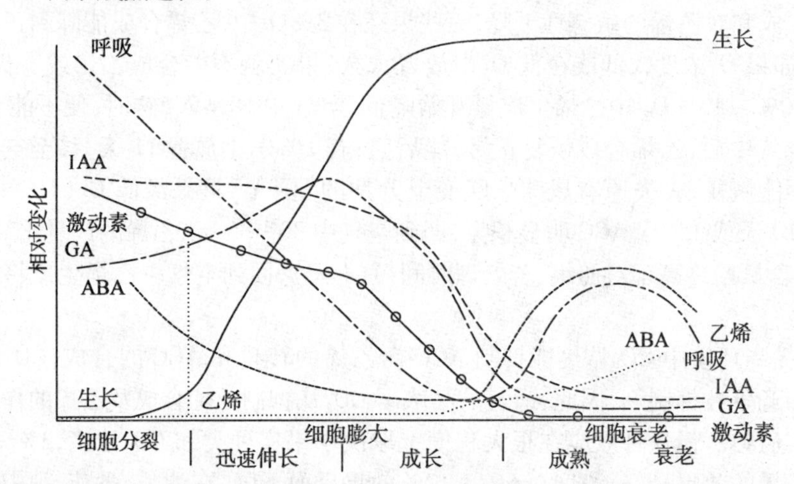

图 1-12 跃变型果实生长过程中的生长、呼吸和激素水平的理论动力曲线图

(引自赵丽芹《园艺产品贮藏加工学》)

(1) 脱落酸(ABA)

许多非跃变果实(如草莓、葡萄、伏令夏橙、枣等)在后熟中 ABA 含量剧增,且外源 ABA 促进其成熟,而乙烯则无效。但近来的研究又对跃变型果实中 ABA 的作用给予重视。苹果、杏等跃变果实中,ABA 积累发生在乙烯生物合成之前,ABA 首先刺激乙烯的生成,然后再间接对后熟起调节作用。果实的耐藏性与果肉中 ABA 含量有关。猕猴桃 ABA 积累后出现乙烯峰,外源 ABA 促进乙烯生成加速软化,用 $CaCl_2$浸果显著抑制了 ABA 合成的增加,延缓果实软化。还有研究表明,减压贮藏能抑制 ABA 积累。无论怎样,贮藏中减少 ABA 的生成能更进一步延长贮藏期。如果能了解抑制 ABA 产生有关的各种条件,将会使贮藏技术更为有效。

(2) 生长素

生长素可抑制果实成熟。IAA(吲哚乙酸)必须先经氧化而浓度降低后,果实才能成熟。它可能影响着组织对乙烯的敏感性。幼果中 IAA 含量高,对外源乙烯无反应。自然条件下,随幼果发育、生长,IAA 含量下降,乙烯增加,最后达到敏感点,才能启动后熟。同时,乙烯抑制生长素合成及其极性运输,促进吲哚乙酸氧化酶活性,使用外源乙烯(10 ~ 36mg/kg)就引起内源 IAA 减少。因此,成熟时外源乙烯也使果实对乙烯的敏感性更大。

外源生长素既有促进乙烯生成和后熟的作用,又有调节组织对乙烯的响应及抑制后熟的效应。它在不同的浓度下表现的作用不同:1 ~ 10μmol/L IAA 能抑制呼吸上升和乙烯生成,延迟成熟;100 ~ 1 000μmol/L 刺激呼吸和乙烯产生,促进成熟,IAA 浓度越高,乙烯诱导就越快。外源生长素能促进苹果、梨、杏、桃等成熟,但却延缓葡萄成熟。可能是由于它对非跃变型果实(如葡萄)并不能引起乙烯生成,或者虽能增加生成乙烯,但生成量太少,不足以抵消生长素延缓衰老的作用,但对跃变型果实来说则能刺激乙烯生成,促进成熟。

(3) 赤霉素

幼小的果实中赤霉素含量高,种子是其合成的主要场所,果实成熟期间水平下降。在很多生理过程中,赤霉素和生长素一样,与乙烯和 ABA 有拮抗作用,在果实衰老中也是如此。素花期、着色期喷施或采后浸入外源赤霉素明显抑制一些果实(鳄梨、香蕉、柿子、草莓)呼吸强度和乙烯的释放,外源赤霉素处理减少乙烯生成是由于其能促进 MACC 积累,抑制 ACC 的合成。赤霉素还抑制柿果内 ABA 的累积。

外源赤霉素对有些果实的保绿、保硬有明显效果。外源赤霉素处理树上的橙和柿能延迟叶绿素消失和类胡萝卜素增加,还能使已变黄的脐橙重新转绿,使有色体重新转变为叶绿体。在番茄、香蕉、杏等跃变型果实中亦有效,但保存叶绿素的效果不如对橙的明显。外源赤霉素能抑制甜柿果顶软化和着色,大大延迟橙、杏和李等果实变软,显著抑制后熟。外源赤霉素推迟完熟的效果可被施用外源乙烯所抵消。

(4) 细胞分裂素

细胞分裂素是一种衰老延缓剂,明显推迟离体叶片衰老,但外源细胞分裂素对果实延缓衰老的作用不如对叶片那么明显,且与产品有关。如它可抑制跃变前或跃变中苹果和鳄梨乙烯的生成,使杏呼吸下降,但均不影响呼吸跃变出现的时间;抑制柿采后乙烯释放和呼吸强度,减慢软化(但作用均小于外源赤霉素),但却加速香蕉果实软化,使其呼吸和乙烯都增加,对绿色油橄榄的呼吸、乙烯生成和软化均无影响。卞基腺嘌呤(BA)和激动素(KT)还可阻碍香石竹离体花瓣将外源 ACC 转变成乙烯。

细胞分裂素处理的保绿效果明显。卞基腺嘌呤或激动素处理香蕉果皮、番茄、绿色的橙,均能延缓叶绿素消失和类胡萝卜素的变化。甚至在高浓度乙烯中,细胞分裂素也延缓果实变色,如用激动素渗入香蕉切片,然后放在足以启动成熟的乙烯浓度下,虽然明显出现呼吸跃变、淀粉水解、果肉软化等成熟现象,但果皮叶绿未消失显著被延迟,形成了绿色成熟果。

细胞分裂素对果实后熟的作用及推迟某些果实后熟的原因还不太清楚,可能主要是抑制了蛋白蛋的分解。

总之,许多研究结果表明果实成熟是几种激素平衡的结果。果实采后,GA、CTK、IAA

含量都高,组织抗性大,虽有 ABA 和乙烯,却不能诱发后熟,随着 GA、CTK、IAA 逐渐降低,ABA 和乙烯逐渐积累,组织抗性逐渐减小,ABA 或乙烯达到后熟的阈值,果实后熟启动。例如,苹果、梨、香蕉等果实在树上的成熟进程比采下后缓慢,用 50mg/kg 乙烯利处理挂树鳄梨,48h 不发生作用,但同样浓度处理采后果实,很快促熟。

6. 基因工程对果实成熟的调控

在果实成熟复杂的生理变化中,最显著的是果肉的软化。由于多聚半乳糖醛酸酶(PG)是果实成熟软化过程中变化最明显的酶,因此,采用基因工程调节控制 PG 的基因表达来抑制果实硬度的下降,曾引起众多植物分子生物学家的兴趣。该酶曾被认为是对番茄软化起重要作用的酶,而 Smith(1990)的转基因番茄植株中,虽然 PG 活性得到抑制而降至正常的 1%,但这些低 PG 果实的软化仍以正常方式进行。对果胶甲酯酶的研究也得到类似的结果。这说明果实软化是一个非常复杂的过程,仅单独控制 PG 或 PE 的基因表达不能起到推迟成熟、保持果肉硬度的作用。

用基因工程调节乙烯的合成来调控果实成熟在番茄上已经取得了成功。1990 年,英国人最早利用反义 RNA 技术获得反义 ACC 氧化酶(即 EFE)的 RNA 转化植株,乙烯合成被抑制,后来科学家又将 ACC 合成酶或两者的反义基因同时导入,得到转基因植株。我国中科院、北大、华中农大和中国农大也开展了有关的研究。中国农大获得的转基因番茄在绿熟期采收,25℃下不变色,30 天后果实淡黄,只能通过乙烯催熟才能转色,而正常番茄在 25℃放置 4 ~6 天,全部转红。转基因番茄在常温能贮藏 2 ~3 个月,在我国已经被获准上市。

从果实生理来看,其他跃变型果实也应该能像番茄一样用反义 RNA 技术抑制乙烯合成而调节果实衰老和软化。ABA 在非跃变型果实衰老中是否起关键作用?通过基因工程调节 ABA 的生成已在烟草等植物上取得成功,是否今后也能用于果实?这些问题有待深入探讨。总之,基因工程的应用无论是对于研究果实成熟机制,还是对于解决贮藏中的实际问题,都有重要的理论价值和美好的应用前景。

1.2.5 逆境伤害的避免

一切会引起生物体生理功能失常的环境条件都属于逆境(Stress)。园艺产品采后贮藏期间遭受逆境时,会引起生理失调、组织损伤和崩溃,产生一系列非病原菌引起的伤害,导致食用品质和耐藏性下降或丧失。采后贮藏期间的逆境伤害主要是低温(包括冷害和冻害)和气体伤害。

1. 冷害(Chilling injury)的调节

(1) 冷害及其症状

低温是抑制果实代谢、延长贮藏期最为有效的措施之一。但有些产品,特别是一些热带、亚热带(包括某些温带)果实或地下根茎、叶菜等,由于系统发育处于高温、多湿的环境中,形成对低温的敏感性,即使是在冰点以上的低温中贮藏也会发生代谢失调而造成伤害,此现象被称为冷害(Chilling injury)。冷害将导致果蔬耐藏性和抗病性下降,造成食用品质劣变甚至腐烂。

易产生冷害的产品称为冷敏感(Chilling sensitive)产品,它们采后在冰点以上的一定低温下放置一段时间后，首先出现代谢障碍，然后从外部表现出受害症状。表面的凹陷斑点几乎是所有产品冷害的早期症状，这是皮下细胞坏死、失水干缩塌陷的结果，在冷害发展的过程中会连成大块凹坑。另一个典型的症状为表皮或组织内部褐变，呈现棕色、褐色或黑色斑点或条纹，有些褐变在低温下表现，有些则是在转入室温下才出现。冷害还使许多皮薄或柔软的水果出现水渍状斑块，使叶菜失绿。受冷害的果实由于代谢紊乱，不能正常后熟，一些产品（如番茄、桃、香蕉）不能变软、不能正常着色，不能产生特有的香味，甚至有异味。冷害严重时的腐烂是因组织抗病性下降或细胞死亡，促进了病原菌活动的结果。表 1-20 中列出了常见果蔬的冷害症状。

表 1-20　常见果蔬的冷害症状

品名	温度(℃)	冷害症状	品名	温度(℃)	冷害症状
葡萄柚	10.0	表面凹陷、烫伤状、褐变	香蕉	12.0～13.0	表皮有黑色条纹，不能正常后熟，中央胎座硬化
西瓜	4.5	表皮凹陷、有异味	鳄梨	5.0～12.0	凹陷斑，果肉和维管束变黑
甜瓜	2.2～4.4	表面凹陷、腐烂	苹果	-1.5～2.2	橡皮病，烫害，果肉（心）褐变
黄瓜	13.0	果皮有水渍状斑点、凹陷	橙	2.8～5.0	表皮凹陷，褐变
马铃薯	3.3～4.4	褐变，糖分增加	南瓜	10.0	腐烂
绿熟番茄	10.0～12.0	褐斑，不能正常成熟，果色不佳	柠檬	10.0～12.0	表面凹陷、有红褐色斑
茄子	7.0～9.0	表皮呈烫伤状，种子变黑	—	—	—

（2）冷胁迫下的生理生化变化

与采后正常温度下贮藏的产品相比，冷胁迫下果蔬代谢发生一系列相应的变化。主要有呼吸速率和呼吸商的改变。伤害开始时，产品呼吸速率异常增加，随着冷害加重，产品趋于死亡，呼吸速率又开始下降。受轻微冷害的果实从低温回到室温时，呼吸急剧上升，但代谢能够恢复正常而不表现冷害症状，受害严重则不能恢复，冷害症状很快发展。如柠檬在0.5℃贮藏4周，回到20℃时呼吸虽然在一开始很快上升，但24h就恢复正常，若存放12周，则代谢不能恢复正常。某些果实（如香蕉）受冷害后回到室温下，呼吸模式发生改变，不出现呼吸跃变，结果不能正常后熟。呼吸速率的变化可作为检验冷害程度的指标。果实受到冷害后，组织的有氧呼吸大大受到抑制，即使有足够的氧气也无法利用；无氧呼吸增加，表现为呼吸商增加，组织中酒精、乙醛积累。

低温胁迫下，产品细胞膜受到伤害，透性增加，离子相对渗出率上升，贮藏温度越低，电解质渗出率越高，冷害越严重。这种变化的发生明显早于外部形态结构的变化，膜透性可作为预测冷害的指标。组织受伤程度较轻，回到室温细胞膜可自行修复，恢复正常，受伤严重，膜发生不可逆变化，透性大幅度上升，冷害症状则很快发展。

产品冷害的发生首先与贮藏温度和时间密切相关。开始发生冷害的最高温度或不发生冷害的最低温度称为临界温度。当冷敏感产品贮藏于临界温度以下时,乙烯合成发生改变。低温下乙烯形成酶系统(EFEs)活性很低,使得 ACC 积累而乙烯产量很低,果实从低温转入室温时,ACC 合成酶活性和 ACC 含量都很快上升,EFEs 活性和乙烯合成则取决于产品受冷害的程度。由于 EFE 系统存在于细胞膜上,其活性依赖于膜结构,冷害不十分严重时,转入室温 EFE 活性也大幅度上升,乙烯产量增加,果实正常成熟,冷害严重,细胞膜受到永久伤害时, EFE 活性不能恢复,乙烯产量很低,无法后熟达到所要求的食用品质。

冷害温度下,一些化学物质也发生变化。由于三羧酸循环发生混乱,导致丙酮酸和三羧酸循环的中间产物 α-酮酸(草酰乙酸和酮戊二酸)积累,丙酮酸的积累使丙氨酸含量迅速增加,这些现象在黄瓜、茄子、香蕉、甜椒中都被发现。冷胁迫时,脯氨酸的积累既反映了细胞结构和功能受损伤的程度,同时,也有其适应性的意义,采取一定措施提高其含量,又能起到保护作用。多胺也是近年来发现的对植物抗逆性有调节作用的一类物质,已发现果实产生冷害时,它们的含量有所增加。

(3) 冷害机制

对于冷害机制,目前有许多解释和假说,但膜相变理论有许多直接和间接的证据,并普遍被接受。冷害低温首先冲击细胞膜,引起相变,即膜从相对流动的液晶态变成流动性下降的凝胶态。结果是: 膜透性增加,受害组织细胞中溶质渗漏造成离子平衡的破坏;脂质凝固,黏度增大,引起原生质流动减慢或停止,使细胞器能量短缺,同时线粒体膜的相变,使组织的氧化磷酸化能力下降,也造成 ATP 能量供应减少,能量平衡受到破坏;由于与膜结合的酶,其活性依赖于膜的结构,膜相变引起此类酶活化能增加,其活性下降,使酶促反应受到抑制,但不与膜结合的酶系的活化能变化不大,从而造成两种酶系统之间的平衡受到破坏。

离子平衡、能量平衡、酶系平衡的破坏导致了生理代谢的失调,积累有毒的代谢产物,使组织发生伤害。若受害很轻,回到常温细胞膜能自行修复,就恢复正常。若长时间处于冷害温度下,组织受到不可逆伤害,则出现冷害症状,导致品质下降或腐烂(图 1-13)。

(4) 影响冷害的因素

① 产品的内在因素

园艺产品采后低温贮藏时,是否会发生冷害及冷害的严重程度是由产品本身对冷的敏感性决定的。不同种类和品种的产品冷敏感性差异很大,如黄瓜在 1℃下 4 天就发生冷害,而桃则 2 周后才发生;广东的椪柑 4℃ ~6℃下存放 2 个月,冷害严重,而蕉柑在此温度存放 3 个月,冷害很轻。原产地及生长期温度高的产品,对冷害更敏感,原产于温带的一些产品最适合的温度一般在 0℃ ~4℃,亚热带生长的番茄、茄子等一般高于 7℃ ~10℃,产于热带的香蕉、芒果、柠檬等在 10℃ ~13℃以上。同一产区的同种产品,夏季生长更敏感,如:7 月采收的茄子比 10 月的易受冷害。此外,成熟度越低,对冷害越敏感。

② 贮藏的环境因素

一般来说,在临界温度以下,贮藏温度越低,冷害发生越快,温度越高,耐受低温而不发生冷害的时间越长。在某些情况下,0℃附近或稍低于临界温度时,冷害要比中间温度下发生的晚。例如,广东甜橙 1℃ ~3℃和 10℃ ~12℃贮藏 5 个月后,冷害造成的褐斑很少,而 4℃ ~6℃和 7℃ ~9℃下的果实发病率高。可以认为冷害产生包括两个过程: 一是诱导伤害,二是症状表现。近 0℃的低温虽然很快诱导了生理上的伤害,但其代谢失调在低温下缓

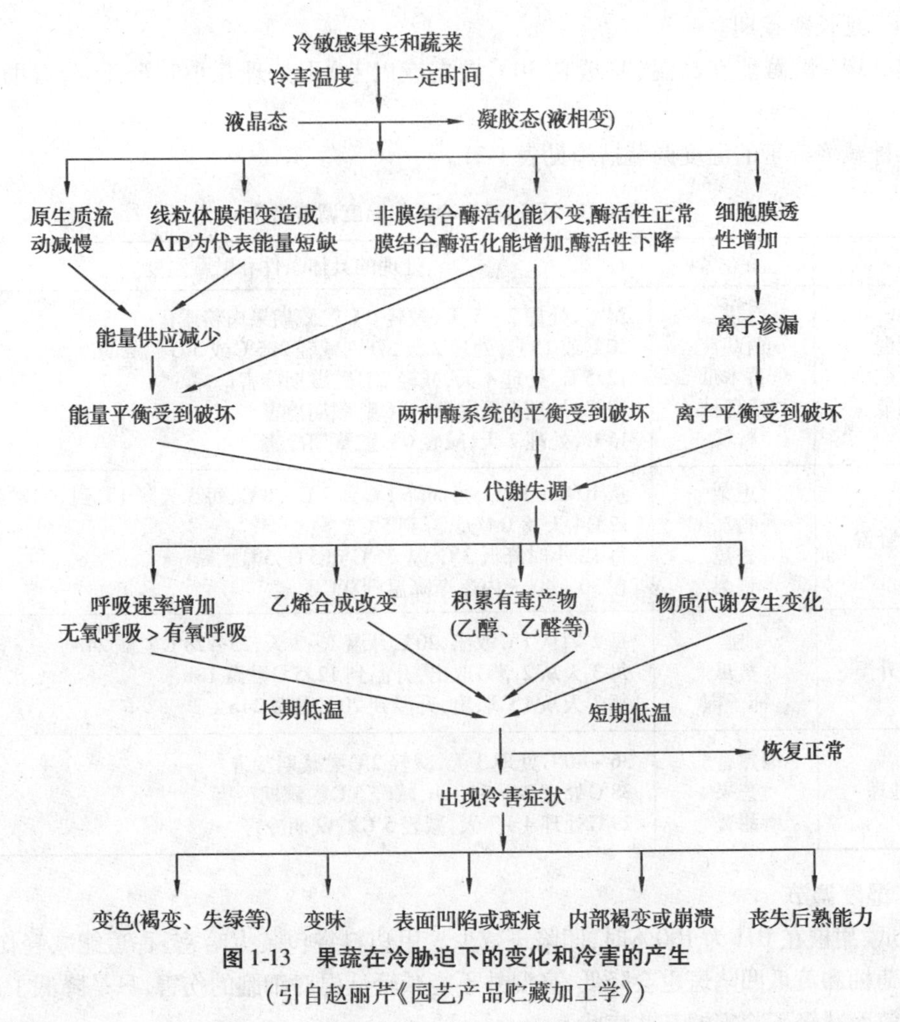

图 1-13 果蔬在冷胁迫下的变化和冷害的产生

(引自赵丽芹《园艺产品贮藏加工学》)

慢,使造成的症状表现被推迟,中间温度下,冷害诱导虽然慢一些,但由于温度较高,代谢失调的变化加速,所以,症状的表现反而早。

贮于高湿环境中,特别是 RH 接近 100% 时,会显著抑制果实冷害时表皮和皮下细胞崩溃,使冷害症状减轻,而低湿加速症状的出现。对大多数产品来说,适当提高 CO_2 和降低 O_2 含量可在某种程度上抑制冷害,但也有些产品,如番木瓜对气体无反应,甚至在黄瓜、甜椒中还发现低 O_2 和高 CO_2 加重冷害的现象。

(5) 冷害的控制

① 温度调节

温度调节有利于减轻或避免冷害,包括以下几种措施:

低温预贮调节:采后在稍高于临界温度的条件下放置几天,增加抗寒性,可缓解冷害。

逐渐降温法:低温贮藏前逐渐降低产品的温度,使其适应低温,有时比单用低温更好。这种方法只对呼吸高峰型果实有效,对非呼吸高峰型果实(如柠檬、葡萄柚)则无效。

间歇升温:低温贮藏期间,在产品还未发生不可逆伤害之前,将产品升温到冷害临界温度以上,使其代谢恢复正常,从而避免出现冷害症状,但也要注意升温太频繁会加速代谢,反而不利于延长贮藏期。

热处理：贮藏前在高温（一般在30℃左右或以上）下处理几小时至几天，有助于抑制冷害。

几种减轻冷害的温度调节措施见表1-21。

表1-21 几种减轻冷害的温度调节措施

处理方式	品名	处理的具体条件和贮藏温度
低温预贮调节	桃	24℃，处理2~5天，减轻0℃贮藏期果肉粉质化
	西葫芦	10℃或15℃，处理2天，分别减轻2.5℃或5℃贮藏期冷害
	番木瓜	12.5℃，处理4天，减轻2℃贮藏期冷害
	葡萄柚	17℃，处理6天，减轻0℃贮藏期冷害
	柠檬	15℃，处理7天，减轻0℃贮藏期冷害
逐渐降温	恩梨	从10℃~14℃，每周降1℃到7℃~8℃，每3天降1℃到0℃贮藏
	番茄	12℃4天，8℃4天，降到5℃贮藏
	香蕉	每12小时降低3℃，从21℃到5℃，5℃贮藏
	鸭梨	在30~40天内逐渐降温到0℃贮藏
间歇升温	桃	每2周从1℃取出，20℃升温1~2天，25~28℃贮藏24h
	黄瓜	每3天从2.5℃取出，升温到12.5℃贮藏18h
	柿子椒	每3天从1℃取出，升温到20℃贮藏24h
热处理	绿熟番茄	36~40℃处理3天，减轻2℃贮藏期冷害
	芒果	38℃处理24h和36h，减轻5℃贮藏期冷害
	甜薯	29℃处理4~7天，减轻5℃贮藏期冷害

② 湿度调节

黄瓜、甜椒在RH为100%时，凹陷斑减少。用塑料袋包装大哈密、香蕉能减轻伤害，打蜡的葡萄柚和黄瓜凹陷斑也会降低，高湿并不能减轻低温对细胞的伤害，只是降低了产品的水分蒸散而减轻了冷害的某些症状。

③ 气体调节

气调能否减轻冷害还没有一致的结论。气体成分对冷害的影响随产品种类和品种而异，葡萄柚、西葫芦、油梨、日本杏、桃、菠萝等在气调中冷害症状都得以减轻，但黄瓜、石刁柏和柿子椒则反而加重。

④ 化学物质处理

氯化钙处理可减轻苹果、梨、鳄梨、番茄、秋葵的冷害，不影响成熟。乙氧基喹和苯甲酸能减轻黄瓜、甜椒的冷害。红花油和矿物油减轻3℃贮藏香蕉的失水和表面变黑，一些杀菌剂如噻苯唑、苯诺明、抑迈唑可减轻柑橘腐烂及对冷害的敏感性。此外，ABA、乙烯和外源多胺处理也都能减轻冷害症状。

2. 冻害（Freezing injury）的预防

(1) 冻害及其症状

冻害（Freezing injury）是园艺产品贮藏温度低于其冰点时，由于结冰而产生的伤害。受冻害后组织最初出现水渍状，然后变为透明或半透明水煮状，并由于代谢失调而有异味，有

些蔬菜发生色素降解，呈灰白色或产生褐变。遭受冻害的程度与受冻温度、时间和产品自身对冻害的敏感性有关，如桃、香蕉、番茄、黄瓜等受冻后组织完全遭到破坏，菠菜、芹菜、大白菜等缓慢解冻后基本能恢复正常生理活动。

（2）冻害的产生

园艺产品的含水量很高，细胞的冰点稍低于0℃，一般在 -1.5℃ ~ -0.7℃，冰点的高低与产品种类、细胞内可溶性固形物含量有关。园艺产品在低于其冰点的环境中，组织温度直线下降，达到一个最低点（图1-14），此时温度虽在冰点以下，组织内并未结冰。物理学上称为“过度冷却”现象。图1-14 中 $-t_1$为“过冷点”。然后，组织温度骤然回升，达到 $-t_2$（冰点），组织开始结冰。组织的过冷程度与环境温度有关，环境温度越低，过冷点也越低。过冷产品保持平静，可在一段时间内不结冰，产品不致受害；如果时间延长或环境温度降低，特别是受到震动，就会形成冰核，产品很快结冰。冻结时首先是组织细胞间隙中的水蒸气和浸润胞壁的水在细胞间隙形成冰晶，称胞间冻结。在缓慢冻结的情况下，冰晶不断长大，水分不断从原生质和细胞液中脱出，使原生质脱水而代谢失调，同时冰晶的长大会对细胞产生一定压力，使细胞壁和细胞膜受到机械伤害。如果受冻的时间很短，细胞膜未受到损伤，缓慢升温后可以恢复正常，若细胞间的结冰造成的细胞脱水已使细胞膜受到损伤或导致原生质不可逆变性，则产品会很快变坏。进一步的冻结称胞内冻结，冰的生成进入细胞质和液泡，破坏细胞质和细胞器，造成细胞死亡。

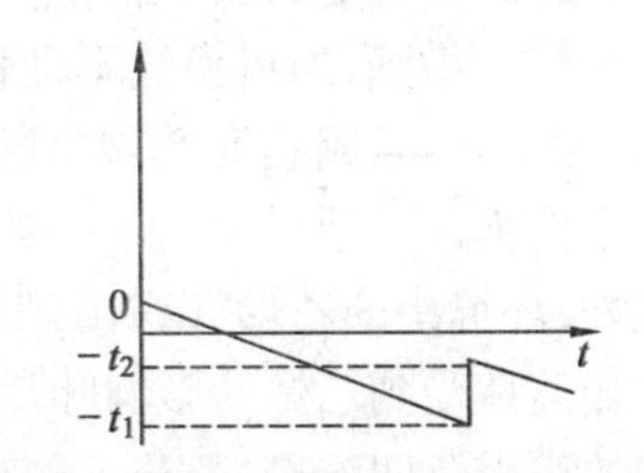

图1-14　组织冻结时温度随时间的变化

（引自赵丽芹《园艺产品贮藏加工学》）

（3）冻害的预防

贮藏中首先要掌握产品最适合的贮藏温度，严格控制环境温度，避免产品较长时间处于冰点温度以下。一旦受冻，产品容易遭受机械伤，解冻之前不可任意搬动和翻动，以防冰晶刺破细胞，同时要在适宜的温度下缓慢解冻，使细胞间隙的冰晶融化的水分能被细胞重新吸收，使原生质恢复正常。解冻过快，融化的水来不及被细胞吸收而流失，则造成永久伤害。一般认为在4.5℃ ~5℃下解冻较为适宜，温度过低解冻过缓，相当于受冻时间延长也不合适。

3. 气体伤害

（1）气体伤害的类型和症状

为了抑制产品的新陈代谢，延缓衰老，贮藏中经常适当降低 O_2和升高 CO_2的浓度，但由于产品在不断进行呼吸而吸入 O_2和释放 CO_2，这两种气体的含量是在不断变化的，如果控制不好，就会使 O_2浓度过高或 CO_2浓度过低，形成逆境气体条件，导致产品代谢异常，出现伤害。

贮藏环境中 O_2浓度低于1% ~2%时，许多产品产生了无氧呼吸，造成代谢失调，发生低氧伤害。症状主要是表皮坏死的组织因失水而局部塌陷，组织褐变、软化，不能正常成熟，产生酒味和异味。O_2的临界浓度随产品不同而有所差异，如菠菜为1%，石刁柏为2.5%，豌豆和胡萝卜则为4%。贮藏温度高时，发生伤害的 O_2的临界值也高。

高浓度的 CO_2抑制线粒体活性和琥珀酸脱氢酶的活性，从而引起琥珀酸积累，到一定程度则导致组织伤害，琥珀酸积累同时也抑制了三羧酸循环的正常进行，使环境中的 O_2不能被利用而造成无氧呼吸，发生生理障碍。其症状与低 O_2 伤害相似，主要是表皮或内部组织或两者都发生褐变，出现褐斑、凹斑或组织脱水萎软甚至出现空腔。产品对高浓度 CO_2 的忍耐力随种类、品种和成熟度不同而不同。各种产品对 CO_2 敏感性差异很大，如鸭梨特别敏感，CO_2 大于 1% 就增加黑心病的发病率，结球莴苣在 1% ~2% 的 CO_2 中就会受到伤害，柑橘类果实也较为敏感，通风换气不良就容易产生伤害，出现水肿，而绿菜花、洋葱、蒜薹能耐受 10% 的 CO_2。产品成熟度低、贮藏温度高或处在衰老阶段、贮藏时间较长、环境中低氧时更容易发生伤害。

此外，环境中的乙烯、以 NH_3 为制冷剂冷库的 NH_3 泄露和 SO_2 等气体也会引起产品代谢失调。如莴苣受到乙烯的影响叶片出现褐斑。NH_3 泄露时，苹果和葡萄红色减退；蒜薹出现不规则的浅褐色凹陷斑，番茄不能正常变红而且组织破裂。葡萄用 SO_2 防腐处理浓度偏高时，可使果粒漂白，严重时呈水渍状。

(2) 气体伤害的预防

园艺产品在贮藏中一旦受到低浓度 O_2、高浓度 CO_2、乙烯、NH_3 或 SO_2 等气体伤害，就很难恢复。因此，在大规模气调贮藏以前，一定要对不同种类、品种和不同收获季节、不同生产地的贮藏产品进行研究，弄清其适宜的贮藏气体条件（即 O_2 和 CO_2 的最佳比例）。在贮藏期间一定要随时检测环境中气体成分及含量，及时给予调节。定期检测制冷系统的气密性将有助于防止以 NH_3 为制冷剂的贮藏库中产品受到 NH_3 的伤害。产品贮藏前，用硫磺熏蒸进行库体消毒后，要通风排除气体，可预防产品 SO_2 伤害。

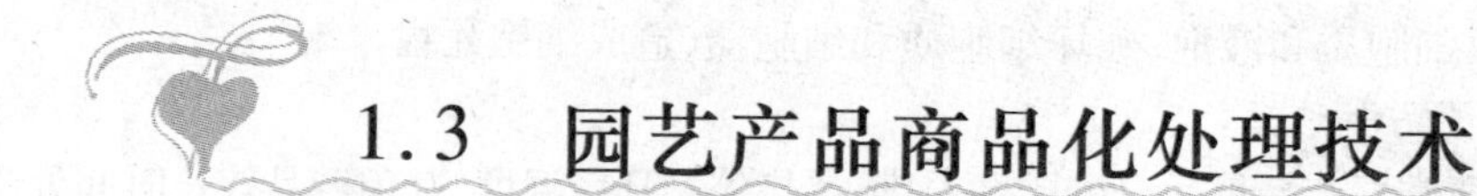

1.3 园艺产品商品化处理技术

1.3.1 采收

采收是果蔬生产上的最后一个环节，也是商品化处理和贮藏加工的最初一环。采收成熟度和采收方法，在很大程度上影响果蔬的产量、品质及其耐贮性能。

果蔬采收的原则是“及时、无损、保质、保量、减少损耗”。采收过早，不仅果蔬的大小和重量达不到标准而影响产量，而且色、香、味欠佳，品质也不好，在贮藏中易失水皱缩，增加某些生理病害的发生率。采收过晚，果蔬已经成熟衰老，不耐贮藏和运输。在确定果蔬的采收成熟度、采收时间和方法时，应该考虑果蔬的采后用途、贮藏时间的长短、贮藏方法、运输距离的远近、销售期长短和产品的类型等。一般就地销售的产品，可以适当晚采收，而作为长期贮藏和远距离运输的产品，应该适当早采，一些有呼吸高峰的果实应该在生理成熟阶段而且在呼吸跃变到来之前采收。采收工作有很强的时间性和技术性，最好由经过培训的工人采收，尽量减少损失。采收以前，必须做好人力和物力上的安排和组织工作，选择恰当的采收期和采收方法。

1. 适期采收

适期采收是影响采收质量的关键因素。据王钟经等研究,采收期对茌梨产量与品质影响很大(表1-22)。据沈阳农业大学对苹果梨采收与贮藏关系的观察:早期采收的果实,单果重最小,自然耗最大;晚采的果实,腐烂率明显高于早、中期采收(表1-23)。

表1-22　不同采收期对茌梨的产量及品质的影响（王钟经等,1993）

采收期(月/日)	单果(g)	产量(kg/天)	硬度(kg/cm^2)	总糖(%)	总酸(%)
9/10	171.900	2 265.000	10.150	7.110	0.210
9/20	229.200	3 020.000	8.650	9.406	0.200
9/30	266.710	3 514.000	7.100	10.230	0.160

表1-23　苹果梨采收时期与耐藏性的关系

	采收期(月/日)	单果重(kg)	自然损耗(%)	腐烂率(%)
早	9/23	0.200	7.700	16.500
中	10/3	0.235	5.900	18.000
晚	10/13	0.245	5.300	24.400

菜豆、青豌豆食用幼嫩组织,采收期推迟,纤维素增多,结球甘蓝若不及时采收,裂球率显著增加。番茄采收期推迟,如遇连阴雨裂果增多。

2. 采收成熟度

判断果蔬成熟度的方法主要有下列几种。

(1) 表面色泽的显现和变化

许多果实在成熟时都显示出它们特有的果皮颜色,因此,果皮的颜色可作为判断果实成熟度的重要标志之一。未成熟果实的果皮中有大量的叶绿素,随着果实成熟度的提高,叶绿素逐渐分解,底色(如类胡萝卜素、花青素等)便呈现出来。例如,甜橙果实在成熟时呈现出类胡萝卜素,血橙呈现出花青素;苹果、桃等的红色为花青素;柿子为橙黄色素和番茄红素,呈血红色。葡萄的果皮中含有的单宁、戊酸酐、单儿茶酚及某些花青素等而呈现红色。

一些果菜类的蔬菜也常用色泽变化来判断成熟度。如作远途运输或贮藏的番茄,应该在绿熟阶段(此时果顶呈现奶油色)采收,而就地销售的番茄可在着色期(此时果顶呈现粉红色或红色)采收。红色的番茄可作为加工原料或就近鲜销。甜椒一般在绿熟时采收,茄子应该在表皮明亮而有光泽时采收,黄瓜应在瓜皮深绿色时采收,当西瓜接近地面的部分颜色由绿色变为酪黄,甜瓜的色泽从深绿变为斑绿和稍黄时表示瓜已成熟。豌豆从暗绿色变为亮绿色,菜豆由绿色转为发白表示成熟,甘蓝叶球的颜色变为淡绿色时成熟,花椰菜的花球洁白而不发黄为适当采收期。

(2) 果梗脱离的难易度

有些种类的果实(如苹果和梨),在成熟时果柄与果枝间常产生离层,稍一震动就可脱落,此类果实离层也是成熟的标志之一。

(3) 硬度和质地

果实的硬度是指果肉抗压力的强弱,抗压力越强,果实的硬度就越大。一般未成熟的果实硬度较大,达到一定成熟度后果肉变软,硬度也随之下降。因此,根据果实的硬度,可以判断果实的成熟度。

辽宁的国光苹果采收时,一般硬度为9.1kg/cm^2;烟台的青香蕉苹果采收时,一般为8.2kg/cm^{2}左右;四川的金冠苹果采收时,一般为7.7kg/cm^{2}左右,鸭梨为7.2~7.7kg/cm^2,莱阳茌梨为7.5~7.9kg/cm^2。此外,桃、李、杏的成熟度与硬度的关系也十分密切。

一般情况下,蔬菜不测其硬度,而是用坚实度来表示其发育状况。有一些蔬菜的坚实度大,表示发育良好、充分成熟和达到采收的质量标准,如甘蓝的叶球和花椰菜的花球都应该在充实坚硬、致密紧实时采收,这时其品质好,耐贮性强。但是也有一些蔬菜坚实度高表示品质下降,如莴笋、芥菜应该在叶变得坚硬以前采收,黄瓜、茄子、凉薯、豌豆、菜豆、甜玉米等都应该在幼嫩时采收。

(4) 主要化学物质含量

果蔬的主要化学物质有淀粉、糖、有机酸、总可溶性固形物含量等,它们含量的多少也可以作为衡量品质和成熟度的标志。可溶性固形物中主要是糖分,其含量高标志着含糖量高、成熟度高。最简单的、粗略地测定含糖量的方法,是用折光仪测定产品的可溶性固形物,当然这种方法不很准确,因为其他的可溶性物质如酸等会影响可溶性固形物的百分率。总含糖量与总含酸量的比值称"糖酸比",可溶性固形物与总酸的比值称为"固酸比",它们不仅可以衡量果实的风味(表1-24),也可以用来判断成熟度。例如,四川甜橙采收时以固酸比为10∶1、糖酸比为8∶1作为最低采收成熟度的标准;苹果和梨糖酸比为30∶1时采收,风味品质好;枣在糖分积累最高时采收为宜,而柠檬则需在含酸量最高时采收。

表1-24 苹果糖酸比与风味的关系(%)

果实风味	含糖量	含酸量	果实风味	含糖量	含酸量
甜	10.00	0.10~0.25	酸	10.00	0.45~0.60
甜酸	10.00	0.25~0.35	强酸	10.00	0.60~0.85
微酸	10.00	0.35~0.45	—	—	—

果实的总酸一般用滴定法测定。大多数的果蔬在成熟和完熟过程中总含酸量是下降的,用糖酸比或固酸比表示果蔬的品质和成熟度比用单一的糖或酸的含量来表示更为科学。

有的果实也可以用淀粉含量的变化来判断成熟度。如苹果在成熟前,淀粉的含量随果实的增大逐渐增加,在成熟过程中淀粉逐渐转化为糖,含量逐步下降,果实变得甜而可口。由于淀粉遇到碘溶液时会呈现蓝色,蓝色越深,表示淀粉含量越高,所以可以把苹果切开,将其横断面浸入配制好的碘溶液中,观察果肉变蓝的面积及程度。苹果成熟度越高,淀粉含量越少,果肉变蓝的面积也越小,颜色也越浅。不同品种的苹果成熟过程中淀粉含量的变化不同,可以制作不同品种苹果成熟过程中淀粉变蓝的图谱,作为判断成熟度的标准。

糖和淀粉含量也常常作为判断蔬菜成熟度的指标,如青豌豆、甜玉米、菜豆都是以食用其幼嫩组织为主的蔬菜,糖含量多,淀粉含量少时采收,风味品质好,糖转变为淀粉则组织老

化品质恶劣。然而马铃薯、芋头的淀粉含量高时采收品质好、耐贮藏。

此外,跃变型果实在开始成熟时乙烯含量急剧上升,根据这个原理,也可通过测定果实中乙烯的含量来确定采收期。

(5) 果实形态

果实的形态也可作为判断成熟度的指标,因为不同种类、品种的果蔬都具有其固定的形状及大小。例如,香蕉未成熟时,果实的横切面呈多角形,充分成熟时,果实饱满,横切面为圆形。

(6) 生长期和成熟特征

不同品种的果蔬由开花到成熟有一定的生长期,如山东元帅系列的苹果的生长期为145 天左右,红星苹果为 147 天左右,青香蕉苹果为 156 天左右,国光苹果为 160 天左右,各地可根据多年的经验得出适合当地采收的平均生长期。

此外,不同的果蔬在成熟过程中会表现出许多不同的特征,一些果实可以根据其种子的变色程度来判别成熟度。苹果、梨、葡萄等果实的种子从尖端开始由白色逐渐变褐表示果实已经成熟。豆类蔬菜在种子膨大硬化以前采收,具有良好的食用品质,但作为种用的豆类蔬菜则应在种子充分成熟时采收为宜。南瓜表皮出现白粉蜡质,表皮组织硬化时达到成熟。冬瓜表皮上茸毛消失,出现蜡质白粉时采收。还有一些产品生长在地下,可以从地上部分植株的生长情况判断其成熟度,鳞茎、块茎类蔬菜如洋葱、大蒜、马铃薯、芋头、姜的地上部分变黄、枯萎和倒伏时,采收最耐贮藏。

总之,蔬菜与水果不同,其食用部分是植物的不同器官,而且有些蔬菜的食用部分是幼嫩的叶片或叶柄,采收成熟度要求很难一致,应根据采后用途具体操作,不便做出统一的标准。果蔬的种类、品种繁多,成熟特性各异,在判断成熟度时,应根据果蔬的特性,综合考虑各种因素,并抓住其主要方面,判断其最适采收期,从而达到长期贮运、保鲜的目的。

2. 采收方法

果蔬的采收方法可分为人工采收和机械采收两大类。

(1) 人工采收

作为鲜销和长期贮藏的果蔬,最好人工采收。人工采收可以做到轻拿轻放,减少机械损伤。另外,果蔬生长情况复杂,成熟度很难均匀一致,人工采收可以任意挑选,准确地掌握成熟度进行分次采收。这样既不影响果蔬产量,又保证了采收质量。目前世界上很多国家和地区仍然采用人工采收,即使使用机械,同样要有手工操作相配合。

具体的采收方法应根据果蔬的种类而定。如柑橘果实的果柄与枝条不易脱离,通常采用复剪法:第一剪距果蒂 1cm 处剪下,第二剪齐萼剪平;而在美国和日本,柑橘类果实都要求带有果柄,通常用圆头剪在萼片处剪断果梗。采收香蕉时,先用刀切断假茎,紧扶母株让其轻轻倒下,再按住蕉穗切断果轴,注意应避免机械伤害。葡萄、枇杷等成穗的果实,可用果剪齐穗剪下。苹果和梨成熟时,其果梗和短果枝间产生离层,采收时以手掌将果实向上一托,果实即可自然脱落。果实采后装入随身携带的特制帆布袋中,装满后打开袋子的底扣,将果实漏入大木箱内。桃、杏等果实成熟后,果网特别柔软娇嫩,容易造成指痕。人工采收时,应先剪齐指甲,或戴上手套,并小心用手掌托住果实,左右摇动使其脱落。柿子的采收要保留果柄和萼片,但果柄要短,以免刺伤其他果实。

蔬菜由于种类的多样性，采收方法要视具体情况而定。

(2) 机械采收

机械采收的效率高，可以节省很多劳动力，适用于那些在成熟时果梗与果枝间形成离层的果实。一般使用强风压或强力震动机械，迫使果实由离层脱落，但必须在树下布满柔软的帆布篷和传送带，以承接果实，并自动将果实送到分级包装机内。美国使用机械采收樱桃、葡萄和苹果，与人工采收相比，采收的成本分别降低了66%、51%和43%。1970年美国用有80个钻头的气流吸果机，每株树吸果7～13min，可采收60%～85%的果实，但是果实经过14天贮藏后，腐烂率比人工采收的要高。根茎类的蔬菜如马铃薯、洋葱、胡萝卜等，国外已开始用机械采收。为了提高采收效率，催熟剂、脱落剂的研究与应用得到了很大的发展。经过大量研究，柑橘果实的脱落剂已逐渐完善，如放线菌酮、抗坏血酸、萘乙酸等药剂，在机械采收前使用效果较好。

为了保证果蔬质量，采收时应注意以下几点：

采收人员最好事先经过技术培训，采收时轻拿轻放，保护好果实；

采收前应根据果蔬种类特性，事先准备好采收工具如采收袋、篮、筐、篓、箱、梯架和运输工具等。包装容器要结实，内部加上柔软的衬垫物，以免损伤产品；

果蔬的采收时间应选择晴天的早晨露水干后进行，避免在雨天和正午采收；

同一棵树上的果实，不可能同时成熟，应按“先外后内，先下后上”的顺序采收；

采后应避免日晒雨淋，迅速加工成件后运到阴凉场所散热或贮藏库内贮藏。

1.3.2 分级与包装

1. 分级

(1) 分级的目的和意义

果蔬分级的主要目的是使之达到商品化。由于果蔬在生长发育过程中受到外界多种因素的影响，使得同一株树上的果实或同一块地里的蔬菜在外观、风味等品质方面的表现也不一样，从若干果园、菜园中收购上来的果蔬更是大小混杂，良莠不齐。只有通过分级才能按级定价，也便于贮藏、销售和包装。分级不仅可以使产品标准化，还能推动果树和蔬菜栽培管理技术的发展和提高产品的质量。通过挑选分级，剔出有病虫害和机械伤的产品，可以减少贮藏中的损失，减轻病虫害的传播，并可将剔出的残次品及时加工处理，以降低成本和减少浪费。

(2) 分级标准

我国把果蔬标准分为四级：国家标准、行业标准、地方标准和企业标准。国家标准是由国家标准化主管机构批准发布，在全国范围内统一使用的标准。行业标准即专业标准、部标准，是在没有国家标准的情况下由主管机构或专业标准化组织批准发布，并在某个行业范围内统一使用的标准。地方标准是在没有国家标准和行业标准的情况下，由地方制定、批准发布，并在本行政区域范围内统一使用的标准。企业标准是由企业制定发布，并在本企业内统一使用的标准。国际标准和各国的国家标准是世界各国均可采用的分级标准。

我国目前果蔬的采后及商品化处理与发达国家相比差距甚远。只在少数外销商品基地

才有选果设备,绝大部分地区使用简单的工具、按大小或重量人工分级,逐个挑选、包纸、装箱,工作效率低。而有些内销的产品不进行分级。

水果分级标准,因种类品种而异。我国目前的做法是,在果形、新鲜度、颜色、品质、病虫害和机械伤等方面已符合要求的基础上,再按大小进行手工分级,即根据果实横径的最大部分直径,分为若干等级。果品大小分级多用分级板进行,分级板上有一系列不同直径的孔。

如我国出口的红星苹果,直径 65 ~90mm,每相差 5mm 为一个等级,共分为 5 等。河南省的分级标准为直径 60 ~85mm 的苹果,每相差 5mm 为一个等级,共分 5 等。四川省对出口苹果收购规格标准见表 1-25。

表 1-25　四川省对出口苹果的收购规格标准

标准/等级	一　等	二　等	三　等
个头(最大横断面直径)	65mm 以上	60mm 以上	55mm 以上
果型	果实成熟,具有本品种应有的形状和特征,果面洁净,带有果梗	果实成熟,具有本品种应有的形状和特征,果面洁净,可不带果梗,但无表皮伤	果实成熟,形状不限,可不带果梗,但无表皮伤
色泽	具有本品种应有的色泽,红色品种集中着色面 1/3 以上	具有本品种应有的色泽,红色品种集中着色面 1/4 以上	不限
允许不超过下列种类损伤	3 项	3 项	3 项
刺伤(破皮划伤、破皮新雹伤)	不允许	不允许	允许不超过 0.03cm², 干枯者两处
碰压伤	允许轻微者总面积不超过 0.5cm²	允许轻微者总面积不超过 1cm²	轻微者总面积不超过 3cm²,但每处不超过 1cm²
磨伤、瘤子	允许轻微者各不超过 1cm²	允许轻微者总面积不超过果面的 1/8	允许轻微薄者不超过果面的 1/4
水锈	允许轻微者各不超过 1cm²	允许轻微者总面积不超过果面的 1/8	允许轻微薄者不超过果面的 1/4
药害	允许轻微薄者不超过果面的 1/10	允许轻微薄者不超过果面的 1/5	允许轻微薄者不超过果面的 1/2
日烧病	允许桃红色及稍微发白者不超过 1.5cm²	允许桃红色及稍微发白者不超过 1.5cm²	允许轻微者不超过 3cm²
裂果	不允许	允许风干两处,每处不超过 0.5cm²	允许风干 5 处,每处不超过 1cm²
雹伤	允许轻微者不得超过 1cm²	允许轻微者 2 处,但每处不超过 1cm²	允许轻微者 2 处,但每处不超过 1cm²

续表

标准/等级	一　等	二　等	三　等
鞋圆介壳虫伤(包括红玉斑点和青斑点)	允许 5 个斑点	允许 15 个斑点	允许 30 个斑点
病虫	不允许	不允许	允许病虫危害 1 处,蜜果病 1 处,总面积不超过 $2cm^2$
其他虫伤	允许 3 处,每处不得超过 $0.03cm^2$	允许 5 处,每处不得超过 $0.05cm^2$	允许总面积不超过 $1cm^2$

澳门的柑橘中,直径 51～85mm 的蕉柑,每差 5mm 为一个等级;直径为 61～95mm 的椪柑,每差 5mm 为一个等级,共分 7 等;直径为 51～75mm 的甜橙,每相差 5mm 为一个等级,共分为 5 等。

葡萄分级主要以果穗为单位,同时也考虑果粒的大小,根据果穗紧实度、成熟度、有无病虫害和机械伤、能否表现出本品种固有颜色和风味等进行分级。一般可分为三级,一级果穗较典型,大小适中,穗形美观完整,果粒大小均匀,充分成熟,能呈现出该品种的固有色泽,全穗没有破损粒和小青粒,无病虫害;二级果穗大小形状要求不严格,但要充分成熟,无破损伤粒和病虫害;三级果穗即为一、二级淘汰下来的果穗,一般用做加工或就地销售,不宜贮藏。如玫瑰香、龙眼葡萄的外销标准,果穗要求充分成熟,穗形完整,穗的质量为 0.4～0.5kg,果粒大小均匀,没有病虫害和机械伤,没有小青粒。

蔬菜由于食用部分不同,成熟标准不一致,所以很难有一个固定统一的分级标准,只能按照对各种蔬菜品质的要求制定个别的标准。蔬菜分级通常根据坚实度、清洁度、大小、重量、颜色、形状、鲜嫩度以及病虫感染和机械伤等分级,一般分为三个等级,即特级、一级和二级。特级品质最好,具有本品种的典型形状和色泽,不存在影响组织和风味的内部缺点,大小一致,产品在包装内排列整齐,在数量或重量上允许有 5% 的误差。一级产品与特级产品有同样的品质,允许在色泽、形状上稍有缺点,外表稍有斑点,但不影响外观和品质,产品不需要整齐地排列在包装箱内,可允许 10% 的误差。二级产品可以呈现某些内部和外部缺点,价格低廉,采后适合于就地销售或短距离运输。

(3) 分级方法

① 人工分级

这是目前国内普遍采用的分级方法。这种分级方法有两种,一是单凭人的视觉判断,按果蔬的颜色、大小将产品分为若干级。用这种方法分级的产品,级别标准容易受人心理因素的影响,往往偏差较大。二是用选果板分级,选果板上有一系列直径大小不同的孔,根据果实横径和着色面积的不同进行分级。用这种方法分级的产品,同一级别果实的大小基本一致,偏差较小。

人工分级能最大程度地减轻果蔬的机械伤害,适用于各种果蔬,但工作效率低,级别标准有时不严格。

② 机械分级

机械分级的最大优点是工作效率高，适用于那些不易受伤的果蔬产品。有时为了使分级标准更加一致，机械分级常常与人工分级结合进行。目前我国已研制出了水果分级机，大大提高了分级效率。美国的机械分级起步较早，大多数采用电脑控制。

果蔬的机械分级设备有果径大小分级机和果实重量分级机两种：

果径大小分级机是根据果实横径的大小进行分级的，有滚筒式、传动带式和链条传送带式三种。这种分级机的优点是结构简单、故障少、工作效率高。缺点是分级精度不够高。由于果实的横径和纵径大小不同，在运动过程中容易滚动，机械有时不是按横径而是按纵径进行分级的，特别是果形不整齐时，更容易发生偏差。由于果实在分级机上受摩擦的时间较长，所以对容易受伤的果实不宜使用。

果实重量分级机是根据果实重量进行分级的，有摆杆秤式和弹簧秤式两种。这种分级机结构复杂，价格高，分级速度较慢。苹果、梨、番茄、萝卜等果蔬常使用这种机械分级。

2. 包装

(1) 包装的作用

合理的包装是使果蔬产品标准化、商品化，保证安全运输和贮藏的重要措施。良好的包装可以减少产品间的摩擦、碰撞和挤压造成的机械伤，防止产品受到尘土和微生物等不利因素的污染，减少病虫害的蔓延和水分蒸发，缓冲外界温度剧烈变化引起的产品损失；包装可以使果蔬在流通中保持良好的稳定性，美化商品、提高商品率和商品价格及卫生质量。改变以前的“一等原料，二等包装，三等商品，四等价格”的不合理状况。

(2) 包装容器的要求

一般商品的包装容器应该具有美观、清洁、无异味、无有害化学物质，内壁光滑、卫生，重量轻、成本低、便于取材、易于回收及处理，并在包装外面注明商标、品名、等级、重量、产地、特定标志及包装日期等。果蔬包装除了应具备上述特点外，根据其本身的特性，还应具备以下特点：

具有足够的机械强度以保护产品，避免在运输、装卸和堆码过程中造成机械伤；

具有一定的通透性，以利于产品在贮运过程中散热和气体交换；

具有一定的防潮性，以防止包装容器吸水变形而造成机械强度降低，导致产品受伤而腐烂。

(3) 包装的种类及特点

果蔬的包装种类很多，主要有以下几种：

① 纸箱

这是当前世界范围内果蔬贮藏和销售的主要包装容器。特别是瓦楞纸箱近年来发展较快，在果蔬贮藏、内销和外贸上广泛使用。具有质轻、牢固、美观、经济、实用、易于回收等特点，由于纸箱规格大小一致，包装果蔬后便于堆码，在装卸过程中便于机械化作业。

② 塑料箱和钙塑箱

这是果蔬贮运和周转使用的包装容器。塑料箱的主要材料是高密度聚乙烯或聚苯乙烯，钙塑箱的主要材料是聚乙烯和碳酸钙。这类包装的特点是，箱体规格标准，结实牢固，重量轻，抗挤压、碰撞能力强，防水，不易变形，便于果蔬包装后高度堆码，有效利用贮运空间，在装卸过程中便于机械化作业，外表光滑，易于清洗，可重复使用，是较理想的果蔬传统贮运包装的替代品之一。

目前北京、南京和上海生产的插叠式塑料周转箱，容积较大，重量轻，搬运装卸灵活方便，空箱可以套叠，占空间小，利于空箱的周转，箱口有插槽，运输和堆码时安全。

③ 木箱

这是国外常用的果蔬贮藏包装容器，国内很少使用。其优点是规格统一，容量大，抗挤压能力强，便于堆码和机械化作业，可重复利用。缺点是重量大，价格高，不便人工搬运，贮藏过程中易吸水和发霉，国内生产上使用受到限制。

④ 筐类

这是我国目前内销果蔬使用的主要包装容器，包括荆条筐、竹筐等。这类包装可就地取材，价格低廉，但规格不一，表面粗糙，牢固性差，极易使果蔬在贮运中造成伤害，不宜长期使用。

⑤ 麻袋和网袋

多用于核桃、板栗、马铃薯、甘薯、胡萝卜、洋葱、大蒜等果蔬的包装。其特点是重量轻，价格低，可重复使用，但不适于娇嫩果蔬的包装。

(4) 包装容器的规格标准

随着商品经济的发展，包装标准化作为果蔬商品的重要内容之一，越来越受到人们的重视。国外在此方面发展较早，世界各国都有本国相应果蔬包装容器的标准。东欧国家采用的包装箱标准一般是600mm×400mm 和 500mm×300mm，包装箱的高度根据给定的容量标准来确定。易伤果蔬每箱不超过 14kg，仁果类不超过 20kg。美国红星苹果的纸箱规格为500mm × 302mm × 322mm。日本福岛装桃纸箱，装 10kg 的规格为 460mm × 310mm × 180mm，装 5kg 的规格为 350mm×460mm×95mm。我国出口的鸭梨，每箱净重 18kg，纸箱规格有 60、72、80、96、120、140 个等(为每箱鸭梨的个数)；出口的柑橘，每箱净重 17kg，纸箱内容积为 470mm×277mm×270mm，按个数分为 7 级，规格为 60、76、96、124、150、180、192 个等(为每箱柑橘的个数)。

(5) 包装材料

在果蔬包装过程中，经常要在果蔬表面包纸或在包装箱内加填一些衬垫物，以增强包装容器的保护功能，减少果蔬在装卸过程中的机械损伤。

① 包果纸

果蔬表面包纸有利于保持其原有质量，提高耐贮性。包果纸的主要作用有：抑制果蔬采后失水，减轻失重和萎蔫，阻止果蔬体内外气体交换，抑制采后生理活动，隔离病原菌侵染，减少腐烂，避免果蔬在容器内相互摩擦和碰撞，减少机械伤，具有一定的隔热作用，有利于保持果蔬稳定的温度。

包果纸要求质地光滑柔软、卫生、无异味、有韧性。若在包果纸中加入适当的化学药剂，还有预防某些病害的作用。

值得一提的是，近年来塑料薄膜在果蔬包装上的应用越来越广泛，如柑橘的单果套袋，在采后保鲜和延长货架期方面起到了良好的效果。草莓、樱桃、蘑菇等果蔬分级后先装入小塑料袋或塑料盒中，然后再装入包装箱中进行运输和销售，效果也很好。

② 衬垫物

使用筐类容器包装果蔬时，应在容器内铺设柔软清洁的衬垫物，以防果蔬直接与容器接触造成损伤。另外，衬垫物还有防寒、保湿的作用。常用的衬垫物有蒲包、塑料薄膜、碎纸、牛皮纸、杂草等。

③ 抗压托盘

作为包装材料的一种，国外常用于苹果、梨、桃、芒果、葡萄柚等果实的包装上。抗压托盘上具有一定数量的凹坑，凹坑与凹坑之间有时还有美丽的图案。凹坑的大小和形状以及图案的类型根据包装的具体果实来设计，每个凹坑放置一个果实，果实的层与层之间由抗压托盘隔开，这样可有效地减少果实的损伤，同时也起到了美化商品的作用。

(6) 包装方法与要求

果蔬经过挑选分级后，即可进行包装。包装方法可根据果蔬的特点来决定，一般来说，有定位包装、散装和捆扎后包装。果蔬在包装容器内要有一定的排列形式，既可防止它们在容器内滚动和相互碰撞，又能使产品通风换气，并充分利用容器的空间。如苹果、梨用纸箱包装时，果实的排列方式有直线式和对角线式两种；用筐包装时，常采用同心圆式排列，马铃薯、洋葱、大蒜等蔬菜常采用散装的方式等。

包装应在冷凉的条件下进行，避免风吹、日晒和雨淋。包装时应轻拿轻放，装量要适度，防止过满或过少而造成损伤。不耐压的果蔬包装时，包装容器内应填加衬垫物，减少产品的摩擦和碰撞。易失水的产品应在包装容器内加衬塑料薄膜等。由于各种果蔬抗机械伤的能力不同，为了避免上部产品将下面的产品压伤，一些果蔬的最大装箱(筐)深度为：苹果 60cm，洋葱 100cm，甘蓝 100cm，梨 60cm，胡萝卜 75cm，马铃薯 100cm，柑橘 35cm，番茄 40cm。

果蔬销售小包装可在批发或零售环节中进行，包装时剔除腐烂及受伤的产品。销售小包装应根据产品特点，选择透明薄膜袋、带孔塑料袋包装，也可放在塑料托盘或泡沫托盘上，再用透明薄膜包裹。销售包装上应标明重量、品名、价格和日期。销售小包装应具有保鲜、美观、便于携带等特点。

1.3.3 预冷

1. 预冷的作用

预冷是将果蔬在运输或贮藏之前进行适当降温处理的一种措施。预冷可除去产品的田间热，迅速降低品温，以抑制果蔬采后的生理生化活动，减少微生物的侵染和营养物质的损失从而提高贮运保鲜效果。预冷温度因果蔬的种类、品种而异，一般要求达到或者接近贮藏的适温水平。实践证明，预冷是搞好果蔬贮藏保鲜工作的第一步，也是至关重要的一步。预冷不及时或者预冷不彻底，都会增加产品的采后损失。如苹果采后晚入库预冷 1 天，将会缩短贮藏期 10 天；巴梨采后 2 天预冷，可贮藏 120 天；采后 4 天预冷，只能贮藏 60 天。

为了最大限度地保持果蔬的新鲜品质和延长货架寿命，预冷最好在产地进行，而且越快越好。特别是那些组织娇嫩、营养价值高、采后寿命短以及具有呼吸跃变的果蔬，如果不快速预冷，很容易腐烂变质。此外，未经预冷的果蔬直接进入冷库，也会加大制冷机的热负荷量，当果蔬的品温为 20℃时装车或入库，所需排除的热量为 0℃时的 40～50 倍。

2. 预冷的方法

(1) 自然降温冷却

自然降温冷却是一种最简便易行的预冷方式,它是将采收的果蔬放在阴凉通风的地方,让其自然降温。虽然这种方法冷却的时间较长,难以达到产品所需要的预冷温度,但仍然可以散去部分田间热,有利于提高运输和贮藏的效果。这是自然低温冷却贮藏中经常采用的预冷方法。

(2) 水冷却

水冷却是将果蔬浸在冷水中或者用冷水冲、淋产品,使其降温的一种冷却方式。冷却水有低温水(一般在0℃~3℃)和自来水两种。目前使用的水冷却方式有流水系统和传送带系统。水冷却降温速度快,成本低,但要防止冷却水对果蔬的污染。因为冷却水通常是循环使用的,这样会导致水中腐败微生物的积累,使产品受到污染,因此,生产上应该在冷却水加入一些防腐药剂,以减少病源微生物的交叉感染。商业上适合于用水冷却的果蔬有胡萝卜、芹菜、柑橘、甜玉米、网纹甜瓜、菜豆、桃等。直径7.6cm的桃在1.6℃水中放置30min,可以将其温度从32℃降到4℃,直径为5.1cm的桃在15min内可以冷却到4℃。

(3) 真空冷却

真空冷却是将果蔬放在耐压、气密的容器中,迅速抽出空气和水蒸气,使产品表面的水在真空负压下蒸发而冷却降温。压力减小时,水分的蒸发加快,如当压力减小到533.29Pa(4mmHg)下,水在0℃就可以沸腾,所以真空冷却速度极快。在真空冷却中,大约温度每降低5.6℃,失水量为1%,这样果蔬的失水约为1.5%~5%。由于被冷却产品的各部分是等量失水,所以产品不会出现萎蔫现象。

真空冷却的效果在很大程度上取决于果蔬的表面积与体积之比(表面积/体积)、产品组织失水的难易程度以及真空罐抽真空的速度,因此,不同种类的果蔬真空冷却的效果差异很大。生菜、菠菜、莴苣等叶菜最适合于用真空冷却,纸箱包装的生菜用真空预冷,在25~30min内可以从21℃下降到2℃,包心不紧的生菜只需15min。还有一些蔬菜,如石刁柏、花椰菜、甘蓝、芹菜、葱、蘑菇和甜玉米也可以使用真空冷却,但一些表面积(或体积)小的产品如水果、根菜类和番茄,最好使用其他的冷却方法。真空冷却对产品的包装有特殊要求,包装容器要求能够通风,便于水蒸气散发出来。

(4) 强制冷风冷却

强制冷风冷却是将果蔬放在预冷室内,利用制冷机制造冷气,再通过鼓风机使冷空气流经果垛,将产品热量带走,从而达到降温的目的。强制冷风冷却所用的时间比一般冷库预冷要快4~10倍,但比水冷却和真空冷却所用的时间要长。大部分果蔬适合用强制冷风冷却,但在预冷期间,要保持预冷室内有较高的相对湿度。

(5) 压差冷却

将压差预冷装置安放在冷库中,当预冷装置中的鼓风机转动时,冷空气吸入预冷箱内,产生压力差,将产品快速冷却,其冷却速度比强力通风快。

(6) 冷库冷却

冷库冷却是一种简单的预冷方法,它是将果蔬放在冷库中降温的一种冷却方式,苹果、柑橘、梨和蒜薹等大多数果蔬都可以在短期或长期贮藏的冷库内进行预冷。预冷期间,库内

要保证足够的湿度；果垛之间、包装容器之间都应该留有适当的空隙，保证气流通过，否则预冷效果不佳。冷库冷却和水冷却、真空冷却以及强制冷风冷却相比，降温速度较慢，但其操作简单，成本低廉，因此这种预冷方式目前在我国应用较为广泛。

总之，在选择预冷方法时，必须要考虑现有的设备、成本、包装类型、距销售市场的远近以及产品本身的要求。在预冷期间要定期测量产品的温度，以判断冷却的程度，防止温度过低产生冷害或冻害，造成产品在运输、贮藏或销售过程中腐烂损失。

1.3.4 果蔬的其他采后处理

1. 愈伤

果蔬在采收过程中，常常会造成一些机械损伤，特别是那些块根、块茎、鳞茎类蔬菜，如萝卜、芋头、山药、马铃薯、洋葱和大蒜等。果蔬即使有微小的伤口也会招致微生物侵入而引起腐烂。为此，须在贮藏之前对果蔬进行愈伤处理，修复伤口，阻止病菌侵染危害。

值得注意的是，并非所有果蔬都能愈伤，果蔬种类不同，其愈伤能力也不同。仁果类、瓜类、块根、块茎及鳞茎类蔬菜一般具有较强的愈伤能力；核果类、柑橘类、果菜类的愈伤能力较差，浆果类、叶菜类受伤后很难形成愈伤组织。此外，果蔬成熟度和愈伤处理时期对愈伤的快慢也有影响，进入完熟和衰老阶段的果蔬一旦受伤，伤口很难修复，果蔬采收后马上进行愈伤处理，愈伤能力则较强。无论果蔬愈伤能力如何，在采收过程中都应尽量减少机械伤。因为机械伤的出现，会使果蔬呼吸上升，乙烯产生量增加，大部分的反应趋向于水解，所有这些都是对贮藏不利的。

大部分果蔬在愈伤过程中，都要求有较高的温度、湿度和良好的通气条件，其中以温度影响最大。过高过低的温度都不能加速伤口愈合，有时却对微生物的侵染有利。不同果蔬愈伤时，对温度、湿度要求不同。马铃薯愈伤的最适条件为，温度 21℃ ~27℃，RH 90% ~95%，甘薯为 32℃ ~35℃，RH 85% ~90%，而山药在 38℃和 RH 95% ~100%下愈伤 24h，就可以完全抑制表面真菌的活动和减少内部组织的坏死。就大多数果蔬而言，愈伤的条件为温度 25℃ ~30℃，RH 85% ~95%，而且通气良好，确保愈伤环境中有充足的 O_2。研究表明，愈伤可明显延长贮藏期，愈伤的马铃薯比未愈伤的贮藏期可延长 50%，而且腐烂减少。成熟的南瓜，愈伤后，果皮硬化，贮藏时间延长。但是，有些果蔬愈伤时要求较低的湿度，如洋葱和大蒜收获后要进行晾晒，使外部鳞片干燥，以减少微生物侵染，促使鳞茎的颈部和盘部的伤口愈合，有利于贮藏和运输。

2. 晾晒

果蔬含水量较高，对于大多数产品而言，在采后贮藏过程中应尽量减少其失水，以保持新鲜品质，提高耐贮性。但是对于某些果蔬在贮前进行适当晾晒，反而可减少贮藏中病害的发生，延长贮藏期，如柑橘、哈密瓜、大白菜及葱蒜类蔬菜等。

柑橘在贮藏后期易出现枯水现象，特别是宽皮橘类表现得更加突出。如果将柑橘在贮前晾晒一段时间使其失重 3% ~5%，就可明显减轻枯水病的发生，果实腐烂率也相应减少。国内外很多的研究和生产实践证明，贮前适当晾晒是保持柑橘品质，提高耐贮性的重要措施之一。

大白菜是我国北方冬春两季的主要蔬菜，含水量很高，如果采后直接入贮，易出现机械伤,贮藏过程中呼吸强度高,脱帮、腐烂严重,损失较大。生产实践证明,大白菜采后进行适当晾晒,当其外叶弯而不折,失重为5% ~10%时再行入贮,可减少机械伤和腐烂,提高贮藏品质,延长贮藏时间。但是,如果大白菜晾晒过度,不但失重增加,促进水解反应的发生,还会提高乙烯的产生量,从而促进离层产生,脱帮严重,降低耐贮性。

洋葱、大蒜采后适当晾晒,会加快外部鳞片干燥使之成为膜质保护层,对抑制产品组织内外气体通透,减少失水,加速休眠都有积极的作用,有利于贮藏。此外,对马铃薯、甘薯进行适当晾晒,对贮藏也有好处。

综上所述,晾晒对某些果蔬的贮藏具有积极作用,但是对于晾晒时间、晾晒方法及晾晒程度,应视果蔬的特性、当时的气候条件和贮藏方法而定。

3. 催熟及脱涩

(1) 催熟

果蔬在田间生长时成熟度往往不一致,特别是对于香蕉、芒果、柑橘、菠萝、柿子、猕猴桃、番茄等果蔬,为了使产品以最佳成熟度和风味品质提前上市,集中采收,以便获得最佳经济效益,有必要对其进行人工处理,促进其后熟,这就是催熟。

① 催熟的条件

首先,用来催熟的果蔬必须达到生理成熟;其次,催熟时一般要求较高的温度、湿度和充足的 O_2;第三,要有适宜的催熟剂。不同种类的产品的最佳催熟温度和湿度不同,一般以温度21℃ ~25℃、RH 85% ~90%为宜。湿度过高或过低对催熟均不利,湿度过低,果蔬会失水萎蔫,催熟效果不佳,湿度过高产品又易染病腐烂。由于催熟环境的温度和湿度都比较高,致病微生物容易生长,因此要注意催熟室的消毒。为了充分发挥催熟剂的作用,催熟环境应该有良好的气密性,催熟剂应有一定的浓度。此外,催熟室内的气体成分对催熟效果也有影响,二氧化碳的累积会抑制催熟效果,因此催熟室要注意通风,以保证室内有足够的氧气。国内外研究证明,乙烯、丙烯、丁烯、乙炔、乙醇等化合物对果蔬均有催熟作用,其中以乙烯应用最普遍。此外,很多物质燃烧释放的气体也有催熟作用,如燃烧石油、煤炭、柴草、熏香等产生的气体都能促使果蔬成熟,因为这些气体中含有一定量的乙烯。纯乙烯可以用浓度为90%的酒精加热到400℃以上,用氧化铝作为催化剂来制备。人工合成的"乙烯利"水剂也可释放乙烯,在微碱条件下释放乙烯较快,因此,使用时最好加洗衣粉等物质作为助溶剂。

② 各类果蔬的催熟方法

a. 香蕉的催熟

为了便于运输和贮藏,香蕉一般在绿熟期采收,绿熟阶段的香蕉硬度大,口感发涩,风味差,不能食用,上市前应进行催熟处理,使香蕉果皮转黄,果肉变软变甜,产生特有的香蕉风味。下面介绍几种香蕉常用的催熟方法。

乙烯处理。将绿熟香蕉放入催熟室中,保持室内温度20℃ ~22℃和RH 80% ~85%,通入1 000mg/m^3 的乙烯,处理24 ~48h,当果皮稍黄时取出即可。为了避免催熟室内累积过多的 CO_2(CO_2 浓度超过1%时,乙烯的催熟作用将受到抑制),每隔24h要通风1 ~2h,密闭后再通乙烯。也可直接将绿熟香蕉放入密闭环境中,保持温度22℃ ~25℃和RH 90%,利用香蕉自身释放的乙烯催熟。

乙烯利处理。目前市场上销售的乙烯利是含40%的水溶液。用乙烯利催熟香蕉,生产

上应用普遍，效果很好。研究表明，温度不同，使用乙烯利的浓度不同，如在 17℃～19℃下，乙烯利的使用浓度为 2 000～4 000mg/kg；在 20℃～23℃下，乙烯利的浓度为 1 500～2 000mg/kg；在 23℃～27℃下，乙烯利的浓度为 1 000mg/kg。催熟时，将适宜浓度的乙烯利溶液喷洒在香蕉上或使每个果指都蘸有药液，一般经过 3～4 天香蕉果皮变黄，即可上市。

熏香处理。利用熏香产生的乙烯进行催熟。熏香多少及处理时间要根据气温和香蕉的成熟度而定。一般来说，气温高，果实成熟度高，熏香少，催熟时间短。如在 2 500kg 的催熟室内，气温 30℃左右时，用棒香 10 枝，处理 10h；气温 25℃左右时，用棒香 15 枝，处理 20h；气温 20℃左右时，用棒香 20 枝，处理 24h。熏香后将催熟室打开，2～3 天后将香蕉取出，放在温暖通风处 2～3 天，香蕉的果皮由绿变黄，风味变甜。

b. 柑橘类果实的催熟

柑橘类果实，特别是柠檬，一般多在充分成熟以前采收，此时果实含酸量高，果汁多，风味好。但是果皮呈绿色，商品品质欠佳，上市前可以用人工处理使果皮退绿。处理时通入 20～300mg/m^3的乙烯，保持 RH 85%～90%，2～3 天即可。蜜柑上市前，将果实放入催熟室或密闭的塑料薄膜大帐内，通入 500～1 000mg/m^3的乙烯，经过 15h 果皮即可退绿转黄。柑橘用 200～600mg/kg 的乙烯利浸果，在室温 20℃下，2 周即可退绿。

c. 番茄的催熟

将绿熟番茄放在 20℃～25℃和 RH 85%～90%下，用 100～150mg/m^3的乙烯处理 24～98h，果实可由绿变红。也可直接将绿熟番茄放入密闭环境中，保持温度 22℃～25℃和 RH 90%，利用其自身释放的乙烯催熟，但是利用这种方法催熟的时间较长。

d. 芒果的催熟

为了便于运输和延长芒果的贮藏期，芒果一般在绿熟期采收，在常温下 5～8 天自然黄熟。为了使芒果成熟速度一致，并尽快达到最佳外观品质，有必要对其进行催熟处理。目前国内外多采用电石加水释放乙炔催熟，具体做法是，按每千克果实需电石 2g 的量，用纸将电石包好，放在芒果箱内，码垛后用塑料帐密封，24h 后，将芒果取出，在自然温度下很快转黄。

e. 菠萝的催熟

将 40%的乙烯利溶液稀释 500 倍，喷洒在绿熟菠萝上，保持温度 23℃～25℃和 RH 85%～90%，可使果实提前 3～5 天成熟。

(2) 脱涩

脱涩主要是针对柿果而言。柿果分为甜柿和涩柿两大品种群，我国以栽培涩柿品种居多，涩柿含有较多的单宁物质，成熟后仍有强烈的涩味，采后不能立即食用，必须经过脱涩处理才能上市。

① 脱涩机制

柿果涩味的产生主要是由于含有大量的可溶性单宁物质（俗称柿子素），含有单宁物质的细胞称为单宁细胞。人们食用柿果时，部分单宁细胞破裂，可溶性单宁流出，与口舌上的黏膜蛋白质结合，从而产生收敛性涩味。

研究表明，柿果内含有酒精脱氢酶，可将酒精转变为乙醛，乙醛与可溶性单宁结合，使其变为不溶性的树脂物质，使涩味消失。简单地说，柿果的脱涩机制就是将体内可溶性的单宁物质，通过与乙醛缩合变为不溶性的单宁物质的过程。据此，可采用各种方法，使单宁物质

变性而使果实脱涩。

② 影响脱涩的因素

柿果的品种、成熟度、处理温度、脱涩剂的浓度等因素,都在一定程度上影响着果实脱涩的快慢。

品种不同,柿果所含单宁细胞的大小、多少不同,所含可溶性单宁的量也不同。此外,不同品种的果实,体内酒精脱氢酶的活性也不同。因此,用同一脱涩方法处理不同品种的柿果,脱涩快慢差异很大。

成熟度对柿果脱涩的快慢也有影响。柿果在成熟过程中,单宁总量和可溶性单宁含量逐渐减少,不溶性单宁含量有所增加。所以,在其他条件相同的情况下,柿果的成熟度越高,脱涩时间越短。

温度是影响柿果脱涩的又一重要因素。温度高,果实呼吸作用强,产生酒精、乙醛类物质多,脱涩快,反之,脱涩相对较慢。此外,温度也影响酒精脱氢酶的活性,在45℃以下,该酶随着温度的升高活性加强,将酒精转化为乙醛的能力增大,脱涩较快;在45℃以上,随着温度的升高,酶的活性逐渐下降,脱涩也不易进行。

脱涩剂浓度不同,柿果脱涩难易不同。在一定浓度范围内,果实脱涩随着脱涩剂浓度的升高而加快。超过了适宜浓度范围,过量的脱涩剂反而对果实风味造成不良影响。如用酒精处理,酒精过量,会造成果面发暗,严重时导致褐变并产生异味。

③ 脱涩方法

温水脱涩:将涩柿浸泡在40℃左右的温水中,使果实产生无氧呼吸,经20h左右,柿子即可脱涩。温水脱涩的柿子质地脆硬,风味可口,是当前农村中普遍使用的一种脱涩方法。但是用此法脱涩的柿子货架期短,容易败坏。

石灰水脱涩:将涩柿浸入7%的石灰水中,经3~5天即可脱涩,果实脱涩后,质地脆硬,不易腐烂。但果面往往有石灰痕迹,影响商品外观,最好用清水冲洗后再上市。

混果脱涩:将涩柿与产生乙烯的果实,如苹果、梨或其他新鲜树叶,如松、柏树叶等混装在密闭的容器内,利用它们产生的乙烯进行脱涩。在20℃室温下,经过4~6天即可脱涩。脱涩后,果实质地较软,色泽鲜艳,风味浓郁。

酒精脱涩:将35%~75%的酒精或白酒喷洒于涩柿表面上,每千克柿果用35%的酒精5~7mL,然后将果实密闭于容器中,在室温下4~7天,即可脱涩。此法可用于运输途中,将处理过的柿果用塑料袋密封后装箱运输,到达目的地后即可上市销售。

高CO_2脱涩:将柿果装箱后,密闭于塑料大帐内,通入CO_2并保持其浓度60%~80%,在室温下2~3天即可脱涩。如果温度升高,脱涩时间可相应缩短。用此法脱涩的柿子,质地脆硬,货架期较长,成本低,可进行大规模生产。但有时处理不当,脱涩后会产生CO_2伤害,使果心褐变或变黑。张子德等最近研究提出了涩柿的CO_2动态脱涩法,成功地解决了这一问题。

干冰脱涩:将干冰包好放入装有柿果的容器内,然后密封,24h后将果实取出,在阴凉处放置2~3天即可脱涩。处理时不要让干冰接触果实,每1kg干冰可处理50kg果实。用此法处理的果实质地脆硬,色泽如初。

脱氧剂脱涩:把涩柿密封在不透气的容器内,加入脱氧剂后密封,造成果实无氧呼吸进

行脱涩。脱氧剂的种类很多，可以用亚硫酸盐、连二亚硫酸盐、硫代硫酸盐、草酸盐、维生素 C、活性炭、铁粉等各种还原性物质及其混合物。脱氧剂一般放在透气性包装材料制成的袋内，脱涩时间长短视脱氧剂的组成和柿果的成熟度而定。

乙烯及乙烯利脱涩：将涩柿放入催熟室内，保持温度 18℃ ~21℃ 和 RH80% ~85%，通入 1 000mg/m^3 的乙烯，2 ~3 天后可脱涩；或用 250 ~500mg/kg 的乙烯利喷果或蘸果，4 ~6 天后也可脱涩。果实脱涩后，质地软，风味佳，色泽鲜艳，不宜长期贮藏和运输。

4. 涂膜处理

涂膜处理也称打蜡，国外在此方面研究较早，1924 年已有相关报道。由于果实涂膜后，改善了外观品质，提高了商品价值，20 世纪 30 ~50 年代该项研究得到了飞速发展，成为商业上一种重要的竞争手段，并在采后的柑橘、苹果、番茄、黄瓜、辣椒等果蔬上普遍应用，取得了良好的效果。目前，美国、日本、意大利、澳大利亚以及南非生产的柑橘，除了用于加工者外，绝大部分在上市前进行涂膜处理。

我国在此方面的研究与应用尚处于起步阶段，20 世纪 60 年代引进设备，70 年代研究涂膜液的配方，但由于种种原因，在果蔬上的应用进展缓慢，目前仍只限于部分外贸出口产品，国内市场上内销涂膜果蔬还很少见。

(1) 涂膜的作用

果蔬涂膜后，在表面形成一层蜡质薄膜，可改善果蔬外观，提高商品价值，阻碍气体交换，降低果蔬的呼吸作用，减少养分消耗，延缓衰老，减少水分散失，防止果皮皱缩，提高了保鲜效果，抑制病原微生物的侵入，减轻腐烂。若在涂膜液中加入防腐剂，防腐效果更佳。

(2) 涂膜剂的种类和应用效果

商业上使用的大多数涂膜剂是以石蜡和巴西棕榈蜡作为基础原料，因为石蜡可以很好地控制失水，而巴西棕榈蜡能使果实产生诱人的光泽。近年来，含有聚乙烯、合成树脂物质、防腐剂、保鲜剂、乳化剂和湿润剂的涂膜剂逐渐得到应用，取得了良好的效果。

目前涂膜剂种类很多，如金冠、红星等苹果在采后 48h 内，用 0.5% ~1.0% 的高碳脂肪酸蔗糖酯型涂膜剂处理，干燥后入贮，在常温下可贮藏 1 ~4 个月；由漂白虫胶、丙二醇、油酸、氨水和水按一定比例并加入一定量的 2,4-D(2,4-二氯苯氧乙酸)和防腐剂配制而成的虫胶类涂膜剂，在柑橘上使用效果较好。吗啉脂肪酸盐果蜡(CFW 果蜡)是一种水溶性的果蜡，可以作为食品添加剂使用，是一种很好的果蔬采后商品化处理的涂膜保鲜剂，特别适用于柑橘和苹果，还可以在芒果、菠萝、番茄等果蔬上应用。美国戴科公司生产的果亮，是一种可食用的果蔬涂膜剂，用它处理果蔬后，不仅可提高产品外观质量，还可防治由青绿霉菌引起的腐烂。日本用淀粉、蛋白质等高分子溶液，加上植物油制成混合涂膜剂，喷在苹果和柑橘上，干燥后可在产品表面形成一层具有许多微细小孔的薄膜，能抑制果实的呼吸作用，延长贮藏时间 3 ~5 倍。此外，西方国家用油型涂膜剂处理水果也收到了较好的效果。如加拿大用红花油涂膜香蕉，在 15.5℃的环境中放置 4 天后，置于 50℃高温条件下 6h，果皮也不变黑，而对照果实变黑严重。德国用蔗糖-甘油-棕榈酸酯混合液涂膜香蕉，可明显减少果实失水，延缓衰老。据报道，日本用 10 份蜜蜡、2 份朊酪、1 份蔗糖脂肪酸制成的涂膜剂，涂在番茄或茄子的果柄部，常温下干燥，可显著减少失水，延缓衰老。

一般情况下，只是对短期贮运的果蔬，或者是在果蔬贮藏之后、上市之前进行涂膜处理。

需要说明的是,涂膜处理在果蔬的贮藏保鲜中只起辅助作用,而果蔬的品种、成熟度以及贮藏环境中的温度、湿度和气体成分等因素,则是影响产品品质和贮藏寿命的决定性因素。

(3) 涂膜的方法

① 浸涂法

将涂膜剂配成一定浓度的溶液,把果蔬浸入溶液中,一定时间后,取出晾干即可。此法耗费涂膜液较多,而且不易掌握涂膜的厚薄。

② 刷涂法

用细软毛刷蘸上涂膜液,在果实表面涂刷以至形成均匀的薄膜。毛刷还可以安装在涂膜机上使用。

③ 喷涂法

用涂膜机在果实表面喷上一层厚薄均匀的薄膜。

涂膜处理分为人工涂膜和机械涂膜两种,国外由于劳动力缺乏及需要涂膜处理的果蔬数量大,一般使用机械涂膜。新型的涂膜机一般由洗果、干燥、喷涂、低温干燥、分级和包装等部分联合组成。我国目前已研制出果蔬打蜡机,但很多地方仍在使用手工打蜡。

前已述及,涂膜对提高果蔬品质、改善产品外观具有明显的效果,但是,如果处理不当,会事与愿违。无论采用哪种涂膜方法,都必须注意涂膜的均匀与厚薄。如果涂膜过厚,会导致呼吸代谢失调,引起生理伤害,从而加速果蔬的衰老,严重时使果蔬品质劣变,产生异味,甚至腐烂。这一点在涂膜处理上尤为重要。

5. 化学药剂处理

为了延缓果蔬的采后衰老,减少贮藏病害,防止品质劣变,提高保鲜效果,国内外对果蔬采后贮前用化学药剂处理进行了大量的研究与应用,取得了很大进展,效果显著,已成为果蔬采后处理的重要措施之一。纵观研究与应用结果,果蔬采后贮前化学药剂处理可分为两大类,即植物生长调节剂处理和化学药剂防腐处理。

(1) 植物生长调节剂处理

① 生长素类

常用的有2,4-D(2,4-二氯苯氧乙酸)、IAA(吲哚乙酸)和NAA(萘乙酸)等。柑橘采后立即用100~200mg/L的2,4-D处理,可降低果实的呼吸,减少糖酸消耗,保持果蒂新鲜不脱落,抑制蒂腐、黑腐等病菌从果蒂侵入,减少腐烂损失,延长贮藏寿命。如果将2,4-D与杀菌剂混合使用,效果更佳。NAA对香蕉、番茄等果蔬具有抑制成熟的作用,用100mg/L的NAA和4%的蜡乳浊液处理香蕉,对果实的完熟和衰老抑制作用显著。花椰菜和甘蓝用50~100mg/L的NAA处理,可减少失重和脱帮。IAA也有与NAA相似的作用。

② 细胞分裂素类

常用的有苄基腺嘌呤(BA)和激动素(KT),它们可以使叶菜类、辣椒、黄瓜等绿色蔬菜保持较高的蛋白质含量,从而延缓叶绿素降解和衰老,特别是在高温条件下贮藏时,效果更加明显。用5~20mg/kg的BA处理花椰菜、嫩茎花椰菜、石刁柏、菜豆、结球莴苣、抱子甘蓝、菠菜等蔬菜,可明显延长它们的货架期。樱桃刚采收后用BA处理,在常温下贮藏7天,果柄鲜绿,失重减少。Silva等(1997)用100mg/kg的BA处理石刁柏,降低了石刁柏的呼吸强度和叶绿素降解,延缓了蔗糖的分解,保持了较好的外观质量。KT也有类似的作用,而且

延缓莴苣衰老的效果比 BA 更好。细胞分裂素与其他生长调节剂混合使用,可以加强延缓衰老的效应。如 BA 对延迟花椰菜黄化无效,但如果与 2,4-D 混合使用,则效果显著。

③ 赤霉素(GA)

GA 能够抑制果蔬的呼吸强度,推迟呼吸高峰的到来,延缓叶绿素降解。如用 GA 处理的蕉柑和甜橙,果实的软化和果皮的退绿过程减慢,枯水率明显减少,抗病性增强。此外,GA 处理也可延缓采后的番石榴、香蕉、番茄等果蔬色泽的变化,延长保鲜期。

④ 青鲜素(MH)

青鲜素可以抑制板栗、洋葱、马铃薯、大白菜等果蔬在贮藏期的发芽,延长某些果蔬的休眠期,也可降低呼吸强度,延迟果实成熟,但一般都在采前应用。据报道,板栗、洋葱采后用 MH 溶液处理也有抑芽效果,如在板栗生理休眠结束之前,用 0.8% 的 MH 溶液浸渍坚果,可使其休眠期延长,抑芽效果明显。用 1 000 ~ 2 000mg/kg 的 MH 处理采后的柑橘和芒果,可降低果实的呼吸强度,延迟成熟。

(2) 化学药剂防腐处理

① 仲丁胺

仲丁胺(2-氨基丁烷,简称 2-AB):有强烈的挥发性,高效低毒,可控制多种果蔬的腐烂,对柑橘、苹果、葡萄、龙眼、番茄、蒜薹等果蔬的贮藏保鲜具有明显效果。

克霉灵:含 50% 仲丁胺的熏蒸剂,适用于不宜洗涤的果蔬。使用时将克霉灵蘸在松软多孔的载体上如棉花球、卫生纸等,与产品一起密封,让克霉灵自然挥发。用药量应根据果蔬种类、品种、贮藏量或贮藏容积来计算。熏蒸时要避免药物直接与产品接触,否则容易产生药害。

保果灵、橘腐净:适合用于能浸泡的果蔬如柑橘、国光苹果等。使用时将药液稀释 100 倍,将产品在其中浸渍片刻,晾干后入贮,可明显降低腐烂率。

② 苯并咪唑类防腐剂

这类防腐剂主要包括:特克多(TBZ)、苯来特、多菌灵、托布津等。它们大多属于广谱、高效、低毒防腐剂,用于采后洗果,对防止香蕉、柑橘、桃、梨、苹果、荔枝等水果的发霉腐烂都有明显的效果。使用浓度一般在 0.05% ~0.2%,可以有效地防止大多数果蔬由于青霉菌和绿霉菌所引起的病害。其具体使用浓度是:托布津为 0.05% ~0.1%,苯来特、多菌灵为 0.025% ~0.1%,特克多为 0.066% ~0.1%(以 100% 纯度计)。这些防腐剂若与 2,4-D 混合使用,保鲜效果更佳。

③ 山梨酸(2,4-己二烯酸)

山梨酸为一种不饱和脂肪酸,可以与微生物酶系统中的巯基结合,从而破坏许多重要酶系统的作用,达到抑制酵母、霉菌和好气性细菌生长的效果。它的毒性低,只有苯甲酸钠的 1/4,但其防腐效果却是苯甲酸钠的 5 ~10 倍。用于采后浸洗或喷洒,一般使用浓度为 2% 左右。

④ 扑海因(异菌脲)

扑海因是一种高效、广谱、触杀型杀菌剂,成品为 25% 胶悬剂,可用于香蕉、柑橘等采后防腐处理。

⑤ 联苯

联苯是一种易挥发性的抗真菌药剂,能强烈抑制青霉病菌、绿霉病菌、黑蒂腐病菌、灰霉病菌等多种病害，对柑橘类水果具有良好的防腐效果。生产上，一般是将联苯添加到包果纸或牛皮纸垫板中。一张大小为25.4cm×25.4cm的包果纸，内含联苯约50mg，一块大小为25.4cm×40.6cm的垫板，内含联苯约240mg。但是，用联苯处理的果实，需在空气中暴露数日，待药物挥发后才能食用。

⑥ 戴挫霉

戴挫霉具有广谱、高效、残留量低、无腐蚀等特点，适用于柑橘、芒果、香蕉及瓜类等多种果蔬的防腐，特别是对于已经对特克多、多菌灵等苯并咪唑类杀菌剂产生抗药性的青、绿霉有特效。如柑橘采后用0.02%的戴挫霉溶液浸果0.5min，防腐保鲜效果很好，若与施保克、果亮等混合使用，效果更好。

⑦ 二溴四氯乙烷

二溴四氯乙烷也称溴氯烷，是广谱性杀灭、抑制真菌剂，对青霉菌、轮纹病菌、炭疽病菌均有杀伤效果。如红星、金冠苹果，每50kg果实熏蒸20g溴氯烷，对青霉病菌的杀伤效果显著。果实抗病性越弱，防治效果越明显。此外，溴氯烷为低毒性、少残留、易挥发的药物，处理后的果实在空气中放置48h，已不能检测出其含量。

⑧ 氯气和漂白粉

氯气是一种剧毒、杀菌作用很强的气体，其杀菌原理是：氯气在潮湿的空气中易生成次氯酸，次氯酸不稳定生成原子氧，原子氧具有强烈的氧化作用，因而能杀死果蔬表面上的微生物。由于氯气极易挥发或被水冲洗掉，因此用氯气处理过的果蔬残留量很少，对人体无毒副作用。如在帐内用0.1%~0.2%的氯气（体积比）熏蒸番茄、黄瓜等蔬菜，能取得较好的保鲜效果。但是，用氯气处理果蔬时，浓度不宜过高，超过0.4%就可能产生药害。此外还应保持帐内的空气循环，以防氯气下沉造成下部果蔬中毒。

漂白粉是一种不稳定的化合物，在潮湿的空气中也能分解出原子氧。一般用量为每600kg的果蔬帐，放入漂白粉0.4kg，每10天更换一次。贮藏期间也要注意帐内的空气循环，以防下部果蔬中毒。

⑨ 二氧化硫及其盐类

SO_2是一种强烈的杀菌剂，遇水易形成亚硫酸，亚硫酸分子进入微生物细胞内，可造成原生质与核酸分解，而杀死微生物。一般来说，SO_2浓度达到0.01%时就可抑制多种细菌的发育，达到0.15%时可抑制霉菌类的繁殖，达到0.3%时可抑制酵母菌的活动。此外，SO_2具有漂白作用，特别是对花青素的影响较大，这一点在生产上要特别注意。

SO_2在葡萄贮藏过程中防霉效果显著，根据贮藏期不同，一般用量为0.1%~0.5%。此外，还可用在龙眼、枇杷、番茄、韭菜等果蔬上。

SO_2属于强酸性气体，对人的呼吸道和眼睛有强烈的刺激性，工作人员应注意安全。SO_2遇水易形成亚硫酸，亚硫酸对金属器具有很强的腐蚀性，因此贮藏库内的金属物品，包括金属货架，最好刷一层防腐涂料加以保护。

(3) 其他处理

① 复方卵磷脂保鲜剂处理

这是一种以卵磷脂为主，配以2,4-D、钙盐和高分子聚合物混合而制成的生物保鲜剂。卵磷脂广泛存在动植物体中，是一种维持生物体正常生理功能必不可少的物质，它可作为治

疗某些疾病的营养补助剂。将它用来处理柑橘，贮藏60天后，腐烂率在6%以下，果实的新鲜度、风味和品质都很好。

② 壳聚糖处理

壳聚糖是一种新型的天然保鲜剂，可由甲壳素通过脱乙酰基制得，以虾、蟹、昆虫等外壳为原料，用稀碱处理除去蛋白质，再用稀酸处理除去碳酸钙后，得到白色片状甲壳素。甲壳素用浓碱（45%的NaOH溶液）于110℃保温6～8h脱乙酰基后，制得白色片状壳聚糖。在常温下，用低浓度壳聚糖对苹果、柚、猕猴桃、草莓、黄瓜等果蔬进行采后浸涂处理，可明显减少腐烂，延缓衰老，保鲜效果很好。

③ 钙处理

钙在调节果蔬组织的呼吸作用，延缓衰老、防止生理病害等方面效果显著。研究表明，果蔬中钙含量高，呼吸强度低，生理病害少，贮藏时间长。由于缺钙所导致的果蔬生理病害很多，如苹果的苦痘病、蜜果病、红玉斑点病，大白菜的干烧心病，莴苣的尖枯病，番茄和甜椒的脐腐病等。此外，果蔬体内缺钙，还会增强冷敏果蔬对低温的敏感性，在贮藏过程中容易出现冷害。所以，果蔬采后进行钙处理，有助于提高其耐贮性和抗病性。

钙的生理作用表现为：维持细胞较高的合成蛋白质的能力，保持细胞膜的完整性；减少乙烯的生物合成，推迟跃变高峰的出现；抑制水解反应，防止果实的软化，延缓后熟衰老进程。

果蔬采后钙处理常用的化学药剂有氯化钙、硝酸钙、过氧化钙和硬脂酸钙等。一般使用浓度为3%～5%的钙盐溶液进行采后常压浸果或减压浸果，也可将钙盐制成片剂装入果箱，保鲜效果都很好。如红星苹果采后用5%的$CaCl_2$溶液减压浸果3min，可延缓果肉软化和衰老。桃贮藏中的腐烂主要发生在果实缝线的凹陷处、果尖、果柄等部位，用2%的$CaCl_2$溶液进行采后浸果处理，能有效地防止桃缝线处凹陷以及由凹陷所引起的缝线处腐烂。

④ 抗氧化剂处理

虎皮病是苹果贮藏中的一种主要生理病害，它的发生与α-法尼烯的氧化产物——共轭三烯的含量有关。人们通过大量研究，认为二苯胺（DPA）、乙氧基喹和丁基羧基苯甲醚（BHA）等抗氧化剂具有较好的防病效果。用0.13%～0.25%的DPA或BHA浸果，或用含DPA的包果纸包裹（每张包果纸含DPA 1.5～2.0mg），对虎皮病的防治效果显著。乙氧基喹也有类似的作用，用0.25%～0.35%的乙氧基喹溶液浸渍果实，或用含乙氧基喹的包果纸2毫克/张包裹，或者在装箱的纸隔板上浸有乙氧基喹（4克/箱），防治虎皮病效果也很好。此外，乙氧基喹还有降低果实呼吸强度，防止果皮皱缩和减轻红玉斑点病的作用。

⑤ 短期高浓度CO_2处理

研究表明，果蔬贮前用高浓度CO_2进行短期处理，可延缓叶绿素降解和果实软化，降低对乙烯的敏感性，抑制衰老。CO_2处理浓度和处理时间随果蔬种类不同而异，如苹果用浓度10%～20%的CO_2处理10～14天为宜，嫩茎花椰菜用浓度20%～40%的CO_2处理24～48h为宜。番茄用80%的CO_2处理24h，在20℃下贮藏，和对照相比延迟完熟1天。采后进行短期高浓度CO_2处理，也有利于果蔬的运输。

⑥ 热处理

近年来，国内外对果蔬采后热处理进行了大量研究，认为热处理有利于保持果蔬的质量，提高耐贮性和抗病性。香蕉采后用45℃的热空气处理12min,可推迟果实呼吸及乙烯释放高峰的出现,降低峰值,抑制果皮中叶绿素的降解,有利于保持果皮细胞膜的完整性。桃采后在40℃的热水中浸果5min,可杀死病菌孢子和阻止初期病菌的侵染与发展。Wang(1998)用45℃的湿热空气处理30min,抑制了产品的黄化,明显减少了糖和有机酸的损失。Valor 等(1998)用55℃的水浴处理芒果3min,于15.2℃条件下贮藏20天,果实保持了较高的硬度。Mcdonald 等(1997)用42℃热水处理绿熟番茄1h,可减少果实的腐烂,可降低呼吸强度。

1.3.5 果蔬的运输

我国幅员辽阔,南北方物产各有特色,只有通过运输才能调剂果蔬市场供应,互补余缺。因此,只有具备良好的运输设施和技术,才能保证应有的社会效益和经济效益。

运输是果蔬贮运、流通过程中的一个重要环节,也可看做是动态贮藏,果蔬对运输方式要求很高,要保证果蔬少受损失,运输道路应当平稳,运送时间要短,运输环境条件要适宜。在果蔬运输过程中,外界条件对果蔬质量影响很大,极易造成物理损伤、聚热、失水等,影响果蔬的商品质量与耐贮性,造成果蔬在运输中的损失。改善果蔬运输作业,提高果蔬运输管理水平,改进果蔬运输技术设备,是减少果蔬运输损失的主要措施。如前所述,新鲜果蔬水分含量多,采后生理活动旺盛,易破损、腐烂。因此,为了达到理想的运输效果,确保运输安全,要求做到快装快运、轻装轻卸、防热防冻。

1. 运输的方式和工具

(1) 公路运输

公路运输是我国最重要和最常用的短途运输方式。虽然存在成本高、运量小、耗能大等缺点,但其灵活性强、速度快、适应地区广。

① 运输工具

货车运输。大量果蔬公路运输是由普通货车和厢式货车承担的。优点是装载量大,费用低。但运输质量不高,损耗大。

冷藏汽车运输。目前使用的冷藏汽车主要有:保温汽车,有隔热车体但无任何冷却设备;非机械冷藏车,用冰等作冷源;机械制冷汽车,车厢隔热良好,并装有控温设备,能维持车内低温条件。可用来中、长途运输新鲜果蔬。

平板冷藏拖车。是一节单独的隔热拖车车厢,从国外进口而来。这种拖车移动方便灵活,可在高速公路上运输,也可拖运到铁路站台,安放在平板火车上,运到销地火车站后,再用汽车牵引到批发市场或销售点。整个运输过程中减少了搬运装卸次数,从而可避免伤损,经历温度变化小,对保持产品质量,提高效益有利。适宜高速公路运输新鲜果蔬。

(2) 运输技术要点

严格做好产品包装工作。果蔬运输上车前要打好包装,严禁散装堆放。无论何种果蔬的包装,均要装紧、装实,以免运输途中相互摩擦,即使浆果也要如此。

装车时要合理堆码。装车时包装箱之间的堆码不要压伤下层产品,箱间既要留足缝隙,又不能途中倒塌。最佳方式是品字形堆垛。

运输中要做好果蔬质量控制工作。果蔬运输中注意防雨淋、防日直晒、防冻,还要做好通风工作，不平路面要减速行驶。

随着高速公路的建成，高速冷藏集装箱运输将成为今后公路运输的主流。

(2) 水路运输

利用各种轮船进行水路运输具有运输量大、成本低、行驶平稳等优点，尤其海运是最便宜的运输方式。在国外，海运价格只是铁路的1/8，公路的1/40。但其受自然条件限制较大，运输的连续性差、速度慢，因此水路运输果蔬的种类受到限制。发展冷藏船运输果蔬，是我国水路运输的发展方向。

(3) 铁路运输

铁路运输在果蔬长途运输中占80%以上，是果蔬流通主要运输方式。铁路运输有载量大、速度较快、运输平稳、运费较低（运费高于水运，低于公路）、连续性强等优点，适于长途运输。但是机动性差，中间环节多。

① 运输工具

普通棚敞车：新鲜果蔬运输中的普通棚敞车在我国仍为重要的运输方式，这种车辆的温湿度通过通风、草帘棉毯覆盖、炉火加温、夹冰降温等措施调节，难以达到适宜运输温度，虽然运费低，但损耗高达40%～70%，运输风险也大。

加冰冷藏车：通称冰保车，在运输中靠冰融化吸收车箱中果蔬的热量。始运前须向车顶或车端冰箱加冰，并加入一定比例食盐，以获较低温度。冰保车在运输途中要补加冰，铁路沿线每350～600km设有加冰站。现有B_{11}型、B_8型和B_6型三种加冰冷藏车。

机械冷藏车：通称机保车，比加冰车先进，冷却效果好，操作管理自动化。不足的是一旦制冷机停运，车内温度回升快，温度稳定性不如冰保车。使用机械制冷的铁路运输车辆有B_{16}型、B_{17}型、B_{18}型、B_{19}型、B_{20}型和B_{21}型。

冷冻板冷藏车：称冷板车，是一种低共晶溶液制冷的新型冷藏车。冷板安装在车棚下，并装有温度调节装置。冷板充冷是通过地面充冷站进行的，一次充冷时间为12h，制冷时间可维持120～140h。是一种耗能少、成本低、效益好的冷藏车。缺点是需靠地面充冷站提供冷源，使用范围局限在大干线上。

② 运输技术要点

包装、码垛同公路运输。

装卸车时要轻拿轻放。野蛮装卸会严重损伤果蔬质量，所以装卸车时要特别注意轻拿轻放。

搭建风道尤其是普通棚敞车，在装车时要注意搭建风道，否则，一般3～5天运程，高温季节捂包上热容易造成大量腐烂。

重视冷藏保温车管理。冷藏保温车能很好抵御外界热干扰，但对高温保鲜的果蔬要防止冷害；采用冰保车与机保车运输的果蔬要预冷；冰保车与机保车运输的果蔬到站后，要快卸快运，注重保温。高温季节不能马上入库的果蔬应加盖棉苫，以免重结露。

防腐保鲜处理。火车运输条件相对稳定，对于大多数果蔬均有机会进行防腐保鲜处理。最佳方式是采用熏蒸、烟熏法，简便实用，常用仲丁胺液剂和TBZ烟剂。

(4) 飞机空运

空运适合国内或国际远距离、快速运输，抢占市场灵活，保鲜效果明显，适宜高档果蔬，尤其对极易腐烂的荔枝、芒果、芦笋、香椿、松蘑等,运输质量变化很小。虽运费高,但速度快,损失小,发展很快。

2. 集装箱运输

集装箱运输是国内外迅速发展的一种现代运输方式。它是将一批批小包装的果蔬集中装入一大箱,形成整体,便于快速装卸运输。集装箱方法运输果蔬产品最有前途,它能保证最大限度地减少产品的损耗和损伤,缩短运输时间。

冷藏集装箱有隔热层和制冷装置及加温装置,可调控果蔬运输所需的温度条件。一般冷藏集装箱主要分6.1米(20尺)和12.2米(40尺)两种,分别载重20吨和40吨。从产地装载上产品,封箱,设定运输温度条件,可利用汽车、火车、轮船等多种运输方式。机械装卸,快速、安全、稳定,可“门对门”服务,运输质量高。

气调集装箱是在冷藏集装箱基础上的发展。在箱体内加设气密层,可调节厢内低氧和高二氧化碳气体状况,并可进行内部气体循环,达到对运输中的果蔬气调冷藏的效果。比单纯冷藏运输的产品更加新鲜。

3. 低温冷链运输

目前在发达国家已建立起以低温冷藏为中心的冷藏系统,如图1-15,使果蔬采后损失<5%。这种果蔬采后的流通、贮藏、销售中连贯的低温冷藏技术体系称为冷链保藏运输系统。低温冷链运输依据果蔬采后的生理特点,选择最佳安全低温运输温度(表1-26)。

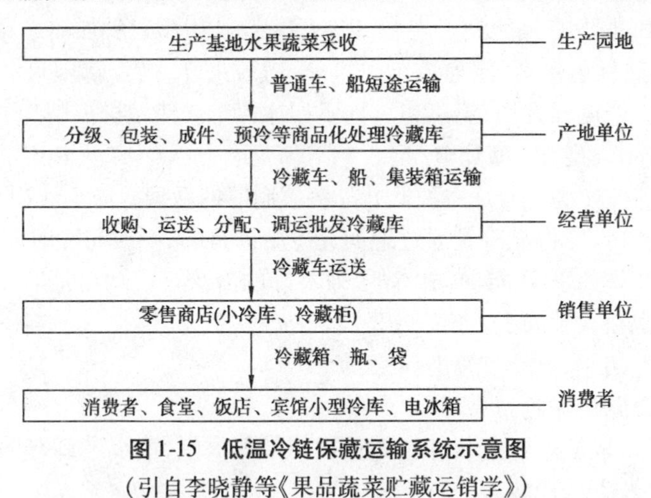

图1-15 低温冷链保藏运输系统示意图

(引自李晓静等《果品蔬菜贮藏运销学》)

表1-26 新鲜果蔬在低温运输中的推荐温度(国际冷冻协会)

品名	冷链运输/℃		品名	冷链运输/℃		品名	冷链运输/℃	
	1~2天	2~3天		1~2天	2~3天		1~2天	2~3天
苹果	3~10	3~10	甜瓜	4~10	4~10	辣椒	7~10	7~8
蜜柑	4~8	-4~8	草莓	1~21	未推荐	黄瓜	10~15	10~13
甜橙	4~10	2~10	菠萝	0~12	8~10	菜豆	5~8	未推荐
柠檬	8~15	8~15	香蕉	12~14	12~14	食荚豌豆	0~5	未推荐

续表

品名	冷链运输/℃		品名	冷链运输/℃		品名	冷链运输/℃	
	1~2天	2~3天		1~2天	2~3天		1~2天	2~3天
葡萄柚	8~15	8~15	板栗	0~20	0~20	南瓜	0~5	未推荐
葡萄	0~8	0~6	石刁柏	0~5	0~2	番茄(未熟)	10~15	10~13
桃	0~7	0~3	花椰菜	0~8	0~4	番茄(成熟)	4~8	未推荐
杏	0~3	0~2	甘蓝	0~10	0~6	胡萝卜	0~8	0~5
梨	0~7	0~5	薹菜	0~8	0~4	洋葱	-1~20	-1~13
樱桃	0~4	未推荐	莴苣	0~6	0~2	马铃薯	5~10	5~20
西洋梨	0~5	0~3	菠菜	0~5	未推荐	—	—	—

4. 运输的注意事项

目前我国果蔬运输的设备有汽车、轮船和火车,有条件的地方可使用保温或冷藏设备。为了搞好运输,应注意以下几点:

运输的果蔬要合乎运输标准,没有败坏,成熟度和包装应合乎规定,并且新鲜,完整,清洁,没有损伤和萎蔫。

果蔬承运部门应尽力组织快装快运,现卸现提,保证质量。

装运时堆码要注意安全稳当,要有支撑与垫条,防止运输中移动或倾倒,堆码不能过高,堆间应留有适当的空间,以便通风。

装运应避免撞击、挤压、跌落等现象,尽量做到运行快速平稳。

装运应简便快速,尽量缩短采收与交运的时间。

如用敞篷车、船运输,果蔬堆上应覆盖防水布或芦席,以免日晒雨淋。冬季应盖棉被进行防寒。

运输时要注意通风,如用棚、敞车通风运载,可将棚车门窗打开,或将敞车侧板调起捆牢,并用棚栏将货物挡住。保温车船要有通风设备。

在装载果蔬之前,车船应认真清扫,彻底消毒,确保卫生。

不同种类的果蔬最好不要混装,因为各种果蔬产生的挥发性物质相互干扰,影响运输安全。尤其是不能和产生乙烯的果蔬(如番茄)在一起装,由于微量的乙烯也可使其他果蔬提前成熟,影响果蔬质量。

一般运输1天的距离,可以不要冷却设备,长距离运输最好用保温车船。在夏季或南方运输时要降温,在冬季或北方要保温。用保温车船运输蔬菜,装载前应进行预冷。要保持蔬菜的新鲜度和适宜的相对湿度,以防止果蔬萎蔫。值得一提的是,在经济技术发达的某些国家如日本、美国等,在果蔬采后贮运中已实现了冷链系统(cold chain system)。这种冷链系统使果蔬在采后的运输、流通、贮藏、销售过程中,均处于适宜的低温条件下,以最大限度地保持果蔬品质。随着我国商品经济和冷藏技术的发展,具有中国特色的果蔬采后冷链系统必将得到迅猛发展,相信在21世纪,我国的果蔬贮运事业必将再上一个新台阶。

本章小结

本章从园艺产品的品质特征、园艺产品采后生理和园艺产品商品化处理技术等三方面介绍了园艺产品贮藏与加工相关的基本知识、基本原理和基本技能。

园艺产品的品质主要由风味、营养、色泽、质地与安全状况来评价。而醇、酯、醛、酮和萜类等化合物是构成园艺产品香味的主要物质，糖及其衍生物糖醇类物质是构成其甜味的主要物质，其酸味主要来自一些有机酸，涩味来自于单宁类物质，苦味来自一些糖苷类物质，还含有一些辣味物质和鲜味物质。果蔬是人体所需维生素、矿物质与膳食纤维的重要来源。

园艺产品的色泽及其变化是评价果蔬品质和判断成熟度的重要外观指标。水分和果胶物质形态的变化是影响果蔬新鲜度、脆度和口感质地的重要成分。

园艺产品基本的生命现象是呼吸作用，呼吸作用是在许多复杂的酶系统参与下，经由许多中间反应环节进行的生物氧化还原过程，能把复杂的有机物逐步分解成简单的物质，同时释放能量。要延长果蔬贮藏期首先应该保持产品有正常的生命活动，不发生生理障碍，使其能够正常发挥耐藏性、抗病性的作用；在此基础上，根据种类和品种、成熟度的不同对温度、气体成分、湿度等因素的控制，使其维持缓慢的代谢，从而延缓耐藏性。而水分蒸散会对园艺产品造成失重、失鲜、代谢失调的问题，因此可以采用直接增加库内空气湿度、增加产品外部小环境的湿度、低温贮藏等方法来抑制水分的蒸散。有时人们用对温度、湿度、气体成分的控制及药物、射线等处理来延长休眠期；用避光、低温、低湿、气调等能延缓代谢和物质运输，从而抑制产品采后生长带来的品质下降。

当然成熟和衰老期间果蔬在外观品质、质地、口感风味、呼吸跃变、乙烯合成、细胞膜等方面都发生变化。人们常用低温、乙烯、植物激素、基因工程等措施来调控成熟和衰老。同时在贮藏中还要防止冷害和气体伤害的现象发生。

贮藏期的长短也取决于采收技术，采收是果蔬由农产品转为商品的起点。采收成熟度不但关系到果蔬本身的食用品质以及商品的等级，更关系到果蔬的贮运保鲜效果。处理得当，可以提高产值，人们可以从表面色泽的显现和变化、果梗脱离的难易度、硬度和质地、主要化学物质含量、果实形态、生长期和成熟特征等来判断果蔬的成熟度。果蔬的采收方法有人工采收和机械采收两大类。然后可根据形状、大小、新鲜度、颜色、品质、病虫害和机械伤等方面进行人工分级或机械分级。再经预冷、愈伤处理、晾晒、催熟、脱涩、涂膜、化学药剂合理的包装等商品处理后进入流通环节。

复习思考

1. 试阐述自己的果蔬产品质量观。
2. 果蔬中的主要化学成分有哪些？是如何形成果蔬的品质特性的？
3. 控制采后果蔬的呼吸对果蔬贮藏有何意义？影响果蔬呼吸强度的因素是什么？
4. 在果蔬贮运中如何实现果蔬的保鲜？
5. 试述呼吸跃变型果实与非跃变型果实的特点及乙烯对其呼吸、成熟生理的影响。

6. 怎样控制果蔬的成熟与衰老？
7. 怎样避免果蔬贮运过程中的结露现象？
8. 何谓果蔬的冷害？怎样控制果蔬冷害的发生？
9. 贮藏中如何利用果蔬的休眠特性？
10. 试分析果蔬贮运保鲜所需的内、外因条件。

考证提示

1. 园艺产品呼吸强度的测定。
2. 园艺产品中可溶性固形物含量的测定。
3. 园艺产品含酸量的测定。
4. 园艺产品硬度的测定。
5. 园艺产品采后生理的基本原理、园艺产品商品化处理技术。

实验实训 1　园艺产品呼吸强度的测定

1. 目标原理

呼吸作用是果蔬采收后进行的重要生理活动，是影响果蔬耐藏性的重要因素。测定果蔬的呼吸强度，感受果蔬采收后的生命现象，了解果蔬采后生理变化，为低温和气调贮藏以及呼吸热计算提供必要的依据。通过实验，使学生掌握果蔬呼吸强度的测定方法。

呼吸强度的测定，一般采用定量碱液吸收果蔬在一定时间内呼吸所释放出来的二氧化碳量，再用已知浓度的酸滴定剩余的碱，用消耗酸的数量与对照数量之差，即可计算出呼吸所释放出的二氧化碳，求出其呼吸强度。表示单位为 CO_2：$mg \cdot kg^{-1} \cdot h^{-1}$。

主要反应如下：

$2NaOH + CO_2 \rightarrow Na_2CO_3 + H_2O$

$Na_2CO_3 + BaCl_2 \longrightarrow BaCO_3 \downarrow + 2NaCl$

$2NaOH + H_2C_2O_4 \longrightarrow Na_2C_2O_4 + 2H_2O$

2. 材料、用具、试剂

材料：苹果、梨、柑橘、番茄、菜豆等。

用具：真空干燥器、大气采样器、吸收管、滴定管架、25mL 滴定管、150mL 三角瓶、500mL 烧杯、培养皿、小漏斗、10mL 移液管、洗耳球、100mL 容量瓶、万用试纸、台秤等。

试剂：钠石灰、20% NaOH（氢氧化钠）、0.4mol/L NaOH（氢氧化钠）、0.1mol/L $H_2C_2O_4$（草酸）、饱和氯化钡溶液、酚酞指示剂、正丁醇、凡士林。

3. 操作步骤

滴定法：此法设备简单，测定方便。安装如图 1-16。

测定时，用一定体积的干燥器作为呼吸室，上接二氧化碳吸收管，内装有钠石灰，用它净化空气。在干燥器底部放装有定量碱液（0.4mol/L NaOH）的培养皿，放置隔板，装入 1kg 果蔬，封盖，呼吸 1h 后取出培养皿，把碱液移入烧杯，加饱和氯化钡 5mL，酚酞 2 滴，溶液变红色,用0.1mol/L 草酸滴定红色完全消失,记录用0.2mol/L 草酸的用量。以同样方法做空白滴定,干燥器中不放果蔬样品。

气流法:其特点是使果实处在气流畅通的环境中进行呼吸,比较接近自然状态。可以在恒定的条件进行较长时间的多次连续测定。

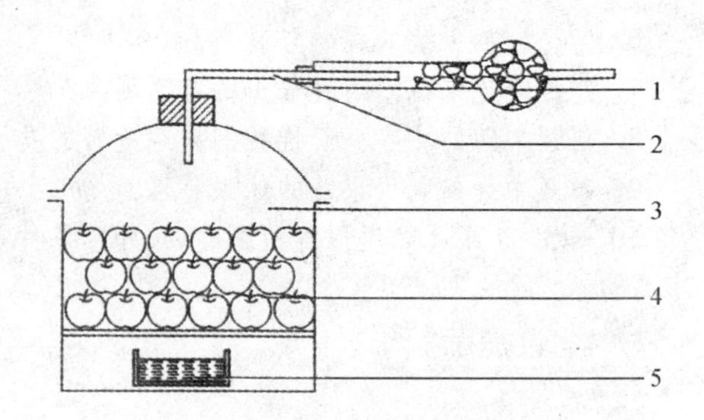

1:钠石灰;2:CO_2 吸收管;3:呼吸室

4:果实;5:0.4 mol/L NaOH

图1-16 滴定法呼吸室装置

① 按图1-17安装器材,连接好大气采样器,暂不接吸收管,开动大气采样器的空气泵。如果在装有20%氢氧化钠溶液的净化瓶中有连续不断的气泡产生,说明整个系统气密性良好,否则应检查接口是否漏气。

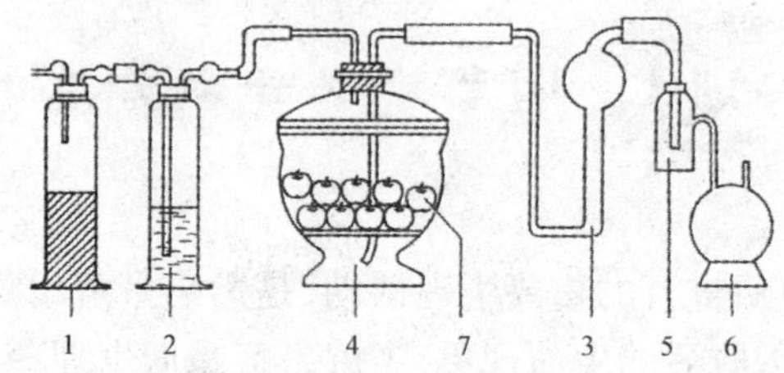

1:钠石灰;2:20% NaOH;3:呼吸室;4:呼吸室;5:缓冲瓶;6:气泵;7. 果实

图1-17 气流法呼吸室装置

② 测定:称取果蔬1kg,放入呼吸室,先将呼吸室与安全瓶连接,拨动开关,把流量调到0.4L/min处,定时30min,先使呼吸室抽空平衡0.5h,然后连接吸收管开始正式测定。

取一支吸收管装入0.4mol/L 氢氧化钠10mL,加一滴正丁醇,当呼吸室抽空0.5h后,立即接上吸收管,调整流量0.4L/min处,定时30min,待样品呼吸0.5h,取下吸收管,将碱液移入三角瓶中,加饱和氯化钡5mL,酚酞2滴,然后用0.2mol/L 草酸滴定至粉红色完全消失即为终点,记下滴定时草酸的用量。空白滴定是取一支吸收管装入0.4mol/L 氢氧化钠10mL,加一滴正丁醇,稍加摇动后将碱液转移到三角瓶中,用蒸馏水冲洗5次,加饱和氯化钡5mL,酚酞2滴,用草酸滴定至粉红色完全消失即为终点。

4. 结果计算

$$呼吸强度[CO_2:mg \cdot kg^{-1} \cdot h^{-1}] = \frac{(V_2 - V_1)c \times 44}{mh}$$

式中:c——草酸浓度,mol/L;

m——样品质量,kg;

h——测定时间,h;

44——二氧化碳相对分子质量;

V_1——样品滴定时所用草酸的毫升数,mL;

V_2——空白滴定时所用草酸的毫升数,mL。

5. 作业

① 列表记录有关测定数据。

② 根据所给公式计算所测果蔬的呼吸强度。

③ 对自己感兴趣的问题进行结果分析。

实验实训 2　园艺产品中可溶性固形物含量的测定(折光仪法)

1. 目标原理

果蔬样品中可溶性物质(主要是可溶性糖)的含量高低,直接反映了果蔬品质和成熟度,是判断适时采收和耐贮性的一个重要指标。生产上常使用手持折光仪来测定果蔬中可溶性固形物的含量。通过实验,学会手持折光仪(测糖仪)的使用方法及可溶性固形物含量的测定方法。

2. 材料用具

材料:苹果、桃、梨、番茄、黄瓜等。

用具手持折光仪(测糖仪)。

3. 操作步骤

① 仪器校正。使用前先用蒸馏水对仪器进行校正,即掀开照明棱镜盖板,用柔软的绒布(或镜头纸)仔细将折光仪棱镜拭净,注意不能划伤镜面,取蒸馏水或清水 1 ~2 滴于折光棱镜上,合上盖板,将仪器进光窗对向光源或明亮处,调整校正螺丝,将视场明暗分界线调节在“0”处然后把蒸馏水拭净,准备测定样品。

② 取样。切取果肉一块,挤出果汁或菜汁数滴于折光棱镜面上,合上盖板,使果汁遍布于棱镜表面。

③ 测定。将进光窗对准光源,调节目镜视度圈,使视场内黑白分划线清晰可见,视场中所见黑白分界线相应的读数,即果汁或菜汁中可溶性固形物的含量百分数,用以代表果实中含糖量。一般重复测定 3 次,取其平均值,以百分数计算。

注意:测定时温度最好控制在 20℃左右范围内观测,此时其准确性较好。

4. 作业

根据测定的数据综合分析果蔬可溶性固形物含量特点,试根据可溶性固形物含量对其品质与耐贮性进行评价。

实验实训 3　园艺产品含酸量的测定

1. 目标原理

果蔬中含有各种有机酸,主要有苹果酸、柠檬酸、酒石酸等。由于果蔬种类不同,含有机酸的种类也不同;同一果蔬品种,其成熟度不同,有机酸的含量也有很大差异。果蔬中含酸量的多少亦是衡量其品质优劣的一个重要指标,它与新鲜果蔬及加工处理后成品的风味关系密切。因此,了解其含量对鉴定果蔬品质及进行合理加工有重要作用。通过实验,使学生了解果蔬总酸量测定的原理,学会并掌握果蔬含酸量测定的方法。

果蔬含酸量的测定是根据酸碱中和的原理,即用已知浓度的氢氧化钠溶液滴定,并根据碱溶液用量,计算出样品的含酸量。所测出的酸又称总酸度或可滴定酸。还有少量的酸,由于受果蔬中缓冲物质的影响,不易测出。计算时以该果实所含的主要酸来表示,如仁果类、核果类主要含苹果酸,以苹果酸计算,其毫摩尔质量为0.067g;柑橘类以柠檬酸计算,其毫摩尔质量为0.064g;葡萄以酒石酸计算,其毫摩尔质量为0.075g;蔬菜中主要含草酸,其毫摩尔质量为0.045g。

2. 材料、用具、试剂

材料:苹果、桃、葡萄、柑橘、菠萝,番茄、莴苣等。

用具:碱式滴定管,100mL三角瓶,250mL烧杯,200mL、1 000mL容量瓶,10mL移液管,漏斗,滤纸,研钵或组织捣碎器,电子天平,脱脂棉花,纱布,小刀等。

试剂:0.1mol/L氢氧化钠标准溶液,1%酚酞指示剂。

3. 操作步骤

① 称取均匀样品20g,置研钵中研碎,注入200mL容量瓶中,加蒸馏水至刻度,混匀后,用脱脂棉花或滤纸过滤到干燥的250mL烧杯中。

② 吸取滤液20mL放入100mL三角瓶中,加酚酞指示剂2滴,用0.1mol/L氢氧化钠滴定,直至呈淡红色,15s不褪色即为终点。记下氢氧化钠用量。重复滴定3次,取其平均值。

有些果实容易榨汁,而其汁含酸量能代表果实含酸量,榨汁后,取定量汁液(5~10mL),稀释(加蒸馏水20mL),直接用0.1mol/L氢氧化钠滴定。

实验实训4　园艺产品硬度的测定

1. 目标原理

果蔬的硬度是鉴定果蔬成熟度、质地品质和耐贮性的重要指标。通过实验,学会硬度计的使用方法及果蔬硬度的测定方法。

硬度直接与果蔬细胞壁及其周围结构的成分有关。通过测定果品组织对外来压缩力的阻力程度来衡量硬度大小。

2. 材料、用具

材料:苹果、桃、梨等。

用具:硬度计。

3. 操作步骤

① 去皮。在果实胴部对应两面削去厚2mm、直径为1cm的圆形果皮。

② 测定硬度。用一手握住果实,另一只手握住硬度计,对准已削好的果面,借助于臂力,使测头顶端部分垂直压入果肉中即可。在标尺上读出游标所指的硬度。以每平方厘米面积上承受压力表示硬度(kg/cm^2)。仪器回零后,再次测定,每一个果实测2~4次,取其平均值。

4. 作业

① 列表记录。

② 分析试验结果,试对测定的果蔬品质和耐藏性加以评价。

第2章 园艺产品贮藏方式

本章导读

了解园艺产品的贮藏方法分类、理解园艺产品贮藏的基本原理；掌握各种贮藏方法的保鲜技术和常规管理措施；学会通风库、冷库建造的设计技术；能熟练测定园艺产品贮藏环境中氧和二氧化碳的含量。

园艺产品在采后的损失主要来自两方面，一是微生物活动引起的腐烂与病害；二是园艺产品本身的生理代谢所导致的品质变化。园艺产品贮藏的方式很多，但各类贮藏方式，根本上都在于提供一定的贮藏环境和相应的措施，以抑制微生物的活动和延缓园艺产品的衰老，最大限度地保持其本身的耐贮性和抗病性，达到延长贮藏寿命的目的。故而，各类贮藏方式所具备有利条件的程度和水平的高低，决定了它们贮藏效果的差异。

园艺产品在贮藏中，需要调节与控制的环境因素为温度、湿度和气体成分。从这三方面看，又以温度为最主要的控制因素，因此，园艺产品贮藏方式的分类，也以温度控制方式为主要依据。依靠天然的温差来调节贮藏温度的，称为常温贮藏法；用人工方法维持贮藏低温的，称为冷藏法；在调节温度的基础上，再加上气体成分的调节与控制，则称为气调贮藏法。

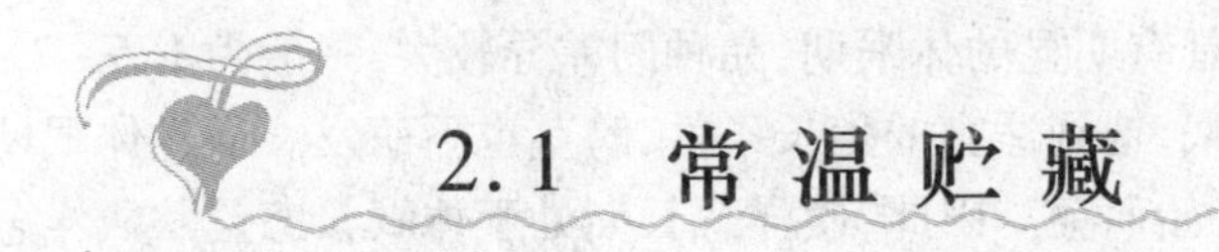

2.1 常温贮藏

常温贮藏是根据外界环境温度的变化来调节或维持一定的贮藏温度，它不能人为地控制贮温。贮藏场所的贮温总是随着季节的更替和外界温度的变化而变化，故在使用上受地区条件和气候变化的限制。不仅如此，在贮藏方式的实际应用中，往往需要丰富的经验和较高的管理技术。常温贮藏根据其结构设施分为简易贮藏和通风库贮藏。

2.1.1 简易贮藏

简易贮藏是为调节果蔬供应期而采用的一类较小规模的贮藏方式，主要包括堆藏、沟藏

（埋藏）和窖藏以及由此而衍生的冻藏、假植贮藏。它们大都来自民间经验的不断积累和总结；其贮藏场所形式多样，设施简单，所需材料少、费用低，具有利用当地气候条件、因地制宜的特点。由于这类贮藏方式主要利用自然温度来维持所需的贮藏温度，所以在使用上受到一定程度的限制。尽管如此，它仍是目前我国农村及家庭普遍采用的贮藏方式。

1. 堆藏

堆藏是在果园、田间或空地上设置临时性的贮藏场所，是最简单的贮藏方式。堆藏是将果蔬直接堆码在地面或浅坑中，或在阴棚下，表面用土壤、薄膜、秸秆、草席等覆盖，以防止风吹、日晒、雨淋的一种短期贮藏方式。

（1）堆藏的方法

首先选择地势较高的地方，将果蔬就地堆成圆形或长条形的垛，也可做成屋脊形顶，以防止倒塌，或者装筐堆成4～5层的长方形。堆内要注意留出通气孔，通气散热。随着外界气候的变化，逐渐调整覆盖的时间和厚度，以维持堆内适宜的温湿度。在入贮初期，果蔬有较多的田间热，呼吸也比较旺盛，释放的呼吸热较多，应注意通风散热。若此时气温较高，应在白天覆盖遮阴，防止日晒；晚上去掉覆盖物，通风散热降温。当果蔬温度降到接近0℃，则随着外界温度的降低增加覆盖物的厚度，防止产品受冻。在温暖的地区或季节，覆盖有隔热的作用，可减少外界高温的影响；在寒冷的地区或季节，覆盖则有保温防冻的功能。

（2）堆藏的特点

堆藏使用方便，成本低，覆盖物可以因地制宜，就地取材。但是由于堆藏是在地面以上直接堆积，受外界气候影响较大，秋季容易降温而冬季保温却较困难，贮藏的效果很大程度上取决于堆藏后对覆盖的管理，即根据气候的变化及时调整覆盖的方法、时间及厚度等。所以堆藏需要较多的经验。另外，由于堆藏受气温的影响较大，在使用上受到一定限制。尤其在贮藏初期，如气温较高，堆温则难以下降，所以堆藏不宜在气温较高的地区使用，而适宜比较温暖地区的晚秋、冬季及早春贮藏；在寒冷地区，一般只用作秋冬之际的短期贮藏。

（3）实例：洋葱堆藏

① 贮藏特性

洋葱属二年生蔬菜，具有明显的休眠期，品种间差异较大，一般为1.5～2.5个月。洋葱在夏秋收获后，即进入休眠，遇到适宜的生长条件，鳞茎也不萌发。通过休眠期后，遇到适宜的高温高湿生长环境则开始萌芽。因此，使洋葱长期处于休眠状态是贮藏洋葱的关键。

② 贮藏条件

延长休眠的条件是：高温（25℃～30℃）干燥或低温（0℃～2℃）干燥，空气的相对湿度低于80%。

③ 堆藏方法

选择地势高、土质干燥、排水好的场地，先在地面垫枕木，上面铺秸秆，秆上放葱辫，纵横交错摆齐，码成长方形小垛，长5～6m，宽1.5m，高1.5m，每垛5 000kg左右。堆顶盖3～4层席子，四周为两层席子，用绳子横竖绑紧。此法封垛要严密，防止日晒雨淋，保持干燥。封垛初期可视天气情况倒垛1～2次，排除垛内湿热空气。每逢雨后要仔细检查，如有漏水应及时倒垛晾晒。贮到10月后要加盖草帘保温，寒冷地区应转入库内贮藏以防受冻。

④ 注意事项

在堆藏中出现的主要问题是腐烂损耗较大，这是由于堆内中心温度过高、湿度过大而造成的。所以，在堆藏时要注意贮藏堆不能太高太宽，否则，在堆的中心容易聚集湿热的空气，引起腐烂。垛的宽度和高度应根据当地的气候、果蔬的种类而定。一般堆的宽约 1.5 ~ 2m，高约 2m，长度不限，依贮量而定。在贮藏堆内根据贮藏量留出通气孔，以通风散热。在贮藏的前期可根据天气情况进行 1 ~ 2 次倒垛。

2. 沟（埋）藏

沟（埋）藏是将果蔬堆放在沟或坑内，达到一定的厚度后进行覆盖，利用土壤的保温、保湿性进行贮藏的一种方法。

（1）沟（埋）藏的方法

① 场地选择

贮藏沟应选择在地势高、干燥、土质黏重、排水良好、地下水位较低的地方，沟底与地下水位的距离应在 1m 以上。

② 沟形规格

贮藏沟形为长方形，在寒冷地区为减少严冬寒风的吹袭，以南北长为宜；在较温暖地区，为了增大迎风面，加强贮藏初期和后期的降温作用，采用东西长为宜。沟的长度应根据贮量而定。沟的深度依各地的气候、果蔬种类而定，一般 0.8 ~ 1.8m 为宜。寒冷地区宜深些，过浅果蔬易受冻；温暖地区宜浅些，防止果蔬受热腐烂。沟的宽度一般以 1.0 ~ 1.5m 为宜，它能改变气温和土温作用面积的比例，对贮藏效果影响很大。加大宽度，果蔬贮藏的容量增加，散热面积相对减少，尤其贮藏初期和后期果蔬容易发热。若要加大贮藏量，可增加沟的长度来解决。另外，在积雪较多的地区，可沿沟长方向设置排水沟。

③ 风障与荫障的设置

在比较寒冷的地区，常在贮藏沟的北侧设置风障，以阻挡寒风的袭击，利于保温。在温暖地区，常在沟的南侧设置荫障，以减少阳光的直射，利于降温（图 2-1）。

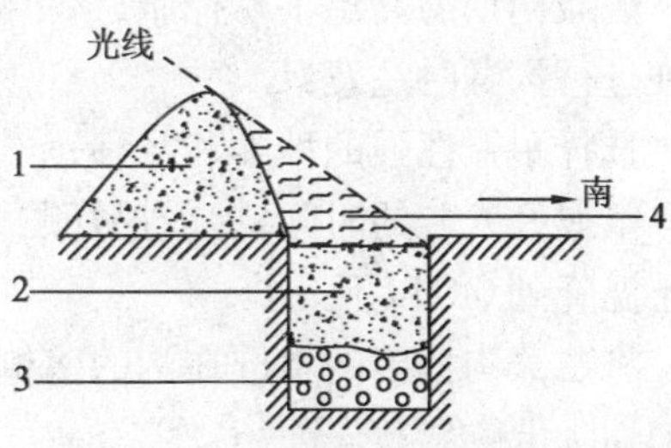

光线
1
南
4
2
3

1：土堆；2：覆土；3：萝卜，胡萝卜；4：遮阴处

图 2-1　萝卜、胡萝卜沟藏示意图

（引自赵晨霞《果蔬贮藏与加工》）

④ 覆盖技术

覆盖物可就地取材，如芦苇、草席、作物秸秆等。覆盖具有遮阴防雨、防寒保温和自发气调等作用。随着气温的降低，覆盖物应加厚，覆盖土层要高出地面，利于排水。

⑤ 其他管理

对于容积较大、较宽的贮藏沟，在中间每隔 1.2 ~ 1.5m 插一捆作物秸秆，或在沟底设置通风道，以利于通风散热。为观察沟内的温度变化，可用竹筒插一枝温度计，随时掌握沟内的情况。沿贮藏沟的两侧设置排水沟，以防外界雨、雪水的渗入。

（2）沟（埋）藏的特点

沟（埋）藏使用时可就地取材，成本低，并且充分利用土壤的保温性、保湿性和密封性，使贮藏环境有相对稳定的温度和相对湿度；同时利用果蔬自身呼吸，减少 O_2 含量，增加 CO_2

含量,有一定的自发气调保藏作用。通常用于寒冷地区和要求贮藏温度较高的果蔬进行短期贮藏。

与堆藏不同,沟藏主要受土温影响,所以沟的保温、保湿性比堆藏好,这在冬季和春季是有利的。但在秋季,因土温下降缓慢,贮藏沟内的温度较高,若此时为入贮的初期,加上果蔬释放的田间热和呼吸热,则沟内贮温很难下降。所以,在入贮初期,要特别注意沟内的通风散热。

(3) 实例:萝卜、胡萝卜的沟藏

① 贮藏特性

萝卜、胡萝卜喜冷凉湿润的气候环境,比较耐贮藏和运输。贮藏的萝卜以秋播的皮厚、质脆、含糖和水分多的晚熟种为主,胡萝卜中以皮色鲜艳、根细长、根茎小、心柱细的品种耐贮藏。萝卜、胡萝卜没有明显的生理休眠期,遇到适宜的条件便萌芽抽薹,所以在贮藏中容易糠心、萌芽。贮藏温度过高、空气干燥、水分蒸发的加强,也会造成糠心。

② 贮藏条件

萝卜、胡萝卜适宜的贮藏温度为0℃~3℃,空气相对湿度90%~95%。

③ 沟藏方法

选择在地势平坦干燥、土质较黏重、排水良好、地下水位较低、交通便利的地方挖好贮藏沟,将经过挑选的萝卜、胡萝卜堆放在沟内,最好与湿沙层积,有利于保持湿润并提高直根周围的CO_2浓度。直根在沟内的堆积厚度一般不超过0.5m,以免底层产品伤热。在产品面上覆一层土,以后随气温的下降分次覆土,最后与地面齐平。一周后浇水一次,浇水前应先将覆土平整踩实,浇水后使之均匀缓慢地下渗。浇水的次数和多少,依萝卜的品种、土壤的性质和保水力以及干湿程度而定。

④ 注意事项

贮藏初期的高温不易控制,整个贮藏期不便随时取用和检查产品,贮藏损耗也较大,所以在进行沟藏时注意:

选择耐贮性强的种类和品种;

掌握好入贮的时间,提前挖好贮藏沟,果蔬产品在入贮前要作好预冷工作,待外界温度与土温降到0℃以下入贮;

将贮藏沟挖出的土堆在沟的南侧或者在沟南侧设风障遮阴,防止沟内温度的上升,有利于初期降低贮温;

根据气候的变化调节覆土的时间与厚度。贮藏初期,覆盖一层薄土,以后逐渐添加。冬季最冷时沟要覆盖严密,防止沟温过低。

(4) 实例:生姜的沟藏

① 贮藏条件

生姜喜温暖湿润,不耐低温,贮藏的适宜温度为10℃~15℃,10℃以下易发生冷害,贮温过高容易腐烂。贮藏适宜的相对湿度为90%~95%,湿度过大,腐烂严重,湿度过小,易使生姜失水、干瘪,降低食用品质。

② 沟(埋)藏方法

选择地势高、干燥、四周空旷的地块,挖沟,宽约2m,深约1m为宜,形状最好上宽下窄,圆形、方形也可以。贮藏用的生姜应在霜降至冬至收获。收获后对生姜进行严格的挑选,剔

除病变、有伤口、雨淋的姜块，将合格的产品摆放于沟内，中间立一个秸秆把，便于通风和降温。摆好后，表面先覆一层姜叶，然后覆盖一层土。沟顶用稻草或秸秆做成圆尖顶以防雨，四周设排水沟，北面设风障防寒。入沟初期，呼吸旺盛，温度容易升高，坑口要多露些。以后随气温的下降，分次覆土其总厚度达到 60 cm 左右，以保持堆内有适宜的温度。在前一个月是姜愈伤的过程，要使坑内温度保持在 20℃以上，以后降到 15℃左右并保持。冬季最冷时沟要覆盖严密，防止沟温过低。

生姜在贮藏中易发生烂姜，是由于冻害或感染了姜腐病（姜瘟）。姜腐病的病菌是田间带入的，一旦发病难以控制，所以除加强田间管理外，入贮前的挑选非常重要。其次，贮藏中期即冬季最冷的时期要做好防寒保温工作，避免冷害、冻害的发生。

3. 窖藏

窖藏是在沟藏的基础上进一步完善而来的一种贮藏方式。窖藏形式的结构有棚窖、窑窖和井窖。窖藏既能利用变化缓慢而稳定的土温，又可利用简单的通风设施来调节和控制窖内的温度、湿度和气体成分。与埋藏相比，它有进出的通道，方便取贮及产品的管理。

（1）窖藏形式的结构

① 棚窖

棚窖是一种临时性的贮藏场所，一般建造成长方形，根据窖身入土深浅可分为半地下式和地下式两种。较温暖地区或地下水位较高处，多采用半地下式，即一部分窖身在地面以下，另一部分窖身在地面上筑土墙，再加顶棚。棚窖一般入土 1.0～1.5m。寒冷地区多用地下式，即窖身全部在地下，入土 2.5～3m。棚窖的宽度在 2.5～3.0m 或 4～6m，窖的长度不限，视贮量而定。窖顶的棚盖用木料、竹竿等做横梁，有的在横梁下面立支柱，上面铺成捆的秸秆，再覆土踩实，顶上开设天窗，宽度为 0.5～0.6m，供通风和进出之用。窖门常在窖两端或一侧开设，或将天窗兼作窖门，以便于产品进出，并加强贮藏初期的通风降温作用。窖门和天窗的宽与长应满足产品和工作人员进出的要求。此外，还可在半地下式棚窖窖墙的基部及两端窖墙的上部开设气孔，起辅助通风作用（图 2-2）。

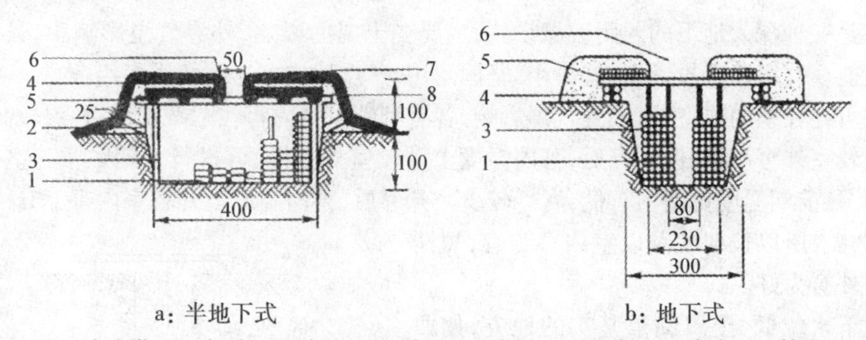

1：大白菜；2：气孔；3：支柱；4：覆土；5：衡梁；6：天窗；7：秋秸；8：檩木

图 2-2　棚窖示意图（单位：cm）

（引自赵晨霞《果蔬贮藏与加工》）

② 窑窖

窑窖也称为土窑洞，多建在丘陵山坡处，通常是在山坡或土丘的迎风面挖窑洞。一般长 6～8m，宽 1～2m，高 2～2.5m，拱形顶，设窑门。窑身是贮藏果蔬的部分，窑底和窑顶沿窑门向内缓慢降低，坡度为0.5% ~1.0%，这种结构有利于窖内空气对流。窖门以向北为宜，不受阳光直射，冷空气容易进入窖内，降温快。各地在多年使用中，不断进行改进，如设两道门，第一道门是实门，冬季防止外界寒风的直接吹袭；第二道门设门帘，可为草门帘或棉门帘，以加强冬季保温效果。为加快通风换气，在窑洞的最后部设排气筒。排气筒穿过窖的顶部土层，高出地面，以加大拔风力。一般排气筒下部直径1.0 ~1.2m，上部直径为0.8 ~1.0m。为控制排气量，在排气筒下部与窖身相连的部分设活动天窗(图2-3)。

窑窖的结构简单，建造费用低，由于充分利用土壤的保温性能，受外界气温影响小，温度低而平稳，相对湿度较高，有利于产品的保存。

随着科技攻关成果的推广应用，窑窖的结构进一步改进，通风系统更趋于合理，再加上气调贮藏技术在窑窖内的应用，贮藏效果明显提高。

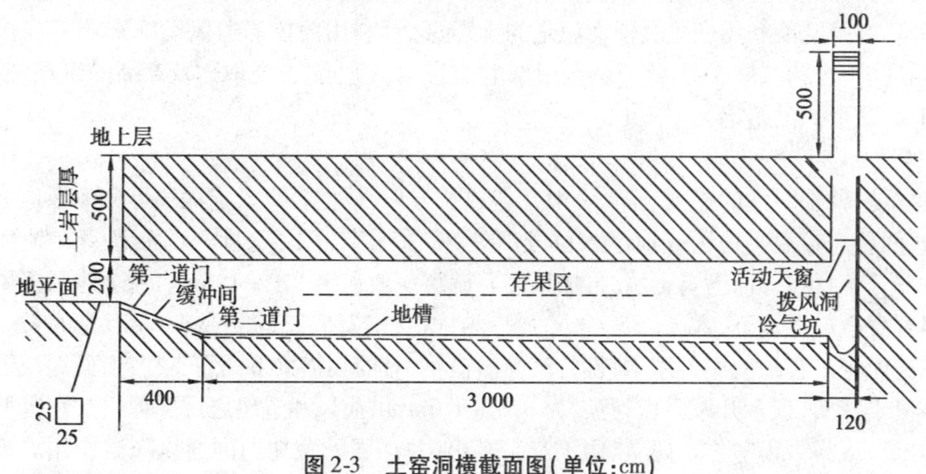

图2-3　土窑洞横截面图(单位:cm)

(引自李晓静等《果品蔬菜贮藏运销学》)

③ 井窖

井窖是一种深入地下的封闭贮藏设施，主要受土温的影响，外界气温影响小，具有很好的保温性能。井窖建造投资少，规模小，坚固耐用，一次建成可连续使用多年。

井窖可建在室内或室外，因受气温影响，各有利弊。室内窖在贮藏初期，窖温较高，产品腐烂损失较室外窖严重，但开春后，窖内温度上升较室外窖慢，可进行长期贮藏。室外窖正好相反，贮藏前期温度比室内窖低，腐烂较少。开春后，窖内温度上升较室内窖上升快，腐烂严重，难久贮，所以长期贮藏以室内窖为宜，短期贮藏以室外窖为好。

在地下水位低、土质黏重坚实的地方，如西北黄土高原可以建造井窖。井窖的窖身深入地下，在选好的地块向下挖成直径约1m的井筒，深度一般为3 ~4m，再从井底向周围挖一个或多个底宽1 ~2m的窖洞，井筒口应围土并做盖，四周挖排水沟(图2-4)。

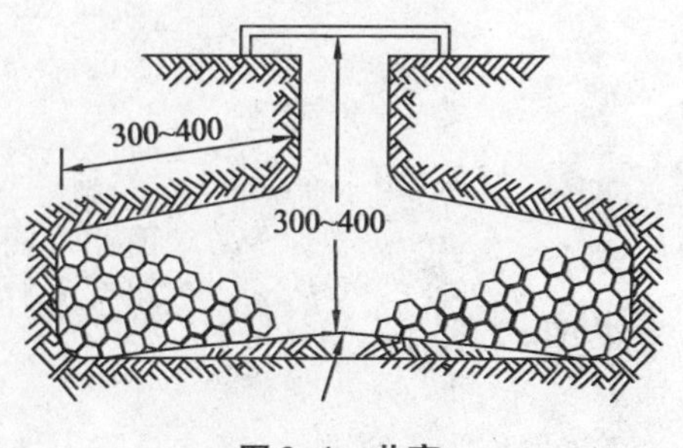

图2-4　井窖

(引自赵晨霞《果蔬贮藏与加工》)

(2) 窖藏的管理

① 空窖的清扫、消毒

空窖特别是旧窖,在果蔬入窖前,要彻底进行清扫并消毒。消毒的方法可用硫磺熏蒸($10g/m^3$),也可用 1% 的甲醛溶液喷洒,密封两天,通风换气后使用。贮藏所用的篓、筐等用具,在使用前也要用 0.05% ~0.5% 的漂白粉溶液浸泡 0.5h,然后用毛刷刷洗干净,晾干后使用。

② 入窖

果蔬产品经挑选预冷后即可入窖贮藏。在窖内堆码时,要注意果蔬与窖壁、果蔬与果蔬、果蔬与窖顶之间留有一定的间隙,以便翻动和空气流动。

③ 窖藏期间温度的管理

整个贮藏期分三个阶段管理。入窖初期,由于气温较高,同时果蔬呼吸旺盛,产生的呼吸热和田间热也多,窖内温度升高很快,因此,要在夜间全部打开通气孔,引入冷空气,达到迅速降温的目的。通风换气时间以凌晨效果最好。贮藏中期,正值严冬季节,外界气温很低,主要是保温防冻,关闭窖口和通气口。贮藏后期,严冬已过,气温回升,窖内温度也回升,这时应选择在温度较低的早晚进行通风换气。为保持窖内低温环境,应尽量少开窖门和减少工作人员的出入。

④ 其他

在贮藏期间,要经常检查产品,发现腐烂果蔬,要及时除去,以防交叉感染。果蔬全部出窖后,应立即将窖内打扫干净,同时封闭窖门和通风孔,以便秋季重新使用时,窖内保持较低的温度。

(3) 实例:南充柑橘窖藏

① 贮藏条件

柑橘是南方主产果品之一,贮藏的适宜温、湿度条件依不同的种类有所不同,一般认为贮藏的温度,橘子为 2℃ ~3℃、甜橙为 3℃ ~5℃、蕉柑为 7℃ ~9℃,各地应根据不同栽培、品种而定。空气相对湿度也要根据不同品种来定,如四川甜橙为 95%,温州蜜柑为 85% 左右。

② 窖藏方法

入窖前准备、修窖:主要是整平修光,并在入窖前 30 天根据果窖的干湿程度,适当灌水 100 ~150kg,保持窖内的相对湿度在 90% ~95%。入窖前 2 ~3 天再用托布津喷射密封杀菌。

入窖:在果实未摆放之前,先在窖底铺一薄层稻草,果实整齐端正地沿窖壁周围摆放,在稻草上成 5 ~6 轮,果蒂向上;大果放在底层,小果放上层,在底的中心留 50 ~67cm 的空圆心,在底留一 28 ~35cm 卸口(空地),以便检查果时翻卸果实之用。

贮期管理:果实入窖 2 天后将草垫放在窖口周围,盖上石板密封,此后每 7 ~10 天开窖检查一次。入窖前扇风换气,并点火试探,以免发生危险(因地窖密封,常会出现 CO_2 积累过多,浓度很高的情况)。彻底检查病果,注意避免人为传播病原菌。

(4) 实例:梨的棚窖贮藏

① 贮藏条件

梨是我国北方水果之一,秋季收获靠贮藏在冬季陆续供应市场。中国梨的贮藏温度

一般为0℃左右，而大多数洋梨品种适宜的贮温为-1℃。适宜贮藏的空气相对湿度为85%~95%。

② 棚窖贮藏方法

窖藏是梨产地应用较多的贮藏方式。河北贮藏鸭梨多利用棚窖，窖深约2m，宽约5m，长约15m，窖顶用椽木、秸秆、泥土做棚，其上设两个天窗，每个天窗的面积为2.5m×1.3m，窖端设门，高1.8m，宽0.9m。梨的采收期是在9~10月份，收获后要在窖外预贮，当果温、窖温都降至接近0℃时即可入窖。产品堆码时，堆垛底部要用枕木垫起，各层筐间最好加垫秫秸把或隔板，以利通风，堆垛上部距窖顶留出60~70cm的空隙，码垛之间也要留通道，以便贮藏期间检查。入窖初期，门窗要敞开，利用夜间低温通风换气。当窖温降到0℃时关闭门窗，并随气温下降，窖顶分次加厚覆土，最后达30cm左右。冬季最冷时注意防寒保温，当遇晴朗天气，温度0℃时适当开窗通风，调整温湿度及气体条件。春季气温回升，利用夜间低温适当通风，延长梨的贮藏期。

(5) 实例：葡萄的窖藏

① 贮藏特性

葡萄的不同品种间耐贮性的差异很大，是影响贮藏效果的关键因素，如龙眼、玫瑰香、保尔加尔、巨蜂、红宝石、黑奥林等晚熟品种较耐贮藏。由于葡萄没有后熟，在气候和生产条件允许的情况下尽量延迟采收期，有利于贮藏。葡萄在贮藏中容易发生干柄、皱皮、脱粒和腐烂，这与品种特性、贮藏条件有关，所以，在选择贮藏品种的基础上，维持葡萄适宜的贮藏条件(温度、湿度)是非常重要的。同时在贮藏中采用硫磺熏蒸可以减少病原微生物引起的腐烂。

② 贮藏条件

葡萄适宜的贮藏温度为-1℃~0℃，相对湿度为90%左右。

③ 窖藏方法

将采收的产品装入筐(箱)内，筐(箱)底部要有衬垫物(3~4层纸)，放于阴凉处预冷，待外界气温下降，出现霜冻时移到窖内。窖温尽可能控制在贮藏的适宜温度-1℃~0℃，相对湿度90%，若窖内干燥，应及时洒水。在葡萄产区利用窖藏一般可贮藏到次年2~3月份。

④ 注意事项

窖藏存在的主要问题是整个贮藏期不便随时取用和检查产品，贮藏环境的湿度较大，容易造成产品的腐烂，贮藏损耗较大，所以在进行窖藏时注意选择耐贮性强的种类和品种；在入贮前要作好预冷工作，待外界温度、土温降到0℃以下入贮，掌握好入贮的时间。

4. 冻藏

冻藏是在入冬上冻时将收获的果蔬放在背阴的浅沟内，稍加覆盖，利用自然低气温使果蔬在整个贮藏期间始终处于轻微冻结状态的一种贮藏方式。

(1) 冻藏的结构和特点

① 冻藏的结构

冻藏多用窄沟，约0.3m，如用宽沟(1m以上)须在沟底设通风道。一般都要设置荫障，避免阳光直射，以便加快果蔬入沟后的冻结速度。冻藏与普通沟藏的区别在于冻藏沟较浅，覆盖层薄。

② 冻藏的特点

由于冻藏的贮藏温度在 0℃以下，可以有效地降低果蔬的新陈代谢，抑制微生物的活动，但果蔬仍能保持生机，食用前经过缓慢解冻，可以恢复其新鲜状态。主要应用于耐寒性强的果蔬，如苹果、柿子以及菠菜、芫荽、油菜、芹菜等绿叶菜。

解冻后的产品不能长久贮藏。冻藏的果蔬在食用或出售前 3 ~5 天进行解冻。解冻应缓慢进行，否则呈水烂状，汁液外渗。

（2）实例：柿子的冻藏

① 贮藏特性

柿的品种很多，但耐贮性差异较大，华北的主要品种磨盘柿、莲花柿、镜面柿、牛心柿、鸡心黄柿、火罐柿都是耐贮运的优良品种。用于贮藏的柿子应在果实成熟而肉质脆硬时采收。

② 贮藏条件

食用硬柿子的适宜贮藏温度为 -1℃ ~0℃，相对湿度为 85% ~90%。食用软柿子的适宜贮藏条件为温度 -1℃ ~0℃，相对湿度 85% ~90%，还可在 0℃以下自然低温冻藏或在 -20℃以下人工速冻后在 -10℃下贮藏。

③ 冻藏方法

柿子收获后放在背阴处的果架上，随着气温的逐渐降低任其冻结，直至次年气温转暖时销售。或者在平地上挖几条深和宽各为 33cm 的平行小沟，沟上面铺 7 ~10cm 厚的秸秆层，上面放柿果 5 ~6 层，堆的四周用席子围好，堆上面盖一层苇席，使柿果自然冻结后再覆盖干草 30 ~60cm 厚，以保持贮藏期间稳定的低温并防止柿子受风吹干。春季气温转暖后，可用土将沟道两端堵实，以防止柿子化冻，可延长贮藏期。在冻藏过程中，柿子不宜随意搬动，防止由于外部压力使果实受到伤害，引起解冻后的败坏。冻藏的柿子一般趁冻结状态出售，解冻后耐贮性降低不好保存。

5. 假植贮藏

假植贮藏是把蔬菜连根收获，密集假植在沟或窖内，使蔬菜处在极其微弱的生长状态，但仍能保持正常新陈代谢的一种贮藏方式。

（1）假植贮藏的特点与方法

假植贮藏是蔬菜特有的一种简易贮藏的形式。在我国北方地区主要用于芹菜、油菜、花椰菜、莴笋、乌塌菜、水萝卜等蔬菜。这些蔬菜由于其结构和生理的特点，用一般方法贮藏时，容易脱水萎蔫，降低蔬菜的品质及耐贮性，而假值贮藏使蔬菜能从土壤中吸收一些水分和养分，甚至还能进行微弱的光合作用，能较长时期地保持蔬菜的新鲜品质，使其能随时上市销售。

将蔬菜连根收获，单株或成簇假植，只假植一层，株行间要留适当空隙，以便通风。根据气候的变化有的需要简单的覆盖，但覆盖物一般不接触蔬菜，与菜面有一定空隙，使能透入一些散射光。整个贮藏期要维持冷凉而不至于发生冻害的低温环境，使蔬菜处于极缓慢的生长状态。土壤干燥时要浇水，以补充土壤水分的不足，且有助于降温。

（2）实例：花椰菜的假植贮藏

① 贮藏条件

花椰菜也称菜花、花菜，较耐低温，适宜温度是 0℃ ~1℃，低于 0℃花球易受冻，在高温下贮藏，花球易失水萎蔫和腐烂。贮藏适宜的相对湿度为 90% ~95%，因此在贮藏中可以通过塑料薄膜包装以保持适宜的贮藏条件,将贮藏期延长至2~3个月,具有比较好的经济效益。

② 贮藏方法

在冬季不太寒冷的地区,将未长成的小花球整株连根采收,用植株的叶片捆扎包住花球,于立冬前后假植在阳畦、贮藏沟、棚窖等设施,可以一棵一棵栽,也可以将土坨紧密排列。假植后要立即浇水,以后根据需要适当灌水。随天气的变化适当进行覆盖防寒,最冷季节加厚覆盖物,防止受冻,并适时放风。贮藏期内,植株的养分不断转运到花球,使其继续生长。如果假植贮藏的花球较小,场所的温度可控制得高些,以加速花球膨大,而充分长大的花球不适合假植贮藏,容易发生散花现象。

花椰菜贮藏中易出现黄褐色干疤或被霉菌侵染,既影响外观,又容易腐烂。黄褐色干疤是在花球的创伤面上产生的,所以在采收、整理、入贮等过程中要轻拿轻放,避免擦伤或碰伤等机械损伤。同时,机械损伤也使花球容易被霉菌侵染,产生灰黑色霉点或褐斑。冻害等生理伤害也是感染霉菌的原因,所以在贮藏中还应防止冻害的发生。

(3) 实例:莴笋的假植贮藏

① 贮藏条件

莴笋能耐低温,适宜的贮藏温度为0℃~2℃,相对湿度为90%~95%。

② 贮藏方法

莴笋贮藏的方法多采用假植贮藏。首先挖宽1~1.3m、深0.8m的贮藏沟,在严霜来临之前连根收获,稍微晾晒,留7~8片嫩叶假植于沟内。上面覆盖细土埋没莴笋的2/3,压实,在沟顶覆盖草席或秸秆,随着气温的变化调节覆盖物的厚度,使沟内维持0℃左右的温度。温度高容易抽薹、空心、软烂,温度低又容易冻害。同时控制相对湿度为90%~95%,可以贮藏至次年的2月份。

2.1.2 通风库贮藏

通风库是在棚窖的基础上演变而成的,它是有隔热结构的建筑,利用库内外温度的差异和昼夜温度的变化,以通风换气的方式来保持库内比较稳定而适宜的贮藏温度的一种贮藏场所。它是砖木水泥结构的固定式贮藏设施,是一种永久性建筑,可长期使用。建造时设置了更完善的通风系统和绝热结构,降温和保温效果都比棚窖大大提高,操作也较方便。但通风库贮藏是依靠自然温度来调节库内的温度,仍属于常温贮藏,所以,在使用上受到一定的限制。在气温过高或过低的季节或地区,如果不加其他辅助设施,仍难于维持理想的贮藏温度,而且湿度也不易控制。

1. 通风库的类型

通风库有地上式、地下式和半地下式三种类型。

地上式通风库的库体全部建造在地面上,受气温影响最大,通风降温效果好,需要有良好的绝缘建筑材料进行隔热,适宜于地下水位高或冬季较温暖的地区。

地下式通风库的库体全部建造在地面以下,仅库顶露出地面,受土温影响大,保温性能好,降温效果差,适宜于冬季寒冷地区或地下水位低的地区使用。

半地下式通风库的库体一部分位于地面上,一部分在地面下,可用土壤为隔热材料,能

节省部分建筑材料，还可利用气温增加通风降温的效果，适宜于较温暖的地区采用。

2. 通风库的建造

（1）库址选择和库形设计

通风贮藏库为永久性建筑，建造时选择地势高、干燥、地下水位低、通风良好、交通便利的地方。一般要求地下水位距库底在 1m 以上。

通风贮藏库通常建成长方形或长条形。在冬季寒冷地区，以南北为长，这样可减少寒风的吹袭面，避免库温过低；在冬季温暖地区以东西为长，可减少阳光的直射，增大迎风面。

通风库的长度和宽度无一定规格，但库内高度宜在 4m 以上，否则，空气流通不佳，影响通风降温效果。为了便于管理，库容量不宜过大，一般在 100 ~ 200 吨。目前，我国各地发展的通风贮藏库，通常跨度 5 ~ 12m，长 30 ~ 50m，库内高度一般为 3. 5 ~ 4. 5m。库顶有拱形顶、平顶、脊形顶。如果要建一个大型的贮藏库，可分建若干个库组成一个库群，北方寒冷地区大多将库房分为两排，中间设中央走廊，宽度为 6 ~ 8m，库房的方向与走廊垂直，库门开向走廊。走廊的顶盖上设有气窗，两端设双重门，以减少冬季寒风对库的影响。温暖地区的库群以单设库门为好，以便利用库门通风换气。

（2）通风库的绝热结构

通风库的绝热结构是指库的暴露面，尤其是库顶、地上墙壁、门窗等部分敷衬绝热材料构成的绝热层，目的是减少外界气温变动的影响，以维持库内稳定的贮藏温度。绝热层的隔热效果，首先决定于所用的绝热材料及其厚度，其次是决定于库顶及墙体等的厚度、暴露面的大小及门窗、四壁的严密程度。

砖、石、木、土等一般的建筑材料，都有一定的隔热性能，泡沫塑料、膨胀珍珠岩、锡箔等是良好的隔热材料，此外，静止的空气层也具有相当的隔热性能。材料的隔热保温能力一般用热阻率或导热系数表示。导热系数和热阻率，二者互为倒数，导热系数越小，热阻值越大，隔热性能越好。表 2-1 为各种常用材料的热阻率。

表 2-1　各种材料的隔热性能（引自李晓静等《果品蔬菜贮藏运销学》）

材　料	导热系数 $(W \cdot m^{-1} \cdot K^{-1})$	热阻率 $K \cdot m \cdot W^{-1}$	材　料	导热系数 $(W \cdot m^{-1} \cdot K^{-1})$	热阻率 $K \cdot m \cdot W^{-1}$
聚氨酯泡沫塑料	0.023	43.480	加气混凝土	0.093 ~ 0.140	10.750 ~ 7.140
聚苯乙烯泡沫塑料	0.041	24.390	泡沫混凝土	0.163 ~ 0.186	6.130 ~ 5.380
聚氯乙烯泡沫塑料	0.043	23.260	木材	0.209	4.780
软木板	0.058	17.240	普通砖	0.790	1.270
膨胀珍珠岩	0.035 ~ 0.047	28.570 ~ 21.280	干土	0.291	3.440
油毛毡	0.058	17.240	干沙	0.872	1.150
芦苇	0.058	17.240	湿土	3.489	0.290
稻壳、锯屑	0.105	9.520	湿沙	8.723	0.110
刨花	0.058	17.240	雪	0.465	2.150
炉渣	0.209	4.780	冰	2.326	0.430

注：1. 热阻率$(R)=1/$导热系数(λ)；2. $1kCal \cdot m^{-1}h^{-1} \cdot ℃^{-1} = 1.163W \cdot m^{-1} \cdot K^{-1}$

绝热材料的厚度(绝热层的厚度)应当使通风库的暴露面向外传导散失的热能,约与该库的全部热源相等,这样才能使库温稳定。可以按下列公式计算绝热层的厚度:

$$绝热层的厚度(\mathrm{cm})=\frac{K\times S\times \triangle T\times 24\times 100}{Q}$$

式中,K——材料的导热系数($\mathrm{kJ\cdot m^{-1}\cdot h^{-1}\cdot ℃^{-1}}$)

S——总暴露面积($\mathrm{m^2}$);

$\triangle T$——库内外最大温差(℃)

Q——全库热源总量($\mathrm{kJ\cdot d^{-1}}$)

同时,应注意绝热材料必须保持干燥才具有良好的绝热性,一旦受潮绝热效果就大大降低,因此通风库的绝热层两侧需加防水层。

在通风贮藏库的设计中,隔热材料的选择不仅要考虑材料的隔热性能,还要考虑材料的来源、建筑费用等实际情况。在实际建筑中,常将几种材料混合使用,既保证良好的隔热保温效果,又兼顾节省建筑材料、费用和坚固耐用等方面。

根据测算与经验,通风贮藏库墙体的隔热能力以相当于7.6cm厚的软木板的隔热能力即可,折合成热阻为$1.31\mathrm{K\cdot m\cdot W^{-1}}$,即墙体各层材料的总热阻值达到$1.31\mathrm{K\cdot m\cdot W^{-1}}$,就符合通风贮藏库的隔热要求。

库顶因受阳光照射时间长,照射面积大,库内顶部温度较高,故库顶的热阻率应比库墙增加25%,才能达到隔热要求。

① 库墙的建造

夹层墙在两层砖墙间填加稻壳、炉渣等散状材料,最好分层设置并填实,以防下沉。在外夹墙的内侧和内夹墙的外侧(即夹层间的两个墙面上),应进行防潮处理,如涂沥青、挂油毡等,以防夹层间的填充材料受潮后降低其隔热效能。夹层墙是目前广泛采用的库墙形式。

还有在库墙内侧铺贴由各种高效能隔热材料制成的板材,如软木板、聚氨酯泡沫塑料板等,建造时也应进行防潮处理。

② 库顶的建造

"人"字形库顶:在"人"字形屋架内,下设天花板吊顶,在天花板上铺放轻质高效的保温材料,如蛭石、锯末、稻壳等。地上式或半地下式通风贮藏库多采用这种库顶。

平顶:一般大型的通风贮藏库多采用平顶,将隔热材料放在库顶夹层间。

拱形顶:用砖或混凝土砌成拱形顶,然后在顶上覆土,地下式通风贮藏库常采用这种库顶。

③ 库门的建造

一般在两层木板间填加锯木、稻壳、蛭石、聚苯乙烯泡沫塑料板或软木板等,使库门同库墙一样,具有良好的隔热性能。库门的大小应根据库形结构、库房大小以及操作方便等方面的情况综合考虑。

(3) 通风系统的设置

通风系统是通风贮藏库的重要组成部分,根据冷空气下降、热空气上升形成对流的原理,进行通风换气。将库内的热空气通过排气窗或排气筒排出库外,新鲜的冷空气则通过导气窗或导气筒进入库内,从而维持一定的贮温。

① 通风系统的类型及特点

通风贮藏库通风系统的设置常见的有四种类型，如图 2-5 所示。

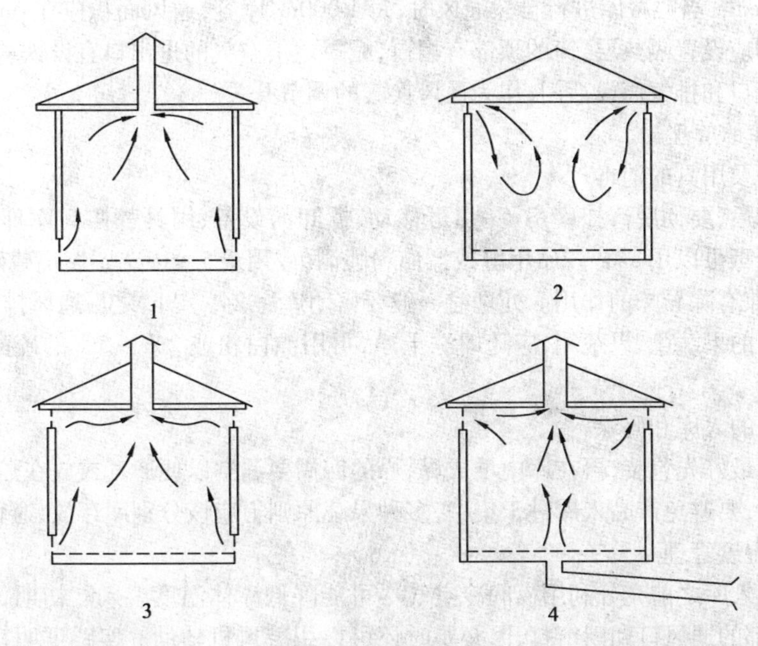

1：屋顶排气筒通风；2：屋檐小窗通风；3：混合式通风；4：地道式通风

图 2-5　通风系统设置类型

（引自李晓静等《果品蔬菜贮藏运销学》）

屋顶排气筒通风：在库墙下部或基部设导气窗或导气筒，库顶开设天窗或排气筒，库内易形成空气对流，通风降温效果较好。常见于地上式通风贮藏库。

屋檐小窗通风：墙上部开设小窗，兼作导气和排气窗。一些地下式通风贮藏库也有采用这种形式的，其通风效果较差。

混合式通风：一般地上式和半地下式通风贮藏库多采用这种类型。库墙的下部和上部均设有导气窗或导气筒，在库顶设排气筒或天窗，通风换气效果好，降温速度快。

地道式通风库：外冷空气经地道式导气筒进入库内，库墙上部设有排气窗，库顶开设天窗或排气筒。这种方式适用于地上式或半地下式通风贮藏库，通风效果好，并有利于维持库内一定的空气湿度，但修建费用较高。

② 通风系统的设置

通风库利用空气对流的原理，以引进外界的冷空气排除库内的热空气而起降温作用，所以，通风系统的效能直接影响通风库的贮藏效果。

通风系统主要包括进气孔和排气筒。通风换气的效能与进、排气筒的构造和配置有关。为增强通风换气的效果，在设计时要考虑如下问题：

在进气口和排气筒面积一定时，进气口和排气口的垂直距离越大，通风效果就越好。因此，进气口多设于库口或墙基部附近，而排气筒应高出屋面 1m 以上；

当通风总面积相等，通气口小而多，比大而少通风效果好，因此，每个进、排气口的面积不宜过大(通气口的面积一般为25cm×25cm~40cm×40cm),但通气口的数量要多些,应分布在库的各个部位,间隔5~6cm为宜。一般贮藏量在500吨以下,每50吨产品的通风面积不应少于0.5cm^2,当贮藏库进行自然通风时,每1 000m^3库容,通风面积应在6m^2左右;进气口和排气筒均应设置隔热层,筒的顶部有帽罩,帽罩之下空气的进出口宜设铁纱窗,以防虫、鼠进入。进气口和排气筒设活门,作为通风换气的调节开关。

3. 通风库的管理

(1) 库房及用具的消毒

每次清库后,要彻底清扫库房,一切可移动、拆卸的设备、用具都搬到库外进行日光消毒。库房的消毒可以用1%~2%甲醛或漂白粉喷洒,或用量5~10g/m^3燃烧硫磺熏蒸,也可用臭氧处理,兼有除异味的作用。处理时一般要密闭库房24~48h,之后通风排尽残药。

使用完毕的果蔬筐、果蔬箱,应随即洗干净,再用漂白粉或2%~5%的硫酸铜液浸渍,晒干备用。

(2) 产品的入库和码垛

各种果蔬最好先包装,再在库内堆成垛,垛的四周要漏空以便通气或放在贮藏架上。通风库贮量大时,要避免产品入库过于集中,多种果蔬原则上应该分别库存放,避免相互干扰。

(3) 温、湿度管理

秋季产品入库之前充分利用夜间冷空气尽可能降低库体温度。入贮初期,以迅速降温为主,应将全部的通风口和门窗打开,必要时还可以用鼓风机辅助。实践证明,在排气口装风机将库内空气抽出,比在进气口装吹风机向库内吹风要好。随着气温的逐渐下降,应缩小通风口的开放面积,到最冷的季节关闭全部进气口,使排气筒兼进用气作用,或缩短放风时间。

在入贮初期,放风会改变库内的相对湿度,所以常感到湿度不足,可以采用喷水等增湿的措施。在贮藏中期,关闭全部进气口后若湿度过大,可以辅以吸湿材料。

(4) 通风库的周年利用

近年来各地大力发展夏菜贮藏,通风库可以周年利用。使用上要注意两点:一方面要在前批产品清库与后批产品入库的空挡抓紧时间做好库房的清扫、维修工作。如果必须消毒或除异味,可以施用臭氧,闷闭2h。甲醛、硫磺熏蒸只能用于空库的消毒。另一方面是要做好夏季的通风管理,在高温季节应停止或仅在夜间通风。

4. 实例

(1) 大白菜的通风库贮藏

① 贮藏特性

大白菜属耐寒蔬菜,在收获后的低温条件下较耐贮藏。在贮藏过程中的损耗主要表现为腐烂、脱帮、失水,造成这些损耗的原因不仅与贮藏环境中的温度、湿度、气体条件有关,而且还与大白菜的品种、栽培条件有关。

② 贮藏条件

适宜的贮藏温度为0℃,相对湿度为95%~98%。

③ 通风库贮藏方法

此法在白菜贮藏中占有很大的比例,是白菜贮藏的主要方式。白菜在通风库中的摆放

形式有两种。

垛藏法：产品直接在地面堆放，宽为 2 棵菜长，高为 1.5 ~ 2m，长度根据通风库具体情况而定。入窖初期菜根相对，叶向外，便于散热。中、后期菜根向外叶向内，利于保温。此法的优点是贮藏量大，每平方米地面可贮藏大白菜 700 ~ 1 000kg。缺点为倒垛次数多，贮藏损耗大。

架藏法：与窖的宽向平行设置菜架，库中央设有走道，架宽为 70 ~ 80cm，架高 2m，层间距 30 ~ 50cm，每层放 2 ~ 3 层菜，架与架之间留有走道。摆放形式为叶向外，根相对。在库的一端留有空架，便于倒菜。架贮的优点是倒菜的次数少，倒菜间隔时间长，产品质量好。缺点为贮藏量比垛藏少，一般为 500 ~ 700kg/m^2，需要大量的架杆，产品的出入不方便，且成本高。

大白菜的通风库贮藏期间的管理，根据外界温度变化分为三个阶段，即前期、中期和后期。

贮藏前期：从入窖到“大雪”或“冬至”为贮藏前期，此期气温、窖温和菜温都较高，白菜新陈代谢旺盛，释放的呼吸热多，窖温常高于 0℃，白菜容易伤热。此期间以通风降温为主，要求放风量大，时间长，夜间低温放风，使温度尽快下降，并维持 0℃左右。初期倒菜周期短，快倒粗摘或不摘，以防脱帮为主。

贮藏中期：“冬至”到“立春”是全年最冷的季节，此时菜温与窖温都已降低，菜的呼吸热减少。故此期是贮藏中的“冻关”，以防冻为主。放风有两种方法，一是“短急风”，二是“细长风”。此期倒菜次数减少，周期延长，可采取慢倒细摘的方式，不烂不摘，尽量保留外叶以保护内叶。

贮藏后期：“立春”后进入贮藏后期。此期气温变化大，“三寒四暖”气温逐渐回升，窖内贮藏量逐渐减少，窖温容易升高。此期白菜的耐贮性和抗病性明显降低，易受病菌侵害而腐烂。所以此期是贮藏中的“烂关”。放风在夜晚气温低时进行，防止窖温上升。倒菜周期短，勤倒细摘和降低菜垛高度。

④ 注意事项

适时采收：叶球成熟度对耐贮性有一定作用，有研究表明，八成熟（“八成心”）最好，充分成熟（“心口”）过紧反而不利于贮藏。

根：收获时带根或去根对贮藏影响不大。

灌水：采前 7 天内要停止灌水，遇雨需要推迟收获。

码垛：通常采用双行菜垛，两棵菜根向里码至 1.5m 高。采用货架或装箱菜棵向上直立摆放，这样可提高贮藏效果。

(2) 马铃薯的通风库贮藏

① 贮藏特性

马铃薯的食用部分为地下块茎，收获后一般有 2 ~ 4 个月的生理休眠期，长短因品种不同而异。

② 贮藏条件

鲜食马铃薯的适宜贮藏温度为 3℃ ~ 5℃，但用作煎薯片或炸薯条的马铃薯，应贮藏于 10℃ ~ 13℃。贮藏的空气相对湿度为 80% ~ 85%，湿度过高易增加腐烂，过低易失水皱缩。

同时，应避光贮藏，因为光会促使马铃薯发芽，增加茄碱苷含量。

③ 通风库贮藏方法

入库堆码时要注意高不超过1～1.5m，堆内设置通风筒，薯堆周围要留一定空隙以利通风散热。

(3) 萝卜、胡萝卜的通风库贮藏

① 贮藏特性

萝卜、胡萝卜喜冷凉湿润的气候环境，比较耐贮藏和运输。贮藏的萝卜以秋播的皮厚、质脆、含糖和水分多的晚熟种为主，胡萝卜以皮色鲜艳、根细长、根茎小、心柱细的品种耐贮藏。萝卜、胡萝卜没有明显的生理休眠期，遇到适宜的条件便萌芽抽薹，所以在贮藏中容易糠心、萌芽。贮藏温度过高、空气干燥、水分蒸发加强，也会造成糠心。

② 贮藏条件

萝卜、胡萝卜适宜的贮藏温度为0℃～3℃，空气相对湿度90%～95%。

③ 通风库贮藏方法

通风库贮藏根菜类是北方各地常用的方法。产品在库内散堆，堆高1.2～1.5m，在堆内每隔1m设一通风孔，加大通风散热，防止腐烂。也可以在库内一层湿沙土一层萝卜、胡萝卜层层堆积，贮藏的效果要比散堆好。应该注意的是萝卜、胡萝卜不耐低温，而通风库的温度在气候寒冷时经常过低，要加强温度调节，防止冻害。

④ 通风库贮藏的注意事项

通风库贮藏存在的主要问题是库内温度随外界气温变化湿度容易损失，贮藏时间相对较短，贮藏品质降低较快。所以需选择耐贮性强的种类和品种。此外，应做好贮藏期间的管理工作：在入贮前做好窖内的消毒工作，用10g/m^3的硫磺熏蒸24h，然后通风；贮藏前期，利用夜间低温进行通风换气，迅速降温；贮藏中期，注意保温，利用白天通风换气，保温保湿；贮藏后期，注意防止温度回升，及时出库销售。

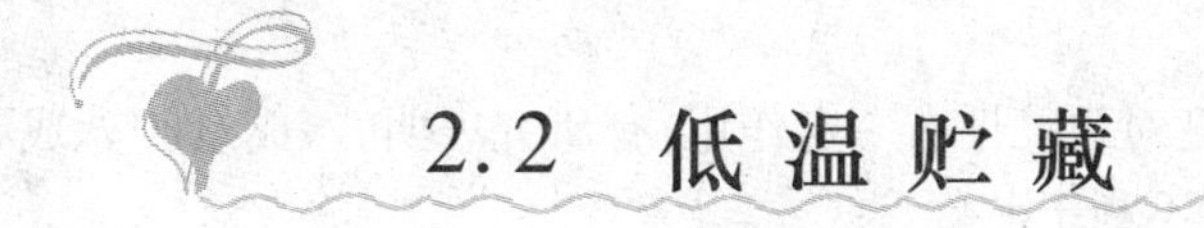

2.2 低温贮藏

低温贮藏是人为地调节和控制适宜的贮藏环境，使之不受外界环境条件限制的一类贮藏方法，它对保持果蔬品质和延长贮藏寿命有显著的效应。具体可从下面几方面得出此结论。

对呼吸和其他代谢过程的抑制：在一定范围内，随着温度的升高，果蔬的呼吸强度增大，温度降低则呼吸强度减小，温度越低其抑制呼吸的效果越显著。在不冻结的低温范围内(通常是0℃±1℃)，果蔬的呼吸作用受到显著的抑制，与呼吸相偶联的各种营养成分的消耗过程变得缓慢，因此低温是保持果蔬品质的适宜条件。

低温对水分蒸发的抑制：贮藏中果蔬蒸腾是一物理过程，其强度与温度的高低呈正相关。大多数新鲜果蔬，当其水分损耗超过重量的5%时，就会出现萎蔫，新鲜度下降。低温对蒸腾作用的抑制，起到保持果蔬新鲜度的作用。

低温对成熟和软化过程的抑制：果蔬的成熟和衰老是一系列的生理生化过程，这一过程在低温的影响下变得较为缓慢。一些肉质性果蔬，在贮藏中其质地逐渐软化，是降低品质的一个方面，冷藏则可以大大延缓果蔬的软化过程。一些高峰型果实，成熟过程中有较多的乙烯释出，而释出的乙烯反过来又刺激果实自身的成熟过程，但在低温条件下，果蔬的乙烯产量受到明显的抑制。

低温对发芽生长的抑制：具有休眠特性的果蔬如马铃薯、洋葱、板栗等，在通过休眠阶段以后就会发芽生长，导致其品质和耐贮性下降。在冷藏的情况下，通过低温的强制休眠作用，可以延长休眠阶段，抑制发芽生长，从而有利于长期保藏。

需要强调的是低温冷藏虽然可以广泛地用来延长果蔬的贮藏寿命，但用于一些对低温较敏感的果蔬则易导致冷害的发生，尤原产热带和亚热带的果蔬特别突出。所以，在低温冷藏技术的实际应用中，确定适宜的冷藏条件是至关重要的，这往往要根据果蔬的种类、成熟度、贮藏特性以及贮藏期长短等多方面的情况来综合考虑。

低温贮藏即采用降温的方法，获得贮藏所需低温的贮藏方法，按冷源的不同，可分为冰藏和机械冷藏两种。

2.2.1 园艺产品冰藏

冰藏是利用冰的融化致冷来降低和维持产品低温的贮藏方法。在北方地区天然冰源丰富，冰藏的应用较普遍。

冰的溶解热为334.46kJ/kg，所以，冰的融化可吸收大量的热能，使环境温度下降。贮藏库的温度可根据加冰量的多少及冷藏库的总热量平衡进行计算。在贮藏量等条件一定的情况下，以加冰的多少来控制温度。在使用天然冰时，一般只能得到2℃～3℃的贮藏环境温度，如果在冰中加入食盐、氯化钙，则可降低熔点，使贮藏库维持更低的温度。

1. 冰窖贮藏

采冰在严冬季节进行，可以利用河流湖泽天然冻结的冰，也有采用人工结冰方法。一般冬季采集的冰要贮存到春夏使用。因此，采集的冰要有适当的贮藏场所，防止其迅速融化。贮冰场一般选择高燥的位置，挖深2～4m左右，长宽视贮冰量和周围环境条件情况做安排。坑底铺放一层碎石或煤渣，其上层层堆码冰块，直到高出地面1m左右，然后在上面覆盖草席，再堆土1m左右。如果用稻壳、稻草、锯末等绝缘材料覆盖，效果更好。

也有采用冰块直接贮藏在冰窖内，封盖密闭。贮藏产品时，将窖内冰块移动整理，安排贮放，不另设贮冰场。

冰窖一般选择在山坡高地的地面以下，以减少气温影响。方向以东西长为宜，以减少太阳直射。深度为3～4m，长宽不定，窖底有一定的倾斜度，最低处设排水沟。

贮藏产品时，在窖底和四壁都留下厚约0.5m的冰块，将产品捆扎或包装铺放在冰上，在产品或包装间填碎冰。排完一层，在上放冰块一层，重复交叠。在最上层冰上盖上稻草等隔热材料，厚约0.7～1.0m，防止外界温度的影响。产品在进窖之前应进行预冷，降低温度以减少冰的损耗。

产品进窖贮藏期间，注意检查，或补充冰的消耗，由排出水的颜色与气味判断窖内产品贮藏情况。

贮藏的产品有香瓜、茄子、黄瓜、辣椒、四季豆、豌豆、番茄等。

2. 改良的冰窖——自然冷源贮藏库贮藏

自然冷源贮藏库既根据冰窖的控温方式，又利用了通风库的结构引入外界冷源致冰，远比冰窖的操作和管理方便，贮藏效果更好。

(1) 原理和特点

贮藏库与传统的冰窖一样，也是将冬季的自然冷源以冰的形式贮存起来，利用水在固液相变时可以释放或吸收大量潜热的特点来维持贮藏环境的温度。即在暖季这些冰为冷源能维持果蔬贮藏保鲜所需要的低温和高湿条件，寒冷的冬季则利用水在冻结时释放的大量潜热来保护库内果蔬免受冻害。但库体结构、温度控制远比冰窖先进，操作更方便，工作人员可以入库观察，产品品质得到很好的控制。库内温度终年变化很小。即使夏季外界温度高达39.2℃以上，冬季最低温度达－12℃以下，贮藏室内温度也十分稳定，基本保持在1℃～2℃。相对湿度也能一直保持在90%以上，产品品质能得到很好地控制。库中仅用几台风机，不用机械制冷设备，不但投资少，电能的消耗只是机械制冷库的十分之一。非常适合我国北方寒冷地区园艺产品的贮藏，但建成后要经过一个冬季才能使用。

(2) 贮藏库的结构

库房建筑结构与通风库和机械制冷库相似，但无需专用的机械制冷设备，形式有地下式、半地下和地上式三种类型。主要由贮藏室、贮冰（水）室、风机以及管道等组成。图2-6为半地下式结构示意图，地下部分为贮冰室，地上部分为果蔬贮藏室。

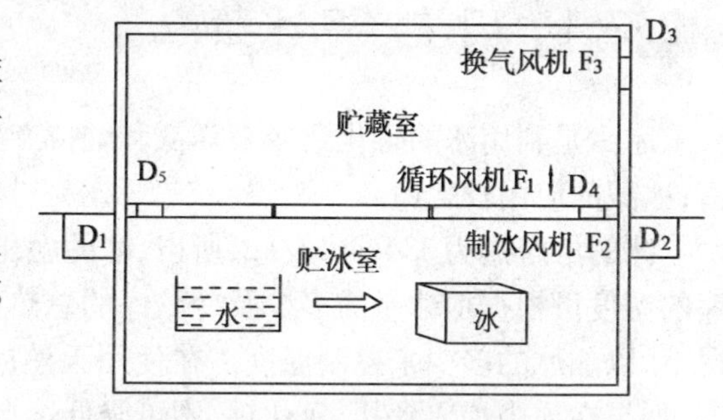

D_1：进气孔；D_2、D_3、D_4、D_5：风门

图2-6　冬季蓄冷贮藏示意图

（引自赵丽芹《园艺产品贮藏加工学》）

(3) 冷源贮藏室的使用

① 冬季蓄冷

蓄冷的过程中，必须保证贮藏室内的果蔬免受冷空气的伤害。当外界气温降到0℃以下时，打开进气孔 D_1 并开动风机 F_3，外界的冷空气便进入贮冰室，经热交换使贮冰室内的水逐渐结成冰，同时相变过程中放出的大量潜热，使流入的寒冷空气温度上升。调节风机 F_3 的风量，使可进入到贮藏室内的空气温度为0℃左右，以维持库内温度恒定为0℃。在需要加快制冰时，可以打开制冰风机 F_2 和风门 D_2，以增加进入贮冰室的冷空气量，当制冰结束或外界气温升高到0℃以上时，可关闭风机 F_2 和风门 D_2、D_1，隔绝外界热空气的流入（见图2-6）。

② 暖季果蔬贮藏过程

开动循环风机，贮冰室内冷空气经风门流入贮藏室，经和果蔬换热后，使果蔬温度下降。空气从风门流回到贮冰室，在贮冰室内热空气经过与冰进行热交换，冰融化成水，同时吸收相变潜热，使得空气温度降低成为冷空气，冷空气再次被风机吸入到贮藏室。如此循环，直到贮藏室内温度达到贮藏要求为止，通过调节风门开关的位置，可以改变从贮冰室流入到贮藏室内的冷空气和从顶部来的热空气混合比例，从而维持库内稳定的低温。

2.2.2 机械冷藏

机械冷藏是目前世界上应用最广泛的园艺产品贮藏方式，也是我国新鲜园艺产品的主要贮藏方法。它是在有良好隔热性能的库房中，安装机械制冷设备，通过机械制冷系统的作用，控制库内的温度和湿度，从而维持适宜的贮藏环境，达到长期贮存产品的目的。

根据制冷要求不同，机械冷藏库分为高温库（0℃～10℃左右）和低温库（低于－25℃～－18℃）两类，园艺产品机械冷藏库存为高温库。

1. 制冷原理与设备

(1) 制冷原理

机械冷藏库达到并维持适宜的低温，依赖于制冷系统持续不断运行，排除贮藏库房内各种来源的热能。图 2-7 为制冷系统示意图。

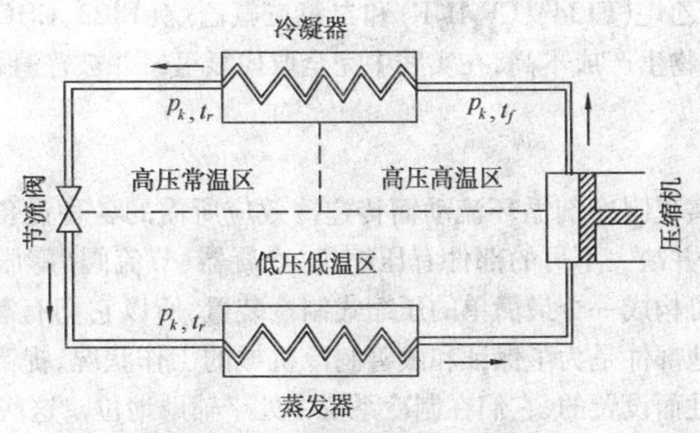

图 2-7　单级制冷系统示意图

（引自李晓静等《果品蔬菜贮藏运销学》）

制冷系统是由制冷设备组成的一个密闭循环系统，其中充满制冷剂，由它在整个系统中循环传递冷效应。压缩机工作时，向一侧加压形成高压区，另一侧因由抽吸作用而成为低压区。节流阀（或称膨胀阀）为高压区和低压区的另一个交界点，从蒸发器进入压缩机的制冷剂为气态，经加压后压力从 p_0 增加到 p_k，同时温度由 t_r 上升到 t_f，此时制冷剂仍为气态。这种高温高压的气体，在冷凝器中与冷却介质（通常用水或空气）进行热交换，温度下降到 t_c 而液化，压力仍保持为 p_k。以后液态的制冷剂通过节流阀的节流作用和压缩机的抽吸作用，压力下降至 p_0，使制冷剂在蒸发器中汽化吸热，温度下降为 t_0，并与蒸发器周围介质进行热交换而使介质冷却，最后两者温度平衡为 t_r，完成一个循环。此循环周而复始，往复不断。根据产品的要求人为地调节制冷剂的供应量和循环的次数，使产生的冷量与需排除的热量相匹配，以满足降温需要，保证冷藏库内稳定而适宜的低温，从而满足贮藏产品对环境条件的要求，保持其新鲜品质，延长贮藏期。

(2) 制冷剂

制冷剂是在常温下为气态，而又易于液化的物质，利用它从液态汽化吸热而起到制冷的作用。在制冷系统中，致冷剂的任务是传递热量。理想的制冷剂应具备沸点低、冷凝点低、对金属无腐蚀性、不易燃烧、不爆炸、无毒无味、易于检测和价格低廉等特点。目前，生产中

常用的有氨和氟里昂等。

氨的潜热比其他制冷剂高，在0℃时蒸发热为1 260kJ/kg，是大中型制冷压缩机的首选制冷剂。氨还具有冷凝压力低、沸点低、价格低廉等优点，但氨自身有一定的危险性，泄漏后有刺激性味道，对人体皮肤和黏膜等有伤害，在含氨的环境中，新鲜园艺产品有发生氨中毒的可能。空气中氨含量超过16%时，有燃烧和爆炸的危险。所以利用氨制冷时对制冷系统的密闭性要求很严。另外，氨遇水呈现碱性对金属管道等有腐蚀作用，使用时对氨的纯度要求很高。此外，氨的蒸发比容积较大，要求制冷设备的体积较大。

氟里昂是氟氯与甲烷的化合物，最常用的是氟里昂12（F12）、氟里昂22（F22）和氟里昂11（F11）等。氟里昂对人和产品安全无毒，不会引起燃烧和爆炸，不会腐蚀制冷等设备，但氟里昂汽化热小，制冷能力低，仅适用于中小型制冷机组。另外，氟里昂价格较贵，泄漏不易被发现。

研究证明，氟里昂能破坏大气层中的臭氧，国际上正在逐步禁止使用，并积极研究和寻找其替代品，如四氟乙烷（F134a，CF_3H_2F）和二氯三氟乙烷（F123，$CHCl_2CF_3$）、溴化锂及乙二醇等，但这些取代物生产成本高，在实践中完全取代氟里昂并被普遍采用还有待进一步研究完善。

（3）制冷设备

制冷机械是由实现制冷剂循环流动而传递冷效应所需的各种设备和辅助装置所组成的，其中起决定作用并缺一不可的部件有压缩机、冷凝器、节流阀（膨胀阀、调节阀）和蒸发器。由此四部件即可构成一个最简单的压缩式制冷装置，所以它们有制冷机械四大部件之称。除此之外的其他部件是为了保证和改善制冷机械的工作状况，提高制冷效果及其工作时的经济性和可靠性而设置的，它们在制冷系统中处于辅助地位。这些部件包括贮液器、电磁阀、油分离器、过滤器、空气分离器、相关的阀门、仪表和管道等。

① 压缩机

目前常用活塞式压缩机，活塞向增加气缸容积的方向运动时，缸内气压降低，产生抽吸作用，使蒸发器送来的气态制冷剂经进气阀进入气缸。曲轴转动180°后，活塞反向运动，气缸容积缩小，产生压缩作用，高压气态制冷剂便经排气阀被输送到冷凝器。在整个制冷系统中，压缩机起着"心脏"的作用。

② 冷凝器和贮液器

冷凝器有风冷和水冷两类，它通过水或空气的冷却作用将由压缩机输送来的高压、高温气态致冷剂在经过冷凝器时被冷却介质（风或水）吸去热量，促使其凝结液化，而后流入贮液器贮存起来。

③ 油分离器

安装在压缩机和冷凝器之间，其作用是将混在高压气态制冷剂中的油滴分离掉，以免进入冷凝器后在冷却管表面形成油膜，降低热交换效率。

④ 节流阀和膨胀阀

节流阀和膨胀阀是控制液态制冷剂流量的关卡和压力变化的转折点，两者作用相同，只在结构和工作方法上有所差别。膨胀阀是热力膨胀阀的简称，除阀体外，还有一些感应构件，通过感应机构根据对来自蒸发器的气体的热感应情况，自动调节气阀孔的大小或开关。

节流阀是手控阀门，结构与一般气阀相同，起调节制冷剂流量的作用。通过增加或缩小制冷剂输送至蒸发器的量控制制冷量，进而调节降温速度或制冷时间。

⑤ 蒸发器

蒸发器是由一系列蒸发排管构成的热交换器，液态制冷剂通过膨胀阀，在蒸发器中由于压力骤减由液态变成气态，在此过程中制冷剂吸收载冷剂的热量，降低库房中温度。载冷剂常用空气、水或浓盐液（常用 $CaCl_2$）。

(4) 冷藏库房的冷却方式

冷藏库的降温冷却是靠蒸发器在冷库中的安装来实现的。冷库的降温冷却方式有直接冷却、间接冷却和鼓风冷却三种。

① 直接冷却

直接冷却是将蒸发器的蛇形管盘绕在库房内天花板下方或四周墙壁，制冷剂在蛇形盘管中直接蒸发。库内降温速度快，蒸发器易结霜影响制冷效果，需不断除霜，否则会使库内湿度下降；库内温度变化大，分布不均匀而且不易控制。当制冷剂在蒸发管或阀门处泄漏，在库内累积而直接危害园艺产品，因而不适合在大、中型果蔬冷藏库中应用。

② 鼓风冷却

鼓风冷却是现代冷藏库内普遍采用的方式。它是将蒸发器安装在空气冷却器内，借助鼓风机将库内的热空气抽吸进入空气冷却器而降温，冷却的空气由鼓风机直接或通过送风管道（沿冷库长边设置于天花板下）输送至冷库的各部位，形成空气的对流循环。这一方式冷却速度快，库内各部位的温度较为一致，并且可通过在冷却器内增设加湿装置而调节空气湿度。但是，由于空气流速较快，若不注意湿度的调节，会加重新鲜园艺产品的水分损失，导致新鲜程度和质量下降。

③ 间接冷却

间接冷却是将制冷系统的蒸发器安装在冷藏库房外的盐水槽中，先冷却盐水，再将已降温的盐水泵入库房中的冷却盘管，吸取热量以降低库温。冷却盘管多安置在冷藏库房的天花板下方或四周墙壁上。制冷系统工作时盘管周围的空气温度首先降低，降温后的冷空气随之下沉，附近的热空气补充到盘管周围，于是形成库内空气缓慢的自然对流（图 2-8），这种冷却方式降温需时较长，冷却效益较低，且库房内温度不易均匀，但因冷却系统的热缓冲量大，可使库温波动大为降低，甚至在短时停电的情况下，库温也不至于上升太快。

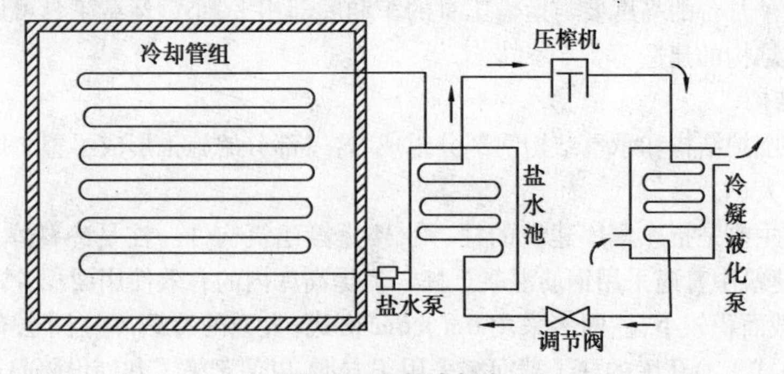

图 2-8　间接冷却式

（引自李晓静等《果品蔬菜贮藏运销学》）

2. 机械冷藏库的建造

冷库的建造总的原则要求是密封性、隔热性、防潮性、牢固性和抗冻性良好。冷藏库的建造要比较全面地考虑研究库址的选择、冷库的容量和形式、隔热材料的性质、库房及附属建筑的布局等问题。

(1) 库址的选择

冷藏库的贮藏量是比较大的，产品的进出也是量大而频繁的，因此要注意交通的方便，利于新鲜产品的输送；另外也要考虑到产区和市场的联系，减少产品在常温下不必要的拖延，这些都要根据实际情况，权宜得失来选择一个适宜的位置。

库房以建在没有阳光照射和热风频繁的阴凉地方为佳。在一些山谷或地形较低、冷凉空气流通的位置是有利的。

冷藏库周围应有良好的排水条件。地下水位距库底要有 1m 以上的距离。

(2) 库房的容量

冷库通常建成长方形或长条形。在冬季寒冷地区，以南北为长；在冬季温暖地区以东西为长。

冷库的大小应根据常年贮藏的最高量设计建筑面积，偶然的特殊情况不能作为标准。设计时要先根据拟贮藏的产品堆放在库内所必须占据的体积，加上行间过道、产品与墙壁之间的空间、堆码与天花板之间的空间以及包装容器之间的空隙等确定库房的内部空间，然后根据建筑投资和实际操作需要确定冷库的体积之后，再考虑确定库形的长宽与高度。

如现要建立一个容量为 1 080m^3的冷库，首先考虑库的高度，如果过高，没有机械操作，产品堆码和取出都不方便，管理也有困难，故一般采用的高度在 6m 左右，如果采用 6m 的高度，库房所需的面积 $1\,080m^3 \div 6m = 180m^2$，在这个面积上考虑冷库的宽度与长度。但我们这时应先考虑到宽度，如果过宽，在建筑设计和材料上会增加麻烦，而且房间过宽，库内必须有支柱以承受屋顶的重量，这不仅增加建筑材料，也影响库内的安排和操作的方便。如果采取库宽为 10m，就确定了冷库的长度为 $180m^2 \div 10m = 18m$。

从建筑的经验来看，通常采用的宽度很少超过 12m，高度以 6m 左右为适宜。设计时可依据实际条件和经济情况，选择恰当的设计尺寸。如果作为一间库房过长，根据实情也可考虑分间建筑。

设计冷藏库时，也要考虑到其他必要的附属设施，如工作间、包装整理间、工具存放间、月台等的位置。月台的高度要与运输工具的车厢底部相平，小型运载工具可以畅行无阻。

(3) 库体结构的建造

① 库体结构

库体包括围护结构和承重结构两部分组成，这一部分的施工形成了整个库体的外形，也决定了库容的大小。

承重结构主要是指冷藏库建筑的柱、梁、楼板等建筑构件。柱是冷藏库的主要承重构件，在冷藏库建筑中普遍采用钢筋混凝土柱。为提高库内的有效使用面积，冷藏库建筑中柱的跨度较大、截面积较小，柱网多采用 6m × 6m 格式，大型的冷藏库柱网也有 12m × 6m 或 18m × 6m 的格式。冷藏库的柱子截面多采用正方形，以便于施工和铺设隔热层。

冷库的围护结构是指冷藏库的墙体、库顶、库门和地坪。

冷库的围护墙体有砖砌墙体、预制钢筋混凝土墙体和现场浇筑钢筋混凝土墙体等形式。在分间冷藏库中还设有冷藏库隔墙，内墙有隔热和不隔热两种形式。当相邻冷藏间的温差小于5℃时，一般用240mm或120mm厚的砖墙做不隔热内墙，两面用水泥砂浆抹面。隔热内墙的防潮、隔气层多在温度稍高的冷藏间一侧，也可以两侧都做。

冷藏库屋顶建设，除了避免日晒和防止风沙雨雾对库内的侵袭外，还起着隔热和稳定墙体的作用。

冷库的地坪一般由钢筋混凝土承重结构层、隔热层、防潮层组成。

② 隔热性要求

冷库的隔热性要求比通风库的更高，库体的六个面都要隔热，以便在高温季节也能很好地保持库内的低温环境，尽可能降低能源的消耗。

隔热层的厚度、材料选择、施工技术等对冷藏库的隔热性有重要影响。

冷库隔热层的厚度应当使贮藏库的暴露面向外传导散失的热量约与该库的全部热源相等，这样才能使库温保持稳定。用于隔热层的隔热材料应具有如下特征和要求：导热系数要小，不易吸水或不吸水，质量轻，不易变形和下沉，不易燃烧，不易腐烂、虫蛀和被鼠咬，对人和产品安全且价廉易得。常用隔热材料的特性见表2-1。

隔热层的厚度可以计算出来。一般以软木板为标准，通常认为合适的墙壁隔热厚度在10cm左右，地板厚度在5cm左右。在日光照射的墙壁和房顶考虑增加隔热材料的厚度。其他隔热材料选用的厚度，根据它们的导热系数，以软木板为标准，可以计算出来。

隔热层的施工方法有三种形式。

一是在现场铺设隔热层（图2-9），采用的隔热材料有两种类型，一种是加工成固定形状的板块，如软木之类；另一种是颗粒状松散的材料如木屑、糠壳等。最好是采用固定形状的砖块板片隔热材料，因为它在合理的敷设后，能够经常维持其原来的状态，持久耐用。松散颗粒的材料则是填充于两层墙壁之间的空间中，填充密度很难均匀，颗粒之间无固定联系，因重力的影响逐渐下沉，造成隔热层的上部空虚，形成漏热渠道，增加冷凝机的负荷。补增填充隔热材料，会影响冷藏库的操作运行，也增加修补费用和麻烦。如采用颗粒隔热材料，因其导热较强，要适当增加厚度。冷藏库是一种永久性的建筑，采用软木板一类的定形隔热材料为宜。

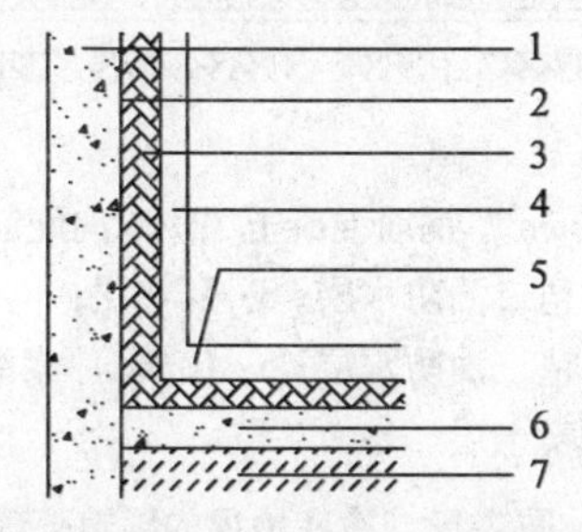

1：墙壁；2：水汽封锁层（沥青类物质）；
3：绝缘材料层；4：水气封锁层；
5：钢筋水泥耐磨封口地面；6：水泥层；
7：基层

图2-9　我国传统隔热层做法

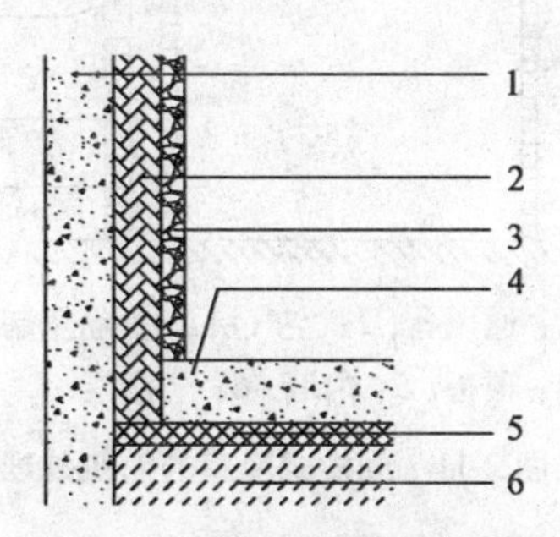

1：墙壁；2：现场喷涂聚氨酯；
3：珍珠岩石膏防火层；4：水泥地面；
5：防水气层；6：基层

图2-10　现场喷涂聚氨酯做法

二是采用预制隔热嵌板。预制隔热嵌板的两面是镀锌铁(钢)板或铝合金板，中间夹着一层隔热材料，隔热材料大多采用硬质聚氨酯泡沫塑料。隔热嵌板固定于承重结构上，嵌板接缝一般采用灌注发泡聚氨酯来密封。此法施工简单，速度快，维修容易。

三是在现场喷涂聚氨酯(图2-10)。使用移动式喷涂机，将异氰酸和聚醚两种材料同时喷涂于墙面，两者立即起化学反应而发泡，形成所需要厚度的隔热层。这种方法可形成一个整体而无接缝，施工速度快。

绝热板的铺设要分层进行，第一层应用黏胶剂加上必要的钉子牢固地铺设在建筑物的墙壁、天花板和地面上，每块绝热板块应与相邻的绝热板块紧密连续铺设，尽量减少两板块之间的间隙。第二层绝热材料紧紧黏合在第一层绝热板上，但两块绝热板的接头位置不要重复在第一层绝热板的连接线上，应交互错开，减少漏热的通道。

隔热材料的铺设应当使绝热层成为一个完全连续的整体，决不要让阁栅、屋梁和支柱等建筑物参与到绝热层中，断裂其阻热层的完整性，形成传热渠道，产生"冷桥"。

库顶隔热处理有两种形式，一种是在冷库库顶直接铺设隔热层，隔热层做在库顶上面的称为外隔热，反贴在库顶内侧的称为内隔热。隔热材料一般用轻质的块状材料，如软木、聚氨酯喷涂等。另一种是设阁楼层，将隔热材料铺设在阁楼层内，一般用膨胀珍珠岩或稻草等松散保温隔热材料(图2-11)。

果品蔬菜冷藏库一般维持的温度在0℃左右，而地温经常在10℃~15℃之间。热量能够由地面不断地向库内渗透，因此，地面也必须铺设隔热层(图2-12)。一般采用炉渣或软木板为隔热层，但应有一定的强度，以承受产品堆积和运输车辆的压力。

库门也要有很好的隔热性能，要强度好，接缝严密，开关灵活轻巧。门还要设置风幕，一般在开门时利用强大的气流将库内外气流隔开，防止库温在产品出入时受外界温度的影响。

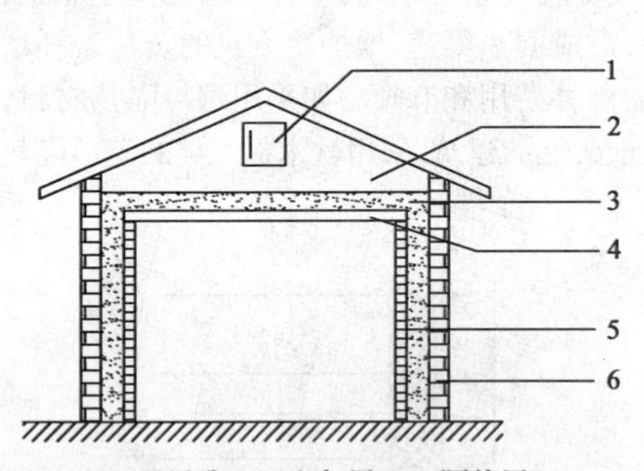

1：通风孔；2：空气层；3：隔热层；
4：顶板；5：内墙；6：防潮层

图2-11　阁楼式冷库的隔热处理

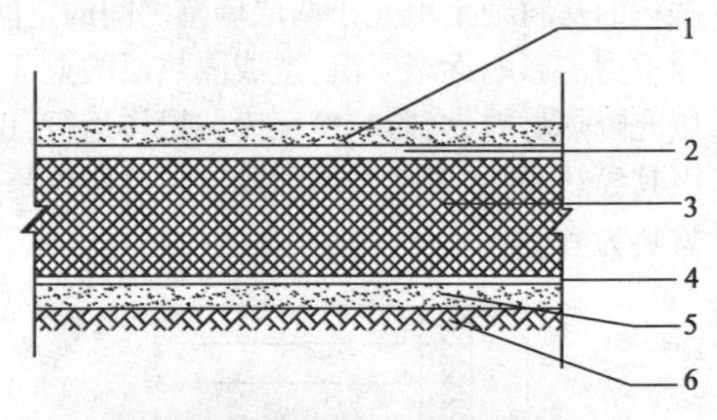

1：60mm厚钢筋混凝土，6%双向配筋；
2：一毡二油防水层；3：隔热层；
4：二毡三油防水层；5：10mm厚素混凝土；
6：夯实土层

图2-12　冷库地坪的隔热处理

③ 防潮要求

冷库还必须有防潮层，用来防止围护结构表面(特别在隔热层中)结露产生。

空气中的水蒸气分压随气温升高而增大，由于冷库内外温度不同，水蒸气不断由高温侧向低温侧渗透，通过围护结构进入隔热材料的空隙，当温度达到或低于露点温度时，就会产生结露现象，导致隔热材料受潮，导热系数增大，隔热性能降低，同时也使隔热材料受到侵蚀或发生腐烂。因此防潮性能对冷藏库的隔热性能十分重要。

通常在隔热层的外侧或内外两侧铺设防潮层，形成一个闭合系统，以阻止水气的渗入。常用的防潮材料有塑料薄膜、金属箔片、沥青、油毡等。无论何种防潮材料，铺设时要使完全封闭，不能留有任何微细的缝隙，尤其是在温度较高的一面。如果只在绝热层的一面铺设防潮层，就必须铺设在绝热层温度较高的一面。

当建筑结构中导热系数较大的构件（如柱、梁、管道等）穿过或嵌入冷藏库围护结构的防潮隔热层时，可形成"冷桥"。冷桥的存在破坏了隔热层和防潮层的完整性和严密性，从而使隔热材料受潮失效。因此，必须采取有效措施消除冷桥的影响。一般可采用外置式隔热防潮系统（隔热防潮层设置在地板、内墙和天花板外侧，把能形成冷桥的结构包围在其里面）和内置式隔热防潮系统（隔热防潮层设置在地板、内墙和天花板内侧）来排除冷桥的影响。

现代冷库的结构正向组装式发展，库体由金属构架和预制成包括防潮层和隔热层的彩镀夹心板拼装而成。施工方便、快速，但造价较高。

(4) 增湿和排气要求

由于库内温度低，使库内水蒸气气压减少，很难保证园艺产品贮藏对库内相对湿度（85% ~95%）的要求，易使产品水分损失。因此建库时要求配置喷雾器来提高库内湿度。

产品在冷库内贮藏一定时间后易积累二氧化碳、乙烯等气体。所以需安装良好的排气系统，便于经常换入新鲜空气，利于产品的保鲜。

(5) 制冷系统的设计

要维持冷库稳定的低温条件，有赖于制冷系统的工作。在制冷系统设备中，压缩机起着"心脏"作用，其他设备的选择需与压缩机匹配。压缩机的负载决定于冷库的耗冷量。冷库的耗冷量包括以下几方面，具体计算如下：

① 田间热

产品从入库温度下降到贮藏温度所放出的，等于产品的比热（$kJ \cdot kg^{-1} \cdot ℃^{-1}$）× 温度下降的度数（℃）× 产品质量（kg）。水果蔬菜的比热一般与含水量相应，可参考经验公式：比热容 = 0.2 + 0.8 × 含水量。

盛装产品的容器，其超过贮藏温度的热量也要排除，计算在其中。

② 呼吸热

产品的呼吸热，在贮藏期间是不断释放的，需在贮藏期间不断排除，防止在冷库中累积，影响贮藏温度。产品释放的呼吸热可按下式计算：

呼吸热 = 10.9 × 呼吸强度（$mg \cdot kg^{-1}. h^{-1}$）× 质量（kg）× 时间（h）× 10^{-3}（kJ）

③ 漏热

通过冷库墙壁、天花板、地面等维护结构传入库房的热量，应随时排除。计算要涉及到构成贮藏库与外界接触面（暴露面）的导热系数（隔热材料的导热系数及其厚度）、总暴露面积及平均内外温差。库外的温度是以冷藏期间高温季节的外界平均温度作计算标准。贮藏库的不同部分所处条件不同，需分别计算。

例如：一冷库的库顶为 $500m^2$，隔热层稻壳的厚度为 45cm，高温季节的外界平均温度

32℃，库温为2℃。据稻壳的导热系数为0.105W·m^{-1}·K^{-1}，则每天从库顶传入的热＝0.105×0.860×4.18kJ·m^{-2}·h^{-1}·$℃^{-1}$×100/45×(32－2)℃×500m^2×24h＝3.020×10^5kJ。

④ 通风换气耗冷

为调节库内的气体成分和湿度，引进外界的新鲜空气，排出库内的空气而产生的热量，它随进库和出库空气的温度和相对湿度而变化。计算方法是先由空气的焓湿图（表）查出进出空气的含热量（kJ/kg），两者之差即为引进每千克空气而产生的耗冷量，再将空气的重量换算为体积，即为单位体积空气的耗冷量。

⑤ 其他耗冷量

主要包括以下内容：

工作人员放出的热，每人每小时放热可按下列标准计算：

库温（℃）：10　4　0　－18　－23

放热（kJ）：775　900　1 005　1 382　1 486

照明灯的热：每100瓦时按360kJ计。

机械动力热：每100千瓦时按3 600kJ计。

3. 机械冷藏的管理

(1) 贮前准备

果蔬贮藏前，应对库房和用具进行彻底消毒，做好防虫、防鼠工作。库房在消毒处理的方法有以下几种：

① 乳酸消毒

将浓度为80%～90%的乳酸和水等量混合，按每1m^3库容1mL乳酸的比例，将混合液放入容器内置于电炉上加热，待溶液蒸发完后，闭门熏蒸6～24h，通风换气后使用。

② 过氧乙酸消毒

将20%的过氧乙酸按每1m^3库容5～10mL的用量，放入容器内置电炉上加热促使其挥发熏蒸；或配成1%的水溶液按以上比例全面喷洒库房。过氧乙酸有腐蚀性，使用时应注意对器械、冷风机和人体的防护。

③ 漂白粉消毒

将含有效氯25%～30%的漂白粉配成10%的溶液，用上清液按每1m^3库容40mL的用量喷雾。使用时注意防护，用后库房必须通风换气除味。

④ 甲醛消毒

按每1m^3库容15mL甲醛的比例，将甲醛放入适量高锰酸钾或生石灰中，稍加些水，待发生气体时，将库门密闭熏蒸6～12h。库房通风换气后方可使用。

⑤ 硫磺熏蒸消毒

用量为每1m^3库容5～10g硫磺的用量，加入适量锯末和酒精，置于陶瓷器皿中点燃，密闭熏蒸24～48h后，彻底通风换气。

库内所有用具用0.5%的漂白粉溶液或2%～5%硫酸铜溶液浸泡届洗、晾干后备用。以上处理对虫害亦有良好的抑制作用，对鼠类也有驱避作用。

(2) 产品的入贮及堆放

产品入库贮藏时，如果已经预冷则可一次性入库贮藏。若未经预冷处理则应分次、分批进行。在第一次入贮前应对库房预冷并保持适宜贮藏温度，以利于产品入库后贮温迅速降低。每次的入贮量不宜太多，以免引起库温的剧烈波动和影响降温速度。一般第一次入贮量以不超过该库总量的 1/5，以后每次以 1/10 ~ 1/8 为好。入库时，最好把每天入贮的园艺产品尽可能地分散堆放，以便迅速降温，当入贮产品降到要求温度时，再将产品堆垛到要求高度。

库内产品堆放的总要求是"三离一隙"。"三离"指的是离墙、离地面、离天花板。离墙指产品堆垛距墙 20 ~ 30cm；离地指产品不能直接堆放在地面上，要用垫仓板架空，以使空气能在垛下形成循环，利于产品各部位散热，保持库房各部位温度均匀一致；离天花板指应控制堆的高度不要离天花板太近，一般要求产品高天花板 0.5 ~ 0.8m，或者低于冷风管道送风口 30 ~ 40cm。"一隙"是指垛与垛之间及垛内要留有一定的空隙。"三离一隙"的目的是为了使库房内的空气循环畅通，避免出现死角，及时排除田间热和呼吸热，保证各部分温度的稳定均匀。产品堆放时要防止倒塌情况的发生，可搭架或堆码到一定高度时（如 1.5m），用垫仓板衬一层再堆放的方式解决。

新鲜果蔬产品堆放时，要做到分等、分级、分批次存放，尽可能避免混贮。如果是两个或两个以上具有相似的贮藏特性和成熟度的品种，也可同贮在一个库间。但是无香气的品种最好不与香气浓郁的品种混贮。尤其对于需长期贮藏或相互间有明显影响的产品、对乙烯敏感性强的产品不能混贮。

(3) 温度控制

园艺产品冷藏库温控制要把握"适宜、稳定、均匀及产品进出库时的合理升降温"的原则。温度是决定新鲜园艺产品机械冷藏成败的关键，各种不同果蔬产品冷藏的适宜温度是有区别的，即使同一种类品种不同也存在差异，甚至成熟度不同也会产生影响（表 2-2）。

表 2-2 主要果蔬机械冷藏的适宜条件（参考值）（引自赵晨霞《果蔬贮藏与加工》）

品 名	温度（℃）	相对湿度（%）	品 名	温度（℃）	相对湿度（%）
苹果	-1.0 ~ 4.0	90 ~ 95	猕猴桃	-0.5 ~ 0	90 ~ 95
杏	-0.5 ~ 0	90 ~ 95	柠檬	11.0 ~ 15.5	85 ~ 90
鸭梨	0	85 ~ 90	枇杷	0	90
香蕉（青）	13.0 ~ 14.0	90 ~ 95	荔枝	1.5	90 ~ 95
香蕉（黄）	13.0 ~ 14.0	85	芒果	13.0	85 ~ 90
草莓	0	90 ~ 95	油桃	-0.5 ~ 0	90 ~ 95
酸樱桃	0	90 ~ 95	甜橙	3.0 ~ 9.0	85 ~ 90
甜樱桃	-1.0 ~ -0.5	90 ~ 95	桃	-0.5 ~ 0	90 ~ 95
无花果	-0.5 ~ 0	85 ~ 90	中国梨	0 ~ 3.0	90 ~ 95
葡萄柚	10.0 ~ 15.5	85 ~ 90	西洋梨	-1.5 ~ -0.5	90 ~ 95
葡萄	-1.0 ~ -0.5	90 ~ 95	柿	-1.0	90
菠萝	7.0 ~ 13.0	85 ~ 90	菠菜	0	95 ~ 100

续表

品　名	温度(℃)	相对湿度(%)	品　名	温度(℃)	相对湿度(%)
宽皮橘	4.0	90~95	绿熟番茄	10.0~12.0	85~95
西瓜	10.0~15.0	90	硬熟番茄	3.0~8.0	80~90
黄瓜	10.0~13.0	95	石刁柏	0	95~100
茄子	8.0~12.0	90~95	青花菜	0	95~100
大蒜头	0	65~70	大白菜	0	95~100
生姜	13.0	65	胡萝卜	0	98~100
生菜(叶)	0	98~100	花菜	0	95~98
蘑菇	0	95	芹菜	0	98~100
洋葱	0	65~70	甜玉米	0	95~98
青椒	7.0~13.0	90~95	花椰菜	0	90~95
马铃薯	3.5~4.5	90~95	青豌豆	0	90~95
萝卜	0	95~100	—	—	—

大多数新鲜果蔬产品在入贮初期降温速度越快越好,入库产品的温度与库温的差别越小越有利于快速将贮藏产品冷却到最适贮藏温度。延迟入库时间,或者冷库温度下降缓慢,不能及时达到贮藏适温,会明显地缩短贮藏产品的贮藏寿命。入库时要做到降温快、温差小,就要从采摘时间、运输以及散热预冷等方面采取措施。实践证明,产品在入库前进行预冷,是加速降温和维持温度稳定的有效措施。

入库后可通过增加冷库单位容积的蒸发面积和采用压力泵将数倍于蒸发器蒸发量的制冷剂强制循环等措施,提高蒸发器的制冷效率,加速降温,有效降低产品的温度与库温的差别。但对有些产品应采取不同的降温方法,如中国的鸭梨应采取逐步降温方法,避免贮藏中冷害的发生。

在选择和设定适宜贮藏温度的基础上,需维持库房中温度的稳定。温度波动太大,贮藏环境中的水分会发生过饱和结露现象,造成产品失水加重。液态水的出现有利于微生物的活动繁殖,可能导致病害发生,腐烂加重。因此,贮藏过程中温度的波动应尽可能小,最好控制在±0.5℃以内,尤其是在相对湿度较高时,更应注意降低温度波动幅度。

此外,库房所有部位的温度要均匀一致,这对于长期贮藏的新鲜果蔬产品来说尤为重要。因为微小的温度差异,长期积累可明显影响产品的贮藏质量。

(4) 相对湿度管理

新鲜果品蔬菜的贮藏也要求相对湿度保持稳定。要保持相对湿度的稳定,维持温度的恒定是关键。提高库内相对湿度可采用地面洒水、空气喷雾等措施。另外,用塑料薄膜单果套袋或以塑料袋作内衬等对产品进行包装,也可创造高湿的小环境。库房建造时,增设湿度调节装置是维持湿度符合规定要求的有效手段。降低相对湿度可采用生石灰、草木灰等吸潮,也可以通过加强通风换气来达到降湿的目的。

库房中空气循环及库内外的空气交换可能会造成相对湿度的改变,蒸发器除霜时不仅影响库内的温度,也常引起湿度的变化,管理时需引起足够重视。

(5) 通风换气

通风换气是机械冷藏库管理中的一个重要环节。通风换气的频率及持续时间应根据贮藏产品的种类、数量和贮藏时间的长短而定。对于新陈代谢旺盛的产品,通风换气的次数要多一些。产品贮藏初期,可适当缩短通风间隔的时间,如 10 ~15 天换气一次。当温度稳定后,通风换气可一个月一次。生产上,通风换气常在每天温度相对最低的晚上到凌晨这一段时间进行,雨天、雾天等外界湿度过大时不宜通风,以免库内湿度变化过大。

(6) 贮藏条件和产品的检查

新鲜果蔬产品在贮藏过程中,要进行贮藏条件(温度、湿度、气体成分)的检查和控制,并根据实际需要记录和调整。另外,还要定期对产品的外观、颜色、硬度、品质风味进行检查,了解产品的质量状况,做到心中有数,发现问题及时采取相应的解决措施。对于不耐贮的新鲜果蔬产品每间隔 3 ~5 天检查一次,耐贮性好的可 15 天甚至更长时间检查一次。

此外,要注意库房设备的日常维护,及时处理各种故障,保证冷库的正常运行。

(7) 出库管理

出库时,若冷藏库内外有较大温差(通常超过 5℃),从冷库中取出的产品与周围温度较高的空气接触,会在产品的表面凝结水珠,就是通常所称的“出汗”现象,既影响外观,也容易受微生物的感染发生腐烂。因此,冷藏的产品在出库时,最好预先进行适当的升温处理。升温最好在专用升温间、周转仓库或在冷藏库房穿堂中进行。升温的速度不宜太快,维持气温比品温高 3℃ ~4℃即可,直至品温比正常气温低 4℃ ~5℃为止。出库前需催熟的产品可结合催熟进行升温处理。

4. 实例

(1) 梨的低温贮藏

梨的产量在我国仅次于苹果和柑橘,大多数品种较耐贮藏,是全年供应市场的主要水果。

① 贮藏特性

梨有秋子梨、白梨、沙梨和西洋梨四大系统。一般来说,大多白梨系统的品种耐贮藏,如苹果梨、秦酥、秋白、密梨、红霄等极耐贮藏。秋子梨系统的优良品种,也较耐贮藏,沙梨的耐贮性不及白梨。而西洋梨多数耐贮性较差,在常温下极易后熟衰老。在同一系统中不同品种耐贮性也不同,中晚熟品种耐贮性较强,而早熟品种不易贮藏。同一品种的梨因产地不同耐贮性也有差异。还有一些品种的梨,采收时果肉酸涩、粗糙(石细胞多),必须经过长期贮藏,品质才有所改善,食用价值才能得以充分体现。

不同品种的梨采收期各异,一般采收较早的贮藏后腐烂损失较少,采收较晚的贮藏中易产生生理病害和增加腐烂率。

② 贮藏条件

梨属于呼吸跃变型果实,温度与呼吸强度有很大关系。选择适宜的贮藏温度和相对湿度,是保证贮藏质量的重要因素。大多数梨的贮温控制在 0℃ ~3℃,相对湿度控制在 90% ~95%,对气体的控制总体要求是低 O_2、高 CO_2条件,这样可以推迟呼吸高峰的早出现,有利于贮藏。具体气体成分控制,因贮藏品种的不同而各异,可查阅相关资料和通过试验而确定。

③ 贮藏技术

a. 采收及贮前处理

采收：采收期直接影响到梨的贮藏效果,采收过早过晚都影响采后的贮藏品质,采收期依据品种特性和采后用途不同来确定。对于直接上市鲜食或短期贮藏的可在完熟期采收。用于长期贮藏和不耐贮的品种可适当地早采,以增强耐贮性。梨的品种不同,采收期各异。采果不宜在下雨、有雾和露水未干时进行,因为果实表面附有水滴易引起腐烂,必须在雨天采收时,需将果实放在通风良好的场所,尽快晾干。梨质脆,含水量高,采收时应尽量防止机械损伤,如指甲伤、碰伤、擦伤、压伤等。果实有了伤口,微生物很易侵入,并促进了果实呼吸作用加强,降低了耐贮性。采果时,要按照从下到上、从外向内的原则,以免碰落其他果实造成损失。另外,要连果柄一起采下,因为不带果柄的果实,也容易在梨梗处造成损伤影响贮藏。

分级：分级是商品化处理的必要手段,目前分级的主要依据包括外观、单果重量等等级规格指标、理化指标和卫生指标三个方面。

包装：内包装采用单果包纸、套塑料发泡网套或者先包纸再外套发泡网套,可以有效缓冲运输碰撞,减少机械损伤。包装纸须清洁完整、质地柔软、薄而半透明,具有吸潮及透气性能。另外也可用油纸或符合食品卫生要求的药纸包裹。外包装可用筐(篓)、纸箱、塑料箱、木箱等。塑料箱、木箱可做贮藏箱或周转箱,纸箱可做贮藏箱或销售包装箱。筐(篓)包装需内衬牛皮纸或包装纸,以减少摩擦。

预贮或预冷处理：用于长期贮藏梨的品种,采收期一般在9~10月上旬,此期产地的白天温度较高,进行长期冷藏或气调贮藏的品种,采后应尽快入库进行预贮或预冷处理,以排出田间热。在预贮或预冷处理时,可采取强制通风方式和机械降温的方式。在降温处理时速度不宜过快,并且温度也不宜过低。一般预冷至10℃~12℃时就应采取缓慢降温方式逐渐达到适宜贮温,避免黑心病和黑皮病的发生。

入库与垛码：库房的准备及入库垛码的方式按冷藏管理要求进行。

b. 贮期管理

温度：白梨和沙梨系统适宜贮温一般为0~1℃,大多数西洋梨和秋子梨系统适宜贮温为-1℃~0℃。对于鸭梨采后应缓慢降温,方法为:10℃~12℃入库,每3h左右降1℃,30h左右降至0℃,并保持此温度至贮藏结束。也可采用两阶段降温法,即10℃入贮,保持10h,而后降至3℃~4℃保持10h,最后降至0℃直到贮藏结束。

湿度：梨果皮薄,容易失水皱皮,贮藏库内空气相对湿度应保持在90%~95%。对于CO_2较不敏感的品种,如秋白梨、南果梨、酥梨等,采用单果包纸(尤其是蜡纸)、塑料薄膜包装、贮藏箱内衬塑料薄膜或塑料小包装,基本可解决果实的失水问题。

气体成分：白梨和沙梨系统的多数品种对CO_2比较敏感,宜造成CO_2伤害,因此在白梨和砂梨的贮藏过程中要注意对CO_2浓度的控制;梨对乙烯反应也很敏感,环境中的乙烯可以促进果实的成熟与衰老,减少乙烯的发生和消除环境中的乙烯对延长贮期提高贮藏品质意义重大。

④ 贮藏期病害控制

a. 黑星病

黑星病发病主要为 5 月下旬到 9 月中旬，幼果染病后易落果，较大果实受侵染后，病斑部木质化，故停止生长而成畸形果。长到一定大小的果实受害后，形成疮痂状凹陷并呈星状开裂，后期病斑上出现粉色的粉霉菌或浅粉色的镰刀菌；近成熟时果面呈微凹陷的小圆斑，病斑扩大生黑霉。黑星病发病期在幼果至采收期间，幼果受害时，果面上产生黑色小圆点，逐渐扩大成圆形或椭圆形微凹陷的病斑，表面有黑色霉状物生成，严重者果面上产生龟裂，裂缝中生长黑霉。病果易脱落。成果被侵染后呈黑褐色的病斑，有时带同心轮纹。其他侵染性病害的症状类似苹果。

防治措施：彻底清除果园中的枯枝、烂果等污染源；采收时，尽可能减少磕、碰等机械伤；采后入库前，要严格分级挑选，把病虫伤果及烂果与好果分开；严格控制贮藏温度。库温低于 5℃，果实腐烂率可大大降低，0℃贮藏可基本抑制微生物的生长；贮前对贮藏场所及包装物进行消毒；可采用浸过防腐剂的包装材料包装或采用药物处理，如采用 500 ~ 1 000mg/L 的特克多、苯莱特、托布津、多菌灵等（采用一种即可）浸果处理可达到防治效果。

b. 黑心病

黑心病是鸭梨贮藏期最重要的生理病害，鸭梨黑心病有两种类型：一种是“早期黑心病”，多发生在入库后 30 ~ 50h，此时鸭梨果心发生不同程度的褐变，但果肉仍为白色，酸度大，水分足，果皮青绿色或黄绿色。另一种是“后期黑心病”多发生在翌年 2 ~ 3 月份。其主要症状是外观色泽暗黄，果心、果肉均变褐，有酒味。除鸭梨发生黑心病外，雪花梨、莱阳梨、黄金梨、香梨、安久梨、八月红梨等贮藏中也会发生类似的病害。

发病原因：贮藏前期由于降温过快，引起低温生理伤害，造成冷害型果肉褐变；果实采收过晚、采后不能及时入贮、贮温过高、贮期过长等原因均可造成贮藏后期衰老型黑心病；采前果园施氮肥过多，缺乏钙、磷肥，采前果园灌水过大，也会造成贮藏后期黑心病的发生；贮藏环境中 CO_2 浓度过高（如鸭梨 >1%）也会发生黑心病。

防治措施：缓慢降低贮藏温度，逐步降到适宜的贮藏温度；果实生长期中要控制氮肥施用量，尤其是生长后期忌施大量氮肥并过量灌水；采前 1 ~ 2 周严禁灌水。在生长期间，连续喷施 0.2% ~ 0.3% 硝酸钙或氯化钙；在采收前用保鲜剂“S-81”喷放于果面；在采后用 2% ~ 4% 氯化钙浸果 5 ~ 10min；适时早采，采后及时入贮；调节贮藏环境中 CO_2 浓度，控制在 1% 以下；采用低乙烯气调贮藏。

c. 黑皮病

黑皮病是梨贮藏后期经常发生的一种生理病害。黑皮病其实是果实衰老的一种表现，一般发生在贮藏后期。除鸭梨外，在黄花、八月红、锦江、南果梨等品种也易发生此病。此病基本症状是果皮变黑，可表现为浅褐色或黑色。此病只危害果皮，而不涉及果肉，虽不影响食用，但果实外观变劣，严重影响商品价值。

发病原因：该病发病与果实采摘过早；贮期中温度过高或过低；CO_2 浓度过高，同时贮期超长易发病。梨果实黑皮病发病机制与苹果虎皮病十分类似。

防治措施：适期采摘，加强库内外通风换气，控制环境中 CO_2 浓度，维持适宜的温、湿度，并保持稳定；采用乙氧基喹溶液浸果或用乙氧基喹处理过的包装纸包果，用 1-MCP 处理

对抑制此病有特效;贮藏期要适当,同时要及时脱除环境中的乙烯成分,以降低果实呼吸强度;采用气调贮藏。

d. CO_2伤害和低O_2伤害

多数白梨和砂梨系统的品种对环境中CO_2较为敏感,CO_2过高就会导致梨果肉和果心褐变,果肉呈褐色或深褐色,并产生酒味,后期果肉产生空洞。低O_2也会形成生理伤害,如鸭梨在0.6% CO_2和7% O_2条件下贮藏50h,组织就开始产生褐变,当O_2的浓度降至5%时,即使没有CO_2也会使果心组织褐变加重。

防治措施: 加强库内通风换气;库内放置干熟石灰吸收多余的CO_2(按果重0.5% ~1%的用量,把干石灰装于透气性较好的袋中,置于吊顶风机下);气调贮藏应严格控制气体参数。

e. 梨褐肉病

褐肉病发生在贮藏后期,一般从近果柄处发生。其症状是糠心和细胞坏死,果肉变褐,组织粉化崩溃,稍有酒糟味。

发病原因:与采收过晚、未及时预冷、贮期过长、贮温过高、果实较大都有关系。

防止措施:采后浸钙处理或贮藏期间适当降低库温,可减轻褐肉病的发生。另外,一旦发现可能出现衰老褐变迹象应立即终止贮藏。

(2) 哈密瓜的低温贮藏

① 贮藏特性

哈密瓜品种不同其耐贮藏性差异很大。根据生育期的长短和成熟时间可分为早、中、晚熟三种类型。在新疆分别俗称为夏瓜、秋瓜和冬瓜。中、早熟品种生育期短,瓜肉疏松,呼吸旺盛,生产的乙烯、醇、醛等挥发性物质较多,极不耐贮,采后立即上市销售,如纳西甘、绿皮子、茄可酥等早熟品种;中熟品种和中晚熟品种如皇后及新密杂7号(9月上旬采收)等,在适当条件下可贮藏45 ~60h,9月下旬成熟的新密杂7号可冬贮;晚熟品种生育期长(多数在120h以上)瓜肉致密,采后呼吸强度低,产生的乙烯、醇、醛等挥发性物质较少,耐贮运,如小青皮、大青皮、青麻皮、黑眉毛密极柑、哈密加格达、卡拉克赛,自然条件下一般可以贮藏到春节前后。同时根据成熟期的呼吸类型分为跃变型果实、非跃变型果实和中间型果实。早熟品种一般为典型的呼吸跃变型果实,不耐贮藏。晚熟品种中有的是呼吸跃变型果实,有的是无呼吸跃变型果实。长期贮藏的一般选晚熟品种中无呼吸跃变的果实。

② 贮藏条件

哈密瓜具有后熟作用,低温可抑制后熟,并延长贮藏期。贮藏温度因品种的成熟期而有所不同,晚熟品种3℃ ~4℃,2℃以下易发生冷害;早、中熟品种5℃ ~8℃较安全。贮藏环境相对湿度以80% ~85%较为适宜,一般不要超过90%,湿度过高促使发生腐烂病害。有研究结果表明,气调贮藏能抑制哈密瓜的呼吸代谢、延缓后熟衰老,但哈密瓜对CO_2比较敏感。

③ 贮藏技术

a. 采收及贮前处理

适时采收: 选八九成熟采收,此时采收下来的哈密瓜适用于贮藏或长途运输,采收前7 ~10h禁止灌水,这样可以有利于提高瓜的含糖量和瓜皮的韧性,增强耐贮性。采收时,必须用剪刀在靠近蔓端5cm处切取,不得强扭或拧下果实。采收时应尽量避免机械伤,否则

将影响贮藏性能,同时容易被病原菌所侵染。另外采收时注意发现病虫害和有腐烂病斑的果实。

晒瓜:晒瓜是长时间贮运必须要进行的预贮处理。由于哈密瓜果实个体较大,皮脆、含水量高,在采摘、运送过程中易受损伤。除在采摘、运送时要轻拿、轻放外,适当的晾晒处理使瓜皮适当失水而增强韧性,同时有利于伤口的愈合。一般晾晒的时间为 2 ~ 5h,晾晒过程中要勤翻瓜,使晾晒均匀。

防腐处理:贮藏期发病严重的主要有软腐病、青霉病和黑腐病。低温贮藏可抑制部分致病菌,但入库贮藏前用多菌灵、托布津、特克多等药剂做杀菌防腐处理能更有效地抑制贮藏期病害的发生。防腐处理可在晾晒前也可在晾晒后进行。具体防腐处理见病害防治。

包装:经一系列采后处理,对长途运输或长期贮藏的果实要用 PVA(聚乙烯醇)或 PVC(聚氯乙烯)打孔薄膜做单果包装。为了避免在运输途中相互碰撞或摩擦可给果实套上聚乙烯泡沫网,然后装箱,如果每箱装两层瓜,中间最好加一层聚乙烯泡沫板做隔衬。

预冷:入贮前对果实要进行预冷,预冷条件为温度达 4℃ ~5℃;相对湿度 85%;预冷 24h 后,可入库贮藏。

b. 贮期管理

入库前要对库房进行清扫消毒处理并提前降到贮藏适宜温度的处理,入库时注意垛码方式。

贮期内温度的管理要根据品种的需要做适当控制,晚熟品种 3℃ ~4℃;早、中熟品种 5℃ ~8℃较安全。贮藏环境湿度以 82% ~85% 较为适宜。并要求在贮藏期勤检勤查,发现问题及时处置。条件控制得当晚熟品种可贮 3 ~4 个月,个别品种贮期可更长。

④ 贮藏期病害控制

哈密瓜在贮藏期间最易发生的病害主要有软腐病、青霉病和黑腐病,都为真菌性病害。为了防治真菌性病害的发生,在采后入贮前大多要进行防腐处理。

防治措施:可用 1 000mg/kg 特克多、苯莱特、多菌灵或 500mg/kg 抑霉唑浸果 1 ~2min 处理后,晾干再进行其他处理;用戴挫霉兑羟基苯甲酸甲酯、二氨基硫代甲酸甲酯也可较好抑制低温下贮藏的哈密瓜的真菌性病害;近年来,经研究水果热处理对防治贮藏期的各种病害的发生也很有效,用 55℃热水(不宜超过 60℃)浸果 30 ~60s 有防霉效果;哈密瓜经 γ 射线和 β 射线处理后,不仅可延长贮期,也有助于各种病害的防止。γ 射线最佳使用剂量为 300 ~500Gy;射线最佳使用剂量为 700 ~5 000Gy;经辐射处理的果实在营养用味上无明显变化。

(3) 甜椒的低温贮藏

① 贮藏特性

青椒主要有甜椒和辣椒两种。青椒含水量高,贮藏环境中湿度过低,水分将大量蒸发,果实萎蔫,贮藏期易发生失水、腐烂和后熟变红。长期贮藏的青椒,应选择肉质肥厚、色泽深绿、青皮光亮的晚熟品种。青椒采摘、运输过程中防止机械损失,否则会产生伤呼吸和细菌感染,而引起腐烂变质。试验证明,霜前采收的青椒,在较低温度下贮藏可以延缓青椒的后熟。

② 贮藏条件

适宜的贮藏温度为 7℃ ~11℃;相对湿度控制在 90% ~95%。

③ 贮藏技术

a. 采收及采后处理

采收前5～7h禁止灌水，一般在晴朗的早晨或傍晚气温较低时，采收遇雨或露水未干时不宜采收。采后在田间的遮阴棚中，挑选果实充分肥大，皮色浓绿，果皮坚实而有光泽，无病虫害，无损伤腐烂者(即做适当的分级处理)，同时进行防腐处理和保鲜剂的使用。贮前需进行适当的包装。包装的形式可用木质的筐(或塑料周转箱)或箱，底可以垫纸，也可以用湿蒲包衬垫。最好把蒲包洗净，用0.5%的漂白粉浸泡消毒，沥水后使用。筐顶可用纸或湿蒲包覆盖。为了增加保湿性，可内衬保鲜袋。装箱时要轻拿轻放，不要硬塞或装箱以免运输时振动、摩擦。采后应迅速进行预冷处理至10℃。

b. 入库贮藏

按要求进行库房处理、垛码、入贮。在贮藏期间依品种不同，控制贮藏温度在9℃～11℃；相对湿度控制在90%～95%；在贮藏期间要做到经常检查，发现问题及时处理。

④ 贮期病害控制

a. 防止冷害的产生

甜椒和辣椒在贮藏期间较易发生冷害。症状是萼片和种子褐变，表面呈现凹陷斑点，严重时皮色变成深绿色，水浸状，表皮易剥离，进而腐烂。有时在低温下无症状或症状较轻，移入常温下就会表现出冷害症状，并很快溃烂。产生冷害的原因是由于贮藏温度过低而造成的。一般低于6℃就容易产生冷害。所以，在贮藏过程中注意严格控制好贮藏温度。

b. 控制腐烂病

青椒贮藏期主要病害为灰霉病、果腐病(交链孢霉菌)、炭疽病、疫病和细菌性软腐病等，其症状都十分相似，大多从萼片部开始霉变、腐烂。

控制方法有：采收前两周用500mg/kg甲基托布津、250mg/kg多菌灵喷于果实，可有效地防止或减轻青椒贮藏期间的腐烂；采后用2 000mg/kg甲基托布津、1 000mg/kg特克多、0.1漂白粉液浸果(3～5min)，如同时在以上三种药液中再加入50mg/kg 2,4-D，则可以防止青椒各种腐烂病的发生；贮藏期间，用挥发性的熏蒸药剂如仲丁胺、克霉灵等熏蒸都有一定的防腐效果。

c. 防止失水萎蔫和后熟转红

由于青椒果实内部是空腔，在贮藏中极易失水皱缩、变软。在贮藏过程中保持贮藏环境中的湿度极其重要，对策为在贮藏期间要控制好适宜的相对湿度(90%～95%)；贮运时需采用合适的包装保湿，以防失水萎蔫。

青椒具有后熟的特性，后熟表现为代谢加强，产生大量乙烯，颜色由绿变红，果实脆度下降，风味变差。需加强贮藏期间的贮藏条件控制，防止后熟。

(4) 花椰菜的低温贮藏

花椰菜又称菜花，是我国北方生产和栽培的一种以花球为主要食用部位的蔬菜。

① 贮藏特性

花椰菜球肉质柔嫩，含水较多，无保护组织，喜凉爽湿润。收获过早花球小而松散，产量低，不利于贮藏；收获过晚，花枝伸长，花球衰老松散，品质差，也不耐贮藏。一般在花球充分膨大而紧实、色泽洁白、表面平整时采收有利贮藏。另外，收获时应保留短根和内层大叶，以

利养分转移和保护叶球,并尽可能减少磨擦挤压等机械损伤。贮藏期间控制好贮温,当贮温高于8℃时,花球易变黄、变暗,出现褐斑,甚至腐烂;低于0℃易发生冻害,表现为花球呈暗青色,或出现水浸斑,品质下降,甚至失去食用价值。控制好湿度,湿度过低或通风过快,会造成花球失水萎蔫,从而影响贮藏性;湿度过大,有利于微生物生长,容易发生腐烂。另外,花椰菜品种、产地和收获时期对其贮藏性有一定影响。

② 贮藏条件

花椰菜适宜的贮藏温度为0℃ ~1℃,相对湿度为90% ~95%。

③ 贮藏技术

a. 适时采收

用于长期贮运的菜体要在八到九成熟时采收,采收时要留有3 ~4 片叶子。花椰菜收获后,应进行严格挑选,剔除老化松散、色泽转暗变黄、病虫为害、机械损伤等不宜贮藏的花球。

b. 预贮

采收后,在通风阴凉处预贮1 ~2h,严防风吹日晒和雨淋,待叶片失水变干时,将叶片拢至花球,用草绳或塑料条稍加捆扎即可。适期收获的菜花用2,4-D 和 BA 结合处理,对保鲜和防止外叶黄化脱落有一定效果。

c. 预冷入贮

选择优质花椰菜,装入经过消毒处理的筐或箱中,经充分预冷后入贮。冷藏库温度控制在0℃ ~1℃,相对湿度控制在90% ~95%。花椰菜在冷库中要合理堆放,防止压伤和污染。冷藏的整个过程中要注意库内温、湿度控制,避免波动范围太大,同时,还要及时剔除烂菜。

④ 贮藏期病害控制

a. 侵染性病害

花椰菜贮藏过程中易受病菌感染,引起腐烂。主要是黑斑病,染病初期花球变色,随后变褐。此外,还有霜霉病和菌核病。采后给花球喷洒3 000mg/L 苯莱特、多菌灵或托布津药液,晒干后入贮,可有效减轻腐烂。

b. 失水变色

失水主要是因为贮藏期相对湿度过低,导致水分大量蒸发,变色主要原因是在采收和贮运中受机械或贮温过高所致,另外贮藏期间乙烯浓度高也会使花球变色。防治方法主要是控制适宜的温、湿度,避免机械损伤和加乙烯吸收剂。

(5) 洋葱的低温贮藏

洋葱又称葱头和圆葱,耐贮,供应期长。在我国南方栽培较为普遍,北方也有栽培。洋葱是我国出口蔬菜的重要品种之一。

① 贮藏特性

洋葱为二年生蔬菜,具有明显的生理休眠期(1.5 ~2.5 个月),食用部分是肥大的鳞茎。收获后经晾晒,外层鳞片干缩成膜质,能阻止水分进入内部,具有耐热、耐干的特性。洋葱品种间的耐贮性差异很大,按皮色可分为黄色、红(紫)色、白色三种;形状可分为扁球和凸球状。经比较,耐贮性为:黄皮 > 红皮 > 白皮 > 扁球状 > 凸球状的品种;一般黄皮扁球形耐贮性最好,白皮高状球形耐贮性较差。

② 贮藏条件

洋葱适宜的贮藏温度为0℃ ~3℃,相对湿度为65% ~70%。洋葱贮藏喜干不喜湿,湿度过高会使洋葱生根,并使腐烂加重。

③ 贮藏技术

a. 采收

洋葱采收前5 ~7h 要停止灌水,防止采收过程中因含水量过大造成大量机械伤,对贮藏不利。采收时最好选择晴天干燥的天气进行,采收后立即装箱,要求平稳运送避免机械伤产生。

b. 晾晒处理

洋葱采收后要适当地进行晾晒愈伤处理。晾晒的目的是散发田间热、降低水分含量,加快愈伤组织的形成。同时有利于促进外层鳞片失水干缩成膜质化鳞片。一般在田间的阴棚或贮库等预贮晾晒场(遮阴棚)中进行。晾晒的时间视温度条件而定,当温度在24℃以上时需1 ~2 周。另据报道,采收后有40℃ ~45℃的干热空气连续处理12 ~16h,同样能达到晾晒的目的。

当外层鳞片完全膜质化,叶片干缩枯萎后,去掉泥土,剪去枯萎的叶片和须根,挑选出组织坚实,无病虫害、无机械伤的葱头装箱或装入编织袋。

c. 预冷及入贮

葱头经过采后处理,便可入库预冷,用差压通风冷却方法预冷,也可用强制通风冷却方法预冷。最好在24 ~48h 内将品温降至3℃ ~5℃,然后转入冷藏库,按照一定的形式垛码,控制贮温在0℃ ~3℃,相对湿度为65% ~70%。

④ 贮藏期病害控制

a. 灰霉病

发生灰霉病的原因是晾晒愈伤程度不够,葱头含水量过大;贮期环境湿度过高。

防治措施: 控制好晾晒的程度;减少机械伤;加强贮期内环境湿度的控制和管理。

b. 生理病害

栽培技术和生长条件对洋葱的耐贮性有着重要的影响,缺氮会使葱头膨大受阻,氮过量会发生心腐病和茎腐病;缺磷会造成减产,磷过剩也会造成腐烂病;缺钾缺硼会使洋葱品质下降,影响洋葱的贮藏性能。增施钾肥可大大提高洋葱的耐贮性,超量施氮肥,尤其是后期追施氮肥过多,贮藏时会增加腐烂。另外在生长期中不可缺磷、缺硼肥。

防止措施:在生长期中加强田间管理;合理施肥。

c. 洋葱的虫害

洋葱的虫害主要以葱地中蝇、葱蓟马为主。防治措施为加强中耕除草,小水勤浇,败叶枯草加以焚烧处理;另外可适当使用杀虫剂。

2.3 气调贮藏

20 世纪初，Kidd 和 West 研究了空气组分对果实、种子的生理影响，创造了改变空气组分保存农产品的商业性贮藏技术，并将这种方法称为气体贮藏。气调贮藏即调节气体成分贮藏，就是在适宜的低温条件下减少贮藏环境空气中的 O_2 并增加 CO_2 的贮藏方法，是目前国际上园艺产品保鲜的最先进和最有潜力的现代化贮藏手段。

人为调节 O_2 和 CO_2 含量指标的气调贮藏被称为人工气调贮藏（CA 贮藏）；而将产品置于密封的容器中依靠其自身的呼吸代谢来改变贮藏环境的气体组成，基本不进行人工调节的气调贮藏称为自发气调，或限气贮藏（MA 贮藏）。

2.3.1 气调贮藏的原理与特点

在一定的范围内，降低贮藏环境中 O_2 浓度，提高 CO_2 的浓度，可以降低产品的呼吸强度和底物氧化作用，减少乙烯生成量，降低不溶性果胶物质分解速度，延缓成熟进程，延缓叶绿素分解速度，提高抗坏血酸保存率，明显抑制园艺产品和微生物的代谢活动，延长园艺产品的贮藏寿命。气调贮藏的原理就是在维持园艺产品的正常生命活动的前提下，通过调节贮藏环境中 O_2、CO_2 及其他一些气体的浓度来降低园艺产品的呼吸作用和蒸发作用，延缓后熟衰老，抑制微生物的生长繁殖，减少腐烂，保持产品优良品质，延长保质期。

气调贮藏仅靠调节气体组成难以达到预期贮藏效果。还应该考虑温湿度等因素，特别是温度对延缓呼吸作用、减少物质消耗、延长贮藏及保鲜期尤为重要，是其他手段不可替代的。因此对气调贮藏来说，控制和调节最适宜的贮藏温度是该方法的先决条件。气体成分的控制只能是冷藏的补充，而不能取代冷藏。还要注意的是，气体成分一旦控制不当，易使产品受到高浓度 CO_2 或低浓度 O_2 伤害，导致生理失调，成熟异常，产生异味，加重腐烂。再有，并非任何园艺产品都适于气调贮藏，如马铃薯、葡萄气调贮藏就无明显效果，花卉一般不采用气调贮藏。从经济上考虑，贮藏成本高是气调贮藏的缺点。

2.3.2 气调贮藏的条件

1. 原料

气调贮藏多用于果蔬的长期贮藏。因此，无论是外观或内在品质都必须保证原料产品的高质量，才能获得高质量的贮藏产品，取得较高的经济效益。入贮的产品要氮肥施用比较少、无机械损伤、无病虫害，而且采收要适宜，不能过早或过晚，呼吸跃变型的果蔬要在呼吸高峰前采收。

2. 环境参数

(1) 温度

降低温度对抑制呼吸作用、延缓后熟衰老、延长贮藏寿命的重要性是其他因素不可代替的。根据果蔬的种类和品种,同时还要考虑其他因素的影响,来确定贮藏温度和果蔬可忍受的最低温度。原则上,在保证果蔬正常代谢不受干扰的条件下,尽量降低温度,并保持稳定。通常气调贮藏的温度一般比冷藏库的温度高约1℃。

(2) 相对湿度

维持较高湿度,对降低贮藏产品与周围大气之间的蒸气压差,减少园艺产品的水分损失具有重要作用。而气调贮藏园艺产品对库房的相对湿度一般比冷藏库的要高,要求在90%~93%之间。一般情况下,气调贮藏库的相对湿度是不能满足产品的要求的,故普遍要采取增湿措施。

(3) 气体成分

研究已证明,气调贮藏中低浓度氧气在抑制产品后熟和呼吸作用中起关键作用。气调贮藏中,氧气浓度的确定与产品的种类和品种有关。降低氧气的浓度也有一定限度,一般以能维持正常的生理活动,不发生缺氧障碍为限。许多研究指出,引起多数果蔬无氧呼吸的临界氧气浓度为2%~2.5%。

提高CO_2的浓度对多种园艺产品都能延长其贮藏期,不过CO_2的浓度过高,会导致CO_2中毒的生理病害。大多数产品对CO_2的忍受临界浓度为15%。同O_2一样,CO_2的最有效浓度取决于不同种类的产品对CO_2的敏感性,以及其他因素的相互作用。

贮藏中的园艺产品有少量乙烯释放,乙烯具有催熟作用,这与采用气调贮藏原则上要延迟成熟的目的相违背,所以要尽量将乙烯从气调库中排除。

气调贮藏中,各种参数条件有相互增效和制约的作用,是通过综合作用来影响贮藏效果的。高浓度CO_2伤害在温度降低或O_2含量降低时特别严重;适当提高O_2含量或温度,高浓度CO_2伤害就会得到缓解。因此,必须根据产品的种类、品种、产地、采收期和贮藏的不同阶段特点,找出温度、O_2、CO_2的最佳组合,才能达到最好的贮藏效果。表2-3列举了一些果蔬的气调指标,可供参考。

表2-3 一些果蔬的气调贮藏条件(部分引自赵晨霞《果蔬贮藏与加工》)

品名	温度(℃)	O_2(%)	CO_2(%)	潜在效益	商业应用
苹果	0.5	2~3	1~2	极好	40%应用
杏	0.5	2~3	2~3	尚好	无
甜樱桃	0.5	3~10	10~12	好	应用
无花果	0.5	5	15	好	应用
葡萄	0.5	2~4	3~5	略好	结合SO_2杀菌
猕猴桃	0.5	2	5	极好	应用
桃	0.5	1~2	5	好	应用
梨	0.5	1~2	5	好	应用

续表

品名	温度(℃)	O_2(%)	CO_2(%)	潜在效益	商业应用
草莓	0.5	10	15~20	极好	应用
油梨	5.0~13.0	2~5	3~10	好	应用
香蕉	13.0~14.0	2~5	2~5	极好	应用
葡萄柚	10.0~15.0	3~10	5~10	尚好	无
柠檬	10.0~15.0	5	0~5	好	应用
橙类	5.0~10.0	10	5	尚好	无
芒果	10.0~15.0	5	5	尚好	无
菠萝	10.0~15.0	5	5	尚好	无
番茄(绿熟)	12.0~20.0	3~5	0	好	应用
番茄(红熟)	8.0~12.0	3~5	0	好	应用
石刁柏	0~5.0	空气	5~10	好	微有应用
豆类	5.0~10.0	2~3	5~10	尚好	有潜力
花椰菜	0~5.0	2~5	2~5	尚好	无
蘑菇	0~5.0	空气	10~15	好	微有应用
甜玉米	0~5.0	2~4	10~20	好	微有应用
洋葱	0~5.0	1~2	10~20	尚好	无
卷心菜	0~5.0	3~5	5~7	好	应用
韭葱	0~5.0	1~2	3~5	好	无
芹菜	0~5.0	2~4	0	尚好	微有应用
结球莴苣	0~5.0	2~5	0	好	应用

2.3.3　气调贮藏的方法

气调贮藏按调节气体成分的方式可分为自发气调和人工气调贮藏。

1. 自发气调贮藏(MA 贮藏)

(1) 袋装法

将产品装在塑料薄膜袋内(一般为厚0.02~0.08mm 的聚乙烯薄膜),扎紧袋口或热合密封后放于库房中贮藏的一种简易气调贮藏方法。袋的规格、容量不一,大的有 20~30kg,小的一般小于 10kg 一袋,但在苹果、梨、柑橘类等水果贮藏时则大多为单果包装。在贮藏中,经常出现袋内 O_2浓度过低而 CO_2浓度过高的情况,故应定期放风,即每隔一段时间将袋口打开,换入新鲜空气后再密封贮藏。

(2) 大帐法

将贮藏产品用透气的包装容器盛装,码成垛,垛底先铺一层薄膜,在薄膜上摆放垫木,使盛装产品的容器架空。码好的垛用塑料薄膜帐罩住,帐和垫底的薄膜的四边互相重叠卷起并埋入垛四周的土沟中，或用其他重物压紧，使帐密封。比较耐压的产品也可散堆在帐内再封帐。密封帐一般为长方体，在帐的两端分别设置进气袖口和排气袖口，供调节气体之用。在帐的进气袖口和排气袖口的中部设置取气口，供取气样分析之需（图 2-13）。

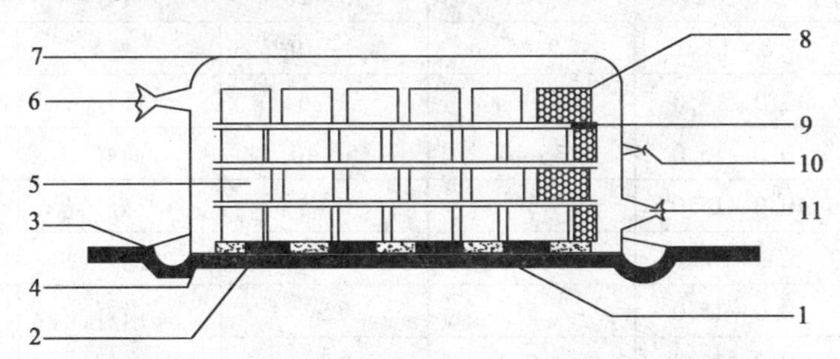

1：垫砖；2：石灰；3：卷边；4：帐底；5：菜筐；6：充气袖口；
7：帐顶；8：番茄；9：木杆；10：取气嘴；11：排气袖口

图 2-13　塑料薄膜大帐法示意图

（引自赵晨霞《果蔬贮藏与加工》）

密封帐多选用 0.07～0.20mm 的聚乙烯或无毒的聚氯乙烯薄膜制成。密封帐可置于普通冷库中，也可在常温库或阴棚内。

大帐法的帐内常会有水珠凝结，解决方法是将产品预冷后再入帐，帐内产品间留下适当的通风空隙，并保持帐内温度稳定。另外，因塑料薄膜透气性不佳，贮藏时间过长会造成帐内 O_2 浓度过低而 CO_2 浓度过高的现象，通常在帐内撒消石灰或木炭吸收过多的 CO_2 或采用通风换气的方法来调控帐内的气体成分。

（3）硅橡胶窗气调贮藏

塑料薄膜的袋装法和大帐法在无人工调节气体成分的情况下，常出现袋内 CO_2 浓度过高而 O_2 浓度太低的情况，很难使得薄膜内的 O_2 和 CO_2 的浓度维持在稳定状态下，利用硅橡胶窗气调贮藏则可克服这一困难。另外，如果需要塑料薄膜的透气性好，则塑料薄膜要薄，但容易破裂；若加厚薄膜，虽提高了薄膜的强度，但透气性降低。所以，塑料薄膜在使用上受限制，硅橡胶窗气调贮藏可弥补这一缺陷。

硅橡胶窗气调贮藏是将园艺产品贮藏在镶有硅橡胶窗的聚乙烯薄膜袋内，利用硅橡胶膜特有的透气性进行自动调节气体成分的一种简易的自发气调贮藏方法。

硅橡胶是一种有机硅高分子聚合物，它是由有取代基的硅氧烷单体聚合而成，以硅氧键相连形成柔软弯曲的长链，长链间以弱电性松散交联在一起。这种结构使硅橡胶薄膜具有特殊的透气性。硅橡胶薄膜对 CO_2 的渗透率是同厚度的聚乙烯膜的 200～300 倍，是聚氯乙烯膜的 20 000 倍。此外，硅橡胶薄膜的透气性具有选择性，对 CO_2 的透过率是 O_2 的 5～6 倍，是 N_2 的 8～12 倍，对乙烯和一些芳香成分也有较大的透气性。

利用硅橡胶膜特有的性能，在较厚的塑料薄膜（如 0.23mm 聚乙烯膜）做成的袋或帐上镶嵌一定面积的硅橡胶膜，袋内的园艺产品呼吸作用释放的 CO_2 可通过硅窗排出袋外，而消耗的 O_2 则可由大气通过硅窗进入而得以补充，因硅橡胶膜具有较大的 O_2 和 CO_2 的透气比，而且，袋内 CO_2 的透出量与袋内的浓度成正比，因此，从理论上讲，一定面积的硅橡胶窗，贮藏一段时间后，能调节和维持袋内的 O_2 和 CO_2 含量在一定的范围（图 2-14）。

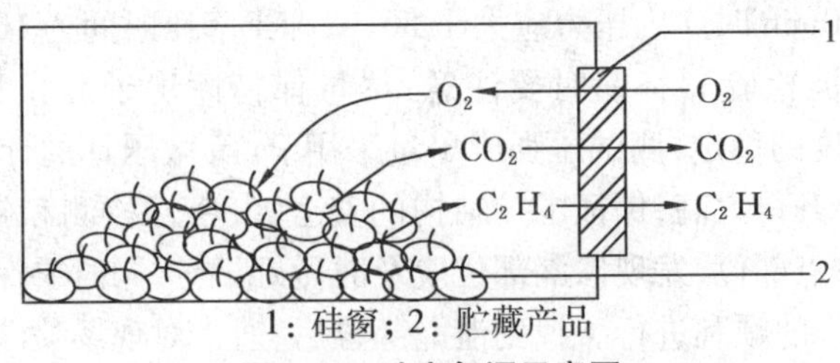

1：硅窗；2：贮藏产品

图 2-14　硅窗气调示意图

（引自赵晨霞《果蔬贮藏与加工》）

不同园艺产品有各自的贮藏气体组成，需各自相适宜的硅窗面积。硅窗的面积决定于产品的种类、成熟度、单位容积的贮藏量、贮藏温度和贮藏的重量等。关于硅窗面积的大小，根据产品的重量和呼吸强度，有经验参考公式：

$$S = 1\,013.25 \times \frac{M \cdot RI_{CO_2}}{P_{CO_2} \cdot Y}$$

式中：S—硅窗面积（cm^2）；

M—贮藏产品质量（kg）；

RI_{CO_2}—贮藏产品呼吸强度（$L \cdot kg^{-1} \cdot d^{-1}$）

P_{CO_2}—硅膜渗透 CO_2 的速度（$L \cdot cm^2 \cdot d^{-1} \cdot h^{-1} \cdot Pa^{-1}$）

Y—设定的 CO_2 的浓度（%）

总之，应用硅窗气调贮藏，需要在贮藏温度、产品质量、膜的性质与厚度和硅窗面积等多方面综合考虑，才能获得理想的效果。

2. 人工气调贮藏（CA 贮藏）

人工气调贮藏是在相对密闭的环境（气调贮藏库）中和冷藏的基础上，根据产品的需要，采取机械气调设备，人工调节贮藏环境中气体成分并保持稳定的一种贮藏方法。由于 O_2 和 CO_2 的浓度能够严格控制，且能与贮藏温度密切配合，所以贮藏时间较长，贮藏效果好，但此法投资大，成本高，从而在一定程度上限制了它的广泛使用。

(1) 气调贮藏库

① 气调库的特点与类型

气调贮藏库由库房、制冷系统、调气调压系统和气体分析设施等组成。

气调贮藏库的库房结构与冷藏库基本相同，但在气密性和维护结构强度方面的要求更高，并且要易于取样和观察，能脱除有害气体和自动控制气体成分浓度。

气调库的建筑有土建式和装配式两种。土建式基本与冷库的建造相同，用传统的建筑保温材料砌筑而成，或者将冷库改建而成，但在库体围护结构内侧增加一层气密层。这种库房造价低，但施工时间长，难度大。装配式是国内常见的，它是采用工业生产的夹心库板，经过组合装配而成。这些夹心板具有很好的隔热隔气性，并且具有一定的强度，可以满足小型库房（一般小于 50 吨）的强度要求。

气调库建成后或在重新使用前都要进行气密性检查，检查结果如不符合要求，要查明原因，进行修补，直到气密性达标后方可使用。GB50274—98 规定：气调库在库体安装后，应进行库体气密性试验。试验应符合下列要求：启动鼓风机，当库内压力达到 100Pa 后停机，并开始计时,当试验到10min时库内压力应大于50Pa,即半降压时间为10min。

气调库的气密性能检验和补漏时要注意:尽量保持库房于静止状态(包括相邻的库房);维持库房内外温度的稳定;测试压强应尽量采用Pa等微压计的计量单位,保证测试的准确性;库内压强不要升得太高,保证围护结构的安全;气密性检测和补漏要特别注意围护结构、门窗接缝处等重点部位,发现渗漏部位应及时做好记号,同时要保持库房内外的联系,以保证人身安全和工作的顺利进行。找到泄漏部位后,通常对现场喷涂密封材料进行补漏。

根据库内气体调节的方式不同,可将气调贮藏库分为普通气调库和机械气调库。

普通气调库采用的气调方法是根据气体成分分析结果,通过控制开、关送风机来调节O_2,开、关CO_2洗涤器来控制CO_2。特点是降低O_2增加CO_2的速度慢,冷藏气密性要求高,不宜在贮藏期间经常进出库或观察,适宜于贮藏一次性进出的产品,所需费用低。

机械气调库调气方式有冲气式和再循环式两种。冲气式调气是利用氮发生器降氧,从而调节O_2和CO_2的浓度来降低贮藏产品的呼吸强度。再循环式调气是在冲气式调气的基础上,将库内气体通过循环式气体发生器处理,去掉其中的O_2,然后再将处理过的气体重新输入库内。这两种气调方法调气速度快,可随时出入库房或观察。

② 调气调压系统

a. 调气系统

气调库通过气体调节系统来进行气体成分的发生、贮存、混合、分配、测试和调整等完成库内气体成分的调节。

贮配气设备包括贮配气用的贮气罐、瓶,配气所需的减压阀、流量计、调节控制阀、仪表和管道等。通过这些设备的合理连接,保证气调贮藏期间所需各种气体的供给,并以符合新鲜果蔬所需的速度和比例输送至气调库房中。

调气设备包括真空泵、制氮机、CO_2脱除器、乙烯脱除装置等。调气设备的应用为迅速高效地降低O_2浓度、升高CO_2浓度、脱除乙烯并维持各气体浓度在要求的适宜水平上提供了保证。

利用制氮机产生95%~98%纯度的N_2,置换(稀释)气调库中的气体,降低库内O_2浓度;在小型气调库内,制氮机也可以用于排除过量的CO_2、乙烯或其他气体。目前气调库使用的制氮机分为碳分子物理吸附式和中空纤维膜分离式两种,都以空气为原料。前者利用双塔中的碳分子筛对氧、氮分子的不同吸附速率,通过加压吸附氧,减压解析氧,不断地在双塔中变压切换制氮;后者是利用高分子材料制成的中空纤维膜,具有结构简单、容易操作、制氮速度快,是一种高效的制氮设备。常见的中空纤维膜制氮机由配套的空气压缩机、储气罐、膜制氮机三部分组成。其核心部件是中空纤维膜组,它由上万根乃至数十万根直径在50~500μm的中空纤维并列成束,两端浸固环氧树脂形成膜滤芯,放入一外壳内。当压缩空气通过空心纤维时,由于氧、水蒸气透过膜的速率快,形成富氧排到大气中,而大部分氮气由于透过膜的速率慢,而留在膜内,形成较高纯度的产品气,其纯度可利用纯度控制阀调节。纯度越高,流量越小。一座气调库选用多大的制氮机,首先要考虑满足库中最大的气调间的降氧要求,即在果蔬进库后1~3天的时间内达到气调参数的要求,同时也要兼顾全库的总容量。目前,制氮机向气调间充氮一般采取开式置换(充气稀释)方式,将95%~97%纯度的N_2从气调间的上部进气口打入,被置换的气体从与进气口呈对角线布置的排气口排到大气中。整个

过程是一个不断稀释的动态过程，库内的氧含量呈自然对数级下降，直至降至规定的指标。

果蔬在气调贮藏中的呼吸作用将提高库内的CO_2浓度，浓度过高会导致中毒，并产生一系列的不良症状，最终腐烂变质，这时必须用CO_2脱除器将库内多余的CO_2脱除，达到气调贮藏的最佳参数。现在国内外生产的CO_2脱除器均采用活性炭作为吸附剂。含高浓度CO_2的库内气体用风机抽入活性炭罐内吸附，经过数分钟吸附饱和后，用空气脱附再生，如此循环使用，将脱附的CO_2送入大气中。

脱除乙烯的方法有多种，如水洗法、稀释法、吸附法和化学法等，但目前被广泛使用的主要有两种方法：高锰酸钾（$KMnO_4$）氧化法和高温催化法。

高锰酸钾氧化法又称为化学除乙烯法，它是用高锰酸钾水溶液浸泡多孔材料（即载体），如氧化铝、分子筛、蛭石、碎砖块、泡沫混凝土等，然后将此载体放入库内、包装箱内或闭路循环系统中，利用高锰酸钾的强氧化性能将乙烯除掉。目前我国许多地方使用的用于脱除乙烯的保鲜剂多为这种产品。这种方法脱除乙烯虽然简单，但脱除效率低，还要经常更换载体（包括重新吸收高锰酸钾），且高锰酸钾对皮肤和物体有很强的腐蚀作用，不便于现代化气调库的作业，一般用于小型或简易贮藏之中。随着气调技术的发展，近年来又研制出基于高温催化原理的高效脱乙烯装置——乙烯脱除器。乙烯在250℃的高温下与催化剂作用能生成水和CO_2，通过闭路循环系统将脱除乙烯后的气体又送入气调库内，如此往复，完成脱除乙烯的过程。与化学脱除法相比，这种方法虽然一次性投资较大，但可以连续自动运转，脱除效率高，同时还可将果蔬所释放的多种有害物质和芳香气体除掉，如醇类、酯类、醛类、酮类和烃类等。

b. 调压设备

气调库密封性很高，当库内温度降低时，其气体压力也随之降低，库内外两侧就形成了气压差。此外，在气调设备运行以及气调库气密试验过程中，都会在围护结构的两侧形成压力差。若不把压力差及时消除或控制在一定的范围内，将对围护结构产生危害。为保障气调库安全运行，保持库内压力的相对平稳，库房设计和建造时需设置压力平衡装置。

调压装置有两种形式，一是在库外设置具有伸缩功能的塑料贮气袋，用气管与库房相通，当库内压强波动较小时（如小于98Pa），通过气囊的膨胀和收缩来平衡库内外的压力。二是采用水封栓装置来调压，库内外压强差较大时（如大于98Pa），水封即可自动鼓泡泄气（内泄或外泄）。这种方式方便可靠，但应注意水不可冻结。水封装置的原理和安装如图2-15。

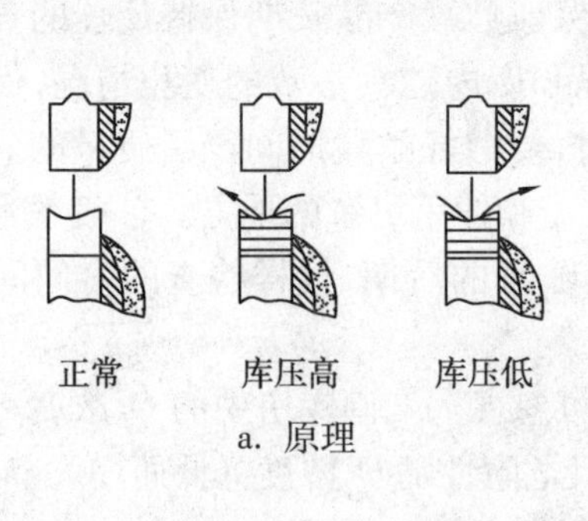

a. 原理

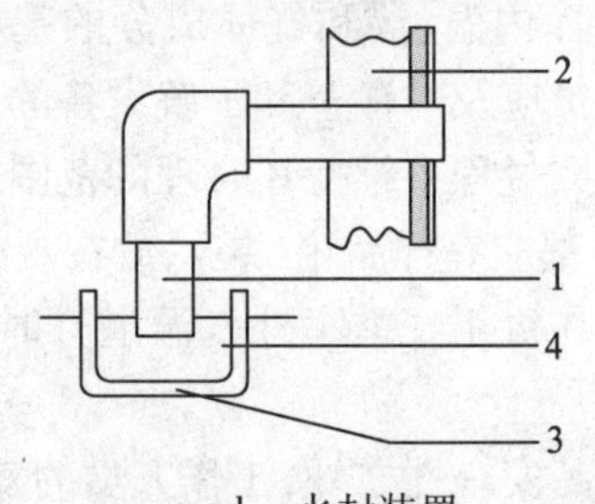

b. 水封装置

1：15.2cmPVP管；2：墙壁；
3：20.3cmPVP管帽；4：水

图2-15　水封原理和安装示意图

（引自赵晨霞《果蔬贮藏与加工》）

③ 分析监测设备

气调贮藏必须随时监测 O_2 和 CO_2 的浓度的变化情况,并据此进行调整。分析监测设备包括采样泵、安全阀、控制阀、流量计、温湿度记录仪、测 O_2 仪、测 CO_2 仪、气相色谱仪和计算机等分析监测仪器设备。

(2) 气调贮藏的管理

气调贮藏的管理在库房的消毒、商品入库的堆码方式、温度、相对湿度的调节和控制等方面与机械冷藏相似,但也有不同之处。

库房在贮藏前一定要进行库房气密性的检查,各种设备要进行检修与调试,进行空载试车准备。

气调贮藏不仅需要适宜的低温,而且要尽量减少温度的波动和不同库位的温差。一般在入库前 7 ~10 天即应开机降温,到产品入库前使库温稳定保持在产品的最适贮藏温度,为贮藏作好准备。入贮封库后 2 ~3 天应将库温降至最佳贮藏温度范围,并保持温度的稳定。气调贮藏适宜的温度略高于机械冷藏温度 0.5℃。

气调贮藏过程中,由于要保持密闭状态,一般不进行通风换气,这样能保持库内较高的相对湿度,利于产品新鲜品质的保持。一般贮藏库中保持 90% ~93% 的相对湿度。如果出现短时间的高湿,需除湿,如用 CaO 吸收。

气调贮藏环境是从密闭的气体成分转变到要求的气体成分指标,是一个降 O_2 和升 CO_2 的过渡期。降 O_2 之后,则是使 O_2 和 CO_2 稳定在规定指标的稳定期。降 O_2 期的长短以及稳定期的管理,关系到果品蔬菜贮藏效果的好坏。由于新鲜果蔬产品对低浓度 O_2、高浓度 CO_2 的耐受力是有限度的,产品长时间贮藏在超过规定限度的低浓度 O_2、高浓度 CO_2 等气体条件下会受到伤害,导致损失。因此,气调贮藏时要注意对气体成分的调节和控制,并做好记录,以防止意外情况的发生。

在贮藏期间,对乙烯要进行严格的监控和脱除,使环境中的乙烯含量始终保持在阈值以下(即临界值以下),并在必要时采用微压措施,用以避免大气中可能出现的外源乙烯对产品构成的威胁。如果单纯贮藏产生乙烯极少的果蔬或对乙烯不敏感的果蔬,也可不用脱除乙烯。

封库建立气体条件到出库前的整个贮藏期间,称为气调状态的稳定期,这个阶段的主要任务是维持库内温、湿和气体成分的基本稳定,保证贮藏产品长期保持最佳的气调贮藏状态。操作人员应及时检查和了解设备的运行情况和库内贮藏参数的变化情况,保证各项指标在整个贮藏过程中维持在合理的范围内。同时,要做好贮藏期间产品质量的监测。每个气调库(间)都应有样品箱(袋),放在观察窗能看见和伸手可拿的地方。一般每半个月抽样检验一次。在每年春季库外气温上升时,也到了贮藏的后期,抽样检查的时间间隔应适当缩短。

除了产品安全性之外,工作人员的安全性不可忽视。气调库房中的 O_2 浓度一般不高于10%,这样的 O_2 浓度对人的生命安全是危险的,且危险性随 O_2 浓度降低而增大。所以,气调库在运行期间门应上锁,工作人员不得在无安全保证下进入气调库。

气调库的产品在出库前一天应解除气密状态,停止气调设备的运行。移动气调库密封门交换库内外的空气,待氧含量回升到 18% ~20% 时,有关人员才能进库。气调条件解除

后，产品应在尽可能短的时间内一次出清。如果一次发运不完，也应分批出库。出库期间库内仍应保持冷藏要求的低温高湿度条件，直至货物出库完毕才能停机。因人员和货物频繁地进出库房，使库温波动加剧，此时应经常开启密封门，使库内外空气交流。在密封门关闭的情况下，容易产生内外压力不平衡，将会威胁到库体围护结构的安全性。

2.3.4　气调贮藏的实例

1. 猕猴桃

猕猴桃属浆果类，外表粗糙多毛，青褐色，风味独特，营养丰富，有"水果之王"之称。但猕猴桃鲜果皮薄多汁，容易腐烂，被果农称为"七天软，十天烂，半月后坏一半"的鬼桃。猕猴桃在常温下极不易贮藏。

(1) 贮藏特性

猕猴桃种类很多，目前全国作为商品栽培的猕猴桃品种有十几种，各品种的商品性状、成熟期及耐贮性差异甚大，其中秦美、海瓦德、金魁、亚特等以其品质好、晚熟(9 月下旬以后成熟)、耐贮藏而成为栽培和长期贮藏的主要品种。秦美约占全国猕猴挑市场的一半份额。

猕猴桃具有呼吸跃变，采后必须经过后熟软化才能食用。刚采摘的猕猴桃内源乙烯含量很低，一般在 1μg/g 以下，并且含量稳定，经短期存放后，迅速增加到 51μg/g 左右，呼吸高峰时达到 100μg/g 以上，与苹果相比猕猴桃的乙烯释放量是比较低的，但对乙烯的敏感性却远远高于苹果，即使有微量的乙烯存在，也足以提高其呼吸水平，加速呼吸跃变进程，促进果实的成熟软化。

温度对猕猴桃的内源乙烯生成、呼吸水平及贮藏效果影响很大，乙烯发生量和呼吸强度随温度上升而增大，贮藏期相应缩短。例如，秦美猕猴桃在 0℃ 能贮藏 3 个月，而在常温下 10 天左右即进入最佳食用状态，之后进一步变软，进而衰老腐烂。

(2)贮藏条件

一般认为，猕猴桃气调贮藏的适宜条件为 -1℃ ~1℃，相对湿度为 90% ~95%，O_2浓度为2% ~3%，CO_2浓度为3% ~5%，CO_2伤害的极限浓度为8%。

(3) 贮藏技术

① 选择品种与适期采收

选择耐藏品种和适期采收是搞好猕猴桃贮藏的基础工作，它们对猕猴桃贮藏具有较之苹果、柑橘等许多果实更为重要的影响。

猕猴桃的采摘时期因品种、生长环境条件等而有所不同。猕猴桃成熟时果皮颜色变化不甚明显，口感酸硬而难于咀嚼，故凭感官很难准确地判断其采收期。目前，生产上通过测定可溶性固形物含量来判断猕猴桃采收成熟度。方法是：在果园中选择有代表性的 20 个果实，榨取果汁，用折光仪测定。例如，秦美猕猴桃可溶性固形物含量为 6.5% ~7%，是长期贮藏果采摘期的指标。一般用于长期贮藏的猕猴桃，在可溶性固形物含量为 6.5% ~7% 时采收比较适宜，对于短期(1 个月左右)和中期(2 ~3 个月)冷库贮藏的猕猴桃，在可溶性固形物含量小于 10% 时采收较适宜。

用于贮藏的果实，采前 10 天果园不能灌水，雨后 3 ~5 天不能采收。采收时要轻拿轻放，严禁磕碰等机械损伤，及时剔除有病虫害、机械伤果及残次果。采后把果实放入塑料箱或木制周转箱，放在树阴或其他阴凉处等运输。

② 贮前处理

猕猴桃采收后应及时入库预冷，最好在采收当日入库。库外最长滞留时间不要超过2天，否则贮藏期将显著缩短。同一贮藏室应在3~5天装满，封库后2~3天将库温降至贮藏适温，即同一贮藏室从开始入库到装载结束并达到降温要求，应在1周左右完成。时间拖延过长，会使前期入库果实易软化而缩短贮藏期。采用塑料薄膜袋或帐贮藏时，要在果实温度降低到或接近贮藏要求的温度时，才能将果实装入塑料袋或者罩封塑料帐。

猕猴桃分级主要是按果实体积大小划分。依照品种特性，剔除过小过大、畸形有伤以及其他不符合贮藏要求的果实，一般将单果为80~120g的果实用于贮藏。贮藏果用木箱、塑料箱或者纸箱装盛，每箱容量为7.5~10kg。也可在箱内铺设塑料薄膜保鲜袋，将预冷后的果实逐果装入保鲜袋。

③ 贮藏方式和管理

贮藏方式主要有塑料薄膜袋贮藏、塑料薄膜大帐贮藏以及气调库贮藏等。

在机械冷库内用塑料薄膜袋或帐封闭贮藏猕猴桃，是当前生产中应用最普遍的方式。晚熟品种可贮藏5~6个月之久。一般采用0.03~0.05mm厚聚乙烯袋，每袋装5~10kg。下树直接装袋的，果实入库后必须敞口预冷，果温降至0℃后再装袋入箱。贮藏过程中，库温控制在-1℃~0℃。采用塑料小包装贮藏，库内不用加湿。

塑料薄膜大帐贮藏的塑料帐用0.1~0.2mm厚无毒聚氯乙烯或聚乙烯薄膜制作。每帐贮藏1~2吨。用塑料周转箱或木制箱包装，当库温稳定在0℃左右时罩帐并密封。贮藏期间库温控制在-1℃~0℃，库内不用加湿。对帐内气体成分要定时进行检测，将气体成分控制在O_2 2%~3%、CO_2 3%~5%。

气调库贮藏尤其是低乙烯气调贮藏，是猕猴桃贮藏的最佳方式。晚熟品种在气调库一般可贮6个月以上，货架期不低于15天，好果率达98%。其技术要领为：果实采后放入塑料周转箱或木制箱，当天入库预冷，满库后尽快将库温控制在0℃~1℃，上下温差不得大于1℃，气体成分控制在O_2 2%~3%，CO_2 3%~5%；库内相对湿度保持在90%~95%。如果气调库配备乙烯脱除系统，将库内乙烯浓度控制在0.02μL/kg以下，贮藏效果更好。

猕猴桃贮藏期间的管理主要是要保证库内所需要的气体成分及准确控制温度、湿度。气调贮藏中容易产生CO_2中毒和缺氧伤害。贮藏过程中，要经常检查贮藏环境中O_2和CO_2的浓度变化，及时进行调控，可防止伤害发生。

由于猕猴桃对乙烯非常敏感，故不能与易产生乙烯的果实如苹果等同室贮藏。另外气调贮藏中脱除乙烯是一项很重要的措施，一般是用高锰酸钾载体来脱除乙烯，也有其他脱除乙烯的专用配方或者物理吸附法。

④ 病害控制

蒂腐病的发病初期在果蒂处出现明显的水渍状，以后病斑均匀向下深入扩张，从果蒂处的果肉开始腐烂，蔓延至全果，腐烂处有酒味。果皮上出现一层不均匀茸毛状的灰白霉菌，以后变成灰色。该菌也可导致其他部位发病。受害果在0℃以下贮藏4周左右出现病症，贮藏12周后未发病的果实，一般不会再发病。该病病原菌为半知菌亚门丝孢纲的灰葡萄孢

菌,病原菌主要通过伤口及幼嫩组织侵入。该病一年有两次侵染期。第一次发病在花期前后,引起花腐;第二次侵染是在果实采收、分级、包装过程中。由于贮藏温度低,开始时症状不明显,贮藏数周后发病。可于开花前后、采收前各喷一次杀菌剂,如65%代森锌可湿性粉剂500~600倍稀释液等,防止果实发病。采果后24h内用60%特克多可湿性粉剂700~1 000倍稀释液或50%甲基托布津可湿性粉剂1 000倍稀释液浸果1min,或50%多菌灵1 000倍液浸果1min,晾干后贮运效果较好。

猕猴桃采用塑料薄膜袋、帐或气调贮藏,若 CO_2浓度过高(大于8%),贮藏过程中容易产生 CO_2伤害。其症状为果肉组织变为水渍状,果心变白、变硬。

2.4　其他新技术贮藏

2.4.1　减压贮藏

1. 减压贮藏

减压贮藏是气调贮藏的发展,是一种特殊的气调贮藏方式,又叫"低压贮藏"和"真空贮藏"。其关键是把产品贮藏在密闭的室内,抽出部分空气,使内部气压降到一定程度,并在贮藏期间保持恒定的低压。简言之,减压贮藏的原理在于:一方面不断地保持减压条件,稀释 O_2浓度,抑制果实内乙烯的生成;另一方面把果实释放的乙烯从环境中排除,从而达到贮藏保鲜的目的。

随着总的气压降低,O_2的分压也相应降低,所以减压贮藏必然是低 O_2浓度条件,其作用性质与气调贮藏中降低 O_2的浓度相同。因此,减压贮藏的效应首先是与呼吸和乙烯的动态有关。试验证明,苹果在减压贮藏条件下,其乙烯产量和呼吸强度都明显地下降。

有试验指出,只有当空气压力低于1/8大气压时,才会对乙烯的生成起明显的抑制作用,进一步降低压力,则效果更明显。从理论上讲,在真空情况下乙烯的生成量将达到最低限度,但是在非常低的气压下,果实进行无氧呼吸又会积累酒精,同时果实还会严重失水。因此,根据果蔬的不同种类和不同品种来确定适当的减压度是非常必要的。

低压有助于产品组织内不良气体的挥发,贮藏产品中不良气体的排出,并通过换气而及时排出库外,这样非常有利于园艺产品的贮藏。低压有抑制微生物生长的作用,其贮藏环境较好,无其他污染。

实用减压系统需要有减压、增湿、通风和低温的效能。减压处理有两种方式:定期抽气式(静止式)和连续抽气式(气流式)。

静止式是将贮藏容器抽气达到要求的真空度后,停止抽气,以后适时补充氧气和抽空以维持恒定的低压。这种方式可促进果蔬组织内乙烯等气体向外扩散,但不能使容器的气体不断向外排除,所以环境中的乙烯浓度仍然较高。

气流式是在整个装置的一端用抽气泵连续不断地抽气排空,另一端不断输入新鲜空气,进入减压室的空气经过加湿槽提高室内的相对湿度。减压程度由真空调节器控制,气流速度由气体流量计控制,并保持每小时约更换减压室容积的 1 ~4 倍,使产品始终处于恒定的低压低温的新鲜湿润的气流中。

在减压条件下,气流扩散速度很大,产品可以在贮藏室内密集堆积,室内各部位仍能维持较均匀的温湿度和气体成分;在运输中,可以把各种产品混在一起运输而不至于产生严重的相互影响。

减压贮藏要求贮藏室能经受 $1.013\,25\times10^5$Pa 以上的压强,所以建造大规模的耐压贮藏库是比较难的,减压贮藏在生产上的推广应用还不广泛。在国外,实验室研究涉及大部分果蔬,而商业应用仅局限于运输拖车或集装箱,用于运送珍贵的水果及切花等。

减压贮藏的另一个重要问题是,在减压条件下贮藏产品极易干缩萎蔫,因此必须保持很高的空气湿度,一般需在 95% 以上。而湿度很高又会加重微生物病害,所以减压贮藏最好要配合应用消毒防腐剂。另一个问题是刚从减压中取出的产品风味不好,不香,但放置一段时间后会有所恢复。

2. 实例

有报道:把经预冷的冬枣装入减压垛,将温度控制在(-2 ±0.5)℃,相对湿度保持在 95% 以上,真空度控制在 1/5 ~1/4 个大气压[(20.265 ~25.331)kPa],此时氧气浓度达到 4% ~8%,减压系统可在半小时将氧气浓度降到 4%,冬枣贮藏期达到 100 天,保鲜脆果率在 90% 以上,比采后在常温下只能贮藏 6 ~7 天要长得多。

另有实验证明,用包头市农业新技术研究所研制的减压仓贮藏西红柿 135 天后货架期仍在 21 天以上,青椒、尖辣椒、茄子、架豆等一般认为很难贮藏的蔬菜,减压保鲜期都超过 114 天,芒果、杨梅、水蜜桃等减压保鲜期都超过其他方法最佳贮期的一倍以上。世界公认最难贮藏的荔枝在减压保鲜 2 个月后,好果率仍在 95% 以上,并无褐变发生。

2.4.2 辐射贮藏

1. 辐射贮藏

辐射贮藏是一种发展很快的园艺产品贮藏新技术,它是利用辐射源照射园艺产品,起着干扰园艺产品基础代谢、延缓其成熟与衰老、抑制发芽和杀虫灭菌的作用,从而减少产品腐烂变质,延长保质期。目前已采用的辐射源有放射源(钴 60、铯 137 的 γ 射线)、加速电子和由加速电子转化的 X 射线。辐射处理无放射性残留,是一种安全的保鲜技术。辐射保鲜效果与射线的种类、辐照时间、辐射剂量以及产品的性质等因素相关。对园艺产品一般采用 1 000 ~3 000Gy的剂量辐照。

当然,辐射保藏还有很多问题有待于进一步的研究与探索,如有关辐照是否致畸、致癌、致突变;应用于鲜活产品的最佳剂量、辐照后产品的营养成分的损失以及酶的抑制与破坏等。

2. 实例

有研究表明:用 1 500 ~2 000Gy 的钴 60 γ 射线照射草莓,无论在室温或冷藏条件下,贮藏期比未处理的延长 2 ~3 倍;在 0 ~1℃下冷藏,贮藏期可达 40 天;辐照前进行湿热加热处

理(41℃ ~50℃),效果更好。辐照处理效果产生的主要原因是辐射杀灭了引起草莓腐败的灰霉、根霉和毛霉等。

2.4.3 电磁处理

电磁处理是近年来应用于园艺产品贮藏的一门新技术。电磁处理技术的依据是人为地改变生物周围的电场、磁场和带电粒子的情况,对生物体的代谢过程产生影响。

1. 磁场处理

产品在一个电磁线圈内通过,控制磁场强度和产品移动的速度,或者流程相反,产品静止而磁场不断改变方向,可使产品受到一定剂量的磁力线的切割作用。据国外资料报道,水果在磁场中运动,其组织生理上会产生一些变化,就同导体在电场中运动要产生电流一样。据资料,水分较多的水果(如蜜柑、苹果之类)经磁场处理,可以提高生活力,增强抵抗病变的能力。还有研究发现:将番茄放在强度很大的永久磁铁的磁极间,发现果实的后熟加速,并且靠近南极的比北极的后熟更快。公认的机制可能是:磁场有类似于植物激素的特性,或具有活化激素的功能,从而起催熟作用;激活或促进酶系统而加强呼吸作用;形成自由基加速呼吸而促进后熟。

2. 高压电场处理

将产品放在针板电极的高压电场中,接受连续的(或间歇的)或一次性的电场处理。产品在电场中受电场、负离子和 O_3的作用。有资料报道:负离子和 O_3有如下的生理功能:通过空气中的负离子干扰果蔬表面的电荷平衡,即中和果蔬表面的正电荷,即可延缓其衰老过程;臭氧(O_3)具有极强的氧化能力,可使果蔬释放的乙烯被氧化破坏从而减少乙烯的致熟作用;负离子和 O_3对各种病原菌有强烈的抑制作用和致死效应,起到灭菌效果。

3. 负离子和臭氧处理

当只需要负离子或 O_3的作用而不要电场的作用时,产品不放在电场内,而是按电晕放电使空气中气体分子电离的原理制成负离子发生器,借风扇将离子空气吹向产品,使产品在电场外受到离子的作用。

总之,电磁处理是一项很新的技术,有关的试验研究和资料报道都很少。

有报道,陕西师范大学科研人员进行了低温、减压、臭氧处理冬枣贮藏试验研究,确定了冬枣贮藏的适宜条件:在给贮藏环境提供充足的水分湿度条件下,温度控制在 -2℃,每隔 10 天用 30mg/m^{3}的 O_3处理半小时,之后立即除去臭氧;每天抽真空 1 次,使压力保持在40.5 ~47.0kPa。试验表明,可降低果实呼吸强度,抑制酶活性和霉菌繁殖,减缓淀粉和维生素降解速度,防止果实腐烂和冻害发生,保持果实硬度等,冬枣可贮藏 140 天,好果率达 92.6%。

本章小结

本章详细介绍了园艺产品的贮藏方法,即常温贮藏、低温贮藏和气调贮藏法。并对通风库贮藏、机械冷藏和气调贮藏技术分别列举了大白菜、马铃薯、梨、甜椒、花椰菜、哈密瓜、洋葱和猕猴桃的贮藏等实例进行了相应的分析与说明；还简单介绍了园艺产品贮藏的一些新技术，如减压贮藏、辐射贮藏和电磁处理等。

常温贮藏是根据外界环境温度的变化来调节或维持一定的贮藏温度，贮藏场所的贮温总是随着季节的更替和外界温度的变化而变化。常温贮藏根据其结构设施分为简易贮藏和通风库贮藏。

简易贮藏主要包括堆藏、沟藏（埋藏）、窖藏、冻藏和假植贮藏。它们大都来自民间经验的不断积累和总结，贮藏场所形式多样，设施简单，具有利用当地气候条件、因地制宜的特点。由于这类贮藏方式主要利用自然温度来维持所需的贮藏温度，在使用上受到一定程度的限制。堆藏是将果蔬直接堆码在地面或浅坑中，或在阴棚下，表面用土壤、薄膜、秸秆、草席等覆盖，以防止风吹、日晒、雨淋的一种短期贮藏方式。在堆藏的基础上进一步发展产生沟藏，它充分利用土壤的保温性、保湿性和密封性，使贮藏环境有相对稳定的温度和相对湿度；同时利用果蔬自身呼吸，减少 O_2 含量，增加 CO_2 含量，有一定的自发气调保藏作用。窖藏是在沟藏的基础上完善而来的一种贮藏方式。窖藏形式的结构有棚窖、窑窖和井窖。窖藏既能利用变化缓慢而稳定的土温，又可利用简单的通风设施来调节和控制窖内的温度、湿度和气体成分。与埋藏相比，它有进出通道，方便取贮及产品的管理。

通风库是在棚窖的基础上演变而成的，它是有隔热结构的建筑，利用库内外温度的差异和昼夜温度的变化，以通风换气的方式来保持库内比较稳定而适宜的贮藏温度的一种贮藏场所。建造时设置了更完善的通风系统和绝热结构，降温和保温效果都比棚窖大大提高，操作也较方便，但通风库贮藏是依靠自然温度来调节库内的温度，仍属于常温贮藏，所以在使用上受到一定的限制。通风库贮藏的管理主要包括库房及用具的消毒、产品的入库和码垛、温、湿度管理和通风库的周年利用等几方面的工作。

低温贮藏是人为地调节和控制适宜的贮藏环境，使之不受外界环境条件限制的一类贮藏方法。低温贮藏分为冰藏和机械冷藏两种。冰藏是利用冰的融化致冷来降低和维持产品低温的贮藏方法。机械冷藏是我国新鲜园艺产品的主要贮藏方法，它是在有良好隔热性能的库房中，安装机械制冷设备，通过机械制冷系统的作用，控制库内的温度和湿度，从而维持适宜的贮藏环境，达到长期贮存产品的目的。冷库的建造总的原则要求是密封性、隔热性、防潮性、牢固性和抗冻性良好。冷藏库的建造要比较全面地考虑研究库址的选择、冷库的容量和形式、隔热材料的性质、库房及附属建筑的布局等问题。冷库的管理工作包括贮前准备、产品的入贮及堆放、温度控制、相对湿度管理、通风换气、贮藏产品的检查和出库管理等几个方面。

气调贮藏即在适宜的低温条件下减少贮藏环境空气中的氧气并增加二氧化碳的贮藏方法。气调贮藏分为自发气调和人工气调贮藏。自发气调贮藏的方法有袋装法、大帐法和硅橡胶窗气调贮藏。人工气调贮藏是在相对密闭的环境（气调贮藏库）中和冷藏的基础上，根据产品的需要，采取机械气调设备，人工调节贮藏环境中气体成分并保持稳定的一种贮藏方法。气调贮藏库由库房、制冷系统、调气调压系统和气体分析设施等组成。气调贮藏的管理在库房的消毒、商品入库的堆码方式、温度、相对湿度的调节和控制等方面与机械冷藏相似，但也有不同之处。库房在贮藏前一定要进行库房气密性的检查，气调贮藏时要注意对气体成分的调节和控制，并做好记录；在贮藏期间，对乙烯要进行严格的监控和脱除；在管理中不

但要注意产品的安全,还要保证工作人员的安全。

复习思考

1. 常温贮藏的方式有哪些？有何特点？
2. 简易贮藏的方式有哪些？各有何特点？如何进行管理？
3. 通风库贮藏的建造有何特点？如何管理通风库贮藏？
4. 机械制冷的原理是什么？有哪些冷却方法？各有什么优缺点？
5. 机械冷藏库的建造应注意哪些问题？如何管理冷库？
6. 气调贮藏的原理是什么？气调贮藏的方式有哪些？如何管理？

考证提示

1. 园艺产品贮藏环境中氧和二氧化碳含量的测定。
2. 各种贮藏方法的科学管理。

实验实训 5　园艺产品贮藏环境中氧和二氧化碳含量的测定

1. 目标

通过实验实训,使学生掌握手提式气体分析仪对贮藏环境中 O_2 和 CO_2 的测定方法。

2. 原理

在气调贮藏时,O_2 和 CO_2 的含量直接影响园艺产品的呼吸作用。二者比例不适宜时,就会破坏园艺产品的正常生理代谢,缩短贮藏寿命。所以要随时掌握贮藏环境中的 O_2 和 CO_2 含量的变化,使二者比例适宜,延长贮藏寿命。

测定园艺产品贮藏环境中 O_2 和 CO_2 的方法有化学吸收法和物理化学测定法。前者是应用手提式气体分析仪,用 KOH 溶液吸收 CO_2,以焦性没食子酸碱性溶液吸收 O_2,从而测出 O_2 和 CO_2 的含量。后者是应用 O_2 和 CO_2 测试仪表进行测定(下面以化学吸收法为例)。

3. 材料用具

苹果、梨、香蕉、番茄、黄瓜等各种水果蔬菜,手提式气体分析仪,2kg 塑料薄膜袋,胶管铁夹,KOH 焦性没食子酸碱性溶液,甲基红,甲基橙,氯化钠,盐酸等。

4. 试剂的配制

① 氧吸收剂的配制：通常使用的氧吸收剂主要是焦性没食子酸碱性溶液。配制时,称取 33g 焦性没食子酸和 117g 氢氧化钾,分别溶解于一定量的蒸馏水中,冷却后将焦性没食子酸溶液倒入氢氧化钾溶液中,再加蒸馏水至 150mL。也可将 33g 焦性没食子酸溶于少量水中,再将 117g 氢氧化钾溶解在 140mL 蒸馏水中,冷却后,将焦性没食子酸溶液倒入氢氧化钾溶液中,即配成焦性没食子酸碱性溶液。

② 二氧化碳吸收剂的配制：称取氢氧化钾 20～30g,放在烧杯中,加 70～80mL 蒸馏水,

不断搅拌。配成的溶液浓度为20%～30%。

③ 指示液配制：在调节瓶（压力瓶）中，装入200mL的80%氯化钠溶液，再滴入两滴0.1～1.0mol/L的盐酸和3～4滴1%甲基橙，此时瓶中即为玫瑰红色的指示液，以便进行测量。同时，当操作时，吸气球管中碱液不慎进入量气管内，即可使指示液呈碱性反应，由红色变为黄色，可很快觉察出来。

5. 操作要点

手提式气体分析仪器的结构功能，见图2-16。

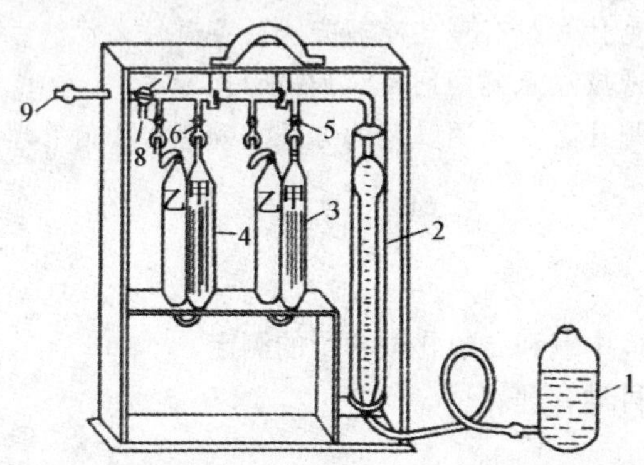

1：调节液瓶子；2：量气筒；3、4：吸收瓶；5、6：二通磨口活塞；
7：三通磨口活塞；8：排气口；9：取样孔

图2-16　手提式气体分析仪

（引自赵丽芹《园艺产品贮藏加工学》）

手提式气体分析仪是由一个带有多个磨口活塞的梳形管，与一个有刻度的量气筒和几个吸收瓶相连接而成，并固定在木架上。

① 梳形管：在仪器中起着连接枢纽的作用，它带有几个磨口活塞口连通管，其右端与量气筒2连接。左端为取样孔9，套上胶管即与欲测气样相连。磨口活塞5、6各连接一个吸收瓶，控制着气样进出吸收瓶。活塞7起调节进气、排气或关闭的作用。

② 吸收瓶：即图中3、4两部分，两者底部由一小的U形玻璃管连通，3、4管内各装有许多小玻璃管，以增大吸收剂与气样的接触面。3、4管顶端与梳形管上的磨口活塞相连。

③ 量气筒：图中2为一有刻度的圆管（一般为100mL），底口通过胶管与调节液瓶1相连，用来测量气样体积。刻度管固定在一圆形套筒内，套筒上下应密封并装满水，以保证量气筒的温度稳定。

④ 调节液瓶：图中1是一个有下口的玻璃瓶，开口处用胶管与量气筒底部相连，瓶内装有蒸馏水，由于它的升降，造成瓶内水位的变动而形成不同的水压，使气样被吸入或排出或被压进吸气球管使气样与吸收剂反应。

⑤ 三通磨口活塞：是一个带有"╥"形通孔的磨口活塞，转动活塞7改变"╥"形通孔的位置，呈"╨"、"╟"、"╢"状，起着取气、排气或关闭的作用。活塞5和6的通气口呈"＝"状，则切断气体与吸收瓶的接触；呈"‖"状，使气体先后进出吸收瓶，洗涤O_2或CO_2。

⑥ 清洗与调整：将仪器的所有玻璃部分洗净，磨口活塞涂凡士林，并按图装配好。在各吸收瓶中注入吸收剂。管3注入浓度为30% KOH溶液，吸收CO_2用。管4装入浓度为30%

的焦性没食子酸和等量的30% KOH 的混合液，作吸收 O_2用，吸收剂要求达到球管口。在调液瓶 1 中和保温套筒中装入蒸馏水。最后将取样孔 9 接上待测气样。

将所有的磨口活塞5、6、7 关闭，使吸收瓶与梳形管不相通。转动 7 呈“╟”，高举 1，排出 2 中的空气，以后转动 7 呈“╢”状，关闭取气孔和排气口，然后打开活塞 5 下降 1，此时 3 中的吸收剂上升到管口顶部时立即关闭 5，使液面停在刻度线上，然后打开活塞 6，同样使吸收液面到达刻度的线上。

⑦ 洗气：右手举起 1 用左手同时将 7 转至“╟”状，尽量排除 2 内的空气，使水面达刻度 100 时为止，迅速转动 7 呈“╨”状，同时放 1 吸进气样，待水面降到 2 底部时，立即转动 7 回到“╨”状，再举起 1，将吸进的气样排出。如此操作 2 ~ 3 次，目的是用气样冲洗仪器内原有的空气，以保证进入 2 内的气样纯度。

⑧ 取样：洗气后转 7 呈“╨”状并降低 1，使液面准确达到零位，并将 1 移近 2，要求 1 与 2 两液面同在一水平线上并在刻度零处。然后将 7 转至“╟”状，封闭所有通口，再举起 1 观察 2 的液面。如果液面不断上升，说明有漏气，要检查各连接处及磨口活塞，堵塞后重新取样。若液面在稍有上升后停止在一定位置上不再上升，说明不漏气，可以开始测定。

⑨ 测定：测定 CO_2含量，转动 5 接通 3 管，举起 1 把气样尽量压入 3 中，再降下 1，重新将气样抽回到 2，这样上下举动 1 使气样与吸收剂充分接触，4 ~ 5 次以后下降 1，待吸收剂上升到 3 的原来刻度线位置时，立即关闭 5，把 1 移近 2，在两液面平衡时读数，记录后重新打开 5，来回举动 1，如上操作，再进行第二次读数。若两次读数相同，表面吸收完全。否则，重新打开 5，再举动 1，直至读数相同为止。测定 O_2含量，转动 6 接通 4 管，操作同测定 CO_2。

6. 操作注意事项

先测 CO_2含量然后测 O_2含量；焦性没食子酸的碱性溶液在 15℃ ~20℃时最大，吸收效果随温度下降而减弱，0℃时几乎完全丧失吸收能力；吸收剂的浓度按百分比浓度配制，多次举 1 读数不相等时，说明吸收剂的吸收性能减弱，需要重新配制吸收剂；吸收剂为强碱溶液，使用时应注意安全。

7. 实训思考

（1）园艺产品贮藏环境中气体成分测定的原理是什么？如何测定？

（2）在测定操作中，要注意哪些问题？

（3）测定结果产生误差的原因有哪些？如何解决？

第3章 果品贮藏技术

本章导读

了解苹果、柑橘、桃及板栗的贮藏特性,掌握其最适贮藏条件;掌握苹果、柑橘、桃及板栗的贮藏保鲜技术;熟悉苹果、柑橘、桃及板栗贮藏病害的特点,掌握其防治措施。

3.1 苹果贮藏技术

3.1.1 贮藏特性

苹果是比较耐贮藏的果品,但因品种不同,贮藏特性差异较大。早熟品种如祝光、辽伏等,因生长期短,干物质积累少,代谢强度大,肉质绵软,保护组织发育不完全,且采收期正值7、8月份的高温季节,耐贮性较差,一般采收后应立即上市或只做短期贮藏。中熟品种,如元帅、红星等多在8月下旬到9月上中旬成熟,各方面品质有所改善,其贮藏性有所提高,一般做中、短期贮藏。晚熟品种,如国光、富士、秦冠、北斗、秀水、胜利等生长期长,多于9月下旬到10月份采收,干物质积累丰富,质地致密,保护组织发育良好,呼吸代谢低,故其耐贮性和抗病性都较强,在适宜的低温条件下,贮藏期至少可以达8个月,并可保持良好的品质。

苹果属于典型的呼吸跃变型果实,成熟时乙烯生成量很大,呼吸高峰时一般可达到200~800μL/L,由此而导致贮藏环境中有较多的乙烯积累。在贮藏过程中,通过降温和调节气体成分,可推迟呼吸跃变发生,延长贮藏期。苹果对乙烯敏感性较强,贮藏中可采用通风换气或者脱除技术降低贮藏环境中的乙烯。另外,采收成熟度对苹果贮藏的影响很大,对计划长期贮藏的苹果,应在呼吸跃变启动之前采收。

3.1.2　贮藏条件

大多数苹果品种的贮藏适宜温度为 -1℃ ~0℃。对低温比较敏感的品种,如红玉、旭等在0℃贮藏易发生生理失调现象,故推荐贮藏温度为2℃ ~4℃。在低温下应采用高湿度贮藏,库内相对湿度保持在90% ~95%。如果是在常温库贮藏或者采用MA贮藏方式,库内相对湿度可稍低些,保持在85% ~95%,以降低腐烂损失。对于大多数苹果品种而言,O_2浓度2% ~5%和CO_2浓度3% ~5%是比较适宜的气体组合,个别对CO_2敏感的品种,如红富士应将CO_2浓度控制在3%以下,乙烯控制在10μL/L以下。

3.1.3　采收与贮前处理

1. 采收

采收的早晚对苹果的贮藏效果影响很大,采收期要依品种特性、当年气候状况和贮藏期等条件来确定。采收过早,其表现不出本品种品质特性(色泽、风味等)而影响贮藏效果,同时在贮藏内还容易发生病害,造成损失;采收过晚,会影响其耐贮性和抗病性,从而达不到贮藏目的。

2. 分级包装

采收后应立即按行业标准进行选果、分级和包装。苹果分级的总体指标包括品质(含糖、酸等)、果形、色泽、果径大小等。如进行短期贮藏,可进行涂料处理,既可更好地保持优良品质,又能使果品外观美观。

3. 预冷

预冷可降低果品温度,抑制其呼吸,降低水分的蒸发。对产品进行及时预冷,为产品贮藏打下良好基础。在预冷中要防止冷害的产生。预冷方式多采用风冷,要控制失水。有条件者可在预贮间中进行;无条件者可在采收现场的遮阴棚中进行。

4. 贮藏库消毒

入贮前要对贮藏库做彻底的清扫与整理,并进行消毒处理。常用的方法有两种。一种是硫磺熏蒸法,按照1 ~1.5kg/100m^{2}硫磺用量与锯末混合点燃,产生SO_2气体,密闭熏蒸24 ~48h后,开封通风;另一种可用甲醛1份加水40份,配成消毒液,喷洒地面及墙壁,密闭24h通风,也可用漂白粉溶液喷洒处理。

3.1.4　贮藏方法与管理

1. 贮藏方法

(1) 沟藏

山东烟台一带贮藏苹果的方法为:选择地势平坦高燥的地方挖沟,深约1m,宽约1m,长度随贮量及地形而定,一般在20m左右,沟底要平整。沟底铺沙约3 ~7cm,若土壤比较干燥时,宜喷水湿润。在10月下旬至11月上旬入沟。果实堆放厚度为33 ~67cm。先在沟边搭荫障遮阴，至 11 月下旬气温明显下降时，用草或树叶覆盖棚盖。

甘肃一带用筐装沟(埋)藏的方法为：选择地势平坦的地方挖沟，深 1.3 ~ 1.7m，宽 2m，长度随贮藏量而定。当沟壁已冻结 3.3cm 时，即把经过预贮的苹果入沟贮藏。先在沟底铺约 33cm 厚的麦草，放下果筐，四周围填麦草约 21cm 厚，筐上盖草。到 12 月中旬沟内温度达 -2℃时，再覆土 6 ~ 7cm 厚，以盖住草根为限。要求在整个贮藏期不能渗入雨、雪水，沟内温度保持 -2℃ ~ -4℃。至 3 月下旬以后沟温升至 2℃以上时，即不能继续贮藏。

(2) 窑窖贮藏

在我国的山西、陕西、甘肃、河南等产地多采用窑窖(土窑洞)贮藏苹果，方法是：苹果采收后要经过预贮，待果温和窖温下降到 0℃左右入贮。将预贮的苹果装入箱或筐内，在窑的底部垫木枕或砖，苹果堆码在上面，各果箱(筐)要留适当的空隙，以利于通风。堆码离窖顶有 60 ~ 70cm 的空隙，与墙壁、通气口之间要留空隙。在贮藏期间的管理参照窖藏的方法。

(3) 冷藏

产品在消毒降温后及时入库。入库时果筐或果箱采用“品”或“井”字型码垛。码垛时要充分利用库房空间，使箱与箱、垛与棚、垛与墙壁、垛与地面、垛与通风口之间按要求留有一定距离，并在码垛时，不同种类、品种、等级、产地的苹果要分别码放。垛码要牢固，排列整齐，垛与垛之间要留有出入通道。每次入库量不宜太大，一般不超过库容量的 15%，以免影响降温的速度。

入贮后，库房管理技术人员要严格按冷藏条件及相关管理规程进行定时检测库内的温度和湿度，并及时调控，维持贮温 -1℃ ~ 0℃，上下波动不超过 1℃。适当通风，排除不良气体。及时冲霜，并进行人工或自动的加湿、排湿的处理，调节贮藏环境中的相对湿度为 85% ~ 90%。

苹果出库前，要进行升温处理，防止结露现象产生。升温处理可在升温室或冷库预贮间内进行，升温速度以每次高于果温 2℃ ~ 4℃为宜，相对湿度 75% ~ 80% 为好，当果温升到与外界相差 4℃ ~ 5℃时即可出库。

(4) 气调贮藏

苹果气调贮藏的采收、采后处理、入库堆码、出库管理等与机械冷藏基本相同，气调贮藏主要有以下几种方式。

① 塑料薄膜袋贮藏

在苹果箱中衬以 0.04 ~ 0.07mm 厚的低密度 PE 或 PVC 薄膜袋，装入苹果，扎口封闭后放置于库房中，每袋构成一个密封的贮藏单位。初期 CO_2 浓度较高，以后逐渐降低，在贮藏初期的 2 周内，CO_2 的上限浓度 7% 较为安全，但富士苹果的 CO_2 浓度应不高于 3%。

② 塑料薄膜帐贮藏

在冷库内，用 0.1 ~ 0.2 mm 厚的高压聚氯乙烯薄膜黏合成长方形的帐子将苹果贮藏垛封闭起来，容量可根据需要而定。用分子筛充氮机向帐内冲氮降氧，取帐内气体测定 O_2 和 CO_2 浓度，以便准确控制帐内的气体成分。贮藏期间每天取气分析帐内 O_2 和 CO_2 的浓度，当 O_2 浓度过低时，向帐内补充空气；CO_2 浓度过高时可用 CO_2 脱除器或消石灰可脱除 CO_2，消石灰用量为每 100kg 苹果用 0.5 ~ 1.0 kg。

在大帐壁的中、下部黏贴上硅橡胶窗，可以自然调节帐内的气体成分，使用和管理更为简便。硅窗的面积是根据贮藏量和要求的气体比例，经过实验和计算确定。例如，贮藏 1 吨金冠苹果,为使 O_2维持在2% ~3%、CO_2为3% ~5%,在大约5℃条件下,硅窗面积为0.6m×0.6m较为适宜。果实罩帐前要充分冷却和保持库内稳定的低温以减少帐内凝水。

③ 气调库贮藏

气调库是商业上大规模气调贮藏苹果的最好方式。贮藏中要根据不同品种的贮藏特性,确定适宜的贮藏条件,并通过调气保证库内所需要的气体成分及准确控制温度、湿度。

苹果气调贮藏中容易产生 CO_2中毒和缺氧伤害。贮藏过程中,要经常检查贮藏环境中O_2和 CO_2的浓度变化,及时进行调控,可防止伤害发生。

2. 贮藏期病害控制

(1) 生理病害

① 斑点病

该病是贮藏期间易发生的生理性病害。其主要症状是果面形成褐色边缘清晰微凹陷的圆形斑点。这种病斑仅限于皮下细胞,并不深入果肉。发病后外观变劣,商品价值降低。

发病原因: 主要是由于生长期氮、磷、钙肥的施用比例失调所致,同时,此病的发生还与采收过晚、采后无预冷处理、预冷时温度过高或未及时降温入贮有关。

防治措施: 在生长期合理施用钙肥,如在生长期间喷施石灰乳、氯化钙或硝酸钙等药剂;适时采收、采后及时进行预冷入贮。经试验比较气调贮藏可减少此病发生。

② 虎皮病

苹果虎皮病是贮藏后期最易发生的生理性病害,其主要症状是果实外皮变褐色呈不规则状,微凹陷,病斑不深入果肉,多发生在不着色的背阴面,严重时病斑连成大片甚至遍及整个果面。

发病原因: 苹果虎皮病的发病程度与品种、栽培技术和采收时期及贮藏环境条件密切相关。

在苹果品种中以国光发病最重。如偏重氮肥、树冠郁闭、内膛不着色的果实,发病较重;采收过早、贮藏后期温度过高都会引起或加重虎皮病的发生。此外,在贮藏环境中,空气不流通的地方和堆码死角处的苹果易发此病。

防治措施: 加强综合管理,控制氮肥用量,合理修剪,注意适当晚采。贮藏中加强通风,控制贮藏温度,及时排除有害挥发性气体(如乙烯),减少氧化产物的积累,从而减轻虎皮病的发生。

另外,用含有二苯胺 1.5 ~2mg 的包裹纸包果,用此药液浸果;用浓度为 0.25% ~0.35%的乙氧基隆,在室温下浸渍片刻,晾干后装箱贮藏;虎皮灵纸包果;虎皮灵液浸果或仲丁胺浸果或熏蒸也可有效地防止虎皮病的发生。另经试验比较,利用气调贮藏也可有效地防病。

③ 苦痘病

此病也是苹果贮藏期易发生的生理性病害。症状是果面呈现色较暗面凹陷的小圆斑,在绿色品种上圆斑呈深绿色;在红色品种上,圆斑呈紫红色。斑下果肉坏死深及果肉数毫米至1cm,味微苦,后变深褐色或黑褐色。病斑多发生于果顶处,果肉(粉质、溃败)褐变。粉质褐变:果肉变软成干碎粉质状,易裂果;果肉溃败褐变:果肉褐变,不变粉质状,不裂果。

发病原因: 土壤和果树体内无机盐不平衡;砧木影响;果成熟度差;大个的果实(幼树

果、旺树果）；贮期温度偏高。采收过晚，果实衰老；贮期过长，湿度过大。

防治措施：选择适宜品种砧木组合；土壤增施有机肥，后期少施氮肥；谢花后喷0.5%氯化钙或0.8%硝酸钙溶液，每两周一次；采收后用2%～4%钙盐溶液浸果；降低贮藏温度。生长后期（7～9月份）喷2～4次0.5%氯化钙液；采收后用2%～4%氯化钙液浸果10min；适期采收；控制贮藏时间、温度和湿度都可有效地防止苦痘病的发生。

④ 衰老褐变病

衰老褐变是由果实后熟失常引起的果心果肉褐变。一种是果肉粉绵病，特点是果肉变软，内部变成干而易碎的粉质状，后期变褐色，果皮及外部果肉破裂。贮期过长，果实变为浅褐色，病变部分界限不明显，果肉不变绵软且果皮不破裂，大果发病率较高。

衰老褐变病是苹果过熟老化的一个特征。因此，凡是促进成熟衰老的因素都能加速该病的发展。晚采收、采后延迟冷藏、贮温较高，均可加速此病的发展。当贮藏环境相对湿度超过90%时，病害更加严重。

研究发现，喷钙能减轻衰老褐变病。采前用0.38%氯化钙喷果，采后用2%～6%的氯化钙加苯菌灵或二苯胺液浸果10min，均有良好的防病效果。

⑤ 低温伤害

低温伤害较轻的苹果，外观变化不明显，严重时果面出现烫伤褐变，果皮凹陷，果心及其周围的果肉褐变。贮藏中CO_2浓度过高和高湿条件均会加重低温伤害。对低温比较敏感的品种，冷藏时可缓慢降温，也可进行短期升温处理。如布瑞母苹果在0℃贮藏6～8周，随后在15℃放置6天，对低温伤害有较好预防效果。

⑥ CO_2伤害和低O_2伤害

果实因高浓度CO_2致伤时，可能在内部发生褐变，称为内部CO_2伤害。如国光、青香蕉，受害时果肉或果心褐变，并逐渐扩大，之后出现组织失水，出现空洞。有时病变从果皮发生，呈现褐斑，直至果皮全部变褐，并出现褶皱，称为外部CO_2伤害。如旭果皮首先变为黄褐色，然后深陷，粗糙且起皱纹。贮藏后期受伤组织变成褐色，甚至黑褐色。CO_2伤害的发生及其部位与苹果品种、气体成分等有关。如红星苹果在O_2 2%～4%、CO_2 16%～20%条件下只发生果心伤害；而在O_2 6%～8%、CO_2 16%～18%条件下则果肉、果皮均发生褐变。

CO_2伤害的特点是果肉不绵，组织坏死但仍有弹性，故硬度不减。受伤部分界限分明，有时出现空腔。

氧浓度过低，也会产生伤害，症状与CO_2伤害相似。在贮藏过程中，应经常检测环境中的二氧化碳、氧气含量及果实变化，防止伤害发生。

（2）侵染性病害

苹果的侵染性病害主要是在果园生长期或采收、分级、包装、运输过程中感染的。贮运期如遇适宜条件，会大量发病。所以应加强采前果园病虫害综合防治；减少采后各环节中机械损伤的产生；采后用一定浓度的杀菌防腐剂浸果处理，可防止病害的产生；此外，控制适宜低温，采用高CO_2、低O_2，也可抑制病菌生长发育，减少腐烂损失。

① 炭疽病

炭疽病是苹果生长和贮藏期间的主要真菌性病害。果实发病初期，在果面出现淡褐色圆形小病斑，以后迅速扩大呈褐色或深褐色，并由果皮向果实内部呈漏斗状腐烂，果肉变褐

色,有轻微苦味。随着病斑的扩大,果面也随着下陷,当病斑直径扩大到 1 ~2cm 时,病斑中心生出突起的小粒状点,初为褐色,随即变为黑色,呈同心轮纺状排列,这便是病菌的分生孢子盘。黑色粒点很快突破表皮,当湿度大时,病斑表面溢出粉红色釉液。

防治措施:防止苹果炭疽病的有效方法是加强田间管理,生产高品质果实;在采收、分级、包装等环节注意避免机械伤,防止寄生菌从伤部侵染;果实采收后用 1 000 ~2 500mg/kg 的噻苯咪唑或 500 ~1 000mg/kg 苯莱特、托布津或多菌灵药液浸泡有很好的预防效果。

② 青霉病

苹果青霉病是贮藏期间常见的真菌性病害,病害由伤口侵入。发病初期,果面呈黄白色,病斑近圆形,以后从果皮向果肉深层腐烂,烂果肉呈漏斗状。当条件适宜时,发病 10h 左右即全部腐烂。在潮湿的空气中病斑表面生小瘤状霉块,初为白色菌丝,以后变为绿色粉状孢子,易随气流传播,孢子落在果实上在适宜的条件下即发芽生长、繁殖、造成病害蔓延。腐烂的果实有特殊的霉味。

防治措施:青霉病应以预防为主,在生产过程中搞好综合防治。入库贮藏时要避免机械伤;贮藏的果实可以用 100 ~200mg/kg 仲丁胺或 500 ~1 000mg/kg 苯莱特、多菌灵等浸果;尽量降低贮藏库中的温度。

3.2　柑橘贮藏技术

柑橘是世界上重要的果品种类之一,产量居各种果品之首。在我国主要分布在长江流域及其以南地区,产量与面积仅次于苹果,2007 年面积达 2 721.97 万亩,产量突破 1 800 万吨。柑橘的贮藏在延长柑橘果实的供应期上占重要地位。

3.2.1　贮藏特性

甜橙类主要有甜橙、雪柑、红江橙、锦橙(鹅蛋柑)、柳橙,还有引种的脐橙和夏橙;宽皮橘类有温州蜜柑、蕉柑、芦柑、大红柑、四会柑、红橘(福橘、川橘);柚类有沙四柚、文旦柚、还有白柚、麻柚等;柠檬有北京柠檬(香柠檬)、美国尤力克柠檬等。柑橘类果实种类繁多,不同种类、品种柑橘的贮藏性相差很大。总的来说,柠檬较耐贮藏;其次为柚子、甜橙、柑、橘。同一种类不同品种耐贮性也有差别。如宽皮柑橘类中,蕉柑较耐贮藏,砂糖橘、椪柑不耐贮藏。晚熟品种比早熟品种耐贮藏。另外,柑橘果实的大小、结构与耐贮藏性也有密切的关系。同一种类或同一品种的果实,常常是大果实不如中等大小果实耐贮藏。特别是宽皮柑橘类,如椪柑和蕉柑,在贮藏过程中很容易出现枯水病。随着果实的成熟度提高,果皮的蜡质层增厚,有利于防止水分的蒸发和病菌的侵染。因此,成熟度较低的青果往往比成熟度高的果实容易失水。

3.2.2 贮藏条件

不同种类和品种的柑橘,对低温的敏感性差异极大,其中最不耐低温的是柠檬、葡萄柚,适合的贮温为10℃~15℃;其次是宽皮柑橘类,适合的贮温为5℃~10℃;甜橙类一般较耐低温,可耐1℃~5℃的低温,其中也有不耐低温的,如广东的椪柑,适合的贮温为10℃~12℃。

不同种类柑橘对贮藏环境相对湿度的要求各不相同。大多数柑橘品种贮藏的适宜相对湿度为80%~90%,甜橙可稍高为90%~95%,宽皮柑橘类为80%~85%。另外,确定湿度时还应考虑环境温度,温度高时湿度可低些,而温度低时湿度可相应提高。如采用高温高湿,则柑橘腐烂病害和枯水病发生严重。

3.2.3 柑橘的采收与贮前处理

1. 采收

贮藏用柑橘采收宜八九分熟,此时有五分之三果面颜色转黄,采收过程中注意剔除病虫、伤烂果以及脱蒂、干蒂果,并做适当的挑选、分级;采收时最好选择早晨天气凉爽时进行,雨后或早时露水未干或雾天不宜开采。由于柑橘果实成熟期不一致,应从上到下、由外向内,采黄留青、分批采收。采摘时一手托果,一手持采果刀,齐肩平蒂剪下。

2. 防腐处理

果实采下后及时运送到预贮库进行药剂防腐处理。目前防腐处理常用2,4-D(200mg/L)混合各类杀菌。常用的杀菌剂有苯并咪唑类,如特克多、苯莱特、多菌灵、托布津(500~1 000mg/L)、抑霉唑(500~1 000mg/L)、施保功(250~500mg/L)。

3. 预贮

防腐处理后,进入预贮库进行预贮处理,在入库前要对库房清扫和消毒处理。预贮处理有利于“愈伤”和“发汗”,长期贮藏以果实失水达3%~5%为宜,预贮时间可根据预贮条件而定,温度高,湿度小,预贮时间可短,否则可适当延长。鉴别时,一般以手轻压果实,果皮已软化,但以仍有弹性为标准。

4. 包装

经预贮处理后的果实,要进一步挑选,剔除伤害果、病虫果、无蒂果以及其他残次果,同时可参照分级标准进行。挑选、分级后的果实可用聚乙烯薄膜或保鲜纸进行单果包装。另外,结合挑选、分级也可进行相应的涂被处理。利用蜂胶、虫胶、明胶、淀粉胶、高级蛋白乳胶等高分子化合物加入杀菌、抑菌、生长调节剂等物质制成涂被液进行涂被处理,以延缓果实的衰老和增强防腐保鲜效果。

3.2.4 柑橘贮藏方法与管理

1. 贮藏方法

柑橘因种类、品种不同,对贮藏环境条件的要求各异,因贮期长短和各地自然条件、经济

条件的差异,贮藏方法有多种多样。

(1) 常温 MA 贮藏

我国柑橘产区,冬季气温不高,可利用普通民房或仓库进行 MA 贮藏。华南地区的农户主要采用这种方式贮藏柑橘。此法贮藏甜橙、广柑,贮藏期一般可达 4 ~5 个月。

柑橘常温 MA 贮藏可采用架贮法,即在房屋内用木板搭架,将药物处理后的塑料薄膜单果袋包装的果实堆放在木板上,一般放果 5 ~6 层,用塑料薄膜覆盖,但不能盖得太严,天太冷的地方,顶上可覆盖稻草保温;也可采用箱贮法,即将单果袋包装好的果实装箱后堆码直接存放在室内贮藏。贮藏期间检查 2 ~3 次,发现烂果立即捡出。

(2) 通风库贮藏

通风库贮藏是目前国内柑橘产区大规模贮藏柑橘采取的主要贮藏方式。自然通风库一般能贮至 3 月份,总损耗率为 6% ~19%。

果实入库前 2 ~3 周,库房要彻底消毒。果实入库 15 天内,应昼夜打开门窗和排气扇,加强通风,降温排湿。12 月至次年 2 月上旬气温较低,库内温、湿度比较稳定,应注意保暖,防止果实遭受冷害和冻害。当库内湿度过高时,应进行通风排湿或用消石灰吸潮。当外界气温低于 0℃时,一般不通风。开春后气温回升,白天关闭门窗,夜间开窗通风,以维持库温稳定。若库内湿度不足可洒水补湿。

(3) 冷库贮藏

冷库贮藏可根据需要控制库内的温度和湿度,又不受地区和季节的限制,是保持柑橘商品质量、提高贮藏效果的理想贮藏方式,但成本相对较高。

柑橘经过装箱,最好先预冷再入库贮藏,以减少结露和冷害发生。不同种类、品种的柑橘不能在同一个冷库内贮藏。设定冷库贮藏的温度和湿度要根据不同柑橘种类和品种的适宜贮藏条件而定。柑橘适宜温度都在 0℃以上,冷库贮藏时要特别注意防止冷害的产生。

柑橘出库前应进行升温,果温和环境温度相差不能超过 5℃,相对湿度以 55% 为好,当果温升至与外界温度相差不到 5℃即可出库。

(4) 留树贮藏

此法也叫留树保鲜,是指在果实成熟以后,继续让其挂在树上进行保藏的贮藏方式。挂果期间,应对树体加强综合管理。

果实管理: 在柑橘基本成熟,果实颜色从深绿色变为浅绿色时(红橘在 10 月上旬,甜橙在 10 月中、下旬),向树冠喷 10mg/kg 赤霉素、20mg/kg 2,4-D 和 0.2% 磷酸二氢钾,以后每隔一个半月喷施 1 ~2 次,并注意盖膜(盖棚)防寒防霜。

土壤管理: 及时增施有机肥,保证土壤养分的充足供应。若果实果皮松软,应及时浇水,保持土壤湿润。

通常甜橙可留树保鲜至翌年 3 月,红橘、中熟温州蜜柑及金柑可保鲜至翌年 2 月。据报道,美国加利福尼亚州甜橙可留树贮藏 6 个月之久,留树果实果色光亮、充实、果汁多、风味浓。近年来,美国、日本、澳大利亚、墨西哥等许多国家都在推广柑橘留树贮藏。

(5) 地窖贮藏

四川南充地区的甜橙主要采用地窖贮藏。此法成本低而且易操作,适于农村分散小批量贮藏。

贮藏前先将窖内整平，入窖前一个月，适当给窖内灌水，保持相对湿度90% ~95%。入窖前15天用乐果200倍稀释液喷洒灭虫，密封7天后敞开。入窖前2 ~3天再用托布津800倍稀释液杀菌，喷后关闭窖口。在产品入窖前，窖底铺一层稻草，将果实沿窖壁排成环状，果蒂向上依次排列放置5 ~6层，在果实交接处留25 ~40cm的空间，供翻窖时移动果实。窖底中央留空间供工作人员站立。窖藏初期果实呼吸旺盛，窖口上的盖板需留孔隙以降温排湿，当果面无水汽后再将窖口封闭。贮藏期间，每隔2 ~3周检查一次，及时剔除腐果和褐斑、霉蒂、细胞下陷等果实。如温度过高，湿度过大，应揭开盖板，敞开窖口调节。此法可贮藏6个月，腐烂率仅3%。

2. 贮藏期病害控制

(1) 青霉病和绿霉病

青霉病和绿霉病是柑橘在贮藏期间普遍发生的侵染性病害。其症状为：发病初期，果实出现水渍状褐色圆形病斑，病斑外果皮变软腐烂，随后病斑迅速扩大，用手按压果皮易破裂，而后病斑部长出白色菌丝，很快就生出青色或绿色霉层，当条件适宜，1 ~2周果实全部腐烂。侵染都是通过果皮上的微伤口侵入的。

防治措施：在果实采收、预处理、包装、运输贮藏过程中尽量避免机械伤的发生；药剂防治方法参考贮藏技术要点的防腐处理方法进行。

(2) 黑腐病

黑腐病或称黑心病也是柑橘贮期中常见侵染性病害。症状表现之一是果皮发病后，引起果肉腐烂，外表症状明显，初期果皮出现水渍状淡褐色病斑，长出灰白色菌丝后生出墨绿色霉层，果肉变苦，失去食用价值。症状表现之二为果皮不表现症状，而果心和果肉发生腐烂。

防治措施：防治方法参考贮藏技术要点进行。

(3) 枯水病

枯水病是柑橘贮藏期间常见的生理性病害。其症状为：果皮发泡，皮肉分离，果重减轻，果肉糖酸含水量下降，果肉味淡而无汁。甜橙发病则表现为果皮呈不正常饱满、油胞突出，果皮变厚，囊壁加厚而变硬，随枯水加重，果实失去原有风味，但果实外观与健康果无异。

发病原因：柑橘在贮藏后期普遍发生枯水现象，这是限制贮期长短的主要因素。枯水病的发生与柑橘种类、品种以及气候因素、栽培条件、贮藏条件等密切相关。

防治措施：适时采收，采收前20h用20 ~50mg/kg赤霉素喷施树冠；采后用50 ~150mg/kg赤霉素浸果；入贮前做好预贮处理，待果皮水分部分蒸发表皮微显萎蔫时入贮；贮藏中降低贮藏的相对温度，维持适宜而稳定的低温。

(4) 水肿病

水肿病也是生理性病害之一，其症状是发病初期果实颜色变浅，果皮无光泽，果肉稍有异味，随病情加重，果皮颜色变得更浅，局部会出现不规则的半透明的水渍状，表面饱涨，易剥皮，食用时有浓重的苦味和酒精味，若继续贮藏则极易被其他病菌所浸染腐烂。

发病原因：贮藏温度偏低、贮藏环境通风不良造成CO_2积累过多所致。

防治措施：保持贮藏环境适宜的温度，加强通风，库内CO_2不得超过1%，O_2不得低于19%均有预防效果。

(5) 褐斑病

褐斑病是甜橙在贮藏期间最易发生的最严重的生理性病害之一。发病多在贮藏一个月以后,发病初期在果蒂周围发生不规则褐色斑点,有时在果面也出现,以后病斑扩大,颜色变深,病斑处油胞破裂,凹陷处缩成革质化病斑。一般病变仅限于有色皮层,长时间病变会发展到白皮层,使白皮层干硬,果味变淡。

发病原因:甜橙褐斑病与贮藏环境的低温、低湿及诱发的内源乙烯积累有关。

防治措施:采后合适的预处理可以减轻此病的发生;贮藏过程中控制好适宜的温度和湿度;采用塑料薄膜单果包装有利于防止褐斑病的发生。

3.3　桃贮藏技术

桃为我国原产水果之一,在我国分布较广。按照地理、生态分布区位不同,分为南、北两个品种群。北方桃主要产于河北、山东、北京、河南、山西、陕西、甘肃、辽宁等地。南方桃主要产于江苏、浙江、上海等地。

3.3.1　贮藏特性

根据果实发育期(从盛花到果实成熟的天数)的长短,桃分为特早熟、早熟、中熟、晚熟和特晚熟五类,一般来讲,果实发育期越长,果实成熟相对越晚,越耐贮藏。相对而言,北方桃耐贮性强于南方桃。肉质脆硬、致密、韧性好的品种耐贮性好。一般用于贮藏的桃,应选择品质优良、果大和色、香、味俱佳的中晚熟和特晚熟品种。中、晚熟品种如大久保、白凤、玉露、白花、燕红(绿化 9 号)、京玉(北京 14 号)、京艳、深圳蜜桃、肥城桃等,在适宜条件下可贮藏 40 ~ 60 天。特晚熟品种如青州蜜桃、陕西冬桃、中华寿桃等,一般可贮藏 2 ~ 3 个月。

桃属于呼吸跃变型水果,采后具有双呼吸高峰和乙烯释放高峰,呼吸强度是苹果的 3 ~ 4 倍,果实乙烯释放量大,果胶酶、纤维素酶、淀粉酶活性高,果实变软败坏迅速,这是桃不耐藏的重要原因。

3.3.2　贮藏条件

桃对低温比较敏感,很容易在低温下发生低温伤害。在 -1℃以下就会引起冻害。一般贮藏适温为 0 ~ 1℃。果实在贮藏期间容易失水,要求贮藏环境有较高的湿度,为 90% ~ 95%。不同品种适宜气调贮藏技术指标有所不同。在冷藏条件下,CO_2浓度不可超过 10%,O_2浓度范围大多在 2% ~ 5%。

3.3.3 桃的采收与贮前处理

1. 采收

果实的采收成熟度是影响果实贮藏效果的主要因素。采收过早会影响后熟中的风味形成,而且易遭冷害;采收过晚,则果实会过于柔软,易遭受机械损伤而大量腐烂。因此,要求果实既要生长发育充分,基本体现其品种的色、香、味特征,又能保持果实肉质紧密时为适宜的采摘时间,即果实达到七八成熟时采收。需要特别注意的是果实在采收时要带果柄,否则果柄脱落处容易引起腐败。

2. 预冷

桃采收时新陈代谢旺盛,采后要迅速选果、分级、包装和预冷。否则,果实很快后熟软化,品质降低。目前常采用的预冷方法为鼓风冷却和冷水冷却。在没有冷库和预冷条件的地区,可在窑洞、地下库或阴凉房间内临时存放,但效果较差。对桃进行预冷和不预冷对照试验表明:预冷后经过一段时间的贮藏其硬度下降较慢,而不预冷的硬度下降较快。经过预冷温度和贮藏温度都低的处理,果实能保持较高的硬度,但从食用角度看,由于个人喜好不同,很难有一个合适的硬度标准,但一般认为桃的硬度在 $1kg/cm^2$ 较适宜。

3. 防腐处理

真菌性病害是影响桃贮藏寿命的重要因素,在贮运前需进行防腐处理。采前药剂处理利于贮藏保鲜,如桃在采前 3 周和 1 周用 0.8% 石灰水处理 2 次,可提高采后果实钙含量及可溶性固形物含量,减少果实腐烂和失重,增强果实的耐藏性,推迟果实衰老的进程。用植物激素,如 IAA 和 GA 等处理也有助于延长果实的贮藏期。采前喷洒杀菌剂,可减少果实表面的霉菌基数,对采后防病防腐起到重要作用。用 0.1% 的二氯硝苯胺悬浮液浸果,可防治桃贮藏期发生的根霉病;用 100 ~ 1 000mg/L 苯莱特和 450 ~ 900mg/L 二氯硝苯胺浸果 2min,可防治桃的褐腐病和软腐病。用仲丁胺熏蒸处理,每升库容积或包装袋容积需用药液 0.05 ~ 0.1mL。活性钙、天宝一号防腐剂、TBZ 三者在防腐保鲜上具有互补作用,故贮藏前常用浸活性钙、塑料包装、浸天宝一号保鲜剂和果实熏蒸 TBZ 组合防腐技术保鲜肥城桃。其做法是选用抗病性较好的早采白里桃,将果实浸泡 1% 活性钙溶液,晾干后单果纸包装后装入经天宝一号保鲜剂处理过 30 min 的 0.03mm 厚保鲜袋中,并用 0 ~ $3mg/m^3$ TBZ 熏蒸 4h (每月熏蒸一次),置于 0 ~ 1℃贮藏,贮藏 80 天保鲜效果良好。

4. 包装

当果品温度降到与库温相同时,即可装袋。先将 0.03mm 厚的保鲜袋放入果筐内,在袋内装入 10kg 左右的果实,装好后扎紧袋口。利用塑料薄膜保鲜袋进行桃贮藏保鲜有较好的效果,既防止水分的蒸发,使果实保持新鲜状态,又发挥了气调的作用,提高耐藏性,保持原有品质。装果实的箱(筐)一定要牢固,果实之间要有纸板或纸隔开,最好采用单果包装,避免果实摩擦挤伤。

3.3.4　桃的贮藏方法与管理

1. 贮藏方法

桃不适宜在常温下贮藏。常采用冰窖贮藏、机械冷藏、气调贮藏和减压贮藏。

(1) 冰窖贮藏

冰窖贮藏是我国北方利用冬季采集冰块或人工浇水自然冻结的冰块贮于窖内,在夏季进行贮藏的一种方式,可使窖温降低,是一种成本低的贮藏方式,但需要在冬季贮冰。其做法是在窖底和四壁留有厚约 50cm 的冰块,然后将预冷后的果筐(箱)放在冰上码垛,间距 6~10cm,空隙用碎冰填充,堆完一层在上面撒一层碎冰,垛好后以 60~100cm 厚的碎冰覆盖果垛,上面覆盖塑料薄膜,在塑料薄膜上堆 70~100cm 厚的锯末、稻壳、稻草等隔热材料。冰窖内的温度控制在 0~1℃。

(2) 机械冷藏

冷库贮藏桃、李、杏的关键是控制好冷藏库的温度和相对湿度,在 0℃、相对湿度 90% 的条件下,桃可贮藏 15~30 天。果实入库,冷库地面和墙壁用石灰水消毒,并用 SO_2 或甲醛进行空气消毒。桃入库前在 21℃~24℃放置 2~3 天,再入库冷藏;或者先入库冷藏 14 天再转入 4.5℃~8℃条件下贮藏至结束;此外,桃入库冷藏 14~15 天后移入 18℃~20℃环境中处理 2 天,再转入冷库贮藏。如此反复,直至贮藏结束。

贮藏期间要加强通风管理,排除果实产生的乙烯等有害气体。入库初期的 1~2 周内,每隔 2~3 天通风一次,每次 30~40min。后期通风换气的次数和时间可适当减少。每隔 15~20天检查一次,发现软果、烂果及时剔除,以免影响整库的贮藏效果。果实在出库时,逐渐提高贮藏温度,以免果实表面凝结水气而引起病原菌侵染。经冷藏的桃在销售和加工前需将果实转入较高的温度下进行后熟。桃的后熟温度一般为 18℃~23℃。后熟要求迅速,时间过长易使果实的风味发生变化。

(3) 气调贮藏

气调贮藏能够减轻桃、李果肉褐变的发生,延长贮藏寿命。我国桃的气调贮藏主要采用的是自然降氧气调。果实经挑选、分级、贮前预处理后,单果包装后装入内衬 PVC 或 PE 的纸箱或筐内,下层放入生石灰(CO_2吸收剂)、高锰酸钾(乙烯吸收剂)、仲丁胺(防腐剂)等,置 -1℃~0℃预冷 20~24h,将袋扎紧,封箱,码垛冷藏。大久保桃用此法贮藏 50~60 天,好果率在 95% 以上。

2. 贮藏期病害控制

(1) 侵染性病害

桃在贮藏期间的侵染性病害主要有褐腐病、软腐病和灰霉病、根霉病。

① 褐腐病

早期症状是在果实上产生水浸状的病斑,在 24h 内果肉变褐色或黑色。在 15℃下病斑扩展很快,腐烂处可达果核,但果皮保持完整,茶灰色孢子块在果面上常呈圆环状,在较高温度下 3~4 天整个果实即腐烂变质。贮藏前快速预冷到 4.5℃以下可延迟该病害发生。

② 软腐病

病菌通常自受伤处侵入果实，当病菌生长时即在果面上形成小圆形淡褐色病斑，进一步发展在病斑中心长出白霉，严重时覆盖整个果面，孢子体由白色变成黑色。夏季高温霉菌生长很快，48h 可盖着整个果面，经 2 ~3 天即可感染同一包装箱内大部分果实，其腐烂处软而湿，使整个果实崩烂。将果实浸于 51℃ ~53℃ 温水中 2 ~3min，能有效地杀死病菌孢子，防止初期感染。如果在 21℃ 水中加 1 000mg/L 苯莱特处理，能有效控制桃在贮藏期间和后熟期间的腐烂率。

③ 灰霉、根霉病

病原菌最初在果皮上呈淡褐色病斑，在病斑上覆盖一层病菌造成腐烂。在包装箱潮湿条件下，许多菌丝扩展，使腐烂果黏在一起。菌丝呈白色的为灰霉，呈黑灰色至黑色的为根霉，这两种霉菌在桃果运输及贮藏时间长时造成严重损害。防止措施是避免机械损伤，采后及时预冷，在低温下运输与贮藏，用防腐剂处理。

(2) 生理病害

桃对温度较敏感，在 0℃ 仅能贮藏 2 ~4 周，在 5℃ 时能贮藏 1 ~2 周。贮藏期延长，易发生低温伤害，表现为近果核处果肉变褐、变糠系、木渣化，风味变淡，桃核开裂。研究表明，在 7℃ 时，有时会发生冷害；5℃ 比 2.5℃ 时发生得快，在 2.5℃ 又比 0℃ 时发生得快。

防止措施有：冷藏中定期升温，果实在 -0.5℃ ~1℃ 下贮藏 15 天，然后升温到 0℃ 贮藏 2 天，再转入低温贮藏，如此反复。低温贮藏结合间隙升温处理，0℃ 气调贮藏，每隔三周升温到 20℃ 空气中贮 2 天，然后恢复到 0℃，9 周后出库，在 18℃ ~20℃ 放置后熟。此法贮藏桃的寿命比一般冷藏延长 2 ~3 倍，果实褐变程度低。也可用两种温度贮藏，先在 0℃ 贮藏 2 周，再在 5℃ 贮藏。

桃对 CO_2 很敏感，当 CO_2 浓度高于 5% 时，易发生伤害。症状为果皮有褐斑、溃烂，果肉及维管束褐变，果实汁液少、生硬，风味异常，因此，在贮藏中要保持适宜的气体指标。

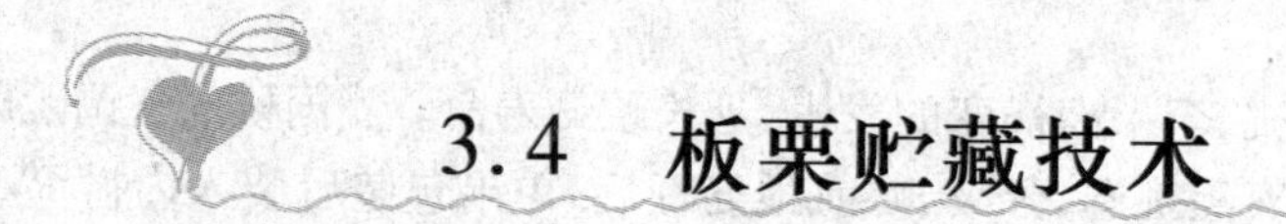

3.4 板栗贮藏技术

板栗营养丰富，种仁肥厚甘美，是我国特产干果和传统的出口果品，在国际市场上有“中国甘栗”的美称。我国板栗年产量约占世界总产量的 1/10，却远远满足不了市场的需求。板栗采收季节气温较高，呼吸作用旺盛，导致果实内淀粉糖化，品质下降，每年都有大量的板栗因生虫、发霉、变质而浪费。所以板栗的贮藏保鲜很有必要。

3.4.1 贮藏特性

板栗属呼吸跃变型果实，特别在采后第一个月内，呼吸作用十分旺盛。板栗贮藏中既怕热、怕干，又怕水、怕冻，贮运中常因管理不当，发生霉烂、发芽和生虫等。

一般北方品种板栗的耐藏性优于南方品种，中、晚熟品种强于早熟品种。在同一地区，

干旱年份的板栗较多雨年份的耐藏，如山东晚熟种焦扎、青扎、薄壳、红栗，陕西的明拣栗，湖南虎爪栗，河南油栗耐藏性较强，而宜兴、溧阳的早熟种处暑红、油光栗不耐藏。

3.4.2　贮藏条件

板栗的适宜贮藏温度为0℃左右，相对湿度为90%～95%。适宜气调贮藏，气调指标为CO_2不宜超过10%，O_2为3%～5%。

3.4.3　板栗的采收与贮前处理

1. 采收

栗果采收成熟度是影响果实质量和贮藏寿命的重要因素。采收过早，气温偏高，坚果组织鲜嫩，含水量高，淀粉酶活性高，呼吸旺盛，不利贮藏。若采收过迟，则栗苞脱落，造成损失。板栗成熟的标准是栗苞开裂，坚果呈棕褐色，全树1/3以上栗苞开裂。采收最好在连续几个晴天后进行，用竹竿全部打落，堆放数天，待栗苞全部开裂后取出栗果。

2. 贮前处理

(1) 散热、发汗

采收后苞果温度高，水分多，呼吸强度大，不可大量集中堆积，否则容易引起发热腐烂。须选择凉爽、通风的场所，将苞果摊成0.6～1m薄层，不可压实，可每隔5m插一把小竹子或高粱秆，以利通风、降温，时间7～10天。然后将坚果从栗苞中取出，剔除病虫果以及其他不合格果，再在室内摊晾5～7天即可入贮。

(2) 防虫

板栗的主要害虫为实象虫，成虫于6～9月发生，产卵于果实上，幼虫孵化后进入果实内部。防虫处理有浸水与熏蒸两种。

① 浸水灭虫

将板栗浸没水中5～7天，每1～2天换水1次，可杀死桃蛀螟和栗象等蛀虫，此法杀虫使板栗的外观与品质稍差。可改用温水，即将板栗放入50℃温水中浸45min，取出晾干后贮藏。

② 熏蒸灭虫

根据栗果数量，可选箱、塑料袋或熏蒸库房密闭后进行处理，常用药物为二硫化碳，每立方米用20～50g，熏蒸时间为18～24h。熏蒸时，因二硫化碳气体较空气重，盛药液的容器应放在熏蒸室或箱、桶、罐的上方。此外，也可选用溴甲烷熏蒸，每立方米用40～56g，时间为3.5～10h。用磷化铝熏蒸，每立方米用18～20g，方法同二硫化碳。

(3) 防腐处理

用0.05%2,4-D与托布津500倍稀释液浸果3min，对减少腐烂有效。

(4) 防止发芽

栗果采后50～60天用25.2Gy(吸收剂量)射线照射，或浓度0.1%的青鲜素，或浓度0.1%的萘乙酸浸果，可抑制坚果发芽。

(5) 预冷

刚采收的带苞栗果温度较高,水分含量大,呼吸作用强,应尽快摊放在阴凉通风的场所预冷,摊放高度以80~100cm为宜,不要压紧,以利通风。

3.4.4 板栗的贮藏方法与管理

1. 贮藏方法

(1) 沙藏法

南方多在阴凉室内的地面铺一层高粱秆或稻草,然后铺沙约6cm,沙的湿度以手握不成团为宜。然后在沙上以一份栗二份湿沙混合堆放,或栗和沙交互层放,每层3~7cm厚,最上层覆沙3~7cm,用稻草覆盖,高度约1m,每隔20~30天翻动检查一次。

(2) 栗球室内贮藏

湖北罗田、麻城等产区常用此法贮藏。南方板栗采收时,正值秋播农忙季节,只将栗球收回妥善保管,等农闲时(多在12月底)再脱壳,分期外运。方法是选择晴天采收,选果大、色浓、饱满完整、无病虫害的坚果,贮藏在阴凉、干燥、通风的室内。先在地面堆10~13cm河沙,然后将栗球堆高1~1.3m,堆上面加盖一层栗壳。每月翻动一次,保持上下湿度均匀。用此法从9月下旬贮藏到12月底,栗果色泽新鲜,霉烂率仅2%。

(3) 架藏法

在阴凉的室内或通风库中,用毛竹制成贮藏架,每架三层,长3m,宽1m,高2m。架顶用竹制成屋脊形。栗果散热2~3天后,连筐浸入清水2min,捞出,每筐25kg堆码在竹架上,再用0.08mm厚的聚乙烯大帐罩上,每隔一段时间揭帐通风1次,每次2h。进入贮藏后期,可用2%的食盐水加2%的纯碱混合液浸泡栗果,捞出后放入少量松针,罩上聚乙烯薄膜继续贮藏。此法贮藏栗果144天,好果率84.2%,无发芽现象。

(4) 冷藏和简易气调贮藏

在库温0℃~1℃,相对湿度80%~85%,用麻袋包装,90kg/袋,堆高6~8袋,留出足够的通道,以利降温和通风。若相对湿度不足,可每隔4~5天在包装外喷水。如在麻袋内增衬0.06mm的打孔聚乙烯薄膜,可减少栗果失重。冷藏贮期可达1年。也可采用薄膜帐或打孔薄膜袋进行简易气调贮藏。先将薄膜袋衬在竹篓、纸箱或木箱里。为防止发霉,洗果后再用500倍的托布津稀释溶液浸果10min,晾干后装袋。薄膜袋以容量为20~25kg,厚度为0.05mm,袋两侧各打直径为1cm的小孔,孔距为5cm为佳。若袋子不打孔,则需定期开袋通风换气。此法可将栗果贮至翌年3月,霉烂果仅1%~2%。

2. 贮藏期病害控制

板栗在贮藏期间常见的病害有黑腐病、炭疽病、种仁斑点病等,另外,因黑根霉菌、毛霉菌、青霉菌、裂褶菌、红粉霉菌等也会引起板栗的各种病害。其症状虽各不相同,但结果是引起果实的变质腐烂,失去商品价值和食用价值,如被人或其他动物误食,会引起食物中毒。

防治措施:对真菌引起的这类病害的防治措施为:2 000mg/L甲基托布津溶液浸果处理;500mg/L 2,4-D加2 000mg/L甲基托布津或1 000mg/L特克多溶液浸果处理;在塑料大帐等密闭条件下用50g/m² SO_2熏蒸18~24h,均可控制病害的发生。

本章小结

本章重点介绍苹果、柑橘、桃及板栗的贮藏保鲜方法与管理技术；简单介绍了苹果、柑橘、桃及板栗的贮藏特性与贮前处理；介绍了苹果、柑橘、桃和板栗的贮期病害与防治措施。

大多数苹果品种的贮藏适宜温度为 -1℃ ~0℃，库内相对湿度保持在 90% ~95%，对于大多数苹果品种而言，O_2 2% ~5% 和 CO_2 3% ~5% 是比较适宜的气体组合。采收后需要分级包装与预冷，贮前要注意贮藏库消毒。苹果的贮藏方法有沟藏、窖藏、冷藏和气调贮藏。苹果贮期生理病害有斑点病、虎皮病、苦痘病、衰老褐变病、低温伤害、CO_2伤害和低 O_2 伤害，侵染病害主要有炭疽病和青霉病。

柑橘的种类和品种不同，使得对低温的敏感性不同，其中最不耐低温的是柠檬、葡萄柚，适合的贮温为 10℃ ~15℃；其次是宽度皮柑橘类，适合的贮温为 5℃ ~10℃；甜橙类一般较耐低温，可耐 1℃ ~5℃的低温，其中也有不耐低温的，如广东的椪柑，适合的贮温为 10℃ ~12℃。大多数柑橘品种贮藏的适宜相对湿度为 80% ~90%，甜橙可稍高为 90% ~95%，宽皮柑橘类为 80% ~85%。采后进行防腐处理、预贮和包装，贮藏方法主要为：常温 MA 贮藏、通风库贮藏、冷库贮藏、留树贮藏和窖藏。贮期病害有青霉病、绿霉病、黑腐病、枯水病、水肿病和褐斑病。

桃的贮藏适温为 0℃ ~1℃，相对湿度为 90% ~95%，在冷藏条件下，CO_2浓度不超过 10%，O_2浓度范围大多在 2% ~5%。桃的贮藏方法有冰窖贮藏、机械冷藏和气调贮藏。桃在贮藏期间的侵染性病害有褐腐病、软腐病和灰霉、根霉病，贮期生理病害主要有冷害和 CO_2气体伤害。

板栗的适宜贮藏温度为 0℃左右，相对湿度为 90% ~95%。适宜气调贮藏，气调指标为 CO_2不宜超过 10%，O_2为 3% ~5%。贮藏前需散热、发汗、防虫、防发芽、防腐处理与预冷。板栗的贮藏方法有沙藏、栗球室内贮藏、架藏、冷藏和简易气调贮藏。板栗在贮藏期间常见的病害有黑腐病、炭疽病、种仁斑点病等。

复习思考

1. 苹果、柑橘、桃及板栗的贮藏方法有哪些？如何进行管理？
2. 苹果、柑橘、桃及板栗的贮期病害有哪些？如何防治？

考证提示

1. 苹果、柑橘、桃及板栗的贮藏方法的设计。
2. 苹果、柑橘、桃及板栗的病害识别与解决办法。

第4章 蔬菜贮藏技术

本章导读

了解蒜薹、番茄、甘蓝及莲藕的贮藏特性，掌握其最适贮藏条件；掌握蒜薹、番茄、甘蓝及莲藕的贮藏保鲜技术；熟悉蒜薹、番茄、甘蓝贮藏的病害特点，掌握其防治措施。

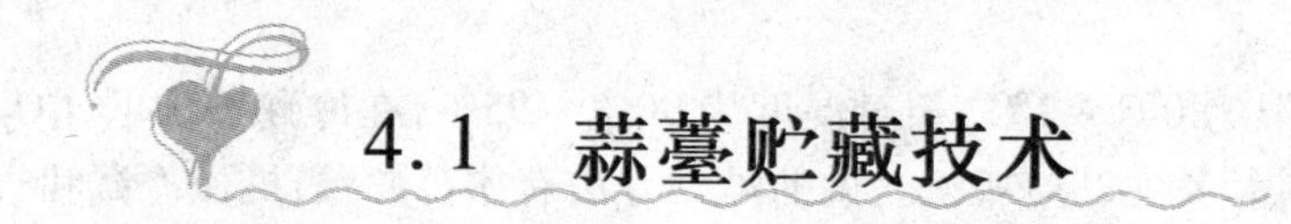

4.1 蒜薹贮藏技术

4.1.1 贮藏特性

蒜薹，又名蒜苗或蒜毫，是大蒜的花茎。大蒜可分为抽薹和不抽薹大蒜两种。蒜薹是抽薹大蒜经春化后在鳞茎中央形成的花薹和花序。蒜薹在全国各地均有栽培。收获期一般在4～7月。由于气温高，若不及时处理，蒜薹极易失水、老化和腐烂，薹苞即膨大或开散，老化的蒜薹因叶绿素的减少而黄化，因营养物质的大量消耗、转移而变糠和纤维化，失去食用品质。一般来说，生长健壮、无病害、皮厚、干物质含量高、表面蜡质较厚、薹梗色绿、基部黄白色短的蒜薹较耐贮藏。

在常温下，蒜薹一般只能贮藏10～20天，而在0℃条件下可贮一年之久，所以蒜薹的贮藏低温是很重要的。

4.1.2 贮藏条件

1. 温度

常温条件下，蒜薹极易老化，一般只能贮藏10～20天，而在0℃下可贮藏一年，因此温度是最主要的因素，但温度也不能过低，尤其蒜薹的冰点随贮藏时间的延长而逐步降低，根据这一特点，蒜薹前期贮藏温度以0℃为宜；后期则可偏低一些，以－0.1℃～0℃为宜。当

蒜薹长期贮藏在 -1.5℃时，会发生冻结而造成冻害。

2. 相对湿度

蒜薹贮藏适宜的相对湿度为 85% ~95%。较高的湿度对蒜薹保鲜也很重要。一般来说，只有保持贮藏蒜薹适当的含水量，才能保持其正常的呼吸作用和鲜嫩度。当气调贮藏时，由于环境湿度较大，一般失水较少，但要注意温度不能波动过大，否则会造成结露现象，容易引起腐烂。

3. 气体成分

适当降低贮藏环境中氧的浓度和提高二氧化碳的浓度，可明显抑制其呼吸作用和延缓衰老。蒜薹对低氧有很强的耐受能力，尤其当二氧化碳浓度很低时，蒜薹长期处于低氧(1%以下)环境下，仍能保持正常。但蒜薹对高浓度二氧化碳的忍受能力较差，当二氧化碳浓度高于 10% 时，贮藏期超过 3 ~4 个月时，就会发生高浓度二氧化碳伤害。但当二氧化碳含量在 5% 以下时，蒜薹比处在高浓度二氧化碳下含有更多的叶绿素，表现为鲜嫩青绿。实践证明，蒜薹在贮藏期间，氧的浓度控制在 2% ~4%，二氧化碳的浓度控制在 6% ~8% 时较适宜。在贮藏中还发现，在一定范围内，氧的含量越低，二氧化碳和氧的比值越大，抑制衰老的效果越好。因此，采用充二氧化碳的方法对抑制蒜薹的后熟也有一定的作用。另外，到贮藏后期，蒜薹对二氧化碳的耐受力也逐渐减弱。故贮藏后期应适当提高氧的浓度，而降低二氧化碳浓度。

4.1.3　蒜薹的采收与贮前处理

1. 采收

贮藏的蒜薹应选择品质较嫩的产品。一般在组织未硬化前及顶端花球未充分膨大时采收，蒜薹以 23 ~40cm 为佳。当蒜薹梢部向上弯、色泽为绿色无斑点时，为适宜贮藏蒜薹。如蒜薹过老，易失水，下部最易变黄枯干；过嫩时，含水量大，易腐烂，不宜长期保存。

蒜薹的收获期可以总苞下部变白，蒜薹顶部开始弯曲为标志。蒜薹收获期应在晴天。采收的方法有两种：一种是用长约 20cm 的勾刀，在离地面 10 ~ 13cm 处剖开假茎，抽出蒜薹；第二种方法是，待蒜薹抽出叶鞘 3 ~6cm 时，直接抽枝。第二种方法造成的机械伤少，但产量低。按第一种方法采收，产量高，但划薹形成的机械伤容易引起霉菌侵染，不耐贮藏。无论采用哪一种方法都必须缩短采摘、运输时间，才能取得理想的效果。

2. 贮前处理

选择色泽深绿、粗壮、厚皮的蒜薹贮藏。原料在贮藏前要进行细致的整理，去掉薹裤，将病薹、伤薹、短薹挑出，将合格蒜薹整理好，薹苞对齐，在薹苞之下 3cm 处捆扎好，每捆 0.5 ~1kg。将整理好的蒜薹及时预冷，使蒜薹迅速降温，最好到 0℃时，再进行包装贮藏。

4.1.4　蒜薹贮藏方法与管理

1. 贮藏方法

(1) 冰窖贮藏法

冰窖贮藏是采用冰来降低和维持低温高湿的一种方式。蒜薹收获后，需经分级、整理、包装。先在窖底及四周放两层冰块，再一层蒜薹一层冰块交替码至3～5层蒜薹，上面再压两层冰块，各层空隙用碎冰块填实。

贮藏期间应保持冰块缓慢地融化，窖内温度约在0℃～1℃，相对湿度接近100%。冰窖贮藏蒜薹在我国华北、东北等地已有数百年历史。贮藏至第二年，损耗约为20%。但冰窖贮藏时不易发现蒜薹的质量变化，所以蒜薹入窖后每3个月检查一次，如个别地方下陷，必须及时补冰。如发现异味，则要及时处理。用冰窖贮藏蒜薹的优点是环境温度较为稳定，相对湿度接近饱和湿度，蒜薹不易失水，色泽较好。缺点是窖容量小，工作量大，贮藏中途不易处理，一旦发生病害，损失较大。

（2）气调贮藏法

① 塑料薄膜袋贮藏法

采用自然降氧并结合人工调控袋内气体成分进行贮藏。用0.06～0.08mm的聚乙烯薄膜做成长100～110cm、宽70～80cm的袋子，将蒜薹装入袋中，每袋装18～20kg，待蒜薹温度稳定在0℃后扎紧袋口。每隔1～2天，随机检测袋内氧和二氧化碳的浓度，当氧降至1%～3%，二氧化碳升至8%～13%时，松开袋口，每次放风换气2～3h，使袋内氧升至18%，二氧化碳降至2%左右。如袋内有冷凝水要用干毛巾擦干，然后再扎紧袋口。贮藏前期可15天左右放风一次，贮藏中后期，随着蒜薹对二氧化碳的忍耐能力减弱，放风周期逐渐缩短，中期约10天一次，后期7天一次。贮藏后期，要经常检查质量，观察蒜薹质量变化情况，以便采取适当的对策。

② 塑料薄膜大帐贮藏

先将捆成小捆的蒜薹薹苞朝外均匀地码在架上预冷，每层厚度为30～35cm，待蒜薹温度降至0℃时，即可罩帐密封贮藏。具体做法是：先在地面上铺长5～6m、宽1.5～2.0m、厚0.23mm的聚乙烯薄膜。将处理好的蒜薹放在箱中或架上，箱或架成并列两排放置。在帐底放入消石灰，每10kg蒜薹放约0.5kg的消石灰。每帐可贮藏2 500～4 000kg蒜薹，大帐比贮藏架高40cm。，以便帐身与帐底卷合密封。另外，在大帐两面设取气孔，两端设循环孔，以便抽气检测氧和二氧化碳的浓度，帐身和帐底薄膜四边互相重叠卷起再用沙子埋紧密封。

大帐密封后，降氧的方法有两种：一种是利用蒜薹自身呼吸使帐内氧气含量降低；另一种是快速充氮降氧，即先将帐内的空气抽出一部分，再充入氮气，反复几次，使帐内的氧气下降至4%左右。有条件的可采用气调机快速降氧。降氧后，由于蒜薹的呼吸作用，帐内的氧气进一步下降。当降至2%左右时，再补充新鲜空气，使氧回升至4%左右。如此反复，使帐内的氧气含量控制在2%～4%，二氧化碳也会在帐内逐步积累。当二氧化碳浓度高于8%时可被消石灰吸收或气调机脱除。用此法贮藏比较省工，贮藏时间长达8～9个月，质量良好，好菜率可达90%，且薹苞不膨大，薹梗不老化，贮藏量大。缺点是帐内的相对湿度较高，包装材料易感染病菌而引起蒜薹腐烂。

③ 硅窗袋贮藏

将一定大小的硅橡胶膜镶嵌在聚乙烯塑料袋或帐上，利用硅橡胶对氧和二氧化碳的渗透系数比聚乙烯薄膜大的特点，使帐内蒜薹释放的二氧化碳透出，而大帐外的氧又可透入，使氧和二氧化碳浓度维持在一定的范围。可不必每天测定袋内的气体成分。采用硅橡胶袋或大帐贮藏时，最主要的是计算好硅橡胶的面积，因不同品种不同产地的蒜薹呼吸强度不

同，而硅橡胶的规格也有差别。中国科学院兰州化学物理研究所研制成功 FC-8 硅橡胶气调保鲜膜，按每 1 000kg 蒜薹 0.38 ~0.45m^2硅橡胶面积的比例，制成不同大小规格的硅橡胶袋或硅橡胶帐，在 0℃条件下，可使袋内或帐内的氧达到 5% ~6%，二氧化碳为 3% ~7%。蒜薹贮藏前应经过预冷，预冷后装入袋中，扎紧袋口，放置在 0℃的架上。其贮藏一般可达 10 个月，损失率在 10%左右。

④ 冷藏法

将选择好的蒜薹经充分预冷（12 ~14h）后，装入箱中，或直接码在架上。库温控制在 0℃ ~1℃。采用这种方法，贮藏时间较长，但容易脱水及失绿老化。

2. 贮藏期病害控制

(1) 微生物病害

蒜薹中含有大蒜素，具有较强的抗菌力，但贮藏条件不适宜时也会发生病变。一种是霉菌病变，主要是白霉菌和黑霉菌两种病原菌。当感染病菌后，在蒜薹的根蒂部和顶端花球梢处出现白色绒毛斑（白霉菌）和黑色斑（黑霉菌），继而引起腐烂，特别是高温高湿条件下，更会加速腐烂。因此，要防止腐烂，首先应减少伤口，同时促进伤口愈合。另外，严格控制贮藏室内的温度、湿度和二氧化碳的浓度，还要做好消毒工作。

(2) 生理病害

当贮藏环境中二氧化碳浓度过高时，会产生高二氧化碳的生理伤害，其症状为在蒜薹的顶端和梗柄上出现大小不等的黄色的小干斑。病变会造成呼吸窒息，组织坏死，最终导致腐烂。

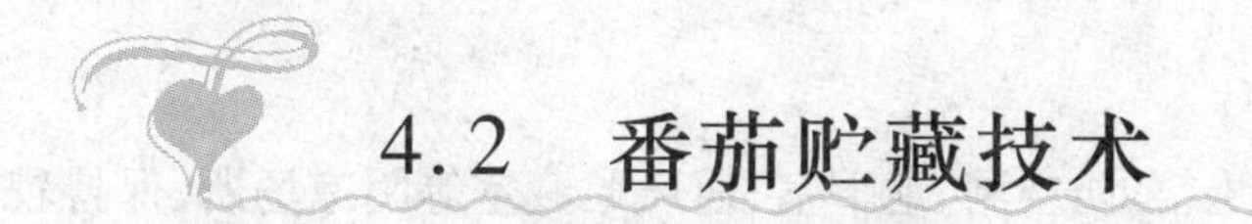

4.2　番茄贮藏技术

番茄又称西红柿、洋柿子、番柿等，属茄科植物。番茄是一种营养丰富、色泽鲜美的果菜类蔬菜。番茄果皮薄多汁，属浆果类蔬菜，上市正值夏季高温高湿季节，容易造成大量的采后损耗。

4.2.1　贮藏特性

番茄属呼吸跃变型果实，成熟时有明显的呼吸高峰及乙烯释放高峰，同时对外源乙烯反应也很敏感。番茄性喜温暖，不耐 0℃以下的低温，但不同成熟度的果实对温度的要求也不一样。不同品种的番茄，其耐贮性也不同。一般来说，黄色品种最耐贮，红色品种次之，粉红色品种最不耐贮藏。此外，早熟的番茄不耐贮藏，中晚熟的较耐贮藏。适于贮藏的品种有满丝、苹果青、农大 23、橘黄佳辰、大黄一号、日本大粉、厚皮小红、台湾红等。

4.2.2　贮藏条件

最适贮藏温度取决于番茄的成熟度及预计的贮藏天数。一般来讲，成熟果实能承受较低的贮藏温度，因此可根据番茄果实的成熟度来确定贮藏温度。绿熟期或变色期的番茄的贮藏温度为12℃～13℃，红熟前期及中期的番茄贮藏温度为9℃～11℃，红熟后期的番茄贮藏温度为0℃～2℃。但绿熟番茄贮藏温度低于8℃会造成低温伤害，冷害果不能转红或着色不均匀，果面出现凹陷、腐烂。

番茄贮藏适宜的相对湿度为85%～95%。湿度过高，病菌易侵染造成腐烂；湿度过低，水分易蒸发，同时还会加重低温伤害。

在10℃～13℃温度条件下，绿熟番茄气调指标是氧和二氧化碳均为2%～5%，可抑制后熟，延长贮藏期。当氧的浓度过低或二氧化碳浓度过高时会产生生理伤害。在上述温度和相对湿度等条件下的贮藏寿命随番茄品种、成熟度而变化。

4.2.3 番茄的采收与贮前处理

根据贮藏时间的长短选择不同的成熟度。在晴天露水干后、凉爽干燥的天气下采收，选择皮厚、种子腔小，干物质含量高的耐藏品种，要求果实饱满、无病害、无机械损伤的绿熟果、顶红果及红熟果，剔除畸形果、腐烂果、未熟果和过熟果。

对贮藏番茄认真挑选后，用1%的漂白粉液冲洗并晾干，在低温下预冷。

4.2.4 番茄贮藏方法与管理

1. 贮藏方法

(1) 常温贮藏

在夏秋季节，利用土窖、防空洞、地下室、通风贮藏室等阴凉场所，保持较低的温度。许多地方还采用架藏，即将番茄置于架上。一般用木料或竹子搭架，层高40cm，宽70～80m，每层架上可码4～5层番茄。架存的优点是在贮藏过程中，后熟变化及腐烂情况容易观察，便于及时处理，损耗较少，但成本较高。

(2) 冷藏

番茄贮藏一周前，贮藏库可用硫磺熏蒸（$10g/m^3$）或用浓度1%～2%的甲醛溶液喷洒。也可用臭氧处理，其浓度要求为$40mg/m^3$，熏蒸时密闭24h，再通风排尽残药。所有的包装和货架等用0.5%的漂白粉或2%～5%硫酸铜溶液浸渍，晒干备用。番茄的包装容器必须清洁、干燥、牢固、透气、美观、无异味，纸箱无受潮、离层现象。包装容器内的高度不要超过25cm，单位包装重量以15～20kg为宜。

同等级、同批次、同一成熟度的果实需放在一起预冷，一般在预冷间与挑选同时进行。将番茄挑选后放入适宜的容器内预冷，待温度与库温相同时进行贮藏。

在贮藏过程中，保持稳定的贮温，上下波动小于1℃，相对湿度维持在85%～95%。为了保持稳定的贮藏温度和相对湿度，需安装通风设备，使贮藏库内的空气流通，适时更换新鲜空气。在贮藏期间进行定期检查，出库前应根据其成熟度和商品类型进行分级处理。

(3) 气调贮藏

国内外对番茄的气调贮藏进行了大量的研究，并且取得了很大的成功。采用较多的为

简易气调贮藏，包括简易自发气调和充氮快速降氧气调。如塑料薄膜大帐贮藏，塑料薄膜为聚乙烯薄膜，厚度为0.04mm，将绿熟番茄先装入消毒的塑料筐或箱中，再将塑料筐或箱放在塑料大帐内，每个塑料大帐可贮藏500～2 000kg番茄。为防止大帐内二氧化碳浓度过高，可在大帐底部放一些生石灰，这种方法在通风贮藏库使用，可贮藏45天左右。另外，塑料大帐薄膜充氮降氧贮藏时，通过塑料薄膜的两端通气口抽出空气，同时充入氮气，使大帐内的氧气迅速下降至2%～5%，再通入少量氯气（按每千克番茄通入100mL计算）防腐，每隔两周检查一次，然后重新密封和补充氮气，使大帐内氧降到要求的浓度，这样可贮藏40～50天。

2. 贮藏期病害控制

（1）侵染性病害

番茄贮藏病害主要是田间或贮藏期间感染的病害，主要有炭疽病、花腐病、黑星病、水腐病、早疫病等。

早疫病即轮纹病，发病时产生同心轮纹的病斑，病斑下陷。早疫病为番茄贮藏期的主要病害之一。病原菌为一种真菌，病菌生长发育温度很广，1℃～45℃之间均可生长，最适温度为26℃～28℃。该病既侵害叶、茎，也危害果实。大部分发生在近蒂处或果实上的裂缝部位。病斑圆形或近圆形，褐色或黑褐色，稍凹陷。

晚疫病为一种真菌病，病菌的发病条件为低温（20℃左右）高湿。温度低于10℃或高于30℃即停止生长发育。该病主要侵染果实，果实发病主要在绿熟期，在贮藏后期损失较大。发病部位一般在近果蒂处，病斑不规则，界限不明显，先呈灰绿褐色，而后呈深色的硬斑，最后侵入到果实内部，使果实呈水渍状腐败。

番茄软腐病也是一种真菌病害，一般由果实的伤口、裂缝处侵入果实内部。该病菌发病条件为高温高湿，在24℃～30℃下很易感染此病。病害多发生在青果上，绿熟果极易感染。发病时，果实表面出现水渍状病斑，软腐处外皮变薄，半透明，果肉腐败。病斑迅速扩大以至整个果实全部腐烂，果皮破裂，呈暗黑色病斑，有臭味。这种病很快蔓延，危害较大。

番茄炭疽病也是一种真菌病，该菌的生长发育温度范围很广，最低为6℃～7℃，最高为34℃，最适温度在25℃左右。该病主要危害成熟果实，发病开始时在果实表面呈现水渍状透明小斑点，渐渐扩大成黑色的凹陷。

（2）生理病害

缺氧伤害是一种低氧引起无氧呼吸而造成的生理病害，表现为果实表皮有不规则的褐色病斑，有的稍有下陷，病果有强烈的酒精气味。

高浓度二氧化碳伤害是由于二氧化碳浓度过高而引起的生理病害。中毒的番茄果实表面会产生小圆形凹斑，明显下陷。

4.3 甘蓝贮藏技术

4.3.1 贮藏特性

甘蓝是以肥嫩的叶球为产品,贮藏特性与大白菜有很多相似之处,对贮藏条件的要求也基本一致。从品种上看,晚熟品种结球坚实,外叶粗糙有蜡质,较耐贮;甘蓝结球形状可分为尖头型、圆头型和平头型三种。经试验比较,平头型甘蓝结球坚实,品质好,极耐贮藏;圆头型次之;尖头型结球不实,耐贮性差。甘蓝有休眠期,这是耐贮藏的一个先天条件,但它在贮藏过程中呼吸作用比较强,如果贮藏条件不适宜,整个休眠期将大大缩短。因此,在贮藏中要创造条件,抑制呼吸作用,延长休眠期。在贮藏中温度偏高会促进呼吸作用加强,从而导致发芽抽薹,变软、变黄、萎蔫,甚至不能食用。机械损伤能促进呼吸作用,加快水分的散失,同时还为病原微生物的感染创造了条件。因此,收获时应尽量减少人为的机械伤害,贮藏时应进行严格挑选。

4.3.2 贮藏条件

甘蓝适宜的贮藏温度为0℃~1℃,贮藏期间,要求环境相对湿度为95%~98%。

4.3.3 甘蓝的采收与贮前处理

1. 适时采收

采收前7~10h内不得灌水,防止因水多造成菜体崩裂,影响贮藏性。采收应选择天气晴朗、田块干燥时进行。采收时要注意选择无病虫害,包心坚实的作为贮藏用菜。在采收时保留1~2层外叶,保护叶球免受机械损伤和病虫侵入。

2. 贮前处理

① 修整去根:采收后进行适当的修整处理,摘除老叶、黄叶及伤残叶片,去掉老根。留3~6片叶子将菜体包裹起来,有利于贮藏。

② 晾晒处理:由于采收后含水量较高,外叶脆嫩,易遭损伤和病害,不利于促进休眠和长贮。适度的晾晒可以使组织部分失水分,外叶萎蔫变软,一般失水率为10%~15%为宜。另外,适当的晾晒,可以杀死部分病原菌。

③ 预冷处理:对长期贮藏的菜体进行入贮前预冷处理,以降低呼吸强度,释放大量的田间热和呼吸热。

④ 入贮:菜体入库时可用筐装、垛码或直接摆在菜架上;进行贮期的适宜的温、湿度管理。

4.3.4　甘蓝贮藏方法与管理

1. 贮藏方法

由于甘蓝对低温的要求,采用机械冷藏无疑会获得明显的贮藏效果,但甘蓝大量采收的冬春季节时的温度基本可满足它对贮藏温度的要求,利用自然低温可降低成本,是可行的方法。

常用的贮藏方式有埋藏、窖藏和通风库贮藏。在窖和库内可采用垛贮、架贮、筐贮、挂贮等形式。在大型库内采用机械辅助通风和机械冷藏效果更好。

埋藏是在露地挖沟将根棵直立其内,上面覆土防冻。沟宽约 1.5 ~2.0m,沟深视当地气候条件及堆放甘蓝的层数决定。一般沟内堆放两层,下层根向下,上层根向上,面上覆土。天津地区面上覆土 20cm 左右。结球不紧的甘蓝贮藏时要连根带外叶一起收获,假植于沟内,适当覆盖防冻,贮藏中外叶的养分会向心叶转移,叶球逐渐充实增重。

窖藏甘蓝可在窖内堆成塔形垛,宽约 2m,高约 1m 左右,垛间留出通风道,这种方式贮藏量少,最好采用架贮,各层架相距 75 ~10cm,架上铺放木版,木版间留有空隙,每层架上可堆 3 ~6 层甘蓝,离上面架板留出 20cm 的空间以便通风。

甘蓝的通风库贮藏是常用的贮藏方法,具体的堆码方法和管理措施可根据大白菜的贮藏来操作。具体事项参考书中提到的大白菜的贮藏。

近年来,采用气调贮藏甘蓝,对控制甘蓝的后熟,防失水、失绿、脱帮和抽薹等都有一定的效果。据报道,在常温(3℃ ~18℃)、O_2 2% ~5% 、CO_2 0 ~6% 的条件下,贮藏 100 天,外叶略黄,球心发白,未发现抽薹、腐烂等劣变现象。

2. 贮藏期病害控制

甘蓝贮藏期的病害与大白菜相类似,主要有细菌性的软腐病、灰腐病等真菌性软腐病,以及交链孢霉引起的叶片上黑色小斑点病。软腐病症状:病部最初呈半透明水渍状,随后病部迅速扩大,表面略陷,组织变软、黏滑,色泽由浅灰变褐色,腐烂处有腥臭味。

侵染性病原菌大多由菜体伤口侵入致病,因此,在采收及采后处理过程中尽量避免机械损伤,采后及时晾晒,入贮时合理堆码,控制好贮藏条件都有助于防止侵染性病害的发生;采后用 0.2% 托布津与 0.3% 过氧乙酸混合液蘸根处理,可防止病原菌从根部伤口侵入。甘蓝在贮藏中易从根部切口处感染病害,用消石灰沾根,有一定防腐作用。

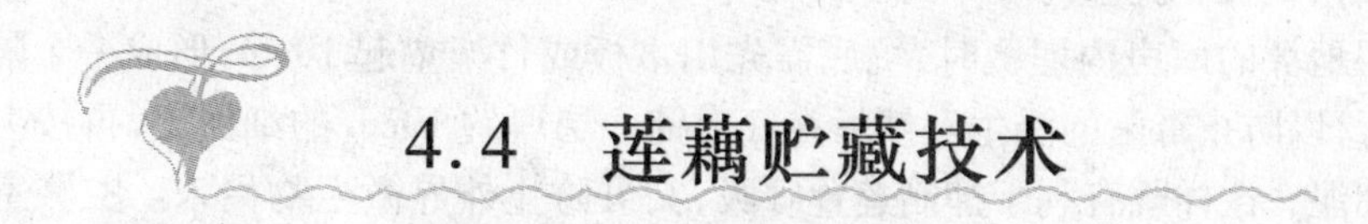

4.4　莲藕贮藏技术

莲藕,又名鲜藕、荷藕,是一种多年生的水生根茎类蔬菜,在我国分布广泛。

4.4.1　贮藏特性

莲藕依花色品种分两类:一类是白花莲,根茎肥大,入土较浅,外皮白色,肉质脆嫩而味甜，产量高，主要食用；另一类为红花莲，藕较小，肉质稍带灰色，入土较深，品质较差，主要用来采莲子。莲藕按栽培分为田藕和塘藕两类。田藕主要品种为苏州花藕，塘藕主要品种有南京的大鸭蛋头和湖北的四方橙子等，其中苏州花藕节短，肉头厚，水分少，质地坚实，耐贮藏，湖北藕次之。

莲藕成熟采收后，就长期处于休眠状态。莲藕喜阴凉，对温湿度适应范围广，莲藕皮较薄，保护力差，果胶分解快，如在空气中暴露时间过长，表皮易变紫色，进一步转为铁锈色，品质显著下降，影响其感官品质。所以用来贮藏的莲藕必须稍带泥土，以减少外界空气的影响。

莲藕较耐贮存，冬季在室内可贮存 5 周以上，春季也能贮存 2 ~3 周。但需要贮存的莲藕一定要老熟，藕节完好，藕身带泥无损，藕节折断处用泥封好。

4.4.2 贮藏条件

莲藕的最适贮藏温度为 8℃ ~10℃，相对湿度为 90% ~95%；7℃以下易发生冻害，表现为藕肉变得极白，出库后极易被细菌感染。莲藕采收后应尽量快速预冷贮藏于 10℃左右的暗处。否则，若在见光处贮藏数日，莲藕表面会呈现绿色，商品价值大大降低。

4.4.3 莲藕贮藏方法与管理

1. 泥土埋藏法

泥土埋藏分为露地埋藏和室内埋藏。露地埋藏应选择耐贮藏品种，剔除有机械损伤的、对节漏气和细瘦的藕。要选择地势高、背阴的地方，将泥藕相间地层层堆成斜坡形或宝塔形，用泥全部覆盖，在周围挖好排水沟，防止积水。如遇雨天，应及时遮盖，以免泥土冲散，莲藕浸水，造成腐烂。

室内埋藏先用砖砌或板条箱或木箱等封围而成埋藏坑，然后一层莲藕一层泥堆成 5 ~6 层后，再覆盖 10cm 左右厚的细泥。贮藏用泥的湿度，一般应细软带潮，手捏不成团，并除去石块等杂质，以防根茎损伤和微生物的侵入。对品质好、根茎完整粗壮的莲藕，用湿度大的泥土埋藏更好。用过的泥土，隔年再用时，需先消毒。埋藏时，莲藕再按顺序一排排放好，以免折断，并有利于倒动检查。

在水泥地坪的库房内埋藏时，坑底需先用木板或竹架垫起 10cm，形成一个隔底。底部用药物消毒，以防止霉菌的滋生。然后在底上铺一层厚约 10cm 的细泥土，再按上法层层堆起和覆盖细泥。这样既有利于抑制莲藕呼吸，又可防止外界微生物侵入。贮藏室可每隔两周消毒一次。

泥土埋藏莲藕时，要定期翻桩，一般每隔 20 ~30 天进行一次。翻桩时轻挖轻放，以防折断。可随食随用，随即盖严。

2. 水藏法

把莲藕带的泥土洗净，放入水缸内，用清水浸没，5 ~6 天换水一次，可贮藏两个月，莲藕洁白脆嫩。此法适合家庭贮藏。

有试验表明,鲜藕用 60mg/kg 焦亚硫酸钠 +0.15% 柠檬酸 +0.06% 氯化钙 +0.03% 明矾的溶液作为贮运介质,在集装箱车能达到的低温条件下,排气、密封,可以保存 2 个月以上。藕取出后,色泽、味道如同鲜藕,可解决远距离长途运输藕变色、变味的难题。

3. 塑料薄膜大帐贮藏法

塑料薄膜贮藏帐不需要密封。由于根茎的呼吸会使帐内的湿度和气体成分发生一定的变化,因此要定时透帐,使湿度和气体成分保持在一定范围。透帐一般每隔一天进行一次。根据试验,此法用于莲藕大量上市的短期贮藏较为适宜。实践证明,贮藏 50 天后,莲藕完好,自然损耗 2.5%,到 76 天,少部分荷花头(约占 10%)出现腐烂,藕块表皮较干,自然损耗 3.8%,次藕 6.2%,好藕 80%;76 天后脱帐继续贮藏,到 113 天时,大部分根茎表面上起白花,脱水现象严重,外形干瘪。有的莲藕内部也被霉菌侵染,引起组织腐烂变质,发霉发黑,损耗达 80%,好藕只有 20%。由此可见,采用塑料薄膜法短期贮藏莲藕是行之有效的。

4. 涂膜冷藏法

国家农产品保鲜研究中心(天津)研究,莲藕用涂膜冷藏法可贮藏 2~3 个月。

采用研制的 CT-高效库房消毒剂对库房进行消毒处理。方法为:库房清扫干净后,将熏蒸消毒剂内两小袋药剂充分混合,点燃,熄灭明火即可发烟。使用量为 $5g/m^3$。

在莲藕达到十成熟时采收,此时表皮转为洁白色(白莲藕)或红色(红皮藕),藕节充实饱满。采收时应顺着藕茎挖掘,避免碰伤或断节。

将采收后的莲藕先用清水将表面泥土洗掉,再用 0.2% 的 $Na_2S_2O_5$ 水溶液冲洗消毒。如果莲藕过长,可按需求将莲藕断开。断开部位应选在藕节最细处,这样可避免伤口过大,引起微生物感染。剔除有机械伤、病虫害及尖端幼嫩的藕节,选取充实饱满的藕节用于贮藏。

挑选后的莲藕用研究中心(天津)研制的防褐变型涂被保鲜剂进行涂被处理。方法是:将涂被保鲜剂稀释 20 倍,莲藕完全浸泡在涂被剂中,浸泡 3~5s,捞出沥去表面附着的保鲜液,在自然通风气流中充分晾干,使其表面形成一层完整的保护膜,入 2℃ 恒温库预冷。

预冷后,装入“中心”研制的莲藕专用保鲜袋中,扎紧袋口,库温保持在(1±0.5)℃,相对湿度为 90%。如果在上述基础上,再采取抽真空处理,效果更好。

本章小结

本章重点介绍蒜薹、番茄、甘蓝及莲藕的贮藏保鲜方法与管理技术;简单介绍了蒜薹、番茄、甘蓝及莲藕的贮藏特性与贮前处理;介绍了蒜薹、番茄和甘蓝的贮期病害与防治措施。

蒜薹的贮藏方法主要有冰窖贮藏法、塑料薄膜袋贮藏、大帐贮藏、硅窗袋贮藏和冷藏。蒜薹贮藏期间的病害主要为霉病和 CO_2 气体伤害。

番茄果实的成熟度影响其贮藏温度。绿熟期或变色期的番茄的贮藏温度为 12℃~13℃,红熟前期及中期的番茄贮藏温度为 9℃~11℃,红熟后期的番茄贮藏温度为 0℃~2℃。番茄贮藏适宜的相对湿度为 85%~95%。番茄的贮藏方法有常温贮藏、冷藏和气调贮藏。番茄贮藏期间的侵染性病害主要有炭疽病、花腐病、黑星病、水腐病、早疫病等,生理病害主要是缺氧伤害和高二氧化碳伤害。

甘蓝适宜的贮藏温度为 0℃~1℃,贮藏期间,要求环境湿度 95%~98%。甘蓝贮藏前要修整去根、晾晒和预冷处理。常用的贮藏方式有埋藏、窖藏和通风库贮藏。在窖和库内可采用垛贮、架贮、筐贮、挂贮等形式。

莲藕的最适贮藏温度为8℃～10℃，相对湿度为90%～95%。莲藕的贮藏方法主要为泥土埋藏、水藏、涂膜冷藏法和塑料薄膜大帐贮藏等。

复习思考

1. 蒜薹、番茄、甘蓝及莲藕的贮藏方法有哪些？如何进行管理？
2. 蒜薹、番茄及甘蓝的贮期病害有哪些？如何控制？

考证提示

1. 蒜薹、番茄、甘蓝及莲藕的贮藏方法及其管理的设计。
2. 蒜薹、番茄和甘蓝的病害的识别与解决办法。

第5章 切花保鲜技术

本章导读

明确切花保鲜的含义,了解影响切花保鲜的因素,掌握切花保鲜的技术,利用切花保鲜的案例学会分析解决生产上的问题。

切花(cut flowers)是指具有观赏价值用于装饰的植物的新鲜根、茎、叶、花、果。切花主要用于插花、花篮、花圈、花环、襟花、头饰、新娘捧花、桌饰、商店装饰、橱窗装饰及其他装饰等。

保鲜的概念,有狭义与广义之分。狭义是指:消费者购回鲜花后,用保鲜液来延长其瓶插寿命。广义是指:切花从采收后,经预处理、贮藏、运输,到上架出售,在整个过程中,保持花卉的新鲜程度,同时防止或减轻其受病虫害、机械损伤、环境因素等引起的变化,从而导致生理异常。

切花保鲜是指采用物理或化学方法延缓切离母体的花材衰老、萎蔫的技术,是切花作为商品流通的重要技术保证,是缓解产销矛盾,促进周年均衡供应市场的重要手段。

5.1　影响切花保鲜的因素

鲜切花本身是一个独立的活体,仍在进行新陈代谢。在相同的条件下,它的生物合成能力减少,而分解速率加快,它比留在母体上衰老变质得更快。其中,水分失衡和乙烯的产生,是加速鲜切花衰老的主要原因。

5.1.1　水分失衡

切花衰老的主要原因之一,就是缺乏生命所必需的能源——糖,因为它有利于生命物质,如蛋白质、核酸等的合成。但是,只有在水分平衡时,糖的有利作用才能获得。也就是说，切花的鲜度，只有在保持水分平衡时才能获得。因为切花水分平衡，保持细胞的正常膨压，才能维持正常的代谢活动，而细胞膨压只有在吸水大于蒸腾时才能获得。切花离开母体后，营养源被切断，叶面蒸腾和水分供应的平衡关系被破坏，鲜花因失水而凋萎。因此，要保持花朵应有的饱满与色泽，最主要的是使花枝必须充分吸水，维持细胞一定的膨压。

1. 茎堵塞

切花凋萎的主要原因是由于花茎导管被堵塞，干扰了水分的上运。从而使水分失去平衡，发生导管堵塞在采后 2 ~3 天最为明显，并从切口处逐渐向上发展。例如，月季茎最初堵塞的部分，是在水面上 2 ~5cm 处。

2. 影响吸水和蒸腾的其他因素

光是植物不可缺少的环境因子，也是生理光反应、合成营养物质的基本条件之一。它可以促进气孔开放，导致蒸腾加强，加速失水而造成萎蔫。无光又会使暗呼吸增强，二氧化碳释放量升高。若每天光暗时间各半，月季的失水量比全暗时大 5 倍。

另外，在切花茎的基部，淹水的叶片以及细菌代谢所离析出的大分子化合物，如葡聚糖等会干扰吸水。若植株缺钾，细胞壁较薄，导管少而小，会妨碍吸水。若切口处导管被气泡分隔，也会发生妨碍吸水现象。花瓣持水力与花龄也有关系，老龄花细胞渗透性差，引起离子外渗，组织易干燥，它对细胞膜的完整性也有较大影响。

5.1.2 乙烯

1. 乙烯的产生

乙烯是一种与切花衰老有关的内源激素，切花在衰老的过程中会产生乙烯。同时，乙烯又促进切花的衰老。切花除了主要由衰老组织产生乙烯外，机械损伤、病虫害、呼吸作用、能源耗竭等，比正常切花均可产生更多的乙烯。而且花朵一旦失水，产生的乙烯也成倍地增长。一朵枯萎的香石竹，比未枯时产生的乙烯高达 15 倍之多。

缺氧和低温可抑制乙烯的形成，而在高温下，即使是短时间，少量乙烯也会造成伤害。花卉在不同的生长发育时期，对乙烯的敏感度不一样，如香石竹在花苞期不像开花期对乙烯那么敏感。

2. 乙烯的合成途径

乙烯在切花体内的合成途径为：蛋氨酸（Met）→S-腺苷蛋氨酸（SAM）→1-氨基环丙烷羧酸（ACC）→乙烯。在这个生理反应中，ACC 合成酶的增加，将促进 ACC 转化为乙烯酶的增加，二者的高峰期一致。若外用 ACC，乙烯明显增加，能引起切花在 24h 内迅速凋萎。

虽然大多数植物都可产生乙烯，但是它们对乙烯的敏感度各不相同。表 5-1 列出了某些切花对乙烯的敏感性，其中比较敏感的有香石竹、水仙、兰花、满天星、金鱼草、香豌豆、小苍兰、百合以及石蒜属植物等。引起香石竹伤害的起始水平为 30 ~125ng/L。而月季、郁金香、非洲菊、千日红、菊花等对乙烯的反应不甚敏感。由于这类对乙烯不太敏感的切花的衰老机制还不太清楚，故其商业用的保鲜剂配方，尚无重大突破。

3. 乙烯的危害

乙烯对切花衰老作用的表现，因切花种类的不同而不同。在盛花期的危害表现为：花瓣

边缘卷曲、褪色、失去膨压。其中月季与金鱼草的危害表现为褪色和花瓣早落，甚至落叶；水仙、紫罗兰则是表现出花色变劣，花瓣卷缩；满天星是花朵不绽开；兰花萼片明显畸形：其中，卡特兰最为敏感，当萼片开始开裂时，乙烯只有 0.002mg/L，经 24h 或 0.1mg/L 经 8h，萼片发育即受到危害。在花幼年期，乙烯还易导致叶花黄化、凋谢并脱落。

表 5-1　某些切花对乙烯的敏感性

非常敏感的切花种类		相对不敏感的切花种类
六出花	百合	安祖元
香石竹	水仙	天门冬
红羽大戟	矮牵牛	尼润属
小苍兰	香豌豆	郁金香
金鱼草	兰花	菲洲菊
球根鸢尾	翠雀	—

对乙烯敏感的鲜花种类受乙烯危害严重，相对不太敏感的种类则受危害较轻。表 5-2 是一些花卉受乙烯危害后的主要症状。

表 5-2　一些切花受乙烯毒害的症状

切花种类	乙烯危害症状	植物种类	乙烯危害症状
郁金香	球根鸢尾花蕾不开放，花瓣泛蓝，衰老加快	嘉兰	花朵老化略加快
香豌豆	花瓣脱落	非洲菊	花朵老化略加快
金鱼草	小花脱落	小苍兰	花瓣畸型或枯萎，衰落加快
月季	花蕾开放受抑，花瓣上弯，衰老快	大戟	叶片黄化与脱落
一品红	向上弯曲，落花落叶，茎缩短	丁香	花蕾不开放或枯萎，低位花蕾发绿
尼润草	花瓣枯萎，衰老加快	百合	花蕾枯萎，花瓣脱落
香石竹	花蕾不开放，花瓣萎蔫	水仙	花茎小，衰老加快
菊花	花朵老化略加快	兰花等	花色泛红，向上弯曲，衰老加快
球根鸢尾	花蕾不开放或枯萎，衰老加快		

4. 乙烯的生理机制

乙烯促进了一种转化酶抑制的合成。花瓣衰老与这种转化酶的活性呈负相关。若转化酶活性受到抑制，就会阻止衰老器官中糖的分解，并分配到其他衰老部位，从而脱落酸(ABA)和乙烯都能很快地使此酶的活性消失。例如，当香石竹开始凋谢时，此酶的活性出现迅速下降，乙烯升高，花中微粒体膜类脂黏度也增加，组织就很快衰老。在伴随衰老的同时，固醇与磷脂的比例增高，膜的选择性丧失。此外，糖的吸收取决于 ATP 酶的活性，而这种活性又受类脂流动性的影响。所以，植物有机体内的生理反应灵敏而又具系

统连锁性。

5.1.3 其他影响鲜切花衰老的因素

1. 营养状况

影响鲜切花寿命的原因除水分失去平衡及乙烯的产生外,另一个重要原因是呼吸物质的耗尽。作为能源物质的糖,对切花的寿命起着首要作用。据估计,切花寿命的三分之一受采前生理(即当时营养积累及其他环境因素)的影响,三分之二受采后条件的影响。

切花采后,干物质的含量与瓶插寿命也密切相关。

2. 内源激素的变化

切花所含的内源激素的种类、水平和消长变化,都与衰老密切相关。内源 ABA 是一种天然的衰老因素,花组织衰老时,ABA 浓度增加。ABA 含量与衰老为正相关,含量高、衰老快。用外源 ABA 处理切花,也会影响切花的寿命。激素和细胞分裂素能延迟切花的衰老。例如,赤霉素和玉米素含量较高,就可以延长切花的瓶插寿命。

3. 酶活性的变化

切花的衰老,是一个复杂的酶反应过程。许多水解酶、过氧化物酶的活性,直接影响着切花的衰老进程。淀粉酶、纤维素酶活性增强,就会破坏细胞的正常结构,加速衰老;而过氧化物酶活性的提高,会使生长素失去应有的作用与功能。

4. 蛋白质和核酸的变化

切花的衰老,也是一个十分复杂的降解反应过程,具体表现为蛋白质含量下降,其中,膜蛋白含量的下降尤为明显。在整个衰老过程中,氨基酸的含量在初期上升,然后呈下降的趋势。蛋白质水解使甲硫氨酸(MET)的含量增加,而甲硫氨酸是乙烯合成的前体。在切花衰老过程中,核酸(RNA)降解明显,含量急剧下降。

5.2 切花的保鲜技术

了解了影响切花衰老的因素,就可以有针对性地采用一些处理方法克服不利因素,进行人工保鲜,以延长切花的寿命,提高其商品价值。

中国古代就有许多延长花卉瓶插寿命的方法,如梅花、水仙加盐水养;海棠花在切口处缚扎薄荷叶,并在薄荷水中插养;栀子花将切口敲碎,在瓶子中加盐养;将牡丹、芍药、蜀葵、萱化枝的切口烧灼等。随着花卉生产的日益发展,切花保鲜在近半个世纪以来得到了快速发展,其技术措施可分为物理方法和化学方法两类,物理方法包括贮藏技术和切取技术,化学方法是用化学药品制备保鲜药剂来延长切花的新鲜状态。

5.2.1 适时采收鲜花

1. 采收时鲜花的适宜发育阶段

花卉的采收时期分为蕾期采收和花期采收。一般传统的鲜切花多在切花适合观赏期或即将适合观赏的大小和成熟度时进行采收,常用于不能蕾期切花的品种,如大丽花、石斛兰、蝴蝶兰等多数洋兰。在花蕾期采收是鲜切花生产的主要方向,如菊花、香石竹、月季等,直接销售的切花采切的适宜的发育阶段见表 5-3。

表 5-3 直接销售的切花采切的适宜发育阶段

花卉名称	采切发育阶段	花卉名称	采切发育阶段
月季:		晚香玉	花序大部分有 1~2 朵小花绽开
红色,粉红色品种	萼片反转低于水平线,有 1~2 片花瓣展开时	大丽花	花朵全开
黄色品种	比红色品种略早	金鱼草	花序 1/3 小花开放
白色品种	比红色品种略晚	红掌,火鹤花	肉穗花序几乎发育完全
菊花:		向日葵	花朵外层舌状花开放
标准型	外围花瓣充分伸长,盘心花开始伸长	洋桔梗	第一侧枝花蕾展开
银莲花型	花朵盛开	鸢尾类	花蕾显现
多头菊	花朵半开,两朵花充分开	香豌豆	花序幕 1~2 朵小花开放
香石竹:		鹤望兰	第一朵小花开放
标准型	花序基部 1~2 朵小花初露色	白头翁	花朵快开放
小花枝型	1~2 朵花开放时	惠兰属	花朵开放 3~4 天
唐菖蒲	采切时带 1~3 片叶	卡特兰属	花朵开放 3~4 天
非洲菊	外围花可见花粉,花朵开放,但不过熟	兜兰属	花朵开放 3~4 天
满天星	外围花可见花粉,花朵开放,但不过熟	蝴蝶兰属	花朵开放 3~4 天
		石斛兰属	花朵几乎全部开放
紫罗兰	花序 1~2 朵小花开放	一枝黄花属	花序 1/2 小花开放
马蹄莲	佛焰苞刚向下转	六出花	花序 1/2 小花开放
百合花	花蕾显色	补血草类	花萼开,花苞露出颜色
郁金香	花朵半着色	仙客来	花朵充分开放
小苍兰	第一朵花蕾开始开放	金莲花属	花朵半开
飞燕草	花序 2~5 朵小花开放	花毛茛	花蕾开始放开
一品红	充分成熟时	姜荷花	粉红花苞 3~5 片展开

2. 采切时间

切花一天中的采切时间因季节、天气和切花种类不同而不同,大部分切花宜在上午进行,直接销售的花卉,由于采切后易失水,宜在清晨采切,如月季等在清晨采切的花含水量

高，外表鲜艳，销售效果好；小苍兰、白兰花等在清晨采收香气更浓，且不易萎蔫。

但清晨采收时应注意在露水、雨水或其他水气干后进行，以减少病害的侵染；对于需贮运的切花，应在含水量较低的傍晚采收，以便于包装与预处理，且有利于保鲜贮运；如切花采后立即放入保鲜液中，则在一天中的任何时间采切都可以。

5.2.2 采收方法

切花采收的工具一般用花剪；木本花卉用“枝剪”，如梅花等；草本花卉用”割刀”。采切花茎的部位要尽量使花茎长些，对基部木质化程度较高的一些切花，应选靠近基部，木质化适中的部位采切。

切花采收时应轻拿轻放，减少不必要的机械损伤，剪切时最好斜面切割，以增加花茎的吸水面积，花卉采收后最好立即放入装有保鲜液的容器中，尽可能避免风吹日晒。

5.2.3 切花常规保鲜方法

切花保鲜主要有延缓衰老和调节开花等途径。因切花的商品价值和货架期对经济效益起决定性作用，前期生产环节顺利，但如保鲜工作失误，将损失惨重。常规保鲜方式方法较多，依品种不同和发育阶段的差异，各自实践的方法也不同。常见的几种花卉保鲜秘诀如表5-4。

表5-4　几种主要鲜花保鲜秘诀

花名	具体方法	花名	具体方法
山茶花	浸入淡盐水中	郁金香	数枝扎成一束，外卷报纸，插入瓶中
水仙花	放养在1/1 000的淡盐水中	栀子花	在水中加1~2滴鲜肉汁
百合花	浸入糖水中	菊花	在切口处涂少许薄荷晶
牡丹花	以热水浸渍切口，然后插入冷水中	莲花	折后用泥堵塞气孔，再插入淡盐水中
芙蓉花	先插入热水浸渍1~2min，然后插入冷中	蔷薇花	剪口用火灸一下，再插入瓶子中

5.3 切花保鲜剂

保鲜剂通常是指用于切花保鲜的所有化学药剂。包括一般保鲜液、水合液、脉冲液(SIS)、花蕾开放液(促花液)、瓶插保鲜液等。尽管保鲜液的配方各异，但其主要成分有：碳水化合物、改善水分平衡的化学药剂(杀菌剂、有机酸等)、乙烯抑制剂、生长调节剂和矿物质等。

5.3.1　花卉保鲜液的主要成分

1. 碳水化合物

碳水化合物是切花的主要营养源和能量来源,它能维持离开母株后切花的生理生化过程,外供糖源可保持细胞中线粒体结构的完整和正常的功能作用,通过调节蒸腾作用和细胞渗透压促进水分平衡,增加水分吸收,糖溶液还可增加细胞的渗透浓度和持水能力。蔗糖在保鲜液中使用最广泛,其次是果糖。

不同的切花种类或同一种类不同品种保鲜液中糖浓度不同,如香石竹花蕾开放液中,最适宜浓度为10%,而菊花叶片对糖浓度敏感,一般用2%的浓度即可。但个别菊花品种,如"安纳金"(Bright Golden Anne)可忍受30%的糖浓度。对于月季切花,高于1.5%的糖浓度易引起叶片烧伤。叶片对高浓度的糖比花瓣更敏感,可能是因为叶细胞渗透压调节能力较差的缘故。因此,叶片的敏感性是糖浓度的限制因子。一般保鲜液使用相对较低的糖浓度,以避免造成伤害。

适宜的碳水化合物浓度与处理方法和时间长短有关。保鲜液处理时间越长,所需糖浓度越低。因此,脉冲液(采后较短时间处理)中糖浓度高,花蕾开放液糖浓度中等,而瓶插保持液糖浓度较低。

保鲜液中的糖分容易诱导微生物及病原菌的大量繁殖,从而引起花茎导管的阻塞,因此,在保鲜液中糖常与杀菌剂结合使用。

2. 杀菌剂

切花保鲜液中如果微生物大量繁殖,会阻塞花茎导管,影响切花吸水,并产生乙烯和其他有害物质而缩短切花寿命。保鲜液中可加入杀菌剂或与其他成分混用,则可抑制微生物的大量繁殖。常用杀菌剂种类及其使用浓度见表5-5。

表5-5　混合保鲜液中使用的杀菌剂

化学名称	简写符号	使用浓度范围
8-羟基喹啉硫酸盐	8-HQS	200.0~600.0mg/kg
8-羟基喹啉柠檬酸盐	8-HQC	200.0~600.0mg/kg
硝酸银	$AgN0_3$	10.0~200.0mg/kg
硫代硫酸银	STS	0.2~4.0mmol/L
噻菌灵(特克多)	TBZ	5.0~300.0mg/kg
季铵盐	QAs	5.0~300.0mg/kg
缓释氯化合物	—	50.0~400.0(氯)mg/kg
硫酸铝	$A1_2(SO_4)_3$	200.0~300.0mg/kg

最常用的杀菌剂是8-羟基喹啉盐类。表5-5中浓度上限可能造成某些切花叶片萎蔫,花茎黄化、白色花瓣变黄等。8-HQC可减少切花花茎的"生理性"阻塞。8-羟基喹啉与二价金属离子(主要是铜和铁)形成螯合物,使菌类有关酶失活,这是其杀菌作用的机制。8-HQC和8-HQS可使保鲜液酸化,利于花茎吸水。8-HQS还可影响切花的气孔开闭,促进水分平

衡。8-羟基喹啉能抑制月季和香石竹组织中乙烯的产生。但8-羟基喹啉在一些切花中会引起负作用,如造成菊花、丝石竹和茼蒿菊叶片烧伤和花茎褐化、白色花朵黄化。

银盐(主要是硝酸银)是一种效果良好的杀细菌剂,硝酸银和醋酸银(使用浓度10~50mg/kg)被广泛用于花卉保鲜液中。把花茎插在高浓度银盐溶液(1 000~1 500mg/kg)中数分钟就能有效地延长若干切花的寿命。这类银盐易发生光氧化作用,生成不溶性沉淀。此外,银离子可同来自水中的氯发生反应,生成不溶性的氯化银而失活。硝酸银在花茎中的移动性很差,一般附着在茎端组织中。因此,硝酸银必须溶于蒸馏水或去离子水中,盛于深色玻璃瓶或塑料容器内,避免使用金属容器。硝酸银溶液最好现配现用,注意避光保存。一种银与氨的复合物成功地用于香石竹切花的脉冲液和花蕾开放液中。由于硫代硫酸银对非洲菊有毒性,有人用乙二胺四乙酸二钠(EDTA)的复合物阻止了乙烯对非洲菊的危害,延长了其瓶插寿命。

硫酸铝(使用浓度为50~100mg/kg)可用于月季、唐菖蒲和其他切花的保鲜剂中。除了铝离子的杀菌作用外,硫酸铝能使保鲜液酸化,抑制细菌繁殖,促进切花水分平衡。铝可降低月季花瓣中的pH,稳定切花组织中的花色素苷。月季切花在铝溶液中处理12h,即可减轻"弯颈"现象和萎蔫。铝离子可引起切花气孔关闭,降低蒸腾作用,促进水分平衡。铝对香石竹也有类似的影响。但铝会引起菊花叶片的萎蔫。

缓释氯化合物常用的有二氯-5-三嗪-三酮钠(ACL-60)和1,3-氯-5,5-二甲基乙内酰脲,杀菌效果好。注意:该化合物具有漂白性,如果使用浓度过高,会引起月季、金鱼草和菊花叶片失绿和花茎漂白;该化合物具有分解性,在保鲜液中几天就能分解,失去杀菌作用。

季铵盐(QAS)在保鲜液中,可克服8-羟基喹啉的缺点。这类化合物毒性较低,在自来水或硬水中更稳定,有效期长。在香石竹、丝石竹、菊花和茼蒿菊的脉冲液和花蕾开放液中使用效果较好,但对翠菊和月季无效。

噻菌灵(TBZ)是一种广谱杀菌剂,可与其他杀菌剂混用。TBZ有类似细胞分裂素的活性,能延缓乙烯释放,减弱切花对乙烯的敏感性。TBZ和QAS在硬水中比8-HQ盐类、缓释氯化物和硫酸铝更稳定。

3. 乙烯抑制剂

这类物质包括:硝酸银、硫代硫酸银(STS)、氨氧乙基乙烯基甘氨酸(AVG)、氨氧乙酸(AOA)、甲氧基乙烯基甘氨酸(MVG)、2,5-降冰片二烯(2,5-NBD)、二硝基苯酚(DNP)、二氧化碳、酒精等,其作用均是抑制或拮抗乙烯的产生,延缓切花衰老。

在以前的保鲜液中,硝酸银应用较多,但由于其有很大的生理毒性,现在一般不选用了。硫代硫酸银是目前切花使用最广泛的乙烯抑制剂。在切花体内,它的移动性好,对切花内乙烯的合成有高效的抑制作用,并使切花对外源乙烯的作用不敏感,其用量小,保鲜效果好。例如,STS溶液处理香石竹、百合等切花5min至20h,可明显地延缓切花的衰老过程。STS的配制比例最初为$AgNO_3$: $Na_2S_2O_3 \cdot 5H_2O$为1:8。现在美国常使用1:4,他们使用更少量的硫代硫酸钠($Na_2S_2O_3$),就生理毒性而言,可能更加可取。STS溶液时间长了不稳定,最好现配现用,暂时不用时,应避光保存。STS溶液在20℃~30℃黑暗条件下,可保存4天,毒性较硝酸银低,使用浓度也较低。

防止乙烯危害的其他措施:做好植物的病虫害防治工作;防止切花被昆虫授粉,这对兰花

尤为重要;在剪截、分级和包装过程中,避免对切花造成机械损伤;在花蕾适宜的发育阶段采收切花,采收后立即冷却切花;温室、分级间、包装场和贮藏室要保持清洁,及时清除腐烂的植物残体;不要把切花、蔬菜和水果在同一场所贮藏,因蔬菜水果产生的乙烯较多;不要把处于花蕾阶段的切花与充分展开的切花一起贮藏;使用有可靠排气管的 CO_2 发生器、燃油器和煤气加热器等,在温室和采后工作场所不要使用内燃发动机;温室和采收场所要适当通风;低温贮藏、减压贮藏和气调贮藏降低乙烯生成速率。当贮藏环境中的 O_2 含量减少到小于 8%,CO_2 浓度≥2%时,也可降低乙烯的生成速度。可在温室中栽培对乙烯敏感的指示性植物,如万寿菊和番茄等。万寿菊和番茄暴露于 1~2mg/kg 浓度的乙烯中 24h,叶片会明显向下弯曲。适当通风和使用乙烯清洁剂如溴化活性炭、高锰酸钾和高氯酸汞,可以使内源乙烯含量降低。

4. 生长调节剂

细胞分裂素是最常用的保鲜液成分,可降低切花对乙烯的敏感性,抑制乙烯的产生,细胞分裂素可抑制紫罗兰、唐菖蒲等植物叶片的黄化;贮藏和运输中的切花以细胞分裂素处理,可防止叶绿素含量降低。

细胞分裂素处理香石竹、月季、鸢尾和郁金香的效果最好。虽然生长素可延迟一品红的衰老和落花,生长素与细胞分裂素混合使用效果比单用效果好,但生长素可促进乙烯的生成,加速衰老。

火鹤、水仙和非洲菊可用 BA 处理,5mg/kg 的 BA 和 22mg/kg 的 NAA 混合液处理可于贮藏后加快香石竹花蕾的开放。

赤霉酸对切花寿命无明显的影响。20~35mg/kg 赤霉酸可加速贮藏后香石竹和唐菖蒲切花的开放。赤霉酸处理可抑制六出花和百合在贮藏和远距离运输中叶片叶绿素的损失;1mg/kg 的赤霉酸就可延长紫罗兰的采后寿命。

脱落酸是生长抑制剂,可引起气孔关闭。如在保持液中加入 1mg/kg 脱落酸或用 10mg/kg 浓度处理 1 天,可使月季气孔关闭,延迟萎蔫和衰老,但在黑暗中也可加速月季衰老。

常用的生长延缓剂有比久和矮壮素(CCC),可延长切花采后的寿命,它们可阻止组织中赤霉酸的形成及其他代谢过程,增加切花对逆境的抗性;比久的适宜浓度为:金鱼草 10~50mg/kg,紫罗兰 25mg/kg,香石竹和月季 500mg/kg。

表 5-6 用于延长某些切花寿命的生长调节剂

化合物名称	缩写符号	浓度范围(mg/kg)	化合物名称	缩写符号	浓度范围(mg/kg)
乙烯抑制剂:			生长素:		
氨基乙氧基乙烯基甘氨酸	AVG	5~100	吲哚-3-乙酸	IAA	1~100
甲氧基乙烯基甘氨酸	MVG	5~100	萘乙酸	NAA	1~50
氨基氧乙酸	AOA	50~500	2,4,5-三氯苯氧乙酸	2,4,5-T	200~300
			对氯苯氧乙酸		150~200
生长延缓剂:			细胞分裂素:		
比久	B-9	10~500	6-苄基氨基嘌呤	6-BA	10~100
矮壮素	CCC	10~50	6-(苄基氨基)-9-(2-四氢吡喃-9H 嘌呤)	PBA	10~100

续表

化合物名称	缩写符号	浓度范围(mg/kg)	化合物名称	缩写符号	浓度范围(mg/kg)
脱落酸	ABA	1~10	异戊烯腺苷	IPA	10~100
赤霉酸	GA	1~400	激动素	KT	10~100

50mg/kg 的 CCC 瓶插保持液(内含有 8-HQS 和蔗糖)可延长郁金香、香豌豆、紫罗兰、金鱼草和香石竹的瓶插寿命。

花瓶保持液中 250~500mg/kg 的马来酰肼(MH)对延长金鱼草和羽扇豆的采后寿命有效;大丽花用 50mg/kg 的浓度为佳;月季花在 0.5%~1% MH 溶液中脉冲处理 30min,再置于 100mg/kg 硫酸铝和 800mg/kg 柠檬酸混合液中 24h,对延迟衰老效果最佳。

5. 其他延长采后寿命的化合物

(1) 有机酸类化合物

pH 的变化是影响花瓣色泽变化的主要原因之一。月季、兰花、飞燕草和天竺葵等花瓣衰老时,常发生红色的花瓣变为蓝色的现象。原因为花瓣衰老时,蛋白质分解,释放出游离氨,液胞中的 pH 升高,促使花色素苷呈现偏蓝色泽。三色牵牛花、矢车菊、倒挂金钟等在衰老时会从蓝色、紫罗兰色和紫色花瓣等变红,这是液胞中的有机酸(苹果酸、天门冬氨酸和酒石酸等)含量增加,pH 下降,花色素苷呈现偏红色泽。

有机酸类化合物可降低水溶液的 pH,促进花茎的水分吸收和平衡,减少花茎的阻塞。应用最广泛的是柠檬酸,其次是异抗坏血酸、酒石酸和苯甲酸。柠檬酸的使用浓度是 50~800mg/kg,可改善月季、菊花、羽扇豆、唐菖蒲、鹤望兰和茼蒿菊的水分吸收。

苯甲酸 500mg/kg 可有效延长火鹤花的寿命。150~300mg/kg 苯甲酸钠可延迟香石竹和水仙的衰老,但对金鱼草、鸢尾、菊花和月季没有作用。

苯甲酸钠作为抗氧化剂和自由基清除剂,可减少乙烯的产生,并增加水溶液的酸度。

异抗坏血酸或抗坏血酸钠有效浓度为 100mg/kg,有抗氧化功能和促进生长。为花瓶保鲜液,可延缓月季、香石竹和金鱼草的衰老过程。

(2) 放线酮、叠氮化钠和整形素

放线酮、叠氮化钠和整形素可延长一些切花的寿命。它们可抑制切花的呼吸作用和某些生化过程。这类生长调节剂使用低浓度,并且浓度要十分精确,否则会对切花产生副作用,其中的剧毒药品不宜使用。

整形素的适宜浓度为 100mg/kg,运输前处理 24h 可防止月季切花在运输中开放,但也影响其后的正常开放。

放线酮是一种蛋白质合成抑制剂,适宜浓度为 10~20mg/kg,可延长香石竹采后的寿命,但对月季有毒害作用。1mg/kg 的放线酮处理水仙切花可延迟其衰老。放线酮的浓度过高或处理时间过长对切花有毒害作用。

叠氮化钠的适宜浓度为 10mg/kg,可减轻一些木本切花的茎阻塞,延长铃兰和大丽花的采后寿命,减少香石竹乙烯的生成。叠氮化钠为剧毒药品,使用时防止中毒。钾盐、钙盐、硼盐、铜盐、镍盐和锌盐影响切花的瓶插寿命,可抑制水溶液中微生物的活动,控制切花的生化反应和代谢活动。

(3) Ca^{2+}与钙调蛋白

Ca^{2+}与钙调蛋白对切花衰老的影响是近年来人们所感兴趣的问题。Ca^{2+}一方面对衰老有显著的延缓效应,使果实的货架期和切花的贮藏及瓶插期延长。另一方面则相反,它可促进衰老导致死亡。

Ca^{2+}与钙调蛋白参与膜脂过氧化,细胞内的钙离子浓度的增加专一地促进一些植物组织ACC合成酶的活性及乙烯的生物合成,并加速组织的衰老。细胞内钙离子浓度的变化是由微粒体膜结合的Ca^{2+}-ATPase控制的。该酶的活性又接受钙调蛋白的调节,因此,细胞内Ca^{2+}对乙烯生物合成及植物衰老的影响可能与钙调蛋白有关。据研究麝香石竹切花在采收后第4天开始释放乙烯,ACC含量和ACC合成酶活性也相应增加,乙烯释放第6天达到高峰,随后下降。钙调蛋白含量的变化和ACC合酶的变化趋势一致。GA、STS和AOA处理的切花中钙调蛋白含量比同期对照的低,乙烯生物合成被抑制,切花衰老被推迟。Ca^{2+}促进花瓣乙烯的释放。钙调蛋白抑制剂氯丙嗪(CPZ)对乙烯的释放具有抑制作用。

Ca^{2+}及钙调蛋白对切花保鲜与促衰作用的正反两方面的效应的生理机制还有待进一步深入研究。

(4) 无机盐类

KCl、KNO_3、K_2SO_4、$Ca(NO_3)_2$和NH_4NO_3有类似糖的作用,能增加切花花瓣细胞的渗透浓度,促进水分平衡,延缓衰老的过程。0.1% $Ca(NO_3)_2$可延长一些切花的采后寿命。盐与钾盐混合可防止香石竹的软茎和弯茎现象。

碳酸钙10mg/kg与糖及杀菌剂混合液是郁金香理想的保鲜液。100~1 000mg/kg硼酸可延长香石竹、铃兰、香豌豆、丁香和羽扇豆的采后寿命。但对金鱼草、菊花、大波斯菊、亨利式百合和唐菖蒲有毒害作用。

水中含盐量达到700mg/kg时,唐菖蒲瓶插寿命才降低;而月季、菊花和香石竹在200mg/kg时就对其寿命有影响;当盐的浓度达到200mg/kg时,每增加100mg/kg,这三种切花的寿命就减少5~6h。盐分也可造成叶丛和花茎的伤害。含有较多的钠离子的软水对香石竹和月季的伤害大于含钙和锰的硬水。

碳酸氢钠对月季的毒害作用大于氯化钠,但对香石竹的危害不大。12mg/kg的Fe^{2+}对菊花有毒害,但对唐菖蒲安全。8~14mg/kg的硼对菊花和唐菖蒲均有毒害。

(5) 热水

煮沸的水中空气的含量较少,水容易被吸收和输导。把水加热到38℃~40℃可促进切花对水分的吸收,因热水在导管中的移动比在冷水中快,热水处理对于轻微萎蔫的切花效果较好。

(6) 湿润剂

为了利于切花吸水,常在保鲜液中加入湿润剂,如1mg/kg的次氯酸钠,0.1%的漂白剂或吐温-20(浓度0.01%~0.1%)。

5.3.2　切花保鲜液处理方法

1. 吸水或硬化

吸水和硬化处理是在切花采后处理过程中或贮藏运输过程中发生不同程度的失水时,

用水分饱和方法使萎蔫的切花恢复细胞膨压。

具体方法为用去离子水配制含有杀菌剂和柠檬酸(但不加糖)的溶液,pH 为 4.5～5.0,并加入湿润剂吐温-20(0.01%～0.1%),装在塑料容器中。先在室温下把切花茎放在38℃～44℃热水中呈斜面剪截后转移至同一温度下的上述水溶液中,溶液深度 10～15cm,浸泡几个小时,再移至冷室中过夜(在溶液中)。

对萎蔫较重的切花,可先把整个切花没入水中浸泡 1h,然后按上述步骤操作。

有硬化木质茎的切花,如非洲菊、菊花和紫丁香,可把茎的末端插在 80℃～90℃水中几秒钟,再转移至冷水中浸泡,有利于恢复细胞的膨压。

2. 茎端浸渗

为了防止切花花茎导管被微生物繁殖或茎自身腐烂引起阻塞而吸水困难,可把茎末端浸在高浓度硝酸银溶液(约 1 000mg/kg)中 5～10min,这一处理可延长紫菀、非洲菊、香石竹、唐菖蒲、菊花和金鱼草等切花的采后寿命。硝酸银在茎中移动距离很短,处理后的切花不再剪截。进行银茎端浸渗处理后,可马上进行糖液脉冲处理,也可数天后处理。

3. 脉冲或填充

脉冲或填充处理是把茎下部置于含有较高浓度的糖和杀菌剂溶液(称"脉冲液")中数小时至 2 天,为切花补充外来糖源,以延长在水中的瓶插寿命。这一处理在运输中进行,一般由栽培者、运货者或批发商完成。脉冲处理可影响切花的货架寿命,是一项非常重要的采后处理措施。脉冲液中蔗糖的浓度比瓶插保持液蔗糖浓度大数倍。唐菖蒲、非洲菊和独尾属植物用 20%或更高的蔗糖浓度,香石竹、鹤望兰和丝石竹用 10%的蔗糖浓度,月季、菊花等用 2%～5%的蔗糖浓度。

脉冲液处理的时间和脉冲时的温度及光照条件对脉冲效果影响很大。为了避免高浓度糖对叶片和花瓣的损伤,应严格控制时间。一般脉冲处理时间为 12～24h。如香石竹的脉冲时间为 12～24h,光照强度为 1 000lx,温度为 20℃～27℃,相对湿度为 35%～100%,这一配合效果最佳。脉冲处理时温度过高,会引起月季花蕾开放,因此采用在 20℃下脉冲处理 3～4h,再转至冷室中处理 12～16h 为好。脉冲处理时间、温度和蔗糖浓度之间有相互作用,若脉冲时间短和温度高,则蔗糖浓度宜高。

脉冲处理可延长切花寿命,促进切花花蕾开放,显色更好,花瓣大,对唐菖蒲、微型香石竹及标准香石竹、菊花、月季、丝石竹和鹤望兰等都有显著效果。脉冲处理对于长期贮藏或远距离运输的切花的作用更加显著。

如果脉冲液浓度过高,处理时间过长,处理时温度过高,均会导致花朵和叶片的伤害。

4. 硫代硫酸银(STS)脉冲液

STS 对香石竹、六出花、百合、金鱼草和香豌豆效果最好。STS 脉冲的具体处理方法:先配制好 STS 溶液(浓度范围 0.2～4mmol/L),把切花茎端插入 STS 溶液中,一般在 20℃温度下处理 20min。处理时间长短因切花种类以及预贮期而异。如切花准备长期贮藏或远距离运输,STS 溶液中应加糖。

一般对乙烯敏感的切花在进入国际市场之前,都应以 STS 处理。STS 处理只进行一次。如果栽培者未对切花作 STS 处理,批发商和零售商则应进行。

5. 花蕾开放液

花蕾开放液是切花采后促使花蕾开放的方法，花蕾开放液中含有 1.5% ~2.0% 的蔗糖、200mg/kg 杀菌剂、75 ~100mg/kg 有机酸。将带蕾切花插在开放液中处理若干天，在室温和高湿条件下进行，当花蕾开放后，应转至较低的温度下贮藏。

花蕾开放液广泛用于如紫丁香、连翘、月季、微型香石竹和标准型香石竹、菊花、唐菖蒲、满天星、非洲菊、匙叶草、鹤望兰和金鱼草等。

切花花蕾的发育需要营养物质和激素。花蕾开放液成分和处理环境条件类似于脉冲处理，但因处理时间长，所使用蔗糖浓度比脉冲液浓度低得多，温度要求也较低。在花蕾开放期间，为了防止叶片和花瓣脱水，需保持较高的相对湿度。要为不同的品种确定适宜的糖浓度，防止因糖浓度偏高，伤害叶片和花瓣。掌握花蕾发育阶段及适宜的采切时期十分重要。采切时花蕾过于幼小，即使使用花蕾开放液处理，花蕾也不能开放或不能充分开放，切花质量会降低。

促使花蕾开放的场所应提供人工光源，可控制温度和湿度，且有通风系统，以防室内乙烯积累。

6. 瓶插液

瓶插液种类繁多，其中糖浓度较低（约 0.5% ~2%），还包含有机酸和杀菌剂。由于一些切花茎端和淹在水中的叶片均分泌出有害物质，会伤害其自身和同一瓶中的其他切花。因此，花瓶应定期调换新鲜的瓶插液（见表 5-7）或家庭自制保鲜液（见表 5-8）。

表 5-7　常用切花保鲜液配方

切花	保鲜液配方及使用浓度	保鲜液种类
香石竹	1 000mg/kg $AgNO_3$，10min	CS
	4mol/L STS，10min	CS
	10mg/kg GA3 +2mg/kg 激动素 +900mg/kg B，85 +450mg/kg AOA +1 000mg/kg TritonX-100	CS
	550mg/kg STS +100g/L S	OS，HS
	5% S +200mg/kg 8-HQS +20 ~50mg/kg BA	OS
	5% S +200 mg/kg 8-HQS +50mg/kg 醋酸银	HS
	3% S +300 mg/kg 8-HQ +500mg/kg B-9 +20mg/kg BA +10mg/kg MH	HS
	5% S +500mg/kg 杀藻铵 +45mg/kg CA +15mg/kg 叠氮化钠	HS
	4% S +0.1% 明矾 +0.02% 尿素 +0.02% KCl +0.02% NaCl	HS
月季	2% S +300mg/kg 8-HQC	OS
	4% S +50mg/kg 8-HQS +100mg/kg 异抗坏血酸	HS
	5% S +200mg/kg 8-HQS +50mg/kg 醋酸银	HS
	(2% ~6%) S +1.5mmol/L $Co(NO_3)_2$	HS
	30g/L S +130mg/kg 8-HQS +200mg/kg CA +25mg/kg $AgNO_3$	HS
菊花	1 000mg/kg $AgNO_3$，10min	CS
	2% S +200mg/kg 8-HQC	OS
	(2% ~30%) S +25mg/kg $AgNO_3$ +75mg/kg CA	OS
	35g/L S +30mg/kg $AgNO_3$ +75mg/kg CA	HS
小苍兰	0.2mmol/L STS +50mg/kg BA	CS
	60g/L S +250mg/kg 8-HQS +70mg/kg CCC +50mg/kg $AgNO_3$	HS
	40g/L S +0.15g/L $Al_2(SO_4)_3$ +0.2g/L $MgSO_4$ +1g/L K_2SO_4 +0.5g/L 硫肼	HS

续表

切花	保鲜液配方及使用浓度	保鲜液种类
非洲菊	1 000mg/kg $AgNO_3$ 或 60mg/kg 次氯酸钠,10min 7% S + 200mg/kg 8-HQC + 25mg/kg $AgNO_3$ 20mg/kg $AgNO_3$ + 150mg/kg CA + 50mg/kg $NaH_2PO_4 \cdot 2H_2O$ 30g/L S + 200mg/kg 8-HQS + 150mg/kg CA + 75mg/kg $K_2HPO_4 \cdot H_2O$	CS CS,SO HS HS
郁金香	10mg/kg 杀藻铵 + 2.5% S + 10mg/kg $CaCO_3$ 50g/L S + 0.3g/L 8-HQS + 0.05g/L CCC	HS HS
百合	0.2mmol/L STS 1 000mg/kg GA	CS CS
金鱼草	1mmol/L STS,20min 4% S + 50mg/kg 8-HQS + 1 000mg/g 异抗坏血酸 1.5% S + 300mg/kg 8-HQC + 50mg/kg B-9	CS HS HS
翠菊、	1 000mg/kg $AgNO_3$,10min (2% ~5%)S + 25mg/kg $AgNO_3$ + 70mg/kg CA,17h 60g/L S + 250mg/kg 8-HQS + 70mg/kg CCC + 50mg/kg $AgNO_3$	CS CS HS
满天星	(5% ~10%)S + 25mg/kg $AgNO_3$ 2% S + 200mg/kg 8-HQC	OS HS
唐菖蒲	1 000mg/kg $AgNO_3$,10min 20% S,20h 4% S + 600mg/kg 8-HQC,24h 20% S + 200mg/kg 8-HQC + 50mg/kg $AgNO_3$ + 50mg/kg $Al_2(SO_4)_3$	CS CS OS、HS
花烛	4mmol $AgNO_3$,20min 4% S + 50mg/kg $AgNO_3$ + 0.05mmol/L NaH_2PO_4	CS HS
水仙	(30 ~70)g/L S + (30 ~60)mg/kg 银盐	HS
鹤望兰	10% S + 250mg/kg 8-HQC + 150mg/kg CA	CS、OS
香豌豆	4mmol/L STS,8min 50g/L S + 0.3g/L 8-HQS + 0.05g/L CCC	CS HS
瘤管兰	4% S + 100 ~1 000mg/kg 乙酰水杨酸 2% S + 200mg/kg 8-HQ + 100mg/kg 抗坏血酸 + 250mg/kg 阿司匹林	OS OS、HS
百日草	1% S + 200mg/kg 8-HQC 20mg/kg 0.08% $Al_2(SO_4)_3$ + 0.03% KCl + 0.02% NaCl + 1.5% S	HS HS
大丽花	10% 葡萄糖 + 0.2mmol/L $AgNO_3$ + 200mg/kg 8-HQS	CS、HS
牡丹	3% S + 200mg/kg 8-HQS + 50mg/kg $CoCl_2$ + 20mg/kg 黄腐酸	HS
仙客来	150g/L S + 30mg/kg $AgNO_3$,20h	CS

注：CS：预处液；OS：催花液；HS：瓶插液；S：蔗糖；CA：柠檬酸；8-HQ：8-羟基喹啉；8-HQS：8-羟基喹啉硫酸盐；8-HQC：8-羟基喹啉柠檬酸盐；STS：硫代硫酸银；BA：6-苄基腺呤；GA：赤霉素；B-9：Ⅳ-二甲基琥珀酸；AOA：氨氧乙酸；CCC：矮壮素；MH：青鲜素。

表 5-8　家庭自制常用保鲜液配方

名　称	用量(mg)	名　称	用量(mg)	名　称	用量(mg)
蔗　糖	12 000.0	柠檬酸	25.0	硫酸镁	25.0
硝酸银	1.5	尿素	400.0	硼酸	25.0
硝酸钙	50.0	硝酸铅	24.0	水	1 000.0(mL)

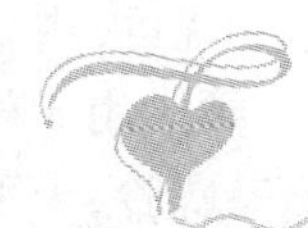

5.4　切花保鲜技术实例分析

5.4.1　菊花

菊花是比较耐贮藏的切花种类，在花苞期采收为佳，即少数花瓣开放时剪花，这样在高温、远距离运输时，贮藏时间长，反之，低温、短距离运输时，可在有 80% 的切花开花时采收。采收在花枝距地面 10cm 处切断，不带难吸水的木质花茎，摘除下面 1/3 叶片，立即经保鲜液处理，可在 -5℃下存放 6 ~ 8 周(1.5 ~ 2 个月)。

此外，可在 4℃ ~ 8℃气温时插入 30℃水中，吸足水，在 2℃ ~ 3℃下存放 2 周。菊花采切花苞后，插入水中是不会开放的，若用一定合适的营养液进行处理，则可使其开放，并改良其品质，也可以延长其瓶插寿命。为使花朵免受损伤，可用纸或塑料进行包裹，10 ~ 12 枝一束，每 1 ~ 2 束一包，装入瓦楞箱中上市。

所用杀菌剂有：200mg/L 8-HQC、50mg/L 硝酸银 + 75mg/L 柠檬酸，蔗糖浓度 2% ~ 5%。据实验证明，菊花开花液用糖，蔗糖优于葡萄糖。杀菌剂 25mg/L 硝酸银 + 75mg/L 柠檬酸优于 200mg/L 8-HQC。所以，菊花最优开花液为：2% ~ 5% 蔗糖 + 25mg/L 硝酸银 + 75mg/L 柠檬酸。

5.4.2　香石竹

香石竹切花的寿命较长，夏季每天都可进行切花采收，冬季则一周采收一次，采花以下午为宜。经 1℃ ~ 3℃预冷后，用薄膜包装，20 枝一束，当日包装。如卖不出去，除去茎下 2 ~ 3 对叶，更新切口，立即插入水中，在 5℃ ~ 6℃下冷藏，2 周后仍很新鲜。在 0℃气温时可贮藏 8 ~ 12 周；蕾期采切，可贮藏 8 ~ 10 周；特殊处理过，可贮藏 20 周以上。但香石竹对乙烯敏感，不能与月季、郁金香、紫罗兰以及苹果等放在一起。

香石竹的保鲜利用硫代硫酸银(1∶4)作为切花保鲜液，具有最好的效果，1mmol/L 保鲜液浸花茎 10min 能使瓶花寿命延长一倍，瓶插寿命可从 5 天增加到 10 天。用硫代硫酸银处理 20min 后，再用 200mg/L 8-HQC + 1.5% ~ 2% 蔗糖处理，可延长瓶花寿命 4 倍。处理时间以切花当天最为有效，3 天后应用则效果减弱。香石竹先用 1mmol/L 硫代硫酸银处理

15～30min，再放入10%蔗糖+200mg/L Physan液，浸泡16h，然后，用冷藏车运输82h，瓶插寿命仍比对照时间延长2～3倍。

5.4.3 月季

切花月季水分丧失较快，不耐贮藏，常引起弯茎现象。采收适期为花前1～2天，以花蕾含苞待放为宜。从花枝基部留2芽处剪下，采切后应立即将花茎浸入水中。水中加柠檬酸调节酸度至pH 3.5，切花上部可用塑料纸包围，容器宜浅，只要不倒下就可，内盛水8～10cm。若不立即销售应当用500mg/L硝酸银处理后在1℃～2℃下贮藏。用3%蔗糖+50mg/L硝酸银+300mg/L硫酸铝+250mg/L 8-HQC+100mg/L 6-苄氨基嘌呤，于采后浸花茎基部4h，可防止花头下垂，延长瓶花寿命。

5.4.4 唐菖蒲

唐菖蒲采收以最低一朵小花初放时为宜，从茎部3片叶上位剪下，保留基叶为球茎发育着想，以促其生长成熟，扩大再繁殖。通常下午剪花，插入容器吸足水分，按品种归类，12枝一束，薄纸包裹装箱。唐菖蒲切花较不耐贮运，在低温下，易发生花蕾皱缩凋萎现象。唐菖蒲的极性很强，贮藏时不宜横置时间过长，否则，会使顶端弯曲生长。

唐菖蒲用硫代硫酸银处理的效果不如硝酸银、硫酸铝、8-HQC和20%的蔗糖溶液好。用1mmol/L硫代硫酸银处理花茎15min，浸入10%蔗糖+200mg/L Physan溶液中16h，可改善贮运后的品质及延长瓶插寿命。

在贮藏前7～10天，用1 000mg/L硝酸银浸10cm茎基1h，然后用20%蔗糖浸24h，再在2℃下贮藏3周，结果每穗小花开放百分数为72%，对照组为39%，瓶插寿命亦有所增加。

5.4.5 百合

当第一朵花显色时可切剪，太早花开不充分，开放后采收则运输不便，且伤花朵，一般早晨采收，为避免干燥，在室温下要多放置1h，去掉基叶，插入水中。大部分百合切花对乙烯敏感，瓶插寿命5～9天。切花百合放入盛水的容器中，在0℃～1℃条件下可贮藏4周。百合栽培前，鳞茎浸于STS(硫代硫酸银)溶液中24h，在低光照的冬天，可阻止花芽脱落，使采收花的品质提高，用STS预处理的百合，能延长切花寿命与贮藏时间，纵使在含乙烯的场所亦无妨。

5.4.6 非洲菊

切花采收要选花梗挺直，外围花瓣平展，花头最外二层舌状花与花茎垂直时采收，用手从花茎基部来回弯折，使茎基离层断裂取下。以清晨和傍晚采收为宜。采收后插入水桶等容器中暂时保存，要剪去3～6cm红褐色部分，使导管外露，易吸水而无阻塞。非洲菊不耐

贮藏，在相对湿度 90%、温度 2℃～4℃的条件下，湿贮可保鲜 6～8 天，干贮只有 2～4 天（干贮时应保留红褐色部分）。非洲菊在贮藏前应喷布或浸沾杀菌剂，防治灰霉菌。Ag^+能延长非洲菊的瓶插寿命和抵消乙烯的影响，应用时要试验浓度范围以免造成伤害，Ag-EDTA 复合物可延长瓶花寿命 4 天左右。

5.4.7 康乃馨

康乃馨的花采后需立即放在盛有水的容器中，最好立即上市，在量大不能全部上市时可放在 1℃低温冷库或冷贮柜中，可贮藏 4 周。国外报道，在贮藏前用高浓度的蔗糖（15%～20%）和化学试剂进行预处理，可使其贮藏 3～6 月之久。

无论是贮藏库、花店或放在家中，要把花插于保鲜液中，可维持较长时间。

康乃馨的保鲜液应呈酸性，pH 为 4.5，通常用柠檬酸来调节。

5.5 切花贮藏

贮藏的花卉、切花和插条以健康无病虫害和无任何机械损伤为宜。

5.5.1 0℃低温贮藏

要求 0℃～2℃、相对湿度 90%～95%下贮藏的切花与切叶有：葱属、紫菀、寒丁子花、香石竹、菊花、番红花、惠兰、小苍兰、栀子花、风信子、球根鸢尾、百合、铃兰、水仙、芍药、花毛茛、月季、绵枣儿、香豌豆、郁金香、铁线蕨、雪松、圣诞耳蕨、和鳞毛蕨、狗脊蕨、石松、冬青、刺柏、槲寄生、山月桂、杜鹃、北美白珠树、柠檬叶、乌饭树属（越橘）等。

5.5.2 5℃低温贮藏

要求 4℃～5℃、相对湿度 90%～95%下贮藏的切花与切叶有：金合欢、六出花、银莲花、紫菀、醉鱼草、金盏花、水芋、屈曲花、金鸡菊、矢车菊、波斯菊、大丽花、雏菊、堇菜、翠雀、小白菊、勿忘我、补血草、毛地黄、天人菊、非洲菊、唐菖蒲、嘉兰、满天星、欧石楠、丁香、羽扇豆、万寿菊、木犀草、百日草、惠兰、乌乳花、罂粟、福禄考、报春花、花毛茛、金鱼草、雪滴花、千金子藤、紫罗兰、蜡菊、铁线蕨、天门冬、黄杨、山茶、巴豆、龙血树、桉叶、长春藤、冬青、地桂、木兰、番樱桃、喜林芋、海桐花、金雀花、狗脊蕨等。

5.5.3 10℃低温贮藏

要求 7℃～10℃、相对湿度 90%～95%下贮藏的切花与切叶有：银莲花、鹤望兰、山茶、油加律、嘉兰、高代花、卡特兰、美国石竹、袖珍椰子、罗汉松、棕榈等。

5.5.4 15℃低温贮藏

要求13℃～15℃、相对湿度90%～95%下贮藏的切花有：安祖花、姜花、蝎尾蕉、万代兰、一品红、花叶万年青、鹿角蕨等。

表5-9 常见切花的推荐贮藏条件

切花名称	温度(℃)	贮藏期(天)	结冰点(℃)	切花名称	温度(℃)	贮藏期(天)	结冰点(℃)
香石竹	-0.50～0.00	21～28	-0.70	郁金香	0.55～0.00	28～56	-
微型香石竹	-0.50～0.00	14	—	仙客来	0.00～1.00	14～21	-
香石竹花蕾	-0.50～0.00	28～74	-0.70	百合	0.00～1.00	14～21	-0.50
美国石竹	7.00	3～4	—	金合欢	4.00	3～4	-3.50
丝石竹	4.00	1～3	—	六出花	4.00	2～3	-
菊花	-0.50～0.00	21～28	-0.80	鹤望兰	7.00～8.00	7～21	-
非州菊	1.00～4.00	7～14	—	蕙兰	0.50～4.00	14	-
翠菊	4.40	7	-0.90	一品红	10.00～15.00	4～7	-1.10
月季(干贮)	-0.50～0.00	14	-0.50	报春花	4.00	1～2	-
月季(湿贮)	0.50～2.00	4～5	-0.50	紫罗兰	4.00	3～5	-0.40
唐菖蒲	2.00～5.00	5～8	-0.30	牡丹	0.00	21～28	-
红鹤芋	13.30	21～28	—	海芋	4.40	7	-
火鹤花	13.00	14～28	—	茶花	7.20	3～6	-0.70
金盏花	4.40	3	—	姜花	12.80	3～4	-
水仙	0.00～0.60	10～21	-0.11	洋水仙	0.00	14	-0.30
大丽花	4.40	3～5	—	兰花	7.20～10.00	14	-0.30
小苍兰	0.00～0.60	14	—	福禄考	4.40	1～2	-
栀子花	0.00～0.60	14～21	-0.55	向阳红	4.40	1～2	-
球根鸢尾	-0.55	14～28	—	香豌豆	-0.55～0.00	28～56	-0.89
金鱼草	0.55～0.00	21～28	—	—	—	—	—

海葵、唐菖蒲、鸢尾、百合、水仙、郁金香和月季等切花贮后插于水中发育和开花良好，但香石竹、菊花、芍药、金鱼草和鹤望兰贮后直接插在水中发育和开花不良，用花蕾开放液或瓶插液处理，开花质量才会较好。在贮前用脉冲液处理的切花，贮后花蕾开放较好。表5-9列出了常见切花的适宜贮藏温度、大约贮存期的及最高冻结点温度。切花贮藏室的相对湿度以90%～95%为宜，任何微小的湿度变化(5%～10%)都会损害切花的质量。在70%～80%相对湿度

下有些切花的花瓣会变干。如果切花干贮，未包膜，或湿贮于干燥的容器中，贮藏库宜保持较高湿度。切花置于密闭的膜袋中，湿度可忽略，因袋中的空气湿度很快即可饱和。冷藏室中的空气湿度一天要测定一次。

本章小结

本章主要介绍切花保鲜的含义，分析了影响切花保鲜的因素，讲述了切花保鲜的技术，列举了切花保鲜的实例。

切花是指具有观赏价值的新鲜的根、茎、叶、花和果等用于装饰的植物材料。切花保鲜是采用物理或化学方法延缓切离母体的花材衰老、萎蔫的技术。

加速鲜切花衰老的主要原因有水分失衡、乙烯的生成、营养状况不佳、内源激素的变化、酶活性的变化、蛋白质和核酸的变化等方面。

切花要适时；应选靠近基部，木质化适中的部位采切；切花采收时应轻拿轻放。

保鲜液主要成分有碳水化合物、改善水分平衡的化学药剂（杀菌剂、有机酸等）、乙烯抑制剂、生长调节剂和矿物质等几大类。

切花保鲜液处理有吸水或硬化、茎端浸渗、脉冲或填充、硫代硫酸银（STS）脉冲液、花蕾开放液、瓶插液处理等方法。

复习思考

1. 影响切花保鲜的因素有哪些？
2. 怎样采收和保鲜切花？
3. 花卉保鲜液的主要成分有哪些？
4. 常用的切花保鲜液处理方法有哪些？
5. 常用的切花保鲜液怎样配制？

考证提示

1. 切花保鲜的基本原理和方法。
2. 切花保鲜液的配制和保存技术。

第6章 园艺产品加工技术

本章导读

通过学习,明确园艺加工制品对原料的要求,理解各种不同园艺加工制品加工的基本原理,掌握各种园艺加工品的加工工艺及操作要点、加工中常见的质量问题及解决途径,熟悉园艺加工制品的质量标准及检验规则。

6.1 园艺产品的制汁技术及实例

6.1.1 果蔬汁的分类

天然果蔬汁按照生产工艺、状态的不同,其可以分为透明果蔬汁、混浊果蔬汁、浓缩果蔬汁和带肉果蔬汁。

1. 透明果蔬汁

新鲜果蔬直接榨出的汁液,经澄清、过滤,除去果肉悬浮微粒、蛋白质、果胶物质等而呈澄清透明状态。如葡萄汁、苹果汁、杨梅汁通常制成透明果蔬汁。这类果蔬汁制品的稳定性较高,但其营养成分有所降低,风味和色泽不如混浊果蔬汁。

2. 混浊果蔬汁

新鲜果蔬直接榨出的汁液,经均质、脱气处理,外观呈混浊均匀状态,果蔬汁中保留果肉悬浮微粒,且均匀分散在汁液中,含果胶物质。如柑橘汁、菠萝汁、番茄汁常制成混浊果蔬汁。这类果蔬汁制品能较好地保持原果蔬的风味、色泽和营养,但稳定性稍差。

3. 浓缩果蔬汁

浓缩果蔬汁由新鲜果蔬直接榨出的汁液浓缩而成,要求可溶性固形物达到40%~60%,含有较高的糖分和酸分。一般浓缩3~6倍,如浓缩橙汁、浓缩苹果汁等。这类制品的营养价值高且体积缩小,便于运输和保存。

4. 带果肉果蔬汁

此类果蔬汁是在新鲜果蔬汁（或浓缩果蔬汁）中加入柑橘类砂囊或其他水果经切细的果肉颗粒，经糖液、酸味剂等调制而成的果蔬汁，如粒粒橙、果粒桃等。

6.1.2 果蔬汁加工技术

1. 工艺流程

果蔬汁加工工艺流程如图 6-1 所示。

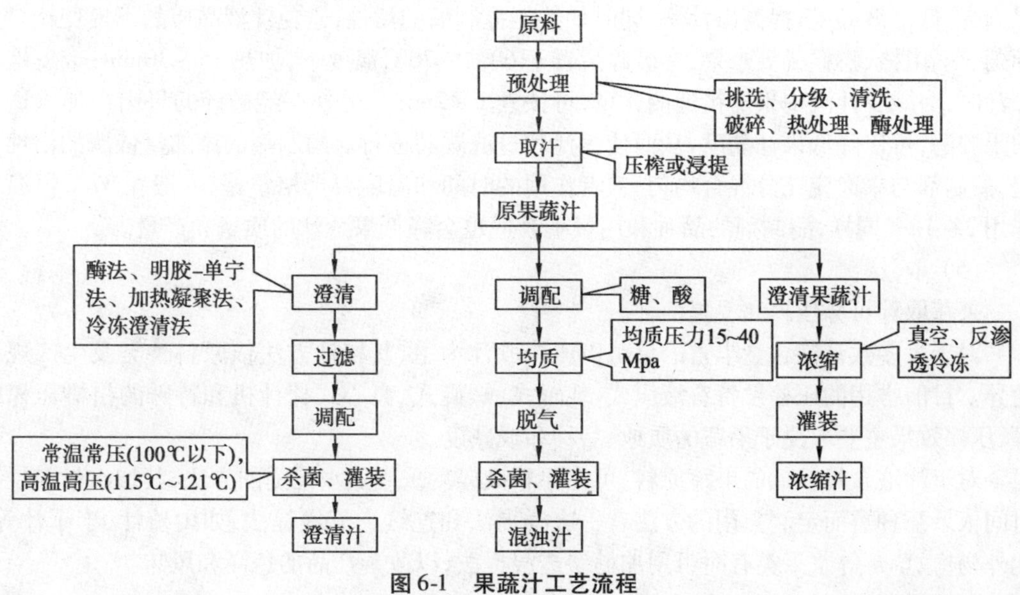

图 6-1　果蔬汁工艺流程

（引自赵晨霞《园艺产品贮藏与加工》）

2. 工艺要点

(1) 原料选择

果蔬汁加工的原料要求具有良好的风味和香味，无异味，色泽美好且稳定，糖、酸比合适，并在加工过程中能保持其优良的品质，出汁率高，取汁容易。果蔬汁加工对原料的果形和大小无严格要求，但对成熟度要求较严，原则上未成熟或过熟的果蔬均不合适。

常见果蔬汁原料有柑橘类、苹果、梨、猕猴桃、菠萝、葡萄、桃、番茄、胡萝卜、芹菜等。

(2) 挑选与清洗

为了保证果蔬汁的质量，原料加工前必须进行严格挑选，剔除霉变、腐烂、未成熟和受伤变质果实。清洗是减少杂质污染、降低微生物数量和农药残留的重要措施。一般先浸泡后喷淋或用流动水冲洗，对于农药残留较多的果实，可用一定浓度的稀盐酸溶液或脂肪酸系洗涤剂进行处理，然后清水冲洗；对于受微生物污染严重的果实，可用一定浓度的漂白粉或高锰酸钾溶液浸泡消毒，然后用清水冲洗干净。此外，应该注意洗涤用水的卫生。

(3) 破碎

原料取汁前的破碎是为了提高果实的出汁率，尤其是对于皮、肉致密的果实，更有必要先行破碎。但果实破碎程度要适当,破碎后的果块应大小均匀。果块太大出汁率低,而破碎过度则会使肉质变成糊状,造成压榨时外层的果汁很快被压出,形成一层厚皮,使内层果汁难以榨出,反而影响出汁率。如苹果、梨用破碎机进行破碎时,破碎后果块以 3 ~4 mm 大小为宜,草莓、葡萄以 2 ~3 mm 为宜,樱桃 5mm 为宜,番茄可以使用打浆机来破碎取汁,但柑橘宜先去皮后打浆。

(4) 加热处理与酶处理

为了提高果实的出汁率,降低果胶物质的黏性,加快榨汁速度,通常原料在破碎后、榨汁前须进行加热或酶处理。加热处理能使细胞原生质中的蛋白质凝固,改变细胞结构,并软化果肉,降低汁液黏度,提高出汁率,同时加热能抑制酶的活性,避免汁液品质的不良变化。如葡萄、李、山楂、猕猴桃等水果,在破碎后置于60℃ ~70℃温度下,加热 15 ~30min;带皮橙类榨汁时,为减少汁液中果皮精油的含量,可预煮 1 ~2min。另外在经破碎的果肉中加入适量的果胶酶,可以降低果汁黏度,从而使榨汁和过滤顺利进行。酶制剂的添加量依酶的活性而定,酶制剂与果肉应充分混合均匀,二者作用的时间和温度要严格掌握,一般在 37℃恒温下作用 2 ~4h。同样,酶制剂的品种和用量不合适也会降低果蔬汁的质量和产量。

(5) 取汁

果蔬取汁可分压榨和浸提两种。

对于大多数汁液含量丰富的果蔬以压榨取汁为主,其榨汁方法依原料种类及生产规模而异。目前常用的压榨设备有液压式、轧辊式、螺旋式、离心式榨汁机和特殊的柑橘压榨机等,压榨效果主要取决于果蔬的质地、品种和成熟度。

对于汁液含量较低的果蔬原料,可在原料破碎后采用加水浸提的方法,其加水量和浸提时间依果蔬种类而定。常用的方法有一次浸提法和连续逆流浸提法,如山楂汁、李子汁等。此外杨梅、草莓等浆果类有时可用加糖渗透浸提法,以改善产品的色泽和风味。

(6) 粗滤

又称筛滤。在生产混浊果汁时,粗滤只需除去分散在果汁中的粗大颗粒,而保存其色粒以获得良好的色泽、风味及香味。而在生产透明果汁时,粗滤后还需精滤,或先行澄清处理后再行过滤,故必须除尽全部悬浮颗粒。筛滤通常装在压榨机汁液出口处,粗滤和压榨在同一机上完成;也可在榨汁后用筛滤机单独完成粗滤工序。果汁一般通过 0.5mm 孔径的滤筛即可达到粗滤要求。

(7) 果蔬汁的特殊工艺

① 澄清果蔬汁的澄清与精滤

a. 澄清

果蔬汁为复杂的多分散相系统,它含有许多细小的果肉微粒、胶态或分子状态及离子状态的溶解物质,这些颗粒往往引起果蔬汁的混浊。在澄清果蔬汁的生产中,它们会直接影响到产品的稳定性,必须加以除去。常用的澄清方法有以下几种:

酶法:酶法澄清是利用果胶酶分解果汁中的果胶物质,使其他悬浮颗粒失去果胶的保护作用而形成沉淀,达到澄清的目的。我国常用于果汁澄清的酶制剂主要由黑曲霉或米曲霉发酵产生。使用果胶酶澄清应注意其反应温度、处理时间、pH 及酶制剂用量,通常控制在55℃以下,反应最佳 pH 因果胶酶种类不同而异,一般在 pH 为 3.5 ~5.5 的弱酸条件下进

行，酶制剂用量依果蔬汁及酶的种类而异，通常需预先试验来确定。

明胶-单宁絮凝法：明胶、鱼胶或干酪素等蛋白物质，可与单宁酸盐形成络合物，而在络合物沉降的同时，果汁中存在的悬浮颗粒被缠绕而随之沉降，达到澄清的目的。明胶、单宁的用量主要取决于果汁种类、品种、原料成熟度及明胶质量，应预先试验确定。一般明胶用量为 100～300mg/L，单宁用量为 90～120mg/L。此法在较酸性和温度较低条件下易澄清，以 3℃～10℃为佳。适用于苹果、葡萄、梨、山楂等果汁。

加热凝聚澄清法：将果汁在 80～90s 内加热至 80℃～82℃，然后急速冷却至室温，由于温度的剧变，果汁中蛋白质和其他胶质变性凝固析出，从而达到澄清的目的。但一般不能完全澄清，同时加热也会损失一部分芳香物质。

冷冻澄清法：将果汁急速冷冻，使一部分胶体溶液完全或部分被破坏而变成无定形的沉淀，在解冻后滤去，另一部分保持胶体性质的也可用其他方法过滤除去。适用于雾状混浊的果蔬汁澄清。但此法不容易完全澄清。

b. 精滤

澄清果蔬汁为了得到澄清透明且稳定的产品，澄清之后必须再经过精滤，以除去细小的悬浮物质。常用的精滤设备主要有硅藻土压滤机、纤维压滤器、真空过滤器、膜分离超滤机及离心分离机等。

② 混浊果蔬汁的均质与脱气

均质和脱气是混浊果蔬汁生产中的特有工序，它是保证混浊果蔬汁的稳定性和防止果汁营养损失、色泽劣变的重要措施。

a. 均质

均质就是将果蔬汁通过一定的设备使其细小颗粒进一步破碎，使颗粒大小均匀，使果胶物质和果蔬汁亲和，保持果蔬汁的均一混浊状态。目前生产上常用的均质机械有高压均质机、胶体磨和超声波均质机等。

高压均质：其原理就是将混匀的物料通过柱塞泵的作用，在高压低速下进入阀座和阀杆之间的空间，这时其速度增至 290m/s，同时压力相应降低到物料中水的蒸气压以下，于是在颗粒中形成气泡并膨胀，引起气泡炸裂物料颗粒。由于空穴效应造成强大的剪切力，由此得到极细且均匀的固体分散物（图 6-2）。均质压力根据果蔬种类、要求的颗粒大小而异，一般在 15～40MPa。

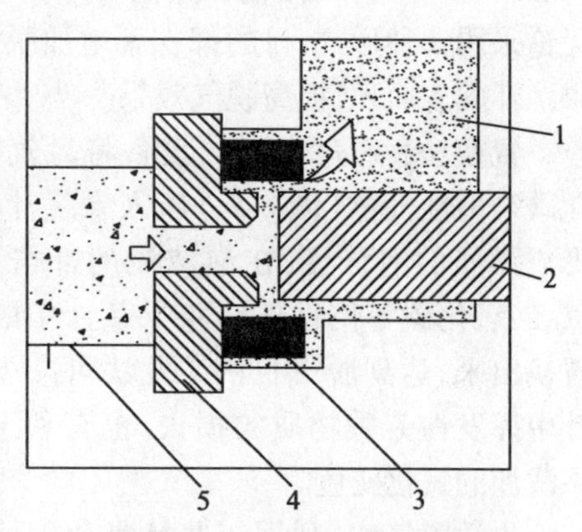

1：均质产品；2：阀杆；3：碰撞杯；
4：阀座；5：未均质原料

图 6-2 高压均质机工作原理图

（引自陈学平《果蔬产品加工工艺学》）

胶体磨均质：其主要借于快速转动和狭腔的摩擦作用，当果蔬汁进入狭腔（间距可调）时，受到强大的离心力的作用，颗粒在转齿和定齿之间的狭腔中摩擦、撞击而分散成细小颗粒。

超声波均质：它是一个长形的喷嘴，当果蔬汁以较高的速度流向振动设备时，振动设备可产生高频率的振动，这样就产生极大的空穴作用力，使其对果肉颗粒产生良好的分散作用。通过仪器的调整,超声波均质机可产生的频率达到20 000Hz,在这个范围内产生的空穴作用力的压强可达到50万MPa。

b. 脱气

由于果蔬细胞间隙存在着大量的空气,同时原料在破碎、取汁、均质和搅拌等工序中又会混入一定的空气,所以得到的果汁中含有大量的氧气、二氧化碳、氮气等。这些气体通常以溶解形式在细微粒子表面吸附,也许有一小部分以果汁的化学成分形式存在。特别是气体中的氧气会导致果汁营养成分的损失和色泽劣变,因此,必须加以去除,这一工艺即称脱气或去氧。脱气方法有真空法、化学法、充氮置换法等,且常结合在一起使用。

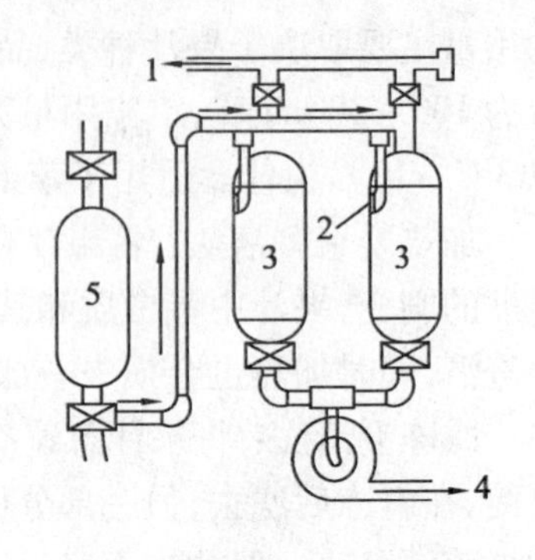

1: 抽气; 2: 喷雾头; 3: 真空泵; 4: 至杀菌器; 5: 贮汁桶

图6-3 真空脱气装置

真空脱气法: 真空脱气原理是气体在液体内的溶解度与该气体在液面上的分压成正比。果汁进行真空脱气时,随着液面上的压力降低,溶解在果蔬汁中的气体不断逸出,直至总压降到果蔬汁的蒸气时,已达平衡状态,此时所有气体即被排除(图6-3)。

采用真空脱气机处理时,先将果蔬汁引入真空室分散成薄膜状或雾状,以增加果蔬汁的表面积,在适当的果汁温度和真空度(0.090 7 ~ 0.093 3 MPa)条件下,使果蔬汁中的气体迅速逸出,一般可脱除90%的空气。目前真空脱气机的喷头有离心式、喷雾式和薄膜式三种(图6-4),无论采用哪种形式,目的都在于增加脱气果蔬汁的表面积,提高脱气效果。

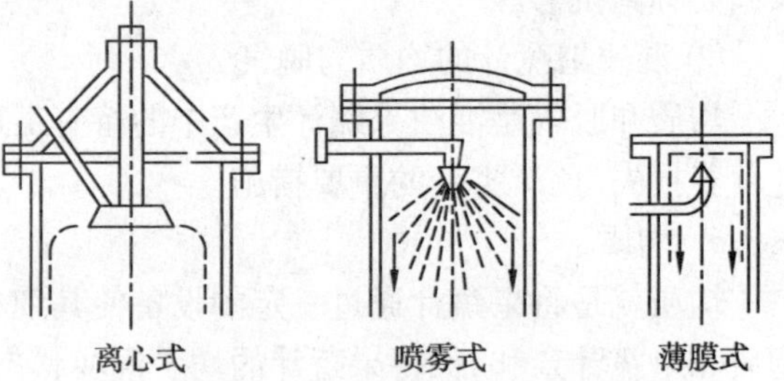

图6-4 脱气机喷头类型示意图

(引自赵丽芹《园艺产品贮藏加工学》)

置换法: 通过专门的设备将氮气、二氧化碳等惰性气体(图6-5)压入果蔬汁中,以形成强烈的泡沫流,在泡沫流的冲击下,氮气、二氧化碳等惰性气体将果蔬汁中的氧气置换出来,达到脱气目的。此法可减少果蔬汁中挥发性芳香物质的损失,也有利于防止果蔬汁的氧化变色。

化学脱气法: 利用一些抗氧化剂或需氧的酶类作为脱氧剂,加入到果蔬汁中,以消耗果蔬汁中的氧气,达到脱气目的。常用的脱氧剂有抗坏血酸、葡萄糖氧化酶等。但应该注意抗坏血酸不适合在含花青素丰富的果蔬汁中应用,以免引起花青素的分解。

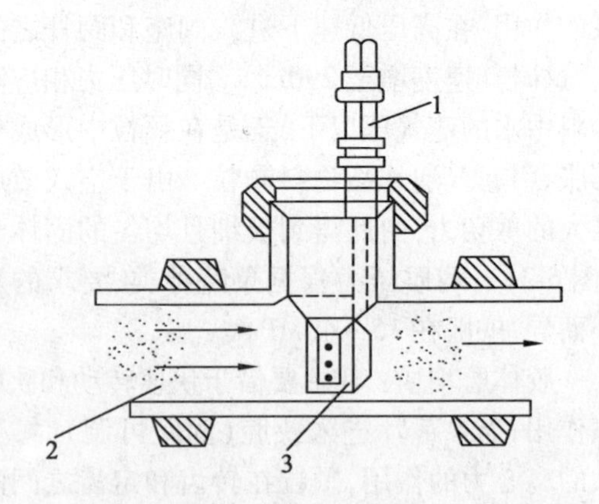

1: 氮气进入管; 2: 果汁导入管; 3: 穿孔喷嘴

图6-5 气体分配头

(引自赵丽芹《园艺产品贮藏加工学》)

③ 浓缩果蔬汁的浓缩与脱水

浓缩果蔬汁是由原果蔬汁经脱水浓缩后制得,可溶性固形物含量达到65% ~75%,其容积可大大缩小,便于包装和运输,同时能克服果蔬采收期和品种所造成的成分上的差异,果蔬汁的品质更加一致;糖酸含量提高,增加了产品的保藏性;浓缩果蔬汁用途广泛,可作为各种食品的原料。因此,近年来浓缩果蔬汁的生产增长速度很快,已经成为世界性的大宗贸易产品。

理想的浓缩果蔬汁,在稀释和复原后,应该与原果蔬汁的风味、色泽和混浊度基本相似。目前常用的浓缩方法主要有真空浓缩、冷冻浓缩和反渗透浓缩。

a. 真空浓缩法

在低于大气压的真空状态下,使果蔬汁的沸点下降,加热使果蔬汁在低温条件下沸腾,使水分从原果蔬汁中分离出来。真空浓缩由于蒸发过程是在较低温度条件下进行,既可缩短浓缩时间,又能较好地保持果蔬汁的色香味。真空浓缩温度一般为25℃ ~35℃,不超过40℃,真空度约为94.7kPa。但是真空浓缩的温度条件较适合微生物繁殖和酶的作用,故果蔬汁在浓缩前应进行适当高温瞬时杀菌。

真空浓缩方法可分为真空锅浓缩法和真空薄膜浓缩法等多种方法。常见的真空薄膜浓缩设备主要有强制循环式、降膜式、升膜式、平板(片状)式、离心薄膜式和膨胀流动式等多种类型。这类设备的特点是果蔬汁在蒸发中都呈薄膜流动,果蔬汁由循环泵送入薄膜蒸发器的列管中,分散呈薄膜状,由于减压在低温条件下脱去水分,热交换效果好,是目前广泛使用的浓缩设备。

对于各种真空浓缩,芳香物质的回收是生产中的重要环节。因为在加热浓缩过程中,果蔬汁中的部分芳香成分将随着水分的蒸发而逸出,从而使浓缩果蔬汁失去原有的天然、柔顺风味。故有必要将这些芳香物质进行回收,加入到浓缩果蔬汁中。

b. 冷冻浓缩法

果蔬汁冷冻浓缩主要应用冰晶与水溶液的固-液相平衡原理。当水溶液中所含溶质浓度低于共熔浓度时,溶液被冷却后,使部分水结成冰晶而析出,剩余溶液中的溶质浓度则由于冰晶数量的增加和冷冻次数的增加而提高,溶液的浓度逐渐增加,及至某一温度,被浓缩的溶液以全部冻结而告终,这一温度即为低共熔点或共晶点。

冷冻浓缩的最大特点是避免了热的作用,没有热变性,挥发性风味物质损失极微,产品质量比蒸发浓缩好,同时耗能少,冷冻浓缩所需的能量约为蒸发浓缩1/7,但其缺点是冰晶分离时,会损失一部分果蔬汁,浓缩浓度只能达到55%。

果蔬汁冷冻浓缩包括结晶(冰晶的形成)、重结晶(冰晶的成长)、分离(冰晶与液相分开)三个步骤。冷冻浓缩的方法和装置很多,图6-6为荷兰Grenco冷冻浓缩系统,它是目前食品工业中应用较成功的一种装置。在此系统中,果蔬汁通过刮板式热交换

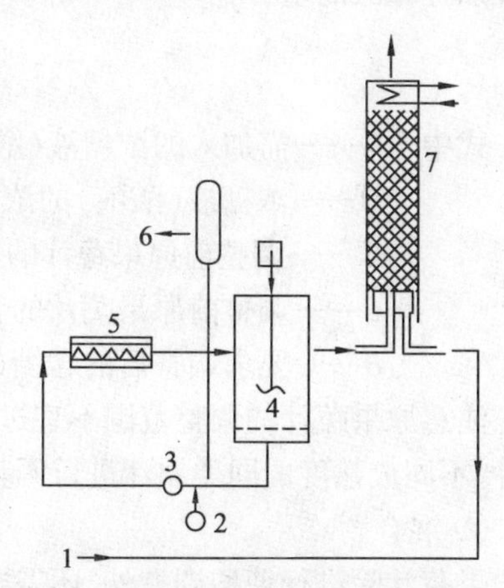

1: 果汁; 2: 泵; 3: 循环泵; 4: 结晶器;
5: 刮板式热交换器; 6: 浓缩产品;
7: 洗涤塔

图6-6 Grenco冷冻浓缩系统

(引自陈学平《果蔬产品加工工艺学》)

器，形成冰晶，再进入结晶器，冰晶体增大（重结晶），最后，冰晶体和浓缩物被泵至洗涤塔分离冰晶，如此反复，直至达到浓缩要求。

c. 反渗透浓缩法

反渗透浓缩是一种现代膜分离技术，与真空浓缩等加热蒸发方法相比，其优点在于蒸发过程不需加热，可在常温条件下实现分离或浓缩，品质变化少；浓缩过程在密封回路中操作，不受氧气影响；在不发生相变下操作，挥发性成分的损失较少；节约能源，所需能量约为蒸发浓缩的1/17，是冷冻浓缩的1/2。

反渗透浓缩的原理是依赖于膜的选择性筛分作用，以压力差为推动力，允许某些物质透过，而其他组分不透过，从而达到分离浓缩的目的，因此，性能优良的合成高分子膜是实现膜分离技术的必要条件。目前反渗透浓缩常用膜为醋酸纤维素及其衍生物、聚丙烯腈系列膜等。影响反渗透浓缩的主要因素有膜的特性及适用性、果蔬汁的种类性质及温度和压力等。

(8) 调整与混合

① 调整

为了使果蔬汁符合一定的规格要求和改进风味，常需进行适当调整，使果蔬汁的风味接近新鲜果蔬。调整范围主要为糖酸比的调整及香味物质、色素物质的添加。调整糖酸比及其他成分，可在特殊工序如均质、浓缩之前进行，澄清果汁常在澄清过滤后调整，有时也可在特殊工序中间进行调整。

果蔬汁的糖酸比是决定其口感和风味的主要因素。不浓缩果蔬汁适宜的糖分和酸分的比例在13∶1~15∶1范围内，适宜于大多数人的口味。因此，果蔬汁饮料调配时，首先需要调整含糖量和含酸量。一般果蔬汁中含糖量为8%~14%，有机酸的含量为0.1%~0.5%。调配时用折光仪测定并计算果蔬汁的含糖量，然后按下列公式计算补加浓糖液的量和补加柠檬酸的量。

$$X=\frac{W(B-C)}{D-B}$$

式中 X——需加入的浓糖液（酸液）的量（kg）；

D——浓糖液（酸液）的浓度（%）；

W——调整前原果蔬汁的重量（kg）；

C——调整前原果蔬汁的含糖（酸）量（%）；

B——要求调整后的含糖（酸）量（%）。

注意原果蔬汁的调整范围不宜过大，以免丧失原有风味。有时可以利用不同产地、不同品种、不同成熟度的同类原汁进行调整，取长补短。

② 混合

果蔬汁除进行糖酸调整外，还需要根据产品的种类和特点进行色泽、风味、黏稠度、稳定性和营养价值的调整。所使用的食用色素、香精、防腐剂、稳定剂等应按食品添加剂的规定量加入。

许多果蔬如苹果、葡萄、柑橘、番茄、胡萝卜等，虽然能单独制得品质良好的果蔬汁，但与其他种类的果实配合风味会更好。不同种类的果蔬汁按适当比例混合，可以取长补短，制成

品质良好的混合果汁,也可以得到具有与单一果蔬汁不同风味的果蔬汁饮料。如复合蔬菜汁可由番茄、胡萝卜、菠菜、芹菜、冬瓜、卷心菜6种蔬菜复合而成,其风味良好。混合汁饮料是果蔬汁饮料加工的发展方向。

(9) 杀菌与包装

① 杀菌

果蔬汁杀菌的目的,一是消灭微生物防止发酵,二是钝化各种酶的活性,以避免各种不良的变化。果蔬汁杀菌对象为酵母和霉菌,酵母在66℃ 下1 min,霉菌在80℃下20min 即可杀灭,所以,可以采用一般的巴氏杀菌法杀菌,即80℃ ~85℃杀菌20 ~30min,然后放入冷水中冷却,从而达到杀菌的目的。但由于加热时间太长,果蔬汁的色泽和香味都有较多的损失,尤其是混浊果汁,容易产生煮熟味。因此,生产上常采用高温瞬时杀菌法,即采用(93 ±2)℃保持15 ~30s 杀菌,特殊情况下可采用120℃以上温度保持3 ~10s 杀菌,如低酸性果蔬汁。

果蔬汁的杀菌原则上是在灌装之前进行,灌装方法有高温热灌装和低温冷灌装两种。高温热灌装是在果蔬汁杀菌后,趁热进行灌装,利用果蔬汁的热对容器的内表面进行杀菌。低温冷灌装是将果蔬汁加热到杀菌温度之后,保持一定时间,然后通过热交换器立即冷却至常温或常温以下,将冷却后的果蔬汁进行灌装。高温装热灌装或低温冷灌装都要求在果蔬汁杀菌的同时对包装容器、机械设备、管道等进行杀菌。蔬菜汁等可采用UHT(超高温瞬时杀菌)方法,在加压状态下,采用100 ℃以上温度杀菌。

② 包装

果蔬汁的包装方法,因果蔬汁品种和容器种类而有所不同。常见的有铁罐、玻璃瓶、纸容器、铝箔复合袋等。果蔬汁饮料的灌装除纸质容器外均采用热灌装,使容器内形成一定真空度,较好地保持成品品质。一般采用装汁机热装罐,装罐后立即密封,罐头中心温度控制在70 ℃以上,如果采用真空封罐,果蔬汁温度可稍低些。结合高温短时杀菌果蔬汁常用无菌灌装系统进行灌装,目前,无菌灌装系统主要有纸盒包装系统(如利乐包和屋脊纸盒包装)、塑料杯无菌包装系统、蒸煮袋无菌包装系统和无菌罐包装系统。

6.1.3 果蔬汁生产中常见的质量问题及其控制

1. 微生物引起的败坏

微生物的侵染和繁殖引起果蔬汁败坏可表现为变味,也可引起长霉、混浊和发酵。

控制措施:采用新鲜、无霉烂、无病害的果蔬原料;注意原料榨汁前的洗涤消毒,尽量减少果蔬原料外表的微生物;严格进行车间、设备、管道、工具、容器等的清洁卫生;缩短工艺流程的时间,防止半成品的积压;果蔬汁灌后封口要严密;杀菌要彻底。

2. 变色

果蔬汁在生产中发生的变色多为酶褐变,在贮藏期间发生的变色多为非酶褐变。

控制措施:对于酶褐变应尽快采用高温处理使酶失活;添加有机酸或维生素 C 抑制酶褐变;加工中要注意脱氧,避免接触铜铁用具等。而控制非酶褐变的办法主要是防止过度的热力杀菌和尽可能地避免长时间的受热;控制 pH 在3.3 以下;在较低的贮藏温度,并注意避光。

3. 果蔬汁的稳定性

带肉果汁或混浊果汁，特别是瓶装带肉果汁，保持均匀一致的质地对品质至关重要。要使混浊物质稳定，就要使其沉降速度尽可能降至零。其下沉速度一般认为遵循下列斯托克斯方程：

$$V=\frac{2gr^2(\rho_1-\rho_2)}{9\eta}$$

式中 V——沉降速度；

g——重力加速度；

r——混浊物质颗粒半径；

ρ_1——颗粒或油滴的密度；

ρ_2——液体（分散介质）的密度；

η——液体（分散介质）的黏度。

控制措施：采用均质、胶体磨处理等，降低悬浮颗粒体积；可通过添加悬托剂，如果胶、黄原胶、脂肪酸甘油酯、CMC等，增加分散介质的黏度；通过添加高脂化和亲水的果胶分子作为保护分子包埋颗粒以降低颗粒与液体之间的密度。

4. 绿色蔬菜汁的色泽保持

绿色蔬菜汁的色泽来源于组织细胞中的叶绿素，在酸性条件下容易被H取代变成脱镁叶绿素，从而失绿变褐。

控制措施：采用热碱水（$NaHCO_3$）烫漂处理或清洗后的绿色蔬菜在稀碱液中浸泡30min，使游离出的叶绿素皂化水解为叶绿酸盐等产物，绿色更为鲜。

5. 柑橘类果汁的苦味与脱苦

柑橘类果汁在加工过程中或加工后易产生苦味，其主要成分是黄烷酮糖苷类和三萜系化合物。如橙皮苷、柚皮苷等，主要存在于柑橘类外皮、种子和囊衣中，在果汁加工时往往会溶入而产生苦味。

控制措施：选择含苦味物质少的原料种类、品种，且要求果实充分成熟或进行追熟处理；加工中尽量减少苦味物质的溶入，如种子等尽量少压碎，最好采用柑橘专用挤压锥汁设备，注意缩短悬浮果浆与果汁的接触时间；采用柚皮苷酶和柠碱前体脱氢酶处理，以水解苦味物质；采用聚乙烯吡咯烷酮、尼龙-66等吸附脱苦；添加蔗糖、β-环状糊精、新地奥明以及二氢查耳酮等物质，以提高苦味物质发阈值，起到隐蔽苦味的作用。

6.1.4 果蔬汁生产实例

1. 苹果汁

苹果主要适合制取澄清果汁，也可用于带肉果汁。它是目前欧洲市场上的主要浓缩果汁产品。

(1) 工艺流程

原料选择→清洗和分选→破碎→压榨→粗滤→澄清→精滤→糖酸调整→杀菌→包装。

(2) 操作要点

① 原料选择

选择成熟适中、新鲜完好的苹果。适宜的品种有国光、红玉等。

② 清洗和分选

把挑选出来的果实放在流动水槽中冲洗。如表皮有残留农药，则用0.5% ~1%的稀盐酸或0.1% ~0.2%的洗涤剂浸洗，然后再用清水强力喷淋冲洗。清洗的同时进行分选和清除烂果。

③ 破碎

用苹果磨碎机和锤碎机将苹果粉碎，颗粒大小要一致，破碎要适度。破碎后用碎浆机进行处理，使颗粒微细，提高榨汁率。

④ 压榨和粗滤

常用压榨法和离心分离法榨汁。用孔径0.5mm的筛网进行粗滤，使不溶性固形物含量下降到20%以下。

⑤ 澄清和精滤

将榨取的苹果汁加热至82℃ ~85℃，再迅速冷却，促使胶体凝聚，达到果汁澄清的目的。也可以用明胶-单宁法(单宁0.1g/L、明胶0.2g/L)进行处理，加入后在10℃ ~15℃下静置6 ~12h，取上清液和下部沉淀分别过滤。澄清处理后的苹果汁，采用需要添加助滤剂的过滤器进行精滤。用硅藻土作滤层的还可除去苹果中的土腥味。

⑥ 糖酸调整

加糖、加酸使果汁的糖酸比维持在18∶1 ~20∶1，成品的糖度为12%，酸度为0.4%。天然苹果汁中的可溶性固形物含量为12% ~15%。

⑦ 杀菌

将果汁迅速加热到93.3℃以上，维持几秒时间，以达到高温瞬时杀菌目的。

⑧ 包装

将经过杀菌的果汁迅速装入消毒过的玻璃瓶或马口铁罐内，趁热密封。密封后迅速冷却至38℃，以免破坏果汁的营养成分。

澄清苹果汁常加工成浓缩果汁，然后冷藏于 -10℃的低温条件下，使用大容量车运输，专供加工果汁饮料。

2. 杨梅汁

(1) 工艺流程

原料选择→清洗→糖渍取汁→调配→装罐→密封→杀菌→冷却。

(2) 操作要点

① 原料选择

选用新鲜、风味好的杨梅作原料。剔去青果及果梗、枝叶等杂物。

② 清洗

把杨梅放在浓度为3%的盐水中浸泡10 ~15min，然后用流动清水漂洗，洗净盐分和杂质。

③ 糖渍取汁

砂糖40kg,水10kg,放在夹层锅中加热溶化,倒入杨梅100kg,缓慢加热至65℃,保温10min,出锅后倒入缸内浸渍12～16h,然后过滤。果渣再加入占果渣重50%的清水浸泡10min,再过滤。两次滤汁混合备用。

④ 调配

先测定果汁糖度,把糖度调整到14%～16%。再测定果汁酸度,用柠檬酸将酸度调整到0.7%左右,然后倒入夹层锅中,加热至85℃后出锅,过滤。

⑤ 装罐

过滤后立即装罐,罐盖和胶圈要事先洗净消毒。

⑥ 密封、杀菌、冷却

密封时汁温不低于70℃,趁热投入热水中,杀菌5min,然后分段冷却。

3. 番茄汁

番茄,又称西红柿,是一种营养丰富、色泽鲜美的果实类蔬菜,用其制成的番茄汁含有丰富的营养成分,特别是含有丰富的维生素C和胡萝卜素,另含有多种矿物质如钙、铁、磷等,是一种对人体,尤其是婴幼儿有重要营养价值的天然饮料。现已成为风靡世界的畅销营养果汁饮料之一。

(1) 工艺流程

原料选择→清洗→挑选、修整→破碎→预热→汁液的提取→脱气→调味→均质→预杀菌(高温瞬时杀菌)→装罐、密封→杀菌→冷却。

(2) 操作要点

① 原料选择

番茄汁所用原料为鲜果,须生食时味道良好,富含有可溶性固形物及茄红素,而且完全成熟。含糖量至少5%～6%,pH在4.2～4.3。

② 清洗

原料清洗实用逆流多次清洗系统,对番茄进行至少4次以上的清洗,也可采用化学清洗、浸渍、清洗、喷雾清洗等方法。

③ 挑选、修整

一般靠人工挑选,修整和挑选同时进行。

④ 破碎和预热

采用常温破碎提取法,通常称为冷破碎法,即番茄不经加热蒸煮就进行打浆。热破碎法是先加热后破碎,通常把破碎后的番茄直接加热到80℃。

⑤ 汁液的提取

番茄汁用两种方法提取:一种是挤压作用,一种是一边大搅拌,一边过滤,如打浆机或果汁擦破过滤机即为如此。一般认为用挤压法为好,与打浆法相比可避免混入大量的空气。一般鲜番茄的出汁率为29.4%～91.5%,视作用的设备而异,螺旋式挤压机的出汁率为75%～80%,而浆液式打浆机和果汁擦破过滤机的出汁率为82.4%。

⑥ 脱气

目的在于除去混在汁内的氧气,防止维生素C和其他成分的氧化,方法是采用真空脱

气。经过脱气后的果汁,不能再进入空气,因此必须采用密封泵。

⑦ 调味

为增加番茄汁的风味,可在汁中加入0.5% ~1.2%的精盐,市场出售的番茄汁食盐含量平均为0.65%,还可以加入糖,用量在0.5% ~1%,加入食盐可以分批在番茄汁里加,把高浓度食盐溶解在一部分番茄汁里,然后再不断混合搅拌。

⑧ 均质

为了延迟或避免沉淀和分层,番茄汁有时需要均质。汁液在6.9 ~9.7MPa的压力下从细小的孔眼通过,以便把悬浮物打得很细,玻璃瓶装的番茄汁通常都要经过这一步,未采用热破碎的番茄汁,即使均质化也会引起果肉和浆液的分离。

⑨ 装罐、密封

番茄汁经预杀菌后即可装罐,先将预灭菌的番茄汁加热至90℃ ~95℃后立即装罐,然后立即加盖密封。

⑩ 杀菌及冷却

番茄汁在90℃ ~95℃时装罐,密封后在连续回转式压力杀菌机中加热杀菌,杀菌F值等于0.7min即能将凝结芽孢杆菌杀死。杀菌结束后,在加氯的水中迅速冷却到3.5℃以下,然后擦净罐身,贴标即为成品。

4. 复合果蔬汁

复合果蔬汁,集营养、保健于一体,是低热量食物。其所含的单糖、无机盐、维生素及多种微量元素均是人体易于吸收和不可缺少的营养元素,是老幼皆宜之饮品。

(1)工艺流程

① 芹菜汁、黄瓜汁、苹果汁的制备

芹菜或黄瓜→挑选清洗→整理→烫漂护色→清水漂洗→榨汁→过滤→芹菜汁或黄瓜汁(备用)。

苹果→挑选清洗→整理→烫漂→榨汁→过滤→苹果汁(备用)。

② 复合果蔬汁的制备

一定比例的芹菜汁、黄瓜汁、苹果汁→调配→均质→脱气→罐装→压盖→灭菌→检验→成品 。

在果蔬汁中放入适量的海藻酸钠或黄原胶作增稠剂,长时间放置仍然稳定,黏度适中,避免沉淀产生。

(2) 操作要点

芹菜、黄瓜经整理后在1% NaCl和0.4% ~0.5% $NaHCO_3$溶液中烫漂1min左右,再置$(3 \sim 5) \times 10^{-4}$乙酸锌溶液中浸泡10 ~15min,清水漂洗后榨汁,添加0.1% ~0.2%海藻酸钠或添加0.02% ~0.04%的黄原胶和0.1% ~0.2%的CMC,再经均质、脱气、灭菌。这样加工制作的复合果蔬汁色泽、气味、口味均达到预期效果且无沉淀分层现象,可长期保持稳定。

复合果蔬汁,不含任何防腐剂和合成色素,属纯天然保健型果蔬汁。

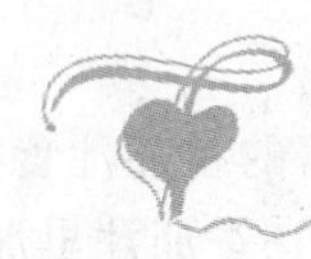

6.2 园艺产品的酿造技术及实例

6.2.1 果酒酿造

果酒是以果实为主要原料酿制而成的,是色、香、味俱佳且营养丰富的含醇饮料。采用果品酿造酒类,以葡萄酒为大宗,是世界性商品。全世界年产葡萄酒约4 000万吨,主要集中在欧洲和美洲。果酒在我国已有2 000多年的历史,汉武帝年间,张骞出使西域,带回葡萄品种和酿造技术,但一直未得到很好的发展,直到1892年,华侨张弼士在烟台建立"张裕葡萄酒公司"才开始进行小型工业化生产,2005年全国葡萄酒产量已超过50万吨。而我国人均葡萄酒年消费量也只有0.38L,仅为世界平均水平的1/15、欧洲平均水平的1/120,距离国家有关部门预计的人均消费1.5L的远期规划相距甚远。

目前国内十大销售品牌中,国产葡萄酒仍占据主导,据中国企业家协会及中国企业信息交流中心的数据显示,目前我国葡萄酒市场占有率居前三名的分别是张裕(32.2%)、长城(27.7%)、王朝(10.3%),仅三大国产品牌已稳居国内葡萄酒市场的半壁江山。

1. 果酒分类

果酒的分类方法很多,根据酿造方法和成品特点不同,一般将果酒分为五类。

(1) 发酵果酒

将果汁或果浆经酒精发酵和陈酿而成。根据发酵程度的不同,又分为全发酵果酒(糖分全部发酵,残糖在1%以下)和半发酵果酒(糖分部分发酵)两类。如葡萄酒、苹果酒等。

(2) 蒸馏果酒

果品经酒精发酵后,再经蒸馏所得到的酒,又名白兰地。通常所指白兰地是以葡萄为原料酿成,其他水果酿制的白兰地,应冠以原料名称。如苹果白兰地等。蒸馏果酒酒精含量较高,多在40%以上。

(3) 配制果酒

果酒又称露酒,是将果实或果皮、鲜花等用酒精或白酒浸泡提取或用果汁加酒精、糖、香精、色素等食品添加剂调配而成的。其名称与发酵果酒相同,但制法各异,品质也不同。

(4) 起泡果酒

酒中含有二氧化碳的果酒,如香槟、小香槟、汽酒。香槟是以发酵葡萄酒为酒基,再经密闭后发酵产生大量的二氧化碳而制成,因初产于法国香槟省而得名;小香槟是以发酵果酒或露酒为酒基,经发酵产生或人工充入二氧化碳制成;汽酒是配制果酒中人工充入二氧化碳而制成的一类果酒。

(5) 加料果酒

以发酵果酒为基础,加入植物性增香物质或药材制成,如人参葡萄酒、鹿茸葡萄酒等。此类酒因加入香料或药材,往往有特殊浓郁的香气或滋补功效。

果酒类以葡萄酒的产量和分类最多，现将葡萄酒的分类方法介绍如下，其他果酒可参考划分。

一是按酒的颜色分为红葡萄酒、白葡萄酒、桃红葡萄酒。二是按酒中含糖多少分为干葡萄酒（含糖量≤4.1/L）、半干葡萄酒（含糖量 4.1～12.1/L）、半甜葡萄酒（含糖量 12.1～50.1/L）和甜葡萄酒（含糖量≥50.1/L）。三是按酿造工艺分为天然葡萄酒、加强葡萄酒、加香葡萄酒。四是按是否含二氧化碳分为平静葡萄酒、起泡葡萄酒、加气起泡葡萄酒。另外，还有餐前酒（开胃酒）、佐餐酒、餐后酒之分。

2. 果酒酿造原理

果酒酿造是利用酵母菌将果汁或果浆中可发酵性糖类经酒精发酵作用成酒精，再在陈酿澄清过程中经酯化、氧化、沉淀等作用，制成酒液清晰、色泽鲜美、醇和芳香的果酒的过程。

(1) 酒精发酵过程及其产物

酒精发酵是酵母菌在无氧状态下将葡萄糖分解成酒精、二氧化碳和少量甘油、高级醛醇类物质，并同时产生乙醛、丙酮酸等中间产物的过程。在此过程，形成了果酒的主要成分酒精及一些芳香物质。

① 酒精

酒精是果酒的主要成分之一，为无色液体，具有芳香和带刺激性的甜味。其在果酒中的体积百分比即为酒度，含酒精 1%，即为 1 度。酒精的高低对果酒风味影响很大。酒度太低，酒味淡寡，通常 11% 以下很难有酒香，而且酒精必须与酸、单宁等成分相互配合才能达到柔和的酒味。酒精含量的增加还可以抑制多数微生物的生长，这种抑菌作用能保证果酒在低酸、无氧条件下较长期保存。酒精来源于酵母的酒精发酵，同时，产生二氧化碳并释放能量，因此在发酵过程中，往往伴随有气泡的逸出与温度的上升，特别是发酵旺盛时期，要加强管理。

② 甘油

甘油味甜且稠厚，可赋予果酒以清甜味，增加果酒的稠度。在干酒含较多甘油而总酸不高时，会产生自然的甜味，使果酒口味清甜圆润。甘油主要由磷酸二羟丙酮转化而来，少部分由酵母细胞所含卵磷脂分解产生。葡萄的含糖量高、酒石酸含量高、添加二氧化硫等能增加甘油含量，低温发酵不利于甘油的生成。

③ 乙醛

乙醛是酒精发酵的副产物，由丙酮酸脱羧产生，也可在发酵以外由酒精氧化而来。乙醛是葡萄酒的香味成分之一，但过多的游离乙醛则使葡萄酒有苦味和氧化味。通常，酒中的乙醛大部分与二氧化硫结合形成稳定的乙醛－亚硫酸化合物，这种物质不影响葡萄酒的质量，陈酿时由于氧化或产膜酵母的作用，乙醛含量会有所增加。

④ 醋酸

高级醇又称乙酸，是葡萄酒中主要的挥发酸，由乙醛及酒精氧化而形成。在一定范围内，醋酸是葡萄酒良好的风味物质，赋予葡萄酒气味和滋味。但含量超过 1.5g/L 时，就会破坏果酒风味，有明显的醋酸味。

⑤ 琥珀酸

它是酵母代谢副产物，其生成量约为酒精的 1%，由乙醛生成或谷氨酸脱氨、脱羧并氧

化而来。琥珀酸的存在可增加果酒的爽口感,其乙酯是某些葡萄酒的重要芳香成分。

⑥ 高级醇

又称杂醇油,指含两个以上碳的一元醇。主要有异丙醇、异丁醇、丁醇、活性戊醇等。高级醇是果酒二类香气的主要成分,一般含量很低,过高会使果酒具有不愉快的粗糙感。主要来源于氨基酸还原脱氨及糖代谢。

(2) 陈酿过程及化学变化

新酿成的果酒浑浊、辛辣、粗糙、不适宜饮用,必须经过一定时间的贮存,以消除酵母味、苦涩味、生酒味和 CO_2 刺激味等,使酒质透明、醇和芳香。这一过程称酒的陈酿或老熟。陈酿过程发生了一系列化学变化,这些变化中,以酯化反应及氧化还原反应对酒的风味影响大。

① 酯化反应

酯化反应是指有机酸和醇发生的反应,反应产生酯类物质。葡萄酒中的酯类物质包括生化酯类和化学酯类,前者是在发酵过程中形成的,如乙酸乙酯;而后者就是在陈酿过程中经酯化反应形成的。酯类物质都具有一定的香气,是果酒香气的主要来源之一。

酯化反应速度较慢,在陈酿的前两年,酯的形成速度较快,以后逐渐减慢,直至停止。一般影响酯化反应的因素主要有温度、酸的种类、pH 及微生物等。温度与酯化反应速度成正比,在葡萄酒贮存过程中,温度越高,酯的生成量也越高,这是葡萄酒进行热处理的依据;果酒中有机酸种类不同,其形成酯的速度也不同,而且产生的芳香也不同。对于总酸在 0.5% 左右的葡萄酒来说,如通过加酸促进酯的生成,以加乳酸效果最好,柠檬酸次之,苹果酸其次,琥珀酸较差;在混合液中,则以等量的乳酸和柠檬酸为最好。加酸量以加 0.1% ~0.2% 的有机酸为适当。氢离子是酯化反应的催化剂,因此,pH 对酯化反应的影响很大。在同样条件下,pH 降低一个单位,酯的生成量增加一倍;微生物种类不同,形成酯的种类和数量有一定差异。

② 氧化还原反应

氧化还原反应是果酒加工中一个重要的反应,它直接影响到产品的品质。无论是在新酒或老酒中都不允许有痕量游离状的溶解氧,但果酒在加工中,由于表面接触、搅动、换桶、装瓶等操作都会溶入一些氧气。氧化还原反应一方面可以通过酒中的还原性物质,如单宁、色素、维生素 C 等除去酒中游离氧的存在;另一方面,还原反应还促进了一些芳香物质的形成,对酒的芳香和风味影响很大。

(3) 果酒酿造微生物

果酒酿造的成败及品质与所参与的微生物种类有着最直接的关系。凡有霉菌和细菌等微生物参与时,果酒酿造必然失败或品质劣变。只有酵母菌才是果酒酿造的主要微生物,但其品种很多,且生理特性各异,故必须选择优良菌种用于果酒酿造。

① 葡萄酒酵母

葡萄酒酵母又称椭圆酵母,是酿造葡萄酒的主要酵母。一般附在葡萄果皮上,细胞透明,形状从圆形到长柱形不等,25℃培养在固体培养基上培养 3 天,菌落呈乳白色,边缘整齐,菌落隆起、湿润、光滑。其发酵的主要特点:发酵力强,即产酒精的能力强,可使酒精含量达到 12% ~16%,最高达 17%;产酒率高,可将果汁中的糖最大限度地转化为酒精;抗逆性强,即葡萄酒酵母能忍耐 250mg/L 以上的二氧化硫,而其他有害微生物则已全部被杀死;生

香性强,在果汁(浆)中,甚至在麦芽中,发酵后能产生典型的葡萄酒香味。

葡萄酒酵母是果酒酿造中最重要的微生物,它能将发酵液中的绝大部分糖转化为酒精。同时它不仅是葡萄酒酿造的优良菌种,而且对苹果酒、柑橘酒等其他果酒也属较好的菌种,故有果酒酵母之称。另外,巴氏酵母、尖端酵母也常参与酒精发酵。巴氏酵母多作用于发酵后期;尖端酵母多在发酵初期进行发酵,一旦酒精达到5%,即停止发酵,让位于葡萄酒酵母。

② 其他微生物

除酵母类群外,乳酸菌也是果酒酿造的重要微生物,一方面能把苹果酸转化为乳酸,使新葡萄酒的酸涩、粗糙等缺点消失,同时变得醇厚饱满,柔和协调。但当乳酸菌在有糖存在时,易分解糖成乳酸、醋酸等,使酒风味变坏。

在果酒酿造中,要抑制霉菌、醭酵母及醋酸菌等有害微生物的生长繁殖,防止果酒风味劣变。

(4) 影响果酒酵母及酒精发酵的因素

① 温度

温度是影响发酵的最重要因素之一。液态酵母活动的最适温度为20℃~30℃,20℃以上,其繁殖速度随温度升高而加快,至30℃达到最大值,34℃~35℃时,繁殖速度迅速下降,至40℃时停止活动。一般情况下,发酵危险温度区为32℃~35℃,所以这一温度称为发酵临界温度。在生产中应尽量避免温度进入发酵危险区,且不能在温度进入危险区后才开始降温,因为这时酵母菌的生长繁殖能力已经受到影响。

通常,依发酵温度的不同,将发酵分为高温发酵和低温发酵。30℃以上为高温发酵,其发酵时间短,但口味粗糙,杂醇、醋酸等含量高。20℃以下为低温发酵,其发酵时间长,但有利于酯类物质的生成,果酒风味好。一般认为红葡萄酒发酵最佳温度为26℃~30℃;白葡萄酒和桃红葡萄酒发酵最佳温度为18℃~20℃。

② 酸度(pH)

酵母菌在pH 2~7范围内均可以生长,并以pH 4~6生长最好,发酵力最强。但一些细菌也生长良好,因此,在实际生产中,将pH控制在3.3~3.5之间。此时细菌往往受到抑制,而酵母菌发酵正常。但pH<3.0时发酵也会受到抑制。

③ 氧气

酵母菌为兼性厌氧微生物,在氧气充足时,大量繁殖酵母细胞,只产生极少量酒精;在缺氧时,繁殖缓慢,产生大量酒精。因此,在果酒发酵初期,应适当供给氧气,以达到酵母菌繁殖所需,之后应密闭发酵。对发酵停滞的葡萄酒经过通氧可恢复其发酵力。生产起泡葡萄酒时,二次发酵前轻微通氧,有利于发酵的进行。

④ 压力

压力可以抑制CO_2的释放,从而影响酵母的生长繁殖,抑制酒精发酵。但即使100MPa的高压,也不能杀死酵母菌。当CO_2含量达到15g/L时,酵母菌才停止生长,这就是充CO_2法保存鲜葡萄汁的依据。

⑤ SO_2

果酒发酵中添加SO_2主要是为了抑制有害微生物的生长。葡萄酒酵母可耐1g/L的SO_2。在果汁中含10mg/L SO_2时,对酵母菌无明显作用,而其他杂菌则被抑制。当SO_2含量达到50mg/L时，发酵仅延迟18～20h，但其他微生物则完全被杀死。

⑥ 酒精

酒精是酵母菌的代谢产物，不同酵母菌对酒精的耐力有很大的差异。大多数酵母菌在酒精浓度达到2%时，就开始抑制发酵，如尖端酵母在酒精浓度达到5%就不能生长，而葡萄酒酵母则可忍受16%～17%的酒精。所以，自然酿制的果酒不可能生产过高酒度，必须通过蒸馏或添加纯酒精才生产高度果酒。

⑦ 糖分

糖浓度影响酵母菌的生长和发酵。糖度为1%～2%时，能促进发酵，但糖度高于25%时，就会抑制发酵，达到60%以上时，发酵几乎停止。因此，在生产高酒度果酒时，要采用分次加糖的方法，以保证发酵的顺利进行。

3. 果酒酿造工艺

葡萄酒是我国最大宗的果酒品种，在此主要介绍葡萄酒的酿造。

(1) 工艺流程

优质红、白葡萄酒的酿造工艺流程分别见图6-7和图6-8。

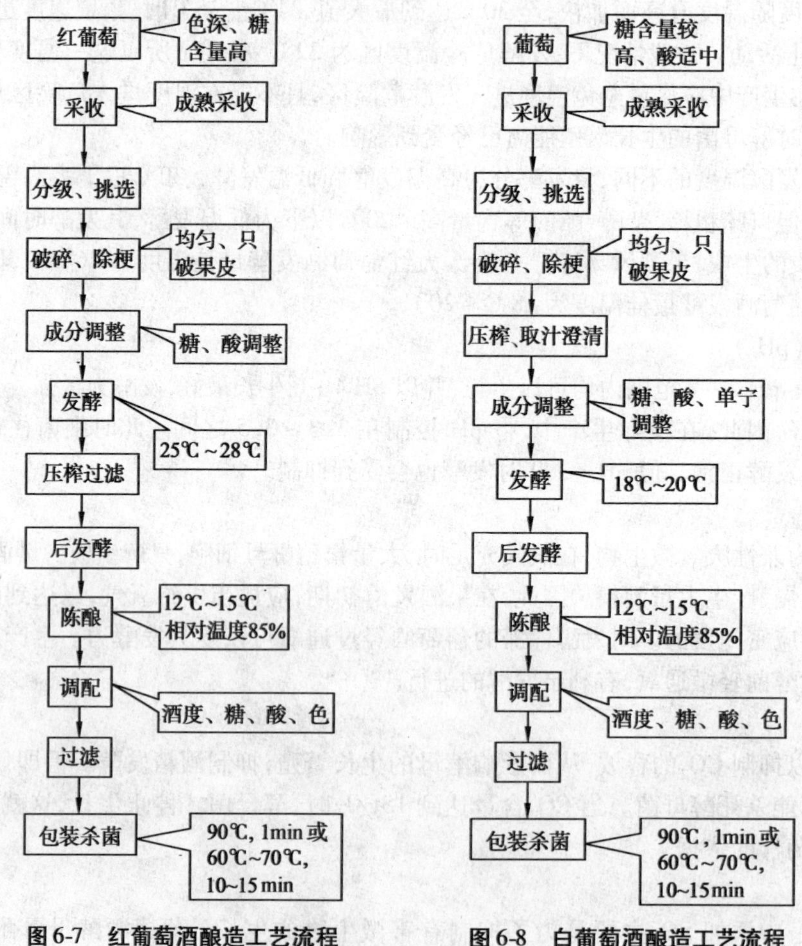

图6-7 红葡萄酒酿造工艺流程　　图6-8 白葡萄酒酿造工艺流程

（引自赵晨霞《园艺产品贮藏与加工》）

(2) 工艺要点

① 原料选择

葡萄的酿酒适性好,任何品种的葡萄都可酿出葡萄酒,但只有具有优良酿酒品质的葡萄才能酿出优质葡萄酒。葡萄酒的品质是先天于原料,后天于技术。因此,原料的选择至关重要,必须建立良种化、区域化的酒用葡萄生产基地。

红葡萄酒要求原料色深、糖分含量高(21g /100mL 以上)、酸分适中(0.6 ~ 1.2g/100mL)、单宁丰富、风味浓郁、果香典型、完全成熟,糖分、色素达到最高而酸分适宜时采收。主要品种有赤霞珠、梅鹿辄、黑比诺等。

白葡萄酒要求原料充分成熟,具有含糖、含酸量较高,香气浓郁,出汁率高。主要品种有霞多丽、雷司令、贵人香、长相思、白雅等。

葡萄的成熟状态直接影响葡萄酒的质量,甚至葡萄酒的类型。葡萄的成熟期可根据固酸比来判断,每一个品种在特定区域内都有较为固定的采收期。此外,采收期还受酿酒类型的影响,如白葡萄酒比红葡萄酒的原料要求稍早采收,冰葡萄酒则要求葡萄在树上结冰后再采摘。

② 发酵液的制备与调整

发酵液的制备与调整包括葡萄的选别、破碎、除梗、压榨、澄清及汁液的调整等工序,是发酵前的预处理工序。进厂后的原料应首先进行选别,除去霉变,腐烂果粒。为了酿制不同等级的酒,还应进行分级。

a. 破碎、除梗

将果粒压碎使果汁流出的操作称破碎。其目的便于榨汁、增加酵母与果汁的接触、有利于红葡萄酒色素的浸出、易于 SO_2 的均匀利用和物料的运输等。破碎只要求破碎果肉,不伤及种子及果梗,以防止单宁和糖苷等物质的溶入而增加果酒苦涩味。同时破碎的葡萄不能与铁铜接触,以防止这些金属溶于酒中引起破败病。

破碎后的原料要立即将果浆与果梗分离,即除梗。除梗可防止因果梗中苦涩物质增加酒的苦味,还可减少发酵醪体积,便于运输。但除梗一般只用于红葡萄酒的酿造,对白葡萄酒不作除梗,破碎后立即压榨,这样可利用果梗作为助滤剂,提高榨汁效果。除梗可用除梗破碎机使破碎除梗一起完成。

b. 压榨、澄清

压榨是将葡萄汁或刚发酵完成的新酒分离出来的操作。白葡萄酒先压榨后取净汁发酵;红葡萄酒则带渣发酵,在主发酵完成后及时压榨取出新酒。在破碎后不加压力自行流出的葡萄汁称自流汁,加压之后流出的汁称压榨汁。自流汁占果汁的 50% ~55%,其质量好,宜单独发酵酿制优质酒。在压榨中应尽量快速,以防止果汁氧化和减少浸提。

澄清是酿制白葡萄酒的特殊工序,以便取得澄清果汁发酵。由于压榨汁中仍带有一些不溶性物质,在发酵中会产生不良效果,给酒带来杂味。用澄清果汁制取的白葡萄酒胶体稳定性好,对氧作用不敏感,酒色淡,芳香稳定,酒质爽口。澄清方法有静置澄清、皂土澄清、酶法澄清、离心分离等。

c. 葡萄汁成分调整

为了克服原料因品种、环境、栽培管理等原因造成的糖、酸、单宁等成分含量与酿酒要求不符，在发酵前必须对葡萄汁成分进行调整，以确保葡萄酒的质量。

糖分调整：糖是酒精生成的基质。根据酒精生成反应式，理论上1分子葡萄糖生成2分子酒精，或者180g葡萄糖生成92g酒精。则1g葡萄糖将生成0.511g或0.64mL酒精（在20℃时酒精相对密度为0.794 3）或0.64°酒精。换言之，生成1°酒精需要葡萄糖1.56g或蔗糖1.475g。但实际上酒精发酵因消耗或其他产物生成，每生成1°酒精只需1.7g葡萄糖或1.6g蔗糖。

一般葡萄汁含糖量为14～20g/100 mL，只生成8°～11.7°酒精，葡萄酒酒精浓度要求为12°～13°乃至16°～18°。提高酒度的方法，一是发酵前补加糖使生成足量浓度的酒精；二是发酵后补加同品种高浓度蒸馏酒或经处理的食用酒精，但优质葡萄酒一般用补加糖的方法。

一般常用添加精制白砂糖的方法提高果汁含糖量。根据1.79g葡萄糖生成1°酒精计算，每千克砂糖溶于水后体积增加625 mL，故加糖量可按下式计算：

$$X = \frac{V(1.7A - B)}{100 - 1.7A \times 0.625}$$

式中　X—应加砂糖量（kg）；

V—果汁总体积（mL）；

1.7—产生1°酒精所需的糖量；

A—发酵要求的酒精度（°）；

B—果汁含糖量（g/100mL）；

0.625—单位质量砂糖溶解后的体积系数。

在生产上，为了方便起见，可用经验数字，即如果发酵生成12°～13°酒精，则用230～240减去果汁原有的糖量。果汁含糖量高时（150g/L以上），可用230，含糖量低（150g/L以下）时，则用240。

加糖时，先用少量果汁将糖溶解，再加到大批果汁中。在生产高酒度果酒时，要分次加糖，以不影响酵母的正常活动为适宜。另外，还可以通过添加浓缩果汁的方法提高糖度。

酸分调整：酸在葡萄酒酿造过程中起着重要作用，它可抑制细菌的生长繁殖，使发酵顺利进行；同时使红葡萄酒颜色鲜明、酒味清爽，并使酒具有柔软感；与醇生成酯，增加酒的芳香；增加酒的贮藏性和稳定性。

葡萄酒发酵要求酸度为0.8～1.29g/100mL为适宜。若酸度低于0.65g/100mL或pH大于3.6时，可添加同类高酸果汁，或用酒石酸对葡萄汁直接增酸，但国际葡萄与葡萄酒协会规定酒石酸最高用量不能超过1.59g/L；若酸度过高，可用酸度低的果汁调整或加糖浆降低及用降酸剂如酒石酸钾、碳酸钙、碳酸氢钾等中和降酸。

另外，有些葡萄品种单宁含量偏低，可适量添加单宁或用单宁含量高的果汁调整，以满足果酒发酵要求。对于红葡萄酒，应在酒精发酵前添加少量酒石酸，有利于色素物质的浸提。

d. SO_2处理

在发酵醪或酒液中加入SO_2，以便发酵顺利进行或有利于葡萄酒的贮藏。SO_2在酒中的作用表现为杀菌、澄清、抗氧化、增酸、使色素和单宁溶出、优化风味等。但使用不当或过量，

也会产生怪味并对人体健康产生危害，并可推迟葡萄酒的成熟。

使用的SO_2有气体SO_2、液体亚硫酸及固体亚硫酸盐等。其用量因原料含糖量、含酸量、温度、杂菌含量及酒的类型不同而不同，一般为30～100 mg/L。

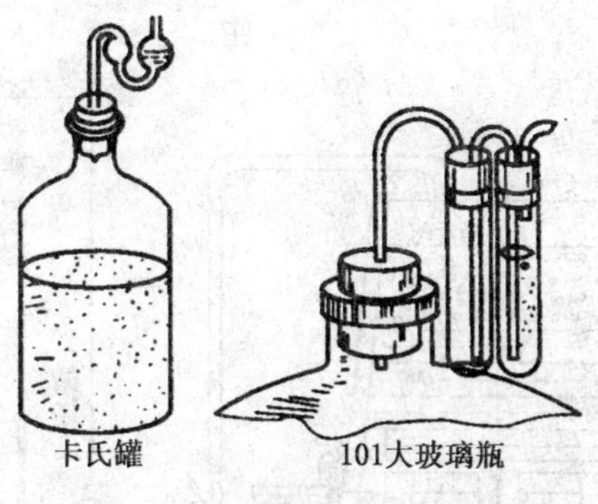

图 6-9 卡氏罐、大玻璃瓶与发酵栓的使用

（引自赵晨霞《果蔬贮藏与加工》）

③ 酒精发酵

a. 发酵设备

发酵设备有酒母培养设备和果酒发酵设备。主要有卡氏罐、酒母桶、发酵桶、发酵罐及发酵池。设备要求不渗漏、能密封、不与酒液起反应。使用前应洗涤，用SO_2或甲醛熏蒸消毒处理（图 6-9）。

b. 酒母的制备

酒母即经扩大培养后加入发酵醪的酵母液，生产上需经三次扩大培养后才使用。分别称一级培养、二级培养、三级培养，最后用酒母桶培养。

一级培养：于发酵开始前 10 天左右进行，取新鲜、健康澄清葡萄汁，分别装入经干热灭菌的洁净试管或三角瓶内，试管装量为 1/4，三角瓶则为 1/2，然后在常压下沸水杀菌 1h 或 58kPa 下 30 min，冷却至常温后，在无菌条件下接入活化好的固体斜面酵母菌种，摇动果汁分散菌体。在 25℃～28℃恒温下培养 24～48h，发酵旺盛时，可供下级培养。

二级培养：用干热灭菌的洁净三角瓶或烧杯（1 000mL）装入 1/2 新鲜葡萄汁，灭菌冷却后接入试管酵母液二支或三角瓶酵母液一支，在 25℃～28℃恒温下培养 20～24h。

三级培养：取洁净、消毒的卡氏罐或 10～15L 大玻璃瓶，装上发酵栓后加 70% 容积的葡萄汁，在常压下杀菌 1h，待冷却后加入SO_2，使其含量为 80 mg/L。放置 1 天后无菌接入二支二级培养酵母，摇匀，在 25℃～28℃下恒温培养，至发酵旺盛后，可供再扩大使用。

酒母培养：可用酒母罐或 200～300L 带盖木桶或不锈钢桶培养。容器用SO_2消毒后，装入容量为 60%～80% 的 12°～14° 的葡萄汁，接入 5%～10% 的三级培养酵母，在 28℃～30℃下培养 1～2 天，即可作为生产用酒母。此酒母可直接加入发酵液中，一般用量为 2%～10%。

酒母制备费工费时，易染杂菌，通常可采用活性干酵母。此种酵母活细胞含量高，贮藏性好，常温保质可达 2 年以上，使用方便。活性干酵母用量一般为（50～100）mg/L，使用前用 10 倍左右 30℃～35℃温水或稀释 3 倍的葡萄汁将酵母活化 20～30min，即可加入发酵醪中发酵。也可将干酵母直接加入发酵醪中，但用量应加大。

c. 主发酵及其管理

葡萄酒的发酵过程分主发酵与后发酵两过程，将发酵送入发酵容器到新酒出桶的过程为主发酵（前发酵），是酒精生成主要阶段。

红葡萄酒发酵：传统红葡萄酒发酵均采用葡萄浆发酵，以便发酵与色素浸提同步完成。其发酵方法有开放式发酵和密闭式发酵两种（图 6-10、6-11）。前者接触空气，酵母繁殖快，发酵强度大，升温快；后者不与空气接触可避免氧化和微生物污染，芳香物质挥发少，酒精浓度较高。因此,目前生产上多用新密闭式发酵。

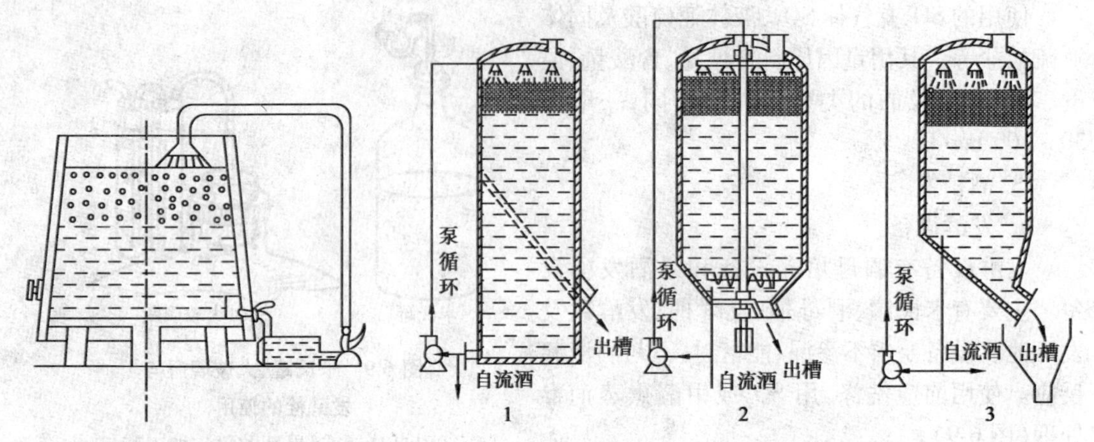

图 6-10　开放式发酵池　　　　图 6-11　几种密闭式发酵罐

(引自瞿衡等《酿酒葡萄栽培及加工技术》)

将经预处理后的葡萄浆送入发酵设备中,充满系数为 80% 为宜,接入酒母即开始发酵。发酵初期为酵母繁殖期。此时液面平静,随后有微弱 CO_2气泡产生,表示发酵已开始。之后随着酵母繁殖速度加快,CO_2逸出增多,品温升高。发酵进入旺盛期。此时管理要注意控制品温,温度宜在 30℃以下,不低于 15℃,最适宜温度为 25℃ ~28℃,同时注意空气的供给,以促进酵母的繁殖,常将果汁从桶底放出,再用泵呈喷雾状返回桶中,或通入过滤空气。

发酵中期为酒精发酵期。此时品温升高,有大量 CO_2逸出,甜味渐减,酒味渐增,皮渣上升在液面结成浮渣层(酒帽),高潮时,品温升到最高,酵母细胞数保持一定水平。随后,发酵势减弱,CO_2释放减少,液面接近平静,品温下降至近室温,糖分减少至 1% 以下,酒精积累接近最高汁液开始清晰,皮渣和酵母部分开始下沉,酵母细胞数逐渐死亡减少,即主发酵结束。在管理上主要是控制品温在 30℃以下,并不断翻汁,破除酒帽。

白葡萄酒发酵:白葡萄酒发酵进程及管理与红葡萄酒基本相同,不同之处在于取净汁发酵,白葡萄汁中一般缺少单宁,在发酵前应按 4 ~5 g/100L 添加单宁物质,有利于提高酒质。

白葡萄酒的发酵温度较红葡萄酒低,一般要求 18℃ ~20℃,不宜超过 30℃,低温酿制酒色浅、香味浓。主发酵期为 2 ~3 周,在发酵高潮时,可不加发酵栓,让 CO_2顺利排出。

d. 分离和后发酵

主发酵结束后,应及时出桶,以免酒脚中的不良物质过多渗出,影响酒的风味。出桶分离时,不加压自行流出的酒为自流酒。压榨酒渣获得的为压榨酒,最初的 2/3 压榨酒可与自流酒混合,进入后发酵阶段。将酒转入消过毒的贮酒桶中,留 5% ~10% 空间,安装发酵栓进入后发酵。此时,由于分离时酒中混入空气,使酵母复苏,可将残糖发酵完全,即为后发酵。后发酵比较微弱,宜在 20℃下进行。经 2 ~3 周,已无 CO_2放出,残糖在 0.1% 左右,表示后发酵完成。将发酵栓取下,用同类酒添满,加盖严密封口。待酵母、皮渣全部下沉后,及时换桶,分离沉淀,转入陈酿。

白葡萄酒主发酵结束后，可迅速降温至 10℃～12℃，静置 1 周后，倒桶除酒脚，同样以同类酒添满，严密封闭，再进入贮存陈酿。

④ 陈酿

新酿成的葡萄酒浑浊、辛辣、粗糙、不适宜饮用。必须经一定时间贮存，以消除酵母味、生酒味、苦涩味和 CO_2 刺激味等，使酒质清晰透明，醇和芳香。这个过程称酒的陈酿或老熟。

a. 陈酿过程

成熟阶段：葡萄酒经氧化还原等化学反应，以及聚合沉淀等物理化学反应，使酒中的不良风味物质减少，芳香物质增加，蛋白质、果胶、酒石等沉淀析出，从而风味得到改善，酒体澄清，口味醇和。一般这一过程需要 6～10 个月甚至更长。

老化阶段：在成熟阶段结束后，一直到成品装瓶前，这一过程是在隔绝空气条件下完成的。随着酒中氧的减少，经过还原作用，不但使葡萄酒增加芳香物质，同时也逐渐产生陈酒香气，使酒的滋味变得更柔和。

衰老阶段：此阶段酒的品质开始下降，特殊的果香成分逐渐减少，酒石酸和苹果酸相对减少，乳酸增加，使酒体品质受到一定的影响，故葡萄酒的贮存期不能一概而论。

b. 贮酒期管理

环境条件：温度控制在 12℃～15℃，以地窖为佳。相对湿度以 85% 较适宜，既防止酒的挥发，又可减少霉菌的繁殖。酒窖内要定期通风，保持空气新鲜，无异味和 CO_2 的积累。注意保持贮酒室的卫生，定期熏硫，每年用石灰浆加 10%～15% 硫酸铜喷刷墙壁。

添桶：由于酒中 CO_2 逸出，酒液蒸发损失、温度的降低以及容器的吸收渗透等原因造成贮酒容器内液面下降，容易引起醭酵母活动，必须及时用同批葡萄酒重新添满。

换桶：也称倒桶。即将酒液从一个容器倒入另一个容器的过程。目的是清除酒脚，释放 CO_2，吸入一定 O_2，加速酒的成熟。换桶时间及次数因酒质不同而异，酒质较差应提早换桶并增加换桶次数。一般当年 12 月在空气中换桶一次，翌年 2～3 月在隔绝空气中换第二次，11 月换第三次，以后根据情况每年换 1 次或两年 1 次。换桶应选择在低温无风时进行。

下胶澄清：可参阅果汁澄清部分。

冷热处理：自然陈酿葡萄酒需要 1～2 年，甚至更长。冷热处理可以加速陈酿，缩短酒龄，提高酒的稳定性。冷处理是将葡萄酒置于高于酒的冰点温度 0.5℃的环境下，放置 4～5 天，最多 8 天。可加速酒中胶体及酒石酸氢盐等的沉淀，使酒液清澈透明，苦涩味减少。热处理可促进酯化作用，加速蛋白质凝固，提高酒的稳定性及杀菌灭酶作用。但目前热处理的温度和时间尚无统一定论，一般认为，以 50℃～52℃处理 25 天 效果为好，并且需在密闭条件下进行，防止酒精及芳香物质的挥发。另外，冷热交互处理比单一处理效果更好，生产上已有应用。

⑤ 成品调配

葡萄酒的成分极为复杂，不同葡萄品种、生产年份、发酵方式、贮存时间使葡萄酒的品质各不相同。为了使同一品种的葡萄酒保持其固有的品质，提高酒质和改良酒的缺点，常在葡萄酒出厂前对成品酒进行调配。

成品调配包括勾兑和调整两项内容。勾兑是选择原酒，并按适当比例混合。目的是使不同品质酒互相取长补短。调整是对勾兑酒的某些成分进行调整或标准化。调整的指标主

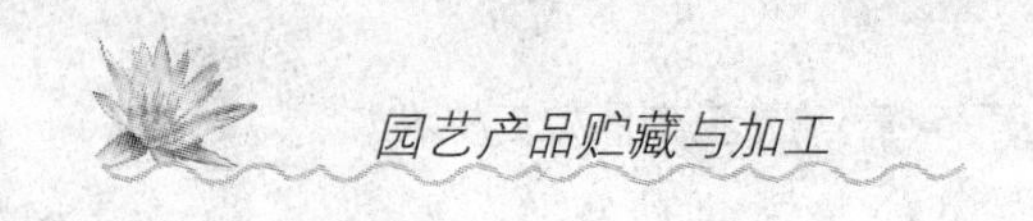

要有以下内容。

酒度：原酒的酒精度若低于产品标准，用同品种高度酒调配，或同品种葡萄蒸馏酒或精制食用酒精调配。

糖分：糖分不足，用同品种浓缩果汁或精制砂糖调整。

酸分：酸分不足可加柠檬酸补充，1g 柠檬酸相当于 0.935g 酒石酸，酸分过高可用中性酒石酸钾中和。

颜色：红葡萄酒若色调过浅，可用深色葡萄酒或糖色调配。

⑥ 过滤、包装、杀菌

过滤：为了获得澄清透明的葡萄酒，包装前需先行过滤。过滤可采用薄板过滤机或微孔薄膜过滤器等完成。其中，微孔薄膜过滤器能有效地除去酒中的微生物，实现无菌罐装。

包装与杀菌：葡萄酒常用玻璃瓶包装，优质葡萄酒配软木塞封口。装瓶时，空瓶先用 2% ~4% 碱液，在 30℃ ~50℃ 的温度下浸泡除污，再用清水冲洗，后用 2% 亚硫酸溶液冲洗消毒。

葡萄酒的杀菌分装瓶前杀菌和装瓶后杀菌。装瓶前杀菌是将葡萄酒经巴氏杀菌后再趁热装瓶密封；装瓶后杀菌是将酒先装瓶密封后，再经 60℃ ~75℃ 、10 ~15min 杀菌。另外，对酒度在 16°以上的干葡萄酒及含糖 20% 以上、酒度在 11°以上的甜葡萄酒，可不进行杀菌。

装瓶、杀菌后的葡萄酒，再经一次光验，合格品即可贴标、装箱、入库。对用软木塞封口的酒瓶应倒置或卧放。

5. 果酒生产中常见的质量问题及控制措施

(1) 变色

葡萄酒在加工中会出现颜色变化，如白葡萄酒变褐色、粉红色。

白葡萄酒的褐变主要是由酒中所含有的少量色素物质，如叶绿素、胡萝卜素、叶黄素在陈酿期间因氧化作用而变为褐色。

控制措施：使用二氧化硫和惰性气体，可防止氧化反应的发生。

白葡萄酒变粉红色是由于酒中的黄酮接触空气变为粉红色的黄盐。这是由酒中原花色贰引起的。

控制措施：可用酪素，除去酒中不稳定的前体。

(2) 微生物病害

微生物对葡萄酒组分的代谢可以破坏酒的胶体平衡，使酒出现雾浊、浑浊、沉淀和风味变化。这些微生物通常有酵母菌、醋酸菌、乳酸菌。

控制措施：破碎后立刻加 100 ~125mg/L 二氧化硫；白葡萄酒贮存时进行冷冻处理；酒装瓶前巴氏杀菌、无菌过滤或添加防腐剂；一旦出现微生物病害，可结合加热杀菌处理，杀菌温度为 55℃ ~65℃。

(3) 铁、铜破败病

当葡萄酒中含铁、铜量过高时，容易发生铁、铜破败病。铁破败病又有白色破败病和蓝色破败病之分。白葡萄酒中常发生白色破败病，造成酒液呈白色浑浊；蓝色破败病常在红葡萄酒中发生，使酒液呈蓝色浑浊。铜破败病常发生于白葡萄酒中，使酒液有红色沉淀产生。

控制措施：降低果酒中铁、铜含量。将 120mg/L 的柠檬酸加入葡萄酒中可以防止铁破

败病的发生,膨润土——亚铁氰化钾可以除去过多的铁、铜离子;防止铜破败病可通过皂土澄清、使用硫化钠使铜离子沉淀除去或离子交换除铜。

6.2.2 果醋酿造

果醋在我国主要是利用残次的果皮、果屑、果心等为原料加工,一直是以残次品的利用为目的,发展较慢。但在欧美及日本等国家,果醋的生产、消费量很大,种类也很多,如苹果醋、蜜柑醋、梨醋、柿醋、葡萄醋、蜂蜜醋等。而且,很多果醋因具有特殊的保健功效而被作为保健饮品饮用。目前,国内也开始有保健果醋的生产。

1. 果醋发酵原理

果醋的发酵需经经两个阶段。一是酒精发酵阶段;二是醋酸发酵阶段,最后生成醋酸。如以果酒为原料则只进行醋酸发酵。

酒精发酵阶段如前果酒酿造。下面主要阐述醋酸发酵理论。

(1) 醋酸发酵微生物

醋酸菌大量存在于空气中,种类繁多,对酒精的氧化速度有快有慢,醋化能力有强有弱。果醋生产用醋酸菌要求菌种要耐酒精,氧化酒精能力强,分解醋酸产生 CO_2 和水的能力要弱。

在生产上常用的醋酸菌种有白膜醋酸杆菌和许氏醋酸杆菌等,其中以恶臭醋酸杆菌混浊变种(As1.41)和巴氏醋酸菌亚种(泸酿 1.01)为主。在我国,目前多用恶臭醋酸杆菌混浊变种(As1.41)为生产菌株,其在固体培养基上培养后表现:菌落隆起,平坦光滑,呈灰白色,菌细胞呈杆形链状排列;该菌为好气菌,最适培养温度为 28℃ ~30℃ ,最适生酸温度为 28℃ ~33℃ ,最适 pH 为 3.5 ~6.0,能耐酒精 8% 以下,最高产酸 7% ~9%。

(2) 醋酸发酵作用

醋酸发酵是利用醋酸菌将酒精氧化为醋酸(乙酸)的过程,即醋化作用。从酒精转化为醋酸可分为两个阶段:

第一阶段:酒精在酒精脱氢酶作用下氧化成乙醛,

$$CH_3CH_2OH + 1/2O_2 \longrightarrow CH_3CHO + H_2O$$

第二阶段:乙醛吸收一分子水形成水合乙醛,再由乙醛脱氢酶氧化成醋酸,

$$CH_3CHO + H_2O \longrightarrow CH_3CH(OH)_2$$

$$CH_3CH(OH)_2 + 1/2O_2 \longrightarrow CH_3COOH + H_2O$$

在理论上,一分子酒精能生成一分子醋酸,即 100g 酒精生成 130.4g 醋酸,而实际产率低得多,只是理论数的 85% 左右。其原因一是醋化时的挥发损失,特别是在空气流通和温度较高的环境下损失更多;二是在醋酸发酵过程中,除醋酸外,还生成了其他产物,如高级脂肪酸、琥珀酸等,这些物质在陈酿时与酒精生成酯类,赋予果醋芳香;还有部分醋酸被再氧化生成二氧化碳和水,以维持其生命活动,故生产上常灭菌防止醋酸的进一步氧化损失。

(3) 影响醋酸菌及其发酵的因素

① 氧气

果酒中的溶解氧愈多,醋化作用就愈快愈完全。醋酸菌是好氧微生物,氧气量的高低对醋酸菌的活动有很大影响。随着乙酸、酒精的浓度增高及温度的提高,醋酸菌对氧气的敏感性增强。因此,在发酵中期,乙酸、酒精含量都较高,温度也较高,醋酸菌处于旺盛产酸阶段,应增加氧气供给;而后期,已进入醋酸菌衰老死亡期,可少量供氧。

② 温度

醋酸菌最适繁殖温度是20℃~32℃,最适产酸温度是30℃~35℃。一般温度低于10℃,醋化作用就进行困难,达到40℃以上时,醋酸菌即停止活动。

③ 酒精、乙酸 果酒中酒精度在14°以下时,醋化作用能正常进行并能使酒精全部转化为醋酸,但当酒精度超过14°,醋酸菌不能忍受,繁殖迟缓,生成物以乙醛居多,醋酸产量甚少。

醋酸是醋酸发酵产物,随着醋酸含量的增多,醋酸菌活动也逐渐减弱,当酸度达到某一限度,其活动完全停止。一般醋酸菌可忍受8%~10%的醋酸浓度。

④ 其他

用果酒生产果醋时,若果酒中二氧化硫含量过多,则对醋酸菌具有抑制作用;光线对醋酸菌的发育也有害,其中以白色最强,红色最弱。因此,醋酸发酵应在黑暗处进行。

2. 果醋酿造工艺

(1)醋母的制备

优良的醋酸菌种,可从优良的醋醅或未灭菌生醋中采种繁殖,也可以从各科研单位及大型醋厂选购。

① 固体培养

取浓度为1.4%豆芽汁或6°酒液100mL、葡萄糖3g、酵母膏1g、碳酸钙2g、琼脂2~2.5g,混合,加热熔化,分装于干热灭菌的试管中,每管4~5mL,在1kg/cm^{2}压强下灭菌15~20min,取出,趁未凝固前加入50°酒精0.6mL,制成斜面,冷却后,在无菌操作下接原种,26℃~28℃恒温下培养2~3天即可。

② 液体扩大培养

取果酒100mL、葡萄糖0.3g、酵母膏1g,装入干热灭菌的500~800mL三角瓶中,灭菌,接种前加入75°酒精5mL,随后接入斜面固体培养的菌种1~2针,在26℃~28℃恒温下培养2~3天即成。注意在培养过程中应采取震荡培养或每天定时摇瓶6~8次,以供给充足的空气。

培养成熟的菌种,可再接入扩大20~25倍的准备醋酸发酵的酒液中培养,以制成醋母供生产使用。一般醋母的质量为总酸(以醋酸计)1.5%~1.8%,革兰染色阴性,无杂菌,形态正常。

(2) 工艺流程

果醋酿造分液体酿造和固体酿造两种。现主要介绍液体酿造工艺(图6-12)。

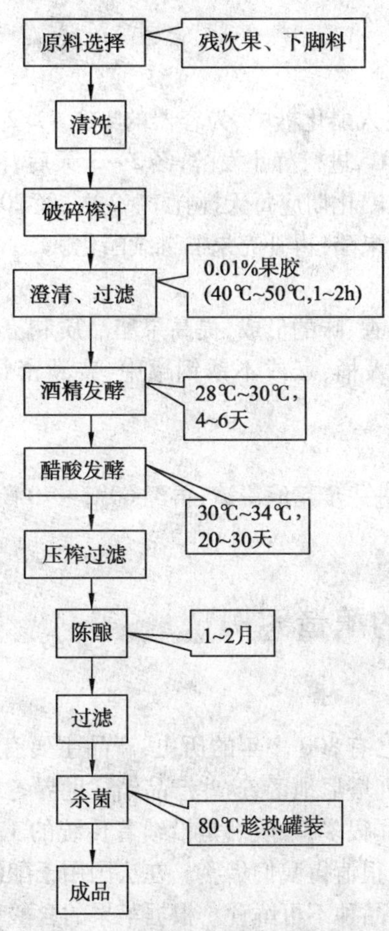

图 6-12 果醋液体酿造工艺流程

（引自赵晨霞《园艺产品贮藏与加工》）

(3) 工艺要点

① 原料选择

原料要求无腐烂变质、无药物污染的成熟原料。果醋的酿造可用残次裂果及果渣等下脚料。

② 清洗

将原料充分冲淋洗涤。用一定浓度的盐酸或氢氧化钠溶液浸泡洗涤,以减少农药污染。

③ 破碎、榨汁

用破碎机将原料破碎处理。破碎后应马上进行压榨取汁。在取汁前,可进行热处理,以提高取汁率,同时起到灭菌、灭酶的作用。具体方法是蒸汽加热 95℃ ~98℃,处理时间 20min。

④ 澄清、过滤

加入 2% 用黑曲霉制成的麸曲或 0.01% 果胶酶进行澄清处理,保持温度 40℃ ~50℃,时间 1 ~2h,汁液经过滤,使之澄清。

⑤ 酒精发酵

将澄清果汁降温至 30℃,接入酒母 10%,维持品温 28℃ ~30℃,进行酒精发酵 4 ~6 天

后,果汁酒精度为5°~8°。

⑥ 醋酸发酵

保持酒精度为5°~8°,装入醋化器中,为容器的1/3~1/2,接种醋母液5%左右,搅匀,保持发酵液温度在30℃~35℃,进行静止发酵,经2~3天后,液面有薄膜出现,证明醋酸菌膜已形成,醋酸发酵开始。在醋化期应每天搅拌1~2次,经20~30天左右醋化结束。取出大部分果醋,留下醋膜及少量果醋,再补充果酒继续醋化。

⑦ 陈酿

为了进一步提高果醋色、香、味的形成,提高果醋品质和澄清度,醋酸发酵后,要进行果醋的陈酿。陈酿时将果醋装入桶、坛或不锈钢罐中,装满密封,静置1~2月即完成陈酿过程。

⑧ 过滤、灭菌

陈酿后的果醋经压滤机进一步精滤澄清,再经60℃~70℃温度杀菌10min,并趁热装瓶即为果醋成品。

6.2.3 园艺产品的酿造实例

1. 法国苹果酒

法国生产苹果酒到目前已有800多年的历史,产品主要有Cidre,Pommuea和Calvados。产区主要集中在诺曼底和布列塔尼地区,这些产品销往世界各地,并且享有一定的声誉。法国的苹果酒应用的新技术并非很多,一般都是沿续着传统的工艺,但他们在选择原料、酿造技术上确有自己的独到之处,很值得我们借鉴。在法国用于酿酒的苹果品种有800多种,常见的有500多种,用于酿酒的品种不可鲜食。根据苹果的含酸量大体将苹果分为两类,酸度≥3g/L(H_2SO_4)为酸苹果,酸度<3g/L(H_2SO_4)又按单宁含量不同分为甜苹果、甜苦苹果和苦苹果。制作苹果酒的酿酒师一般采用混合品种发酵,及少进行单品种发酵。Cidre,Pommueu,Calvados产品各有特点,其中Cidre是一种香槟型果酒,酒度一般为4°~6°,糖度50~60g/L,100%原汁发酵。

(1) 工艺流程

苹果→清洗→选果→二次清洗→破碎→榨汁→氧化→酶解→澄清→发酵→过滤→接种→灌装→二次发酵→成品。

(2) 操作要点

原料选择:酿酒师根据产品要求,确定苹果品种的比例,一般经验为先加工酸苹果,后加工其他品种苹果。

破碎:进行机械破碎,但不能将种子打破。

榨汁:工厂一般采用带式榨汁机和气囊式榨汁机两种。带式榨汁机榨出的汁分一次汁、二次汁、三次汁等。其中一次汁最清,气囊式榨汁机榨出的汁都一样。两种设备的出汁率一般在60%~70%。

氧化:榨出的苹果汁在空气中暴露2h,促进氧化反应,目的是丰富成品Cidre的口味。

酶解澄清:果汁中加入果胶酶,同时加入$CaCl_2$(0.1~0.15g/L),酶解温度一般

10℃～12℃，完成时间 4～8 天，酶解时果汁自然暴露空气中，反应时絮状物上浮，逐渐在果汁表面形成一层“帽子”一样的东西，随着反应的进行，“帽子”越来越厚，果汁越来越清，当“帽子”盖未形成裂纹时抽取清汁。抽取方法是将罐中苹果汁倒入一个公升盆中，再从公升盆倒入另一发酵罐中，目的是将清汁接触空气，为发酵提供足够的氧。

发酵：采用自然发酵法。发酵温度控制 10℃～12℃，发酵时果汁装满罐，产生的 CO_2 通过上盖的呼吸阀放出，发酵时间 2 个月左右。

过滤：发酵结束时，酒度 3°～5°（体积比）残糖 60～80g/L，这时用硅藻土过滤机过滤，若过滤出的酒不是很澄清，陈酿一段时间还要进行二次过滤，一般从果汁到澄清的原酒共过滤 3～4 次，在过滤时要特别注意设备和环境卫生，要消毒彻底，不能染菌，过滤后的原酒有时要加硫。

接种：在澄清的原酒中，加入苹果活性干酵母，加入量为 2～4 g/100L，苹果干酵母事先经过活化，接入原酒中打循环，要求混合均匀。

灌装：进行等量灌装，要求香槟瓶耐压 $10kg/cm^2$。

二次发酵：二次发酵在瓶中完成，要求发酵温度 10℃～12℃，发酵时间 2 个月，残糖在 50g/L 左右。

Cidre 在出售之前，一般厂家都要请专家品尝组对酒进行品尝，确定是否在标签上标注 AOC（原产地保护），Cidre 成品都是浑浊的，因为二次发酵酵母在瓶中繁殖，并且一直保留在瓶中，这和一般的葡萄香槟不大一样。

2. 猕猴桃酒

（1）工艺流程

原料选择→原料处理→主发酵→分离、压榨→后发酵→调配、陈酿→配酒、过滤→装瓶。

（2）操作要点

原料选择：选择充分成熟、柔软的果实为原料。剔除生硬果、腐烂果、病虫害果。

原料处理：将果实洗净沥干，然后用人工或破碎机破碎为浆状。破碎时加适量软水。

主发酵：将果浆放在已消毒的坛子或水泥池内进行自然发酵。果浆装入量为容器容积的 80%。果浆入池后加入 5%（果浆重）含糖 8.5% 的酵母糖液。发酵初期要供给充足的空气，使酵母加速繁殖。发酵中、后期需密闭容器。发酵温度控制在 25℃～30℃。为了防止杂菌感染，每 100kg 果浆中加入 7～8g 亚硫酸。发酵期间每天搅拌 2 次，待含糖量降至 0.5% 以下，发酵液无声音和无气泡产生时即为主发酵终点。一般持续 5～6 天。

分离、压榨：主发酵结束后，立即把果渣和酒液分离，先取出自流汁，然后将果皮、果渣放入压榨机榨出酒液，转入后发酵。

后发酵：主发酵后的酒液中还有少量糖未转化为酒精，可将酒液的酒度调到 12°，在严格消毒的容器内保温 20℃～25℃，发酵 1 个月左右再行分离。

调配、陈酿：把后发酵的酒液用虹吸法分离沉淀，再用食用酒精调酒度至 16°～18°，然后放在地下室内密封陈酿 1～2 年。

配酒、过滤：用食用酒精将陈酿酒的酒度调至 15°～16°，再行过滤，即为成品酒。

装瓶：将过滤后的成品酒装入消过毒的洁净玻璃瓶内，立即压盖密封，贴标入库。

(3) 质量指标

成品呈金黄色,透亮,具有猕猴桃酒特有的芳香和陈酒醇香,酒度16°~18°,含糖12%,总酸为0.6%。

3. 苹果醋

(1) 液体酿制法

先将残次落果用流动的清水漂洗一遍,剔除果实中发霉、腐烂等变质的部分,然后再用清水冲洗干净。

先用破碎机将洗净的苹果破碎成1~2cm的小块,再用螺旋榨汁机压榨取汁。苹果汁易发生酶褐变,可在榨出的汁液中加入适量的维生素C,防止酶褐变。

将果汁加热至70℃,维持20~30min以杀灭细菌。在灭过菌的果汁中加入3%~5%的酵母液进行酒精发酵。发酵过程中每天搅拌2~4次,维持品温30℃左右,经过5~7天发酵完成。注意品温不要低于16℃,或高于35℃。

将上述发酵液的酒度调整为7°~8°,盛于木制或搪瓷容器中,接种醋酸菌液5%左右。用纱布遮盖容器口,防止苍蝇、醋鳗等侵入。发酵液高度为容器高度的1/2,液面浮以格子板,以防止菌膜下沉。在醋酸发酵期间控制品温30℃~35℃,每天搅拌1~2次,10天左右即醋化完成。取出大部分果醋,消毒后即可食用。留下醋坯及少量醋液,再补充果酒继续醋化。

(2) 固体发酵法

先将清洗过的破碎果实称重。按原料重量的3%加入麸皮和5%的醋曲,搅拌均匀后堆成1~1.5m高的圆堆或长方形堆,插入温度计,上面用塑料薄膜覆盖。每天倒料1~2次,检查品温3次,将温度控制在35℃左右。10天后,原料发出醋香,生面味消失,品温下降,发酵停止。完成发酵的原料称为醋坯。

将醋坯和等量的水倒入下面有孔的缸中(缸底的孔先用纱布塞住)泡4h后即可淋醋,这次淋出的醋称为头醋。头醋淋完以后,再加入凉水,淋二醋。一般将二醋倒入新加入的醋坯中,供淋头醋用。

固体发酵法酿制的果醋经过1~2个月的陈酿即可装瓶。

装瓶密封后需置于70℃左右的热水中杀菌10~15min。

6.3 园艺产品的罐制技术及实例

罐藏技术始于18世纪末19世纪初,由法国人阿培尔所发明,距今已有200多年的历史。当初由于对引起食品腐败变质的主要因素——微生物还没有认识,故技术上发展较慢,到1864年法国人巴斯德发现了微生物,为罐藏技术奠定了理论基础,使罐藏技术得到较快速发展,并成为食品工业的重要组成部分。

园艺产品罐藏就是将果蔬原料经预处理后密封在容器或包装袋中,通过杀菌工艺杀灭大部分微生物的营养细胞,在维持密闭和真空的条件下,得以在室温下长期保存的加工技术。

6.3.1 罐制原理

罐藏食品之所以能长期保藏就在于借助罐藏条件(排气、密封、杀菌)杀灭罐内所引起败坏、产毒、致病的有害微生物,破坏原料组织中的酶活性,同时应用真空使可能残存的微生物在无氧条件下无法生长活动,并保持密封状态使食品不再受外界微生物的污染来实现的。

食品的腐败主要原因就是由于微生物的生长繁殖和食品内所含有酶的活动导致的。而微生物的生长繁殖及酶的活动必须要具备一定的环境条件,食品罐藏机制就是要创造一个不适合微生物生长繁殖活动的基本条件,从而达到能在室温下长期保藏不坏的目的。

1. 罐制品与微生物的关系

微生物的生长繁殖是导致罐制品败坏的主要原因之一。罐制品如果杀菌不够,残存在罐头内的微生物当环境条件适于其生长活动时,或密封缺陷而造成微生物再污染时,就能造成罐制品的败坏。

食品中常见的微生物主要有霉菌、酵母和细菌。其中霉菌和酵母广泛分布于大自然中,耐低温的能力强,但不耐高温,一般在正常的罐藏条件下均不能生存,因此,导致罐制品败坏的微生物主要是细菌。目前所采用的热杀菌理论和标准都是以杀死某类细菌为依据。

依据细菌对氧的要求可将它们分为嗜氧、厌氧和兼性厌氧菌。在罐藏食品方面,嗜氧菌因罐制品的排气密封而受到限制,而厌氧菌仍能活动,如果在热杀菌时没有被杀死,则会造成罐制品的败坏。

不同的微生物具有不同的生长适宜的 pH 范围。pH 对细菌的重要作用是影响其对热的抵抗能力,pH 愈低,在一定温度下,降低细菌及芽孢的抗热力愈显著,也就提高了热杀菌的效应。绝大多数罐头食品的 pH 都在 7.0 以下,属酸性。根据食品酸性强弱,可分为酸性食品(pH 4.5 或以下)和低酸性食品(pH 4.5 以上)。在生产中对 pH 4.5 以下的酸性食品(水果罐头、番茄制品、酸泡菜和酸渍食品等),通常热杀菌温度不超过 100℃;对 pH 4.5 以上的低酸性食品(如大多数蔬菜罐头和肉禽水产等),通常杀菌温度在 100℃以上,这个界限的确定就是根据肉毒梭状芽孢杆菌在不同 pH 下的适应情况而定的,低于此值,生长受到抑制不产生毒素,高于此值适宜生长并产生致命的外毒素。

根据微生物对温度的适应范围,细菌可分为嗜冷性细菌(10℃ ~20℃)、嗜温性细菌(25℃ ~36.7℃)和嗜热性细菌(50℃ ~55℃)。故嗜温(热)性细菌对罐制品的威胁很大,目前罐制品的杀菌主要是以杀死这类细菌及其芽孢。

2. 罐制品杀菌条件的确定

罐制品的杀菌不同于细菌学上的灭菌,不是杀死所有的微生物,前者是在罐藏条件下杀死造成食品败坏的微生物即达到"商业无菌"状态,同时罐头在杀菌时也破坏了酶活性,从而保证了罐内食品在保质期内不发生腐败变质。

(1) 杀菌对象的选择

各种罐制品因原料的种类、来源、加工方法和加工卫生条件等不同,使罐制品在杀菌前存在着不同种类和数量的微生物。生产上不可能对所有的不同种类的细菌进行耐热性试验,而是选择最常见的耐热性最强并有代表性的腐败菌或引起食品中毒的细菌作为主要的杀菌对象。

罐制品的酸度(pH)是选定杀菌对象菌的重要因素。不同pH的罐制品中常见的腐败菌及其耐热性各不相同。一般来说,pH在4.5以下的酸性罐制品中,霉菌和酵母菌这类耐热性低的作为主要杀菌对象,在杀菌中比较容易控制和杀灭。而pH在4.5以上的低酸性罐制品,杀菌的主要对象是那些在无氧或微氧条件下,仍然活动而且产生芽孢的厌氧性细菌,这类细菌的芽孢抗热力最强。在罐藏食品工业上,通常采用能产生毒素的肉毒梭状芽孢杆菌的芽孢子作为杀菌对象。

(2) 罐头食品杀菌条件的确定

罐制品合理的杀菌工艺条件,是确保罐制品质量的关键,而杀菌工艺条件主要是确定杀菌温度和时间。杀菌工艺条件制定的原则是在保证罐藏食品安全性的基础上,尽可能地缩短杀菌时间,以减少热力对食品品质的影响。

杀菌温度的确定是以杀菌对象菌为依据,一般以对象菌的热力致死温度作为杀菌温度。杀菌时间的确定则受多种因素的影响,在综合考虑的基础上,通过计算确定。

① 微生物耐热性的常见参数值

试验证明,细菌被加热致死的速率与被加热体系里现存细菌数成正比。这表明热致死规律按对数递减进行,它意味着在恒定热力条件下,在相等时间间隔内,细菌被杀死的百分比是相等的,与现存细菌多少无关。

*D*值:在一定的环境和一定热致死温度条件下(如121℃),杀死90%原有微生物芽孢或营养体细菌数所需要的时间(min)。*D*值的大小与微生物的耐热性有关,*D*值愈大,它的耐热性愈强,杀灭90%微生物芽孢所需的时间愈长。

*Z*值:若以热力致死时间的对数值为纵坐标,以温度变化为横坐标,则可得到一条直线,即热力致死温度时间曲线(图6-13)所示,我们把热力致死温度时间曲线横过一个对数循环周期,即加热致死时间变化10倍时所需的温度称之为*Z*值。*Z* =10,表示杀菌温度提高10℃,则杀死时间就减为原来的1/10。*Z*值愈大,说明微生物的抗热性愈强。

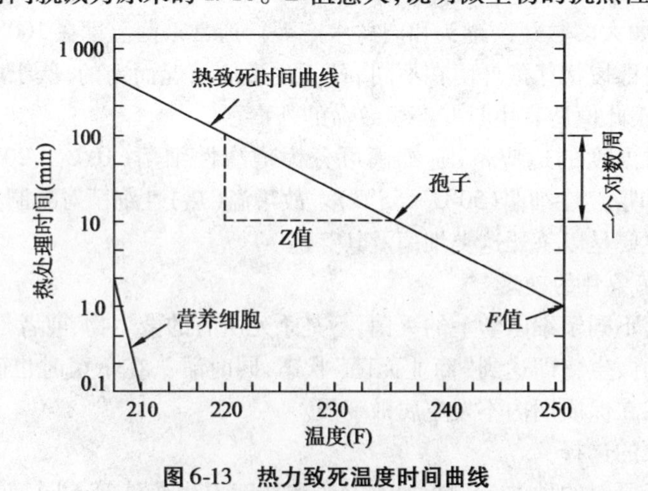

图6-13 热力致死温度时间曲线

(引自赵晨霞《园艺产品贮藏与加工》)

*F*值:在恒定的加热标准温度条件下(121 ℃ 或100 ℃),杀灭一定数量的细菌营养体

或芽孢所需的时间(min),称为 F 值,也称为杀菌效率值、杀死致死值或杀菌强度。

F 值包括安全杀菌 *F* 值和实际杀菌条件下的 *F* 值两个内容。安全杀菌 *F* 值是在瞬时升温和降温的理想条件下估算出来的,安全杀菌 *F* 值也称为标准 *F* 值,它被作为判别某一杀菌条件合理性的标准值。它的计算是通过对罐制品杀菌前罐内微生物检测,选出该种罐制品常被污染的对象菌的种类和数量并以对象菌的耐热性参数为依据,用计算方法估算出来的。

而在实际生产中,罐制品杀菌都有一个升温和降温的过程。在该过程中,只要在致死温度下都有杀菌作用,所以可根据估算的安全杀菌 *F* 值和罐制品内食品的导热情况制定杀菌公式来进行实际实验,并测其杀菌过程罐制品中心温度的变化情况,来算出实际杀菌 *F* 值。实际杀菌 *F* 值应略大于安全杀菌 *F* 值,如果小于安全杀菌 *F* 值,则说明杀菌不足,应适当提高杀菌温度或延长杀菌时间;如果大于安全杀菌 *F* 值很多,则说明杀菌过度,应适当降低杀菌温度或缩短杀菌时间,以提高和保证食品品质。

② 杀菌公式

杀菌条件确定后,通常用杀菌公式的形式来表示,即把杀菌温度、杀菌时间排列成公式的形式。一般杀菌公式为

$$\frac{T_1-T_2-T_3}{t}$$

式中　T_1——升温时间(min);

T_2——恒温杀菌时间(保持杀菌温度时间,min);

T_3——降温时间(min);

t——杀菌温度(℃)。

3. 影响罐制品杀菌效果的主要因素

影响罐制品杀菌的因素很多,主要有微生物的种类和数量、食品的性质和化学成分、杀菌的温度、传热的方式和速度等。

(1) 微生物的种类和数量

不同的微生物抗热能力有很大的差异,嗜热性细菌耐热性最强,芽孢又比营养体更加抗热。食品中所污染的细菌数量,尤其是芽孢数越多,同样的致死温度下所需的时间就越长,表 6-1 列出了孢子数量与致死时间的关系。

表 6-1　孢子数量与致死时间的关系(引自赵丽芹《园艺产品贮藏加工学》)

每毫升的孢子数	在 100℃下的致死时间(min)	每毫升的孢子数	在 100℃下的致死时间(min)
72 000 000 000	230 ~ 240	650 000	80 ~ 85
1 640 000 000	120 ~ 125	16 400	45 ~ 50
320 000 000	105 ~ 110	328	35 ~ 40

食品中细菌数量的多少取决于原料的新鲜程度和杀菌前的污染程度。所以采用的原料要求新鲜清洁,从采收到加工及时,加工的各工序之间要紧密衔接,尤其是装罐以后到杀菌之间不能积压,否则,罐内微生物数量将大大增加而影响杀菌效果。同时工厂要注意卫生管理、用水质量以及与食品接触的一切机械设备和器具的清洁和处理,使食品中的微生物减少到最低限度,否则都会影响罐头食品杀菌的效果。

(2) 食品的性质和化学成分

① 食品的 pH

食品的酸度对微生物耐热性的影响很大,对于绝大多数产生芽孢的微生物在 pH 中性范围内耐热性最强,pH 升高或降低都会减弱微生物的耐热性。特别是在偏向酸性,促使微生物耐热性减弱作用更明显。根据 Bigefow 等研究,好气菌的芽孢在 pH 为 4.6 的酸性条件培养基中,121℃,2min 就可杀死,而在 pH 为 6.1 的培养基中则需要 9min 才能杀死。图 6-14 所示为肉毒梭状芽孢杆菌在不同 pH 下其芽孢致死时间变化关系,肉毒杆菌芽孢在不同温度下致死时间的缩短幅度随 pH 的降低而增大。

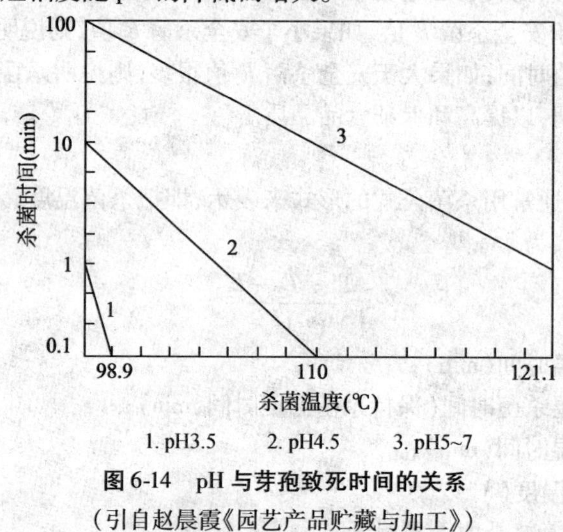

图 6-14　pH 与芽孢致死时间的关系

(引自赵晨霞《园艺产品贮藏与加工》)

由于食品的酸度对微生物及其芽孢的耐热性的影响十分显著,所以细菌或芽孢在低 pH 条件下是不耐热处理的,因而在低酸性食品中加酸,以提高杀菌和保藏效果。

② 食品中的化学成分

食品中的糖、淀粉、蛋白质、盐等对微生物的耐热性也有不同程度的影响。糖浓度越高,杀灭微生物芽孢所需的时间越长,浓度很低时,对芽孢耐热性的影响很小;淀粉、蛋白质能增强微生物的抗热性;低浓度的食盐对微生物的抗热性具有保护作用,高浓度的食盐对微生物的耐热性有削弱作用。

(3) 传热的方式和传热速度

罐制品杀菌时,热的传递主要是借助热水或蒸汽为介质,因此杀菌时必须使每个罐制品都能直接与介质接触。其次,热量由罐制品外表传至罐制品中心的速度,对杀菌有很大影响。影响罐制品食品传热速度的因素主要有罐藏容器的种类和型式、食品的种类和装罐状态、罐制品的初温、杀菌锅的形式和罐制品在杀菌锅中的状态等。

4. 罐头真空度及其影响因素

(1) 罐头真空度

罐头食品经过排气、密封、杀菌和冷却后,使罐头内容物和顶隙中的空气收缩,水蒸气凝结成液体或通过真空封罐、抽去顶隙空气,从而在顶隙形成部分真空状态。它是保持罐头食品品质的重要因素,常用真空度表示。罐头真空度是指罐外大气压与罐内气压之差,一般要

求在 26.6～40kPa。

(2) 影响罐头真空度的因素

① 排气密封温度

加热排气时，加热时间越长，则真空度越高；罐头密封温度越高，则形成的真空度就越大。

② 罐头顶隙大小

在一定范围内罐头顶隙愈大，真空度就愈大，但加热排气时，若排气不充分，则顶隙愈大，真空度就愈小。

③ 气温和气压

随着外界气温上升，罐内残留气体膨胀，真空度降低。海拔越高则大气压越低，使罐内真空度下降，海拔每升高 100m，真空度就会下降 1 066～1 200Pa。

④ 杀菌温度

杀菌温度愈高，则使部分物质分解而产生气体愈多，真空度就降低。

⑤ 原料状况

各种原料均含有一定的空气，空气含量越多，则真空度越低；原料的酸度越高，越有可能将罐头中的 H^+ 转换出来，从而降低真空度；原料新鲜度愈差，愈容易使原料分解产生各种气体，降低真空度。

6.3.2　罐藏容器

罐藏容器对于罐头食品的长期保存起着重要作用，而容器材料又是关键。罐藏容器材料要求：无毒、与食品不发生化学反应、耐高温高压、耐腐蚀、能密封、质量轻、价廉易得、能适合工业化生产等。国内外罐头食品常用的容器主要有马口铁罐、玻璃罐和蒸煮袋。

1. 马口铁罐

马口铁罐由两面镀锡的低碳薄钢板（俗称“马口铁”）制成。一般由罐身、罐盖、罐底三部分焊接而成，常称为三片罐。马口铁生产所用的钢板根据其耐腐蚀性能以及加工等要求的不同有 L 型、MR 型和 MC 型等，而使用最多的是 MR 型，其耐腐蚀性能最好。镀锡采用热浸法和电镀法两种，热浸法镀锡层厚度：$(1.5\sim2.3)\times10^{-3}$mm；电镀法镀锡层厚度：$(0.4\sim1.5)\times10^{-3}$mm，其镀锡层薄且均匀，有完好的耐腐蚀性，故生产上应用较为广泛。有些罐头因原料 pH 较低，或含有较多花青素，或含有丰富的蛋白质，故需采用涂料马口铁，即在马口铁与食品接触面涂上一层抗酸或抗硫的符合食品卫生的涂料，以防止食品成分与马口铁发生反应而引起败坏。在生产上选择何种马口铁，应该根据原料的特性、罐型大小、食品介质的腐蚀性能等情况综合考虑来决定。

2. 玻璃罐

合格的玻璃罐应呈透明状，无色或微带黄色，罐身应平整光滑，厚薄均匀，罐口圆而平整，底部平坦，具有良好的化学稳定性和热稳定性。玻璃罐的形式很多，但目前使用最多的是四旋罐，其次是卷封式的胜利罐。玻璃罐的关键是罐头的密封，四旋罐是由罐盖内侧的盖爪与罐颈螺纹相互吻合压紧垫圈而达到密封；胜利罐则通过封罐机的滚轮推压而达到密封的，其密封性好，但开启不便。

3. 蒸煮袋

蒸煮袋是由一种耐高压杀菌的复合塑料薄膜制成的袋状罐藏包装容器，俗称软罐头。蒸煮袋的特点是重量轻，体积小，易开启，携带方便，热传导快，可缩短杀菌时间，能较好地保持食品的色、香、味，可在常温下贮存，且质量稳定，取食方便。蒸煮袋包装材料一般是采用聚酯、铝箔、尼龙、聚烯烃等薄膜借助胶粘剂复合而成，一般有3~5层，多者可达9层。外层是12μm的聚酯，起加固及耐高温作用；中层为9μm的铝箔，具有良好的避光性，防透气，防透水；内层为70 μm的聚烯烃，具有良好的热封性能和耐化学性能，能耐121℃高温，又符合食品卫生要求。

6.3.3 加工工艺

1. 工艺流程

罐制品加工工艺流程见图6-15。

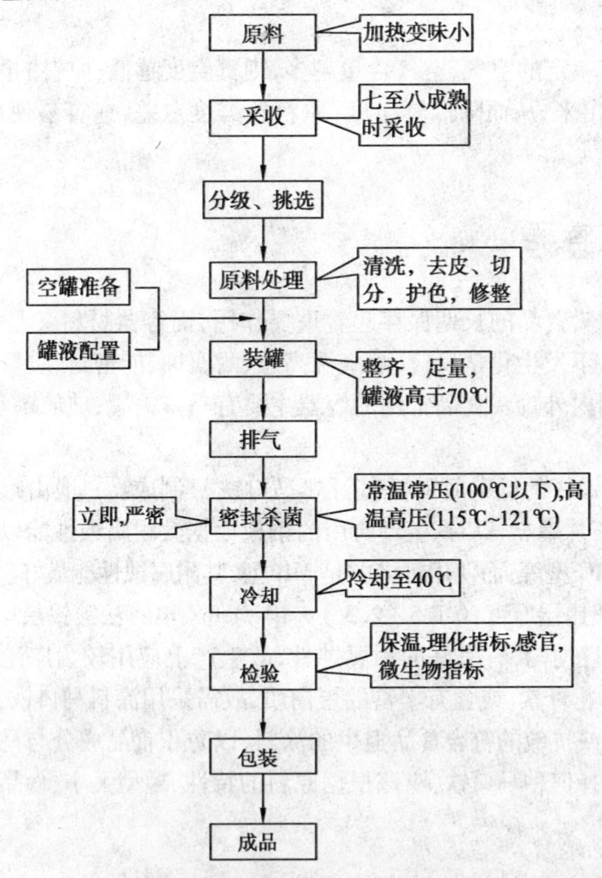

图6-15　罐制品加工工艺流程

（引自赵晨霞《园艺产品贮藏与加工》）

2. 工艺要点

(1) 原料选择及处理

罐藏原料的选择，是保证罐制品质量的关键。一般原料要求：具备优良的色、香、味，糖

酸含量高，比例适当，粗纤维少，无异味，大小适当，形状整齐，耐高温等。

常用的罐藏原料有柑橘、桃、梨、杏、菠萝、荔枝、番茄、竹笋、芦笋（石刁柏）、蘑菇、四季豆、甜玉米等。

原料的预处理主要包括清洗、选别、分级、去皮、切分、预煮（烫漂）等。

(2) 空罐准备

罐藏容器使用前必须对其进行清洗和消毒，以清除在运输和存放中附着的灰尘、微生物、油脂等污物，保证容器卫生，提高杀菌效率。

马口铁罐一般先用热水冲洗，然后用 100℃ 沸水或蒸汽消毒 30 ~ 60 min，倒置沥干水分备用。罐盖也进行同样处理，或用 75% 酒精消毒。玻璃罐应先用清水（或热水）浸泡，然后用带毛刷的洗瓶机刷洗，再用清水或高压水喷洗，倒置沥干水分备用。对于回收、污染严重的容器还要用 2% ~ 3% NaOH 液加热浸泡 5 ~ 10 min，或者用洗涤剂或漂白粉清洗。洗净消毒后的空罐要及时使用，不宜长期搁置，以免生锈或重新污染微生物。

(3) 填充液配制

果蔬罐藏时除了液态（果什、莱汁）和黏稠态食品（如番茄酱、果酱等）外，一般都要向罐内加注填充液，称为罐液或汤汁。果品罐头的罐液一般是糖液，蔬菜罐头多为盐水。

加注填充液能填补罐内除果蔬以外所留下的空隙，目的在于增进风味，排除空气，以减少加热杀菌时的膨胀压力，防止封罐后容器变形，减少氧化对内容物带来的不良影响，同时能起到保持罐头初温、加强热的传递，提高杀菌效果。

① 糖液配制

糖液的浓度，依水果种类、品种、成熟度、果肉装量及产品质量标准而定。我国目前生产的糖水果品罐头，一般要求开罐糖度为 14% ~ 18%。每种水果罐头加注糖液的浓度，可根据下式计算：

$$Y = \frac{W_3 Z - W_1 X}{W_2}$$

式中 W_1——每罐装入果肉质量（g）；

W_2——每罐注入糖液质量（g）；

W_3——每罐净重（g）；

X——装罐时果肉可溶性固形物质量分数；

Z——要求开罐时的糖液浓度（质量分数）；

Y——需配制的糖液浓度（质量分数）。

糖液浓度常用折光仪或糖度计来测定。由于液体密度受温度的影响，通常其标准温度多采用 20℃。若所测糖液温度高于或低于 20℃，则所测得的糖液浓度还需加以校正。

配制糖液的主要原料是蔗糖，其纯度要在 99% 以上，配糖液有两种方法，直接法和稀释法两种。直接法就是根据装罐所需的糖液浓度，直接按比例称取砂糖和水，置于溶糖锅中加热搅拌溶解并煮沸，过滤待用。而稀释法就是先配制高浓度的糖液，也称为母液，一般浓度在 65% 以上，装罐时再根据所需浓度用水或稀糖液稀释。另外，对于大部分糖水水果罐头而言都要求糖液维持一定的温度（65℃ ~ 85℃），以提高罐头的初温，确保后续工序的效果。

② 盐液配制

所用食盐应选用精盐，食盐中氯化钠含量在98%以上。配制时常用直接法按要求称取食盐，加水煮沸过滤即可。一般蔬菜罐头所用盐水浓度为1% ~4%。

对于配制好的糖液或盐液，可根据产品规格要求，添加少量的酸或其他配料，以改进产品风味和提高杀菌效果。

(4) 装罐工艺

经预处理后的原料应迅速装罐，不应堆积过多，以减少微生物污染机会，同时趁热装罐，还可提高罐头中心温度，有利于杀菌。

装罐量依产品种类和罐型大小而异。一般要求每罐的固形物含量为45% ~65%，误差3%。在装罐前首先进行分选，以保证内容物在罐内的一致性，使同一罐内原料的成熟度、大小、色泽、形态基本均匀一致，搭配合理，排列整齐。

装罐时应保留一定的顶隙，即指罐制品内容物表面和罐盖之间所留空隙的距离，一般要求为4 ~8mm。罐内顶隙的大小直接影响到食品的装罐量、卷边的密封、罐头真空度以及产品的腐败变质。此外，装罐时还应注意卫生，严格操作，防止杂物混入罐内，保证罐头质量。

果蔬罐头，因其原料及成品形态不一，大小、排列方式各异，所以多采用人工装罐，对于流体或半流体制品(果汁、果酱)，可用机械装罐。装罐时一定要保证装入的固形物达到规定重量，故必须每罐称重。

(5) 排气

排气是指食品装罐后，密封前将罐内顶隙间的、装罐时带入的和原料组织内的空气排出罐外的工艺措施，从而使密封后罐制品顶隙内形成部分真空的过程。

① 排气的目的

罐制品在保藏期间发生的腐败变质、品质下降以及罐内壁的腐蚀等不良变化，很大程度上是由于罐内残留了过多的氧气所致，所以在罐制生产工艺中，排气处理对罐制品质量好坏也有着至关重要的影响。

排气的目的在于防止或减轻因加热杀菌时内容物的膨胀而使容器变形，影响罐制品卷边和缝线的密封性，防止玻璃罐的跳盖；减轻罐内食品色、香、味的不良变化和营养物质的损失；阻止好气性微生物的生长繁殖；减轻马口铁罐内壁的腐蚀。因此，排气是罐制品生产中维护罐制品的密封性和延长贮藏寿命的重要措施。而影响排气效果的因素主要有排气温度和时间、罐内顶隙的大小、原料种类及新鲜度、酸度等。

② 排气方法

排气方法有热力排气、真空密封排气、蒸汽密封排气三种。

热力排气：利用空气、水蒸气和食品受热膨胀冷却收缩的原理将罐内空气排除，常用方法有热装罐排气和加热排气。热装罐排气就是先将食品加热到一定温度(75℃以上)后立即趁热装罐密封，主要适用于流体、半流体或组织形态不会因加热时搅拌而受到破坏的食品。加热排气是将装罐后的食品送入排气箱，在具有一定温度的排气箱内经一定时间的排气，使罐头的中心温度达到要求温度(一般在80℃左右)。加热排气的设备有链带式排气箱和齿盘式排气箱。

真空密封排气：借助于真空封罐机将罐头置于真空封罐机的真空室内，在抽气的同时进行密封的排气方法。此法排气的效果主要取决于真空封罐机室内的真空度和罐头的密封温度,室内的真空度高和罐头密封温度高,则所形成的罐头真空度就高。

蒸汽喷射排气:在罐制品密封前的瞬间,向罐内顶隙部位喷射蒸汽,由蒸汽将顶隙内的空气排除,并立即密封,顶隙内蒸汽冷凝后就形成部分真空。

(6) 密封

罐制品之所以能长期保存不坏,除了充分杀灭了能在罐内环境生长的腐败菌和致病菌外,主要是依靠罐藏容器的密封,使罐内食品与罐外环境完全隔绝,不再受到外界空气及微生物污染而引起腐败。故罐制品生产过程中严格控制密封的操作,保证罐制品的密封效果是十分重要的。

① 罐的密封

金属罐的密封是指罐身的翻边和罐盖的圆边进行卷封,使罐身和罐盖相互卷合,压紧而形成紧密重叠的卷边过程,所形成的卷边称为二重卷边。通常采用专门的封口机来完成。

② 玻璃罐的密封

玻璃罐的密封不同于金属罐,其罐身是玻璃,而罐盖是金属,一般为镀锡薄钢板制成。它的密封是通过镀锡薄钢板和密封圈紧压在玻璃罐口而形成密封的,由于罐口边缘与罐盖的形式不同,其密封方法也不同,目前主要有卷封式和旋开式。

③ 蒸煮袋的密封

蒸煮袋,又称复合塑料薄膜袋,一般采用真空包装机进行热熔密封,它主要依靠蒸煮袋内层的薄膜在加热时被熔合在一起而达到密封。热熔强度取决于蒸煮袋的材料性能以及热熔时的温度、时间和压力。常用的方法有电加热密封和脉冲密封。

(7) 杀菌

罐制品密封后,应立即进行杀菌。常用杀菌方法有常压杀菌和高压杀菌。

① 常压杀菌

适用于 pH 在 4.5 以下(酸性或高酸性)的水果类、果汁类和酸渍菜类等罐制品。常用的杀菌温度在 100℃或 100℃以下,杀菌介质为热水或热蒸汽。

② 加压杀菌

加压杀菌是在完全密封的加压杀菌器中进行,靠加压升温进行杀菌,适用于 pH 大于 4.5(低酸性)的大部分蔬菜罐制品。常用的杀菌温度为 115℃ ~121℃。在加压杀菌中,依传热介质不同分高压蒸汽杀菌和高压水杀菌,一般采用高压蒸汽杀菌。

(8) 冷却

杀菌完毕后,应迅速冷却,如冷却不及时,就会造成内容物色泽、风味的劣变,组织软烂,甚至失去食用价值。冷却分为常压冷却和反压冷却。

常压冷却:常压杀菌的铁罐制品,杀菌结束后可直接将罐制品取出放入冷却水池中进行常压冷却;玻璃罐制品则采用三段式冷却,每段水温相差 20℃。

反压冷却:加压杀菌的罐制品须采用反压冷却,即向杀菌锅内注入高压冷水或高压空气,以水或空气的压力代替热蒸汽的压力,既能逐渐降低杀菌锅内的温度,又能使其内部的压力保持均衡的消降。

一般罐头冷却至 38℃ ~43℃即可,然后用干净的毛巾擦干罐表面的水分,以免造成罐

外生锈。

(9) 检验

罐制品的检验是保证产品质量的最后工序,主要有内容物的检查和外观检查。

① 保温检验

在20℃时常温保存7昼夜或25℃条件下保存5昼夜,保温后按质量标准进行检验,合格产品包装。由于保温检验会造成罐制品色泽和风味的损失,所以目前许多企业已采用商业无菌检验。

② 感官检验

在室温下将罐制品打开,将内容物倒入白瓷盘中观察色泽、组织、形态是否符合标准;检验是否具该产品应有的滋味与气味,并评定其滋味和气味是否符合标准。

③ 理化检验

净含量、可溶性固形物含量及固形物含量按QBI007规定的方法检验;酸含量按GB/T12456规定的方法检验;氯化钠含量按GB/T12457规定的方法检验;重金属含量按GB/T5009.16、GB/T5009.12、GB/T5009.11规定的方法分别测定锡、铜、铅、砷的含量。

④ 微生物检验

按GB4789.26规定的方法检验。

⑤ 检验规则

按QBI006执行。

6.3.4 罐制品生产中常见质量问题及控制措施

罐制品生产过程中由于原料处理不当、加工不够合理、操作不慎、成品贮藏条件不适宜等,往往能使罐制品发生败坏。

1. 胀罐

合格的罐制品其底盖中心部位略平或呈凹陷状态。当罐制品内部的压力大于外界空气压力时,造成罐制品底盖鼓胀,形成胀罐或胖听。从胀罐的成因可分物理性胀罐、化学性胀罐、细菌性胀罐三种。

(1) 物理性胀罐

罐制品内容物装得太满,顶隙过小;加压杀菌后,降压过快,冷却过速;排气不足或贮藏环境变化等均可形成胀罐。

控制措施:严格控制装罐量;注意装罐时,顶隙大小要适宜,控制在4~8mm;提高排气时罐内中心温度,排气要充分,封罐后能形成较高的真空度;加压杀菌后降压冷却速度不能过快;控制罐制品适宜的贮藏环境。

(2) 化学性胀罐(氢胀罐)

高酸性罐制品中的有机酸与罐藏容器(马口铁罐)内壁起化学反应,产生氢气,导致内压增大而引起胀罐。

控制措施:防止空罐内壁受机械损伤,以防出现露铁现象;空罐宜采用涂层完好的抗酸性涂料钢板制罐,以提高罐藏容器对酸的抗腐蚀性能。

(3) 细菌性胀罐

由于杀菌不彻底或密封不严细菌重新侵入而分解内容物,产生气体,使罐内压力增大而造成胀罐。

控制措施:罐藏原料充分清洗或消毒,严格注意过程中的卫生管理,防止原料及半成品的污染;在保证罐制品质量的前提下,对原料的热处理必须充分,以杀灭产毒致病的微生物;在预煮水或填充液中加入适量的有机酸,以降低罐制品的 pH,提高杀菌效果;严格封罐质量,防止密封不严;严格杀菌环节,保证杀菌质量。

2. 罐藏容器腐蚀

影响罐藏容器腐蚀的主要因素有氧气、酸、硫及硫化合物及环境的相对湿度等。氧气是金属强烈的氧化剂,罐制品内残留氧的含量,对罐藏容器内壁腐蚀起决定性因素,氧气量愈多,腐蚀作用愈强;含酸量愈多,腐蚀性愈强;当硫及硫化物混入罐制品中,易引起罐内壁的硫化斑;贮藏环境相对湿度过高,易造成罐外壁生锈、腐蚀等。

控制措施:排气要充分,适当提高罐内真空度;注入罐内的填充液要煮沸,以除去填充液中的 SO_2;对于含酸或含硫高的内容物,容器内壁一定要采用抗酸或抗硫涂料;贮藏环境相对湿度不能过大,保持在 70% ~75% 为宜。

3. 罐制品的变色与变味

由于罐制品内容物的化学成分之间或与罐内残留的氧气、包装的金属容器等作用而造成变色现象。如桃、杨梅等果实中花青素遇铁呈紫色,甚至使杨梅褪色;绿色蔬菜的叶绿素变色;桃罐头中酚类物质氧化变色等。在罐制品加工过程中因处理不当还会产生煮熟味、铁腥味、苦涩味及酸味等异味。

控制措施:选用含花青素及单宁低的原料加工罐制品;加工过程中注意护色处理;采用适宜的温度和时间进行热烫处理,破坏酶活性,排除原料组织中的空气;防止原料与铁、铜等金属器具相接触;充分杀菌,以防止平酸菌引起的酸败等。

4. 罐内汁液的混浊与沉淀

由于原料成熟度过高,热处理过度;加工用水中钙、镁等离子含量过高,水的硬度大;贮藏不当造成内容物冻结,解冻后内容物松散、破碎;杀菌不彻底或密封不严,微生物生长繁殖等均可造成罐内汁液的混浊与沉淀。

控制措施:加工用水进行软化处理;控制温度不能过低;严格控制加工过程中的杀菌、密封等工艺条件;保证原料适宜的成熟度等。

6.3.5　罐制品生产实例

1. 糖水板栗罐头

(1) 工艺流程

选料→去外壳→去内皮→修整→护色→预煮→冷却→装罐→灌糖水→封罐→杀菌→冷却。

(2) 操作要点

选料: 选新鲜饱满,风味正常;无虫蛀,无霉变,不发芽的栗子作原料。以单果质量 7g

以上的为佳。

去外壳：先在95℃～100℃的水中煮5～8min，冲凉后剥去外壳。

去果衣：用浓度10%～15%的氢氧化钠溶液，加热到90℃，倒入去壳栗子，处理时间约几分钟，使果仁表皮与果肉之间的果胶层溶解，果衣即可去除。此法适宜规模生产。少量生产可用热烫法。将除壳栗子仁倒入90℃～95℃的热水中烫数分钟，捞起趁热除去内衣。处理后立即冲洗。若是氢氧化钠去皮的，用1%左右的盐酸溶液中和，以除尽残留溶液。

修整、护色：用0.1%左右食盐和0.1%柠檬酸的混合液护色。在护色的同时，加以修整，除去残皮、黑斑点和损伤部分。

预煮、冷却：预煮液中加入0.05%～0.1%的乙二胺四乙酸二钠和0.1%～0.15%的明矾。预煮液的量约为栗子质量的2倍。预煮分三次进行。第一次在50℃～60℃的预煮液中煮10min；第二次在75℃～85℃的预煮液中煮15min；第三次在95℃～97℃的预煮液中煮25～30min，直到基本煮透为止。预煮也可用真空预煮法进行。在90.6～96kPa下预煮30～40min，以煮熟为宜。预煮后立即用流水冷却。

装罐、灌糖水：按市场需求装罐。并灌入浓度为30%左右的糖水。在糖水中加0.01%～0.02%乙二胺四乙酸二钠和0.1%～0.15%的明矾，以改善栗子色泽。配制糖水时切勿煮焦。

封罐：装罐后立即用真空度53.3kPa的真空封罐机封罐。并逐罐检查密封是否良好。密封不良的应及时处理。

杀菌、冷却：密封后及时杀菌，一般不得超过30min（杀菌公式为5′—7′/100℃）。杀菌后马上分段冷却至40℃左右。

（3）产品质量

栗仁呈淡黄至金黄色，色泽较一致，糖水允许稍有混浊和少量果肉碎屑存在。可溶性固形物含量不低于净重的55%。糖水浓度根据市场需要有16%～20%，25%～30%和35%～45%三种规格。每千克制品中重金属含量：锡不超过200mg，铜不超过10mg，铅不超过1mg。

2. 盐水蘑菇罐头

（1）工艺流程

选料→采运→护色、漂洗→预煮、冷却→分级、修整→复洗→装罐→排气→密封→杀菌→冷却→揩罐→入库。

（2）工艺要点

选料：宜选择色泽洁白、菌伞完整、无机械伤疤和病虫害的新鲜蘑菇，菌伞直径要求在4cm以下。

采运、护色、漂洗：蘑菇采后极易开伞和褐变。因此采后要立即进行护色处理，并避免损伤，迅速运送到工厂加工。护色方法有：用0.03%的焦亚硫酸钠浸泡2～3min，捞出后用清水浸没运送；或用0.1%该溶液浸泡2～10min，捞出用薄膜袋扎严袋口，放入箱内运送，运回车间后用流动水漂洗30～40min，进行脱硫并除去杂质。还可直接用0.005%的焦亚硫酸钠溶液将蘑菇浸没运送回厂，此浓度不必漂洗即可加工。

预煮、冷却：用0.1%的柠檬酸溶液将蘑菇煮沸8～10min、以煮透为准。蘑菇与柠檬酸液之比为1∶1.5，预煮后立即放入冷水中冷却。

分级、修整：按大、中、小将蘑菇分级，对泥根、菇柄过长及起毛、病虫害、斑点菇等进行修整。不见菌褶的可作整只或片菇。凡开伞（色不发黑）、脱柄、脱盖及菌盖不完整的做碎片菇用。

复洗：把分级、修整或切片的蘑菇再用清水漂洗 1 次，漂除碎屑，滤去水滴。

装罐：500g 玻璃罐装蘑菇量为 290g，注入 2.3% ~2.5% 的盐水（温度控制在 80℃以上，盐水中最好再加入：0.05% 的柠檬酸 +0.01% 的 EDTA +0.05% 异抗坏血酸钠）。

排气、密封：排气密封，罐中心温度要求达到 70℃ ~80℃；真空抽气为 0.047 ~0.053MPa。

杀菌、冷却：按杀菌式 10′— 20′— 反压冷却/121℃，杀菌后迅速冷却至 38℃左右。

(3) 产品质量

蘑菇呈淡黄色，汁液较清晰，无杂质；具有蘑菇应有的鲜美滋味和气味，无异味；略有弹性，不松软；菌伞形态完整，无严重畸形，大小大致均匀，允许少部分蘑菇有小裂口或小的修整，菇柄长短大致均匀；固形物重不低于净重的 55%，氯化钠含量为 0.8% ~1.5%。

3. 糖水桔子罐头

(1) 工艺流程

选料→选果分级→去皮、分瓣→去囊衣→整理→分选装罐→排气、密封→杀菌、冷却→检验→成品。
　　　　　　　　　　　　　　　　　└→ 配糖水

(2) 操作要点

原料要求：果实扁圆，直径 46 ~60mm；果肉橙红色，囊瓣大小均一，呈肾脏形，不要呈弯月形，无种子或少核，囊衣薄；果肉组织紧密、细嫩、香味浓、风味好，糖含量高，可溶性固形物在 10% 左右，含酸量为 0.8% ~1%，糖酸比适度(12∶1)，不苦；易去皮；八九成熟时采收。

选果分级：原料进厂后应在 24h 内投产，若不能及时加工，可按短期或长期贮藏所要求的条件进行贮存。加工时应首先除去畸形、干瘪、霉烂、重伤、裂口的果子，再按大、中、小分为三级。

去皮、分瓣：将分级后的果子分批投入沸水中热烫 1 ~2min，取出趁热进行人工去皮、去络、分瓣处理，处理时再进一步选出畸形、僵瓣、干瘪及破伤的果瓣，最后再按大、中、小分级。

去囊衣：去囊衣是橘子罐头生产中的一个关键工序，它与产品汤汁的清晰程度、白色沉淀产生情况及橘瓣背部砂囊柄处白点形成直接相关。目前常用酸碱处理法去囊衣，即先用酸处理，再用碱处理脱去囊衣。去囊衣时，橘瓣与酸碱的体积比值为 1∶(1.2 ~1.5)，橘瓣应淹没在处理液中。脱囊衣的程度一般由肉眼观察；全脱囊衣要求能观察到大部分囊衣脱落，不包角，橘瓣不起毛，砂囊不松散，软硬适度。半脱囊衣以背部外层囊衣基本除去，橘瓣软硬适度、不软烂、不破裂、不粗糙为度。酸碱处理后要及时用清水浸泡橘瓣，碱处理后需在流动水中漂洗 1 ~2h 后才能装罐。

整理：全脱囊衣橘瓣整理是用镊子逐瓣去除囊瓣中心部残留的囊衣、橘络和橘核等，用清水漂洗后再放在盘中进行透视检查。半脱囊衣橘瓣的整理是用弧形剪剪去果心、挑出橘核后，装入盘中再进行透视检查。

分选装罐：透视后，橘瓣按瓣形完整程度、色泽、大小等分级别装罐，力求使同一罐内的橘瓣大致相同。装罐量按产品质量标准要求进行计算。

配糖水：橘瓣分选装罐后加入所配糖水。糖水浓度为质量百分比，糖水的浓度及用量应根据原料的糖分含量及成品的一般要求（14% ~18% 的糖度标准）来确定，一般浓度为 40%。

排气、密封：中心温度 65℃ ~70℃。

杀菌、冷却：净质量为 500g 的罐头的杀菌式为：8′—10′—(14′ ~15′)/100℃分段冷却。

检验：杀菌后的罐头应迅速冷却到 38℃ ~40℃，然后送入 25℃ ~28℃的保温库中保温检验 5 ~7 天，保温期间定期进行观察检查，并抽样作细菌和理化指标的检验。

(3) 产品质量

① 感官指标

外观：橘肉表面具有与原果肉近似之光泽，色泽较一致，糖水较透明，允许有轻微的白色沉淀及少量橘肉与囊衣碎屑存在。

滋味气味：具有本品种糖水橘子罐头应有的风味，甜酸适口，无异味。

组织形态：全脱囊衣橘片的橘络、种子、囊衣去净，组织软硬适度，橘片形态完整，大小均匀，破碎率以质量计不超过固形物的 10%，半脱囊衣橘片囊衣去得适度，食之无硬渣感，剪口整齐，形态饱满完整，破碎率以质量计不超过固形物的 30%（每片破碎在 1/3 以上按破碎论）。

杂质：不允许存在。

② 理化指标

净质量：每罐允许公差为 ±5%，但每批平均不低于净质量。

固形物含量及糖度：果肉含量不低于净质量的 50%，开罐时糖水浓度（按折光计）为 12% ~16%。

重金属含量：每千克制品中锡不超过 100mg，铜不超过 5mg，铅不超过 1mg。

③ 微生物指标

无致病菌及微生物作用所引起的腐败特征。

6.4 园艺产品的腌制技术及实例

蔬菜腌制加工在我国有悠久的历史。《齐民要术》中就有关于做酱、做腌菜的记载。长期以来，加工方法在不断改进，产品质量得以不断提高。在各地有不少的著名产品，很多产品都名扬中外，如北京冬菜、扬州酱菜、四川榨菜、云南大头菜、浙江萝卜条、广东酥姜。由于腌制品保存容易，对调节冬春季节的蔬菜供应起到一定的调节作用。

6.4.1　蔬菜腌制

1. 腌制品的分类

蔬菜腌制品的种类繁多,根据腌制工艺和食盐用量的不同、成品风味等的差异,可分为发酵性腌制品和非发酵性腌制品两大类。

(1) 发酵性腌制品

利用低浓度的盐分,在腌制过程中,经过乳酸发酵,并伴有轻微的酒精发酵,利用乳酸菌发酵所产生的乳酸与加入的食盐及调味料等一起达到防腐的目的,同时改善质量和增进风味。代表产品为泡菜和酸菜等。

发酵性腌制品根据原料、配料含水量不同,一般分为半干态发酵和湿态发酵两种。湿态发酵是原料在一定的卤水中腌制,如酸菜。半干态腌制是让蔬菜失去一部分水分,再用食盐及配料混合后腌渍,如榨菜。由于这类腌制品本身含水量较低,保存期较长。

(2) 非发酵性腌制品

在腌制过程中,不经发酵或微弱的发酵,主要是利用高浓度的食盐、糖及其他调味品进行保藏并改善风味。非发酵性腌制品依据所含配料及风味不同,分为咸菜、酱菜和糖醋菜三大类。

① 咸菜类

利用较高浓度的食盐溶液进行腌制保藏,并通过腌制改变风味,由于味咸,故称为咸菜。代表品种有咸萝卜、咸雪里蕻、咸大头菜等。

② 酱菜类

将蔬菜经盐渍成咸坯后,再经过脱盐、酱渍而成的制品。如什锦酱菜、北京八宝菜、酱黄瓜等。制品不仅具有原产品的风味,同时吸收了酱的色泽、营养和风味,因此酱的质量和风味将对酱菜有极大的影响。

③ 糖醋菜类

将蔬菜制成咸坯并脱盐后,再经糖醋渍而成。糖醋汁不仅有保藏作用,同时使制品酸甜可口。代表产品有南京糖醋萝卜、北京白糖蒜等。

2. 腌制原理

蔬菜腌制主要是利用食盐的高渗透、微生物的发酵及蛋白质的分解等一系列的生物化学作用,达到抑制有害微生物的活动。

(1)食盐的保藏作用

① 高渗透压作用

食盐溶液具有较高的渗透压,1% 的食盐可产生 618kPa 的渗透压,腌渍时食盐用量在 4% ~15% ,能产生 2 472 ~9 271kPa 的渗透压力。远远超过大多数微生物细胞渗透压。由于食盐溶液渗透大于微生物细胞渗透压,微生物细胞内的水分会外渗产生生理脱水,造成质壁分离,从而使微生物活动受到抑制,甚至会由于生理干燥而死亡。不同种类的微生物耐盐能力不同,一般对蔬菜腌制有害的微生物对食盐的抵抗力较弱。表 6-2 列出了几种微生物能忍耐的最大食盐浓度。

表 6-2 几种微生物能忍耐的最大食盐浓度(引自陆兆新《果蔬贮藏加工及质量管理技术》)

菌种名称	食盐浓度(%)	菌种名称	食盐浓度(%)
肉毒杆菌	6	植物乳杆菌	13
大肠杆菌	6	变形杆菌	10
发酵乳	8	霉菌	20
短乳杆菌	8	酵母菌	25
甘蓝酸化乳	12	—	—

从表中看出,霉菌和酵母菌对食盐的耐受力比细菌大得多,酵母菌的耐盐性最强,达到25%,而大肠杆菌和变形杆菌在6% ~10%的食盐溶液中就可以受到抑制。这种耐受力均是溶液呈中性时测定的,若溶液呈酸性,则所列的微生物对食盐的耐受力就会降低。如酵母菌在中性溶液中,对食盐的最大耐受浓度为25%,但当溶液的 pH 降为2.5 时,只需 14%的食盐浓度就可抑制其活动。

② 抗氧化作用

与纯水相比,食盐溶液中的含氧量较低,对防止腌制品的氧化作用具有一定影响。可以减少腌制时原料周围氧气的含量,抑制好氧微生物的活动,同时通过高浓度食盐的渗透作用可排除组织中的氧气,从而抑制氧化作用。

③ 降低水分活度

食盐溶于水就会电离成 Na^+ 和 Cl^-,每个离子都迅速和周围的自由水分子结合成水合离子,随着溶液中食盐浓度的增加,自由水的含量会越来越少,水分活度会下降,大大降低微生物利用自由水的程度,使微生物生长繁殖受到抑制。

总之,食盐的防腐效果随浓度的提高而加强。但浓度过高延缓有关的生物化学作用,当盐浓度达到12%时,会感到咸味过重且风味不佳。因此,用盐量必须适合。生产上结合压实、隔绝空气、促进有益微生物菌群快速发酵等措施来共同抑制有害微生物的败坏,从而生产出优质的蔬菜腌制品。

(2)微生物的发酵作用

在腌制品中有不同程度的微生物发酵作用,有利于保藏的发酵作用有乳酸发酵、微量的酒精发酵和醋酸发酵,不但能抑制有害微生物的活动,同时使制品形成特有风味起到一定的作用。也有不利于保藏的有害发酵作用,如丁酸发酵等,腌制中要尽量抑制。

① 乳酸发酵

乳酸菌将原料中的糖分分解生成乳酸及其他物质的过程称为乳酸发酵。一般认为,凡是能产生乳酸的微生物都称为乳酸菌。一般发酵性蔬菜腌制品都有乳酸发酵过程。乳酸菌一般以单糖(葡萄糖、果糖等)和双糖(蔗糖、麦芽糖等)为原料,主要生成物为乳酸。乳酸菌适宜活动温度为25℃ ~32℃,多为杆菌和球菌。常见的乳酸菌有植物乳杆菌、德氏乳杆菌、肠膜明串珠菌、短乳杆菌、小片球菌等,根据发酵生成产物的不同可分为正型乳酸发酵和异型乳酸发酵。

正型乳酸发酵,又称同型乳酸发酵,总反应式如下:

$C_6H_{12}O_6$(单糖)$\xrightarrow{\text{正型乳酸发酵}}$$2CH_3CHOHCOOH$(乳酸)

这种乳酸发酵只生成乳酸,而且产酸量高。参与正型乳酸发酵的有植物乳杆菌和乳酸片球菌等,在适宜条件下可积累乳酸量达1.5% ~2.0%。除正型的乳酸发酵外还有异型乳酸发酵,蔬菜腌制前期,由于蔬菜中含有空气,并存在大量微生物,使异型乳酸发酵占优势,中后期以正型乳酸发酵为主。在蔬菜腌制过程中同时伴有微弱的酒精发酵和醋酸发酵。酒精发酵对腌制品在后熟中,进行脂化反应生成芳香物质起到很重要的作用。

② 影响乳酸发酵因素

腌制品是以乳酸发酵占主导地位,要充分利用好乳酸菌,达到保藏产品、提高质量的目的。必须满足乳酸菌生长所需要的环境条件。

影响乳酸发酵因素很多,主要有以下几个方面:

食盐浓度:食盐溶液可以起到防腐作用,对腌制品的风味有一定影响,更影响到乳酸菌的活动能力,经过实验证明,随食盐浓度的增加乳酸菌的活动能力下降,产生乳酸量减少。在3% ~5%的盐水浓度时,发酵产酸量最为迅速,乳酸生成量多。浓度在10%时乳酸发酵作用大为减弱,乳酸生成较少。浓度达15%以上时,发酵作用几乎停止。腌制发酵性制品一定要把握好食盐的用量。

温度:乳酸菌的生长适宜温度是26℃ ~30℃,在此温度范围内,发酵快,产酸高。但此温度也利于腐败菌的繁殖,因此,发酵温度最好控制在15℃ ~20℃,使乳酸发酵更安全。

酸度:微生物的生长繁殖均要求在一定的pH条件下,表6-3列出了几种主要微生物发育的最低pH,表中可见乳酸菌较耐酸,在pH为3时不能生长,霉菌和酵母虽耐酸,但缺氧时不能生长。因此发酵前加入少量酸,并注意密封,可使正型乳酸发酵顺利进行,减少制品的腐败和变质。

表6-3　几种主要微生物发育的最低pH(引自赵晨霞《果蔬贮藏与加工》)

种类	腐败菌	丁酸菌	大肠杆菌	乳酸菌	酵母	霉菌
最低pH	4.4~5.0	4.5	5.0~5.5	3.0~4.4	2.5~3.0	1.2~3.0

空气:乳酸发酵需要在嫌气条件下进行,这种条件能抑制霉菌等好气性腐败菌的活动,也能防止原料中维生素C的氧化。所以在腌制时,要压实密封,并使盐水淹没原料以隔绝空气。

含糖量:乳酸发酵是将蔬菜原料中的糖转变成乳酸。1g糖经过乳酸发酵可生成0.5 ~0.8g乳酸,一般发酵性腌制品中含乳酸量为0.7% ~1.5%,蔬菜原料中的含糖量常为1% ~3%,基本可满足发酵的要求。有时为了促进发酵作用,发酵前加入少量糖。

总之,在蔬菜腌制过程中,微生物发酵作用主要为乳酸发酵,其次是酒精发酵,醋酸发酵极轻微。腌制泡菜和酸菜要利用乳酸发酵,腌制咸菜及酱菜则必须抑制乳酸发酵。

(3) 风味的形成

蛋白质的分解作用及其产物氨基酸的变化是腌制过程中的生化作用,它是腌制品色、香、味的主要来源。蛋白质在蛋白酶作用下,逐步分解为氨基酸。而氨基酸本身具有一定的鲜味和甜味,蔬菜腌制品色、香、味的形成都与氨基酸的变化有关,如果氨基酸进一步与其他化合物作用可形成更复杂的产物。

① 鲜味的形成

除了蛋白质水解生成的氨基酸具有一定的鲜味外,其鲜味主要来源于谷氨酸与食盐作用生成的谷氨酸钠。反应式如下:

$$HOOC—CH_2CH(NH_2)—COOH + 2NaCl \longrightarrow NaOOC—CH_2CH(NH_2)—COONa + 2HCl$$

谷氨酸　　　　　　　　　　　　　　　　　　谷氨酸钠(味精)

除了谷氨酸钠有鲜味外,另一种鲜味物质天冬氨酸的含量也较高,其他的氨基酸,如甘氨酸、丙氨酸、丝氨酸等也有助于鲜味的形成。

② 香气的形成

氨基酸、乳酸等有机酸能与发酵过程中产生的醇类相互作用,发生酯化反应形成具有芳香气味的酯。如氨基酸和酒精作用生成氨基丙酸乙酯;乳酸和酒精作用生成乳酸乙酯。氨基酸还能与戊糖的还原产物4-羟基戊烯醛作用,生成含有氨基类的烯醛类香味物质,都为腌制品增添了香气。此外,乳酸发酵过程除生成乳酸外,还生成具有芳香味的双乙酰。十字花科蔬菜中所含的黑芥子苷在酶的作用下分解产生的黑芥子油,也给腌制品带来芳香。

③ 色泽的形成

蛋白质水解生成的氨基酸能与还原糖作用发生非酶褐变形成黑色物质。酪氨酸在酪氨酸酶或微生物的作用下,可氧化生成黑色素,这是腌制品在腌制和后熟过程中色泽变化的主要原因。腌制和后熟时间越长、温度越高,制品颜色越深,另外,腌制过程中叶绿素也会发生变化而逐渐失去鲜绿色泽,特别是在酸性介质中叶绿素发生脱镁呈黄褐色,也使腌制品色泽改变。

④ 香辛料

用于腌制的香辛料种类很多,除一些蔬菜本身含有香辛味之外,主要有以下几种:花椒、桂皮、八角茴香、小茴香、胡椒、五香粉等。

(4) 质地的变化

腌制品一般要求保持一定脆度。腌制过程中处理不当会使腌制品变软。蔬菜脆度主要与鲜嫩细胞和细胞壁的原果胶变化有密切关系。腌制初期蔬菜失水萎蔫,细胞膨压下降,脆性减弱,在腌制过程中,由于盐液的渗透平衡,又能使细胞恢复一定的膨压而保持脆度。腌制前原料过熟,会使原果胶被蔬菜本身的果胶酶水解,或在腌制中一些微生物分泌的果胶酶,水解生成果胶酸,失去黏结作用,导致腌制品的硬度下降,甚至软烂。

保脆的方法一是防止霉菌生长引起的腐烂,二是在溶液中加入$CaCl_2$、$CaCO_3$等保脆剂,用量为菜体重的0.05%。

总之,蔬菜腌制加工,虽没有进行杀菌处理,但由于食盐的高渗透压作用和有益微生物的发酵作用,许多有害微生物的活动被抑制,加之本身所含蛋白质的分解作用,不仅能使制品得以长期保存,而且形成一定的色泽和风味。在腌制加工过程中,掌握好食盐浓度与微生物活动及蛋白质分解各因素间的相互关系,是获得优质腌制品的关键。

3. 加工工艺

(1) 泡菜的加工工艺

① 工艺流程

其工艺流程如图6-16所示。

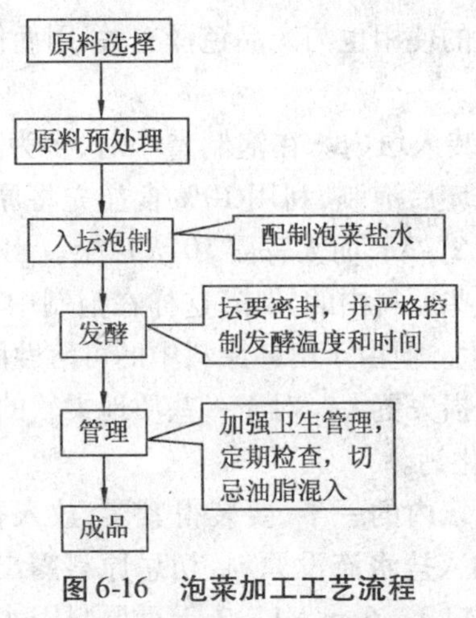

图 6-16 泡菜加工工艺流程

（引自赵晨霞《园艺产品贮藏与加工》）

② 工艺要点

a. 原料选择

凡组织紧密、质地嫩脆、肉质肥厚、不易发软、富含一定糖分的幼嫩蔬菜均可作泡菜原料，如可贮泡一年以上的有子姜、燕头、大蒜、苦瓜、洋姜；可贮泡 3 ~6 个月的有萝卜、胡萝卜、青菜头、草食蚕、四季豆、辣椒；随泡随吃，能贮泡 1 个月左右的有黄瓜、莴笋、甘蓝等。

b. 原料预处理

适宜原料进行整理，去掉不可食及病虫腐烂部分，洗涤晾晒。晾晒程度可分为两种：一般原料晾干明水即可，也可对含水较高的原料，让其晾晒表面脱去部分水，表皮蔫萎后再入坛泡制。

c. 泡菜盐水的配制

泡菜盐水因质量及使用的时间可分为以下不同的种类：

陈泡菜水：经过 1 年以上使用，有的甚至几十年或世代相传，由于保管妥善，用的次数多，质量好，可以作为泡菜的接种水。

"洗澡"泡菜水：用于边泡边吃的盐水，这种盐水多是咸而不酸，缺乏鲜香味，由于泡制中要求时间快，断生则食，所以使用盐水浓度较高。

新配盐水：水质以井水或矿泉水为好，含矿物质多，但水应澄清透明，无异味，硬度在 16°以上。自来水硬度在 25°以上，可不必煮沸以免硬度降低。软水、塘水、咸水均不适宜作泡菜用水，盐以井盐或巴盐为好，海盐含镁较多，应炒制。

配制盐水时，按水量加入食盐 6% ~8%，为了增进色、香、味，还可以加入 2.5% 黄酒、0.5% 白酒、1% 米酒、3% 白糖或红糖和 3% ~5% 鲜红辣椒，直接与盐水混合均匀，香料如花椒、八角、甘草、草果、橙皮、胡椒，按盐水量的 0.05% ~0.1% 加入，或按喜好加入，香料可磨成粉状，用白布包裹或做成布袋放入，为了增加盐水的硬度还加入 0.5% $CaCl_2$。

应该注意泡菜盐水浓度的大小决定于原料是否出过坯，未出坯的用盐浓度高于已出坯的，以最后平衡浓度在 4% 为准；为了加速乳酸发酵可加入 3% ~5% 陈泡菜水以接种；糖的使用是为了促进发酵、调味及调色的作用，一般成品的色泽为白色，如白菜、子姜就只能用白糖,为了调色可改用红糖;香料的使用也与产品色泽有关,因而使用中也应注意。

d. 泡制与管理

入坛泡制:经预处理原料装入坛内。在泡制量小时,多为直接泡制。而作为工业化生产,为了便于进行管理,则先出坯后泡制,利用10%食盐先将原料盐渍几小时或几天,按原料质地而定,如黄瓜、莴笋只需2~3h,而大蒜需10天以上。出坯的目的主要在于增强渗透效果,除去过多水分,也去掉一些原料中的异味,这样在泡制中可以尽量减少泡菜坛内食盐浓度的降低,防止腐败菌的滋生。但由于出坯原料中的可溶性固形物的流失,原料养分有所损失,尤其是出坯时间长,养分损失更大。对于一些质地柔软的原料,为了增加硬度,可在出坯水中加入0.2%~03%的氧化钙。

入坛的方法是将原料装入坛内的一半,要装得紧实,放入香料装,再装入原料,离坛口6~8cm,闸竹片将原料卡住,加入盐水淹没原料,切忌原料露出液面,否则原料因接触空气而氧化变质。盐水注入至离坛口3~5cm。1~2天后原料因水分的渗出而下沉,再可补加原料,让其发酵。如果是老盐水,可直接加入原料,补加食盐,调味料或香料。

泡制中的管理:注意水槽的清洁卫生,用清洁的饮用水或10%的食盐水,放入坛沿槽3~4cm深,坛内的发酵后期,易造成坛内的部分真空,使坛沿水倒灌入坛内。虽然槽内为清洁水,但常暴露于空间,易感染杂菌甚至蚊蝇滋生,如果被带入坛内,一方面可增加杂菌,另一方面也会减低盐水浓度。以加入盐水为好。使用清洁的饮用水,应注意经常更换,在发酵期中注意每天轻揭盖1~2次,以防坛沿水的倒灌。

由于生产中某些环节放松,泡菜也会产生劣变,如盐水变质,杂菌大量繁殖,外观可以发现连续性急促的气泡,开坛时甚至热气冲出,盐水浑浊变黑,起旋生花长膜乃至生蛆,有时盐水还出现明显涨缩,产品质量极差。这些现象的产生,主要是由于微生物的污染、盐水浓度、pH及气温等条件的不稳定造成的。发生以上情况,可采用如下的补救措施:变质较轻的盐水,取出盐水过滤沉淀,洗净坛内壁,只使用滤清部分,再配入新盐水,还可加入白酒、调味料及香料。若变质严重完全废除。坛面有轻微的长膜生花,可缓慢注入白酒,由于酒比重轻可浮在表面上,可起杀菌作用。

在泡菜的制作中,可采用一些预防性的措施,一些蔬菜、香料或中药材,含有抗生素,而起到杀菌作用如大蒜、苦瓜、红皮萝卜、红皮甘蔗、丁香、紫苏等,对防止长膜生花都有一定的作用。

泡菜成品也会产生咸而不酸或酸而不咸的情况,主要是食盐浓度不适而造成。前者用盐过多,抑制了乳酸菌活动,后者用盐太少,乳酸累积过多。产品咸而发苦主要是由于盐中含镁,可倒出部分盐水更换,盐也进行适当处理。泡菜中切忌带入油脂以防杂菌感染。如果带入油脂,杂菌分解油脂,易产生臭味。

e. 成品管理

一定要较耐贮的原料才能进行保存,在保存中一般一种原料装一个坛,不混装。要适量多加盐,在表面加酒,即宜咸不宜淡,坛沿槽要经常注满清水,便可短期保存,随时取食。

(2) 酱菜的加工工艺

① 工艺流程

将酱菜加工流程如图6-17所示。

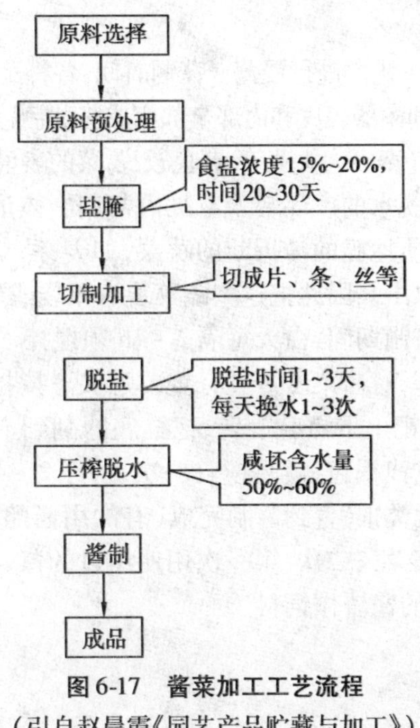

图 6-17 酱菜加工工艺流程

(引自赵晨霞《园艺产品贮藏与加工》)

② 工艺要点

a. 原料的选择与处理

参照泡菜的原料选择与处理。

b. 盐腌

食盐浓度控制在 15% ~20%,要求腌透,一般需 20 ~30 天。对于含水量大的蔬菜可采用干腌法,3 ~5 天要倒缸,腌好的菜坯表面柔熟透亮,富有韧性,内部质地脆嫩,切开后内外颜色一致。

c. 切制加工

蔬菜腌成半成品咸坯后,有些咸坯需要进行切制成各种形状如片、条、丝等,总之在酱制前要将咸坯切成比原来形状小得多的各种形状。

d. 脱盐

有的半成品(腌菜)盐分很高,不容易吸收酱液,同时还带有苦味,因此,首先要放在清水中浸泡,时间要看腌制品盐分大小来决定。一般 1 ~3 天,也有泡半天即可的。析出一部分盐分后,才能吸收酱汁,并泡除苦味和辣味。使酱菜的口味更加鲜美。怎样浸泡得当,也不可忽视,浸泡时仍要保持半成品相当的盐分,以防腐烂。因此,夏天可以少泡些时间,半天到一天;冬天可以多泡些时间,2 ~3 天即可。为了使半成品全部接触清水,浸泡时每天要换水 1 ~3 次。

e. 压榨脱水

浸泡脱盐后,捞出沥去水分,为了利于酱制,保证酱汁浓度,必须进行压榨脱水,除去咸坯中的一部分水。压榨脱水的方法有两种,一种是把菜坯放在袋或筐内用重石或杠杆进行压榨,另一种是把菜坯放在箱内用压榨机压榨脱水。但无论采用哪种方法,咸坯脱水不要太多,咸坯的含水量一般为 50% ~60% 即可,水分过少酱渍时菜坯膨胀过程较长或根本膨胀不起来,造成酱渍菜外观难看。

f. 酱制

酱制即把脱盐后的菜坯放在酱内进行浸酱。酱制时间,各种蔬菜有所不同。但是酱制完成后,要求达到的程度是一致的,即菜的表皮和内部全部变成酱黄色,其中,本来颜色较重的菜酱色较深,本来颜色较浅的或白色的(萝卜大头菜等)酱色较浅,菜的表里口味完全像酱一样鲜美。

酱制时,即可将经脱盐和脱水的咸坯装入空缸内酱制。体形较大或韧性较强的可直接放入酱中。有些体形小的,或质地脆的易折断的蔬菜,如姜芽、草石蚕、八宝菜等,若直接装入缸内,则会与酱混合,不易取出。因此把这些蔬菜装入布袋或丝袋内,用细麻线扎住袋口,再放入酱缸中进行酱制。在酱制期间,白天每隔 2 ~ 4h 须搅拌一次,搅拌可以使缸内的菜均匀地吸收酱液。提高酱制效率,对酱菜质量具有重要意义。搅拌时用酱耙在酱缸内上下搅动,使缸内的菜(或袋)随着酱耙上下更替旋转,把缸底的翻到上面,把上面的翻到缸底,使缸上的一层酱油由深褐色变成浅褐色,就算搅缸一次,约经 2 ~ 4h,缸面上一层又变成深褐色,即可进行第二次搅拌,如此类推,直到酱制完成(有的用酱酪也称双缸酱,酱制时采用倒缸,每天或隔天一次)。一般酱菜酱二次,第一次用使用过的酱,第二次用新酱,第二次用过的酱还可压制次等酱油,剩下的酱渣作饲料。

(3) 糖醋蒜加工工艺

① 工艺流程

工艺流程如图 6-18 所示。

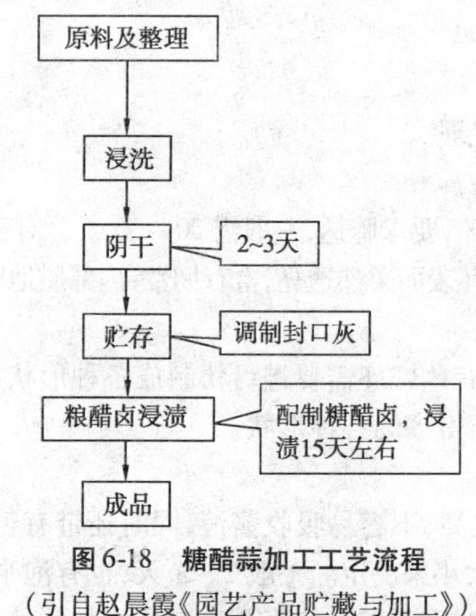

图 6-18 糖醋蒜加工工艺流程

(引自赵晨霞《园艺产品贮藏与加工》)

② 工艺要点

a. 原料

要求大蒜头圆正,鳞茎表皮为乳白色,蒜瓣肥厚、鲜嫩、肉质白而干洁,八九成熟。一般在小满前后一周内采收(即在拔蒜薹后 13 天左右)。蒜头直径在 3.5cm 以上。大蒜成熟度低,蒜瓣小,水分大,成熟度高,蒜皮呈紫红色,辛辣味太浓,质地较硬,都影响产品质量。

b. 整理

先将蒜的外皮剥 2 ~ 3 层,与根须扭在一起,然后与蒜根一起用刀削去,要求削三刀,使鳞茎盘呈倒三棱锥状(即所谓留尖)。蒜假茎过长部分也要去除,留 1cm 左右,要求不露蒜瓣，不散瓣。在此操作过程中，也要挑除带伤、过小等不合格的蒜头。

c. 浸洗

将整理好的蒜头放入瓦质大缸内，用自来水浸泡，每缸 200kg 左右。一般的浸洗原则是“三水倒两遍”，即将整理好的大蒜头放入缸内，加水浸没，第二天早上（用铁捞耙捞出）倒缸，放掉脏水，重换自来水，继续浸泡 1 天，第三天重复第二天的操作，第四天早上就可捞出，可基本达到浸泡效果。

d. 阴干

将大蒜捞出，摊放于大棚下等阳光不能直射到的竹帘上，沥干水分，自然阴干。一般 2 ~ 3 天就可以达到效果，为加快阴干速度，进行 1 ~ 2 次翻动。

e. 贮存

将干燥的大缸放于空气流通的阴凉处（阳光不能直射），地面上铺少许干燥细沙，盛满晾好的大蒜头（冒尖），在缸沿上涂抹上一层封口灰，用另一同样的缸、口对口倒扣在上面，合口处外面用麻刀灰密封，防止大缸受到日晒和雨淋。该法能贮存半年到一年，保鲜效果较好，可满足糖醋蒜的四季生产和供应。

封口灰的调制：用熟石灰灰膏加适量剁好的棉麻或头发捣拌混合，一般加少许水。黏稠程度以刚好能成形，放在灰板上不流散为宜。

f. 糖醋卤的配制

食醋的质量要求：食醋呈琥珀色或红棕色，具有食醋特有香气，无其他不良气味；酸味柔和，稍有甜感，无涩味和其他异味，澄清，浓度适当。无悬浮物和沉淀物，无霉花浮膜等杂物。

调制：食醋的酸度为 2.6%。高于 2.6% 时，加煮沸过的水；低的，加热蒸发浓缩，调到要求酸度，放入容器内，将红糖加入，食盐、糖精等各以少许醋液溶解，再加入容器内，轻轻搅动，使之加速溶解。

g. 糖醋卤浸渍

将配制好的糖醋卤注入盛蒜的大缸内浸渍，由于此时卤汁尚没有浸入蒜体组织内，密度较卤汁小，呈悬浮态，有部分蒜头浮在液面以上。若上浮则不能浸到卤汁，易变黏，要每天压缸一次，直到都沉到液面以下为止，大约要 15 天，以后就可以 2 ~ 3 天压缸一次直到成熟。

4. 蔬菜腌制加工中常见的质量问题及控制措施

在腌制过程中，若出现有害的发酵和腐败作用，会降低制品品质，要严格控制。

（1）丁酸发酵

由丁酸菌引起，这种菌为专嫌气性细菌，寄居于空气不流通的污水沟及腐败原料中，可将糖和乳酸发酵生成丁酸、二氧化碳和氢气。可引起制品有强烈的不愉快气味，而又消耗糖和乳酸。

控制措施：保持原料和容器的清洁卫生，防止带入污物，原料压紧压实。

（2）细菌的腐败作用

腐败菌分解原料中的蛋白质及其含氮物质，产生硫化氢和胺等。此种菌只能在 6% 以下的食盐浓度中活动，菌源主要来自于土壤。

控制措施：保持原料的清洁卫生，减少病源。可加入 6% 以上食盐加以抑制。

（3）有害酵母的作用

在腌制品的表面生长一层灰白色、有皱纹的膜，称为“生花”。另一种为酵母分解氨基酸生成高级醇,并放出臭气。

控制措施:这两种分解作用都是酵母活动的结果,采用隔绝空气和加入3%以上的食盐、加入大蒜等可以抑制此种发酵。

(4) 起旋生霉腐败

腌制品较长时间暴露在空气中,好氧微生物得以活动滋生,产品生旋,并长出各种颜色的霉,如绿、黑、白等色,由青霉、黑霉、曲霉、根霉等引起。这类微生物多为好气性,耐盐能力强,在腌制品表面或菜坛上部生长,能分解糖、乳酸使产品品质下降。

控制措施:使原料淹没在卤水中,防止接触空气,使此菌不能生长。

6.4.2 糖制品

1. 糖制品分类

糖制品按其加工方法和状态分为两大类,即果脯蜜饯类和果酱类。果脯蜜饯类属于高糖食品,保持果实或果块原形,大多含糖量在50% ~70%;果酱类属高糖高酸食品,不保持原来的形状,含糖量多在40% ~65%,含酸量约在1%以上。

(1) 果脯蜜饯类

① 干态果脯

在糖制后进行晾干或烘干而制成表面干燥不黏手的制品,也有的在其外表裹上一层透明的糖衣或形成结晶糖粉,如各种果脯、某些凉果、瓜条及藕片等。

② 湿态蜜饯

在糖制后,不烘干,而是稍加沥干,制品表面发黏,如某些凉果,也有的糖制后,直接保存于糖液中制成罐头,如各种带汁蜜饯或糖浆水果罐头。

(2) 果酱类

果酱类主要有果酱、果泥、果冻、果糕及果丹皮等。

① 果酱

呈黏稠状,也可以带有果肉碎块,如杏酱、草莓酱等。

② 果泥

呈糊状,即果实必须在加热软化后要打浆过滤,所以酱体细腻,如苹果泥、山楂泥等。

③ 果冻

将果汁和食糖加热浓缩而制成的透明凝胶制品。

④ 果糕

将果泥加糖和增稠剂后加热浓缩而制成的凝胶制品。

⑤ 果丹皮

将果泥加糖浓缩后,刮片烘干制成的柔软薄片。山楂片是将富含酸分及果胶的一类果实制成果泥,刮片烘干后制成的干燥的果片。

2. 糖制原理

糖制品的保藏主要依靠食糖抑制微生物的活动。园艺产品糖制采用的食糖,本身对微生物无毒。低浓度糖液还有利于微生物生长和繁殖。食糖的保藏作用在于其强大的渗透压，使微生物的细胞原生质脱水失去活力。因而食糖只是一种食品保藏剂。只有在较高浓度下才能产生足够的渗透压。1% 的蔗糖液约有 70.9kPa 的渗透压。大多数微生物细胞渗透压为 307 ~ 615kPa。50% 的糖溶液才能阻抑大多数酵母的生长，而 65% 以上的糖液浓度能有效地抑制细菌和霉菌的生长。所以糖制品一般最终糖浓度都在 65% 以上。如果是中、低浓度的糖制品，则是利用糖、盐的渗透压或辅料产生抑制微生物的作用，使制品得以保藏。

（1）食糖的保藏作用

① 高渗透压作用

糖溶液有一定的渗透压，通常应用的蔗糖其 1% 的浓度可产生 70.9kPa 的渗透压，糖液浓度达 65% 以上时，远远大于微生物的渗透压，从而可抑制微生物的生长，使制品能较长期保存。

② 抗氧化作用

糖溶液中的含氧量较低，在 20℃ 时 60% 蔗糖溶液溶解氧的能力仅为纯水的 1/6。因此高糖制品可减少氧化程度。

③ 食糖降低水分活度

微生物吸收营养要在一定的湿度条件下，要有一定的水分活度。糖浓度越高其水分活度越小，微生物不易获得所需的水分和营养。新鲜水果的水分活度大于 0.99，而糖制品的水分活度约为 0.75 ~ 0.80，故有较强的保藏作用。

（2）果胶及其凝胶作用

果胶物质以原果胶、果胶和果胶酸三种形态存在于果蔬中。原果胶在酸和酶的作用下分解为果胶。果胶是多半乳糖醛酸的长链，其中部分羟基为甲醇所酯化。通常将甲氧基含量在 7% 以上的果胶称为高甲氧基果胶，而甲氧基含量低于 7% 的果胶称为低甲氧基果胶。

① 高甲氧基果胶凝胶形成条件

高甲氧基果胶的凝胶多为果胶、糖、酸凝胶。果酱、果冻的凝胶多为此种。但凝胶形成的基本条件必须含有一定比例的糖、酸及果胶。一般认为形成良好果胶凝胶所需的果胶、糖、酸三者的最佳配合条件是：糖 65% ~ 70%，pH 2.8 ~ 3.3，果胶 0.6% ~ 1%。

② 低甲氧基果胶凝胶形成条件

低甲氧基果胶（指相当于 50% 的羧基游离存在）在用糖很少甚至不用糖的情况下，可用加入钙（10 ~ 30mg/g）或其他二价、三价离子（如铝）的方法，把果胶分子中的羧基相连生成凝胶，它是离子键结合而相连成的网状结构。

一般认为低甲氧基果胶凝胶条件是：低甲氧基果胶 1%，pH 2.5 ~ 6.5 时，每克低甲氧基果胶加入钙离子 25mg（钙量占整个凝胶的 0.01% ~ 0.1%，即可形成正常凝胶，但加钙盐前必须先将低氧基果胶完全溶解）。低甲氧基果胶在食品工业上用途很广，可制成低糖和低热量的果酱、果冻等食品。

3. 加工工艺

（1）蜜饯加工工艺

① 工艺流程

蜜饯加工工艺流程如图 6-19 所示。

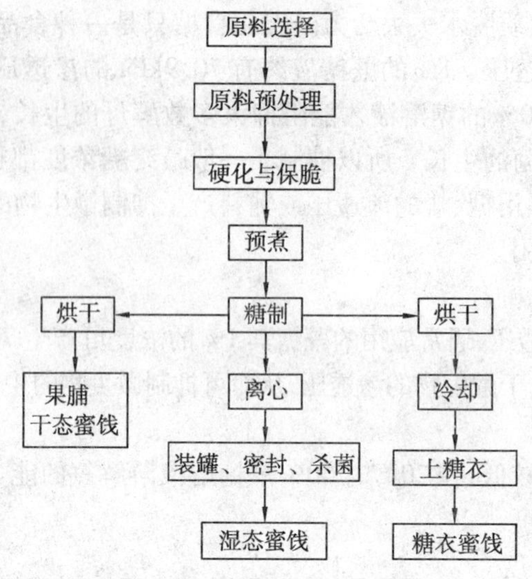

图 6-19　蜜饯加工工艺流程

（引自赵晨霞《园艺产品贮藏与加工》）

② 工艺要点

a. 原料选择

果脯蜜饯加工要进行糖制，为防止煮碎煮烂，多选择组织致密，硬度较高的果蔬为原料。原料的种类和品种不同，适合加工的产品也不同，根据产品的特性，正确地选择适宜加工原料，是保证产品质量的基本条件。

b. 原料处理

按照产品对原料的要求进行必要的选别、分级。分级多以原料大小为主要依据，目的是达到产品大小相同、质量一致和便于加工。分级标准根据原料的实际情况、成品特点而定，并进行洗涤、去皮、切分、去心和划缝处理。

划缝可增加成品外观纹路，使产品美观。更重要的是加速糖制中的渗糖。划缝的方法有手工划缝或用划纹机划缝，划纹要纹络均匀，深浅一致。

c. 保脆硬化

在糖煮前进行硬化处理，可以提高原料的硬度，增强耐煮性。通常将原料投入含有石灰、明矾、氯化钙或氢氧化钙等的水溶液中，进行短时间的浸渍，达到硬化目的。利用硬化剂中含有的钙和铝离子与果胶物质形成不溶性的盐类，使组织硬化耐煮。硬化剂的选择、用量和处理时间必须适当。用量过大会生成过多的果胶酸钙盐，或引起部分纤维素钙化，从而使产品粗糙，品质下降。应用明矾溶液为 0.4% ~2%，亚硫酸氢钙溶液为 0.5% 左右，石灰溶液 0.15%。一般可用 pH 试纸检查是否浸泡合格。浸泡后用清水漂洗。

d. 护色

果脯原料大多数需要护色处理，主要是抑制氧化变色，使制品色泽鲜明。其方法主要有两种：熏硫和浸硫。

熏硫在熏硫室或熏硫箱中进行。熏硫室或箱能严格密封，又可方便开启。熏硫时，将分级、切分的原料装盘送入熏硫室，分层码放。一般 1 吨原料用硫磺 2kg，或 $1m^3$ 容积用 200g，

熏制时间因品种而异：梨 16 ~ 18h，苹果、桃 16 ~ 20h，杏 8 ~ 10h，樱桃 14 ~ 16h，李子 12 ~ 14h，青橄榄 16 ~ 24h。

浸硫时先配制好含 0.1% ~ 0.2% SO_2 的亚硫酸或亚硫酸氢钠溶液，将原料置入该溶液中浸泡 10 ~ 30min，取出立即在流水中冲洗。

e. 着色

果蔬在糖制过程中易使所含色素遭到破坏，失去原有的色泽。为恢复原颜色，可进行着色。所用色素有天然色素和人工合成色素。目前，可供糖渍品着色的天然食用色素有红紫色的苏木色素、玫瑰茄色素、黄色的姜黄色素、桅子色素、绿色的叶绿素铜钠盐（可用微量）。人工合成色素有柠檬黄、胭脂红、苋菜红和靛蓝等。所有色素使用量不许超过 0.05g/kg。

染色时，把果蔬原料用 1% ~ 2% 明矾溶液浸泡，然后糖渍，或把色素液调成糖制液进行染色。或在最后制成糖制品时以淡色溶液在制品上着色。染色务求淡雅、鲜明、协调，切忌过度。

f. 糖制

糖制有蜜制和煮制两种。

煮制：一般耐煮的原料采用煮制可迅速完成加工过程，但色、香、味差，并有维生素 C 的损失。煮制在具体应用中有下列几种方法：

一次煮制法：对于组织疏松易于渗糖的原料，将处理后的原料与糖液一起加热煮制，从最初糖液浓度 40% 一直加热蒸发浓缩至结砂为止。这样一次性完成糖煮过程的方法称为"一次糖煮法"。

多次煮制法：对于组织致密难以渗糖，或易煮烂的含水量高的原料，将处理过的原料经过多次糖煮和浸渍，逐步提高糖浓度的糖煮方法。一般每次糖煮时间短，浸渍时间长。

变温煮制法：利用温差悬殊的环境，使组织受到冷热交替的变化。组织内部的水蒸气分压，有增大和减小的变化，由压力差的变化，迫使糖液透入组织，加快组织内外糖液的平衡，缩短煮制时间，称为"变温糖煮法"。

减压煮制法：在减压条件下糖煮，组织内的蒸汽分压随真空度的变化而变化，促使组织内外糖液浓度加速平衡，缩短糖煮时间，品质稳定，制品色泽浅淡鲜明、风味纯好。减压糖煮法需要在真空设备中进行，先将处理后的原料投入 25% 的糖液中，在真空度为 83.5kPa，温度为 60℃下热处理 4 ~ 6min，消压、浸渍一段时间，然后提高糖液浓度至 40%，再重复加热到 60℃时，开始抽真空减压，使糖液沸腾，同时进行搅拌，沸腾约 5min 后可改变真空度，可使糖液加速渗透，每次提高糖浓度 10% ~ 15%，重复 3 ~ 4 次，最后使产品糖液浓度达到 60% ~ 65% 时解除真空，完成糖煮过程，全部时间需 1 天左右。

扩散煮制法：它是在减压煮制的基础上发展的一种连续化煮制方法，其机械化程度高，糖制效果好。先将原料密闭在真空扩散器内，抽空排除原料组织中的空气，然后加入 95℃的热糖液，待糖分子扩散渗透后，将糖液顺序转入另一扩散器内，再将原来扩散器内加入较高浓度的糖液，如此连续几次，并不断提高不同扩散器内的糖浓度，最后使产品的糖浓度达到规定的要求，完成渗糖过程。

蜜制：蜜制是我国蜜饯制作中传统的糖制方法。此法适于肉质疏松、不耐煮制的原料。其特点是分次加糖，不加热。由于糖有一定的黏稠度，在常温下渗透速度慢，产品加工需要较长时间，但制品能保持原有的色、香、味和完整的外形及质地，营养损失少。蜜制的方法就是把经处理的原料逐次增加干糖进行腌渍。先用原料重量30%的干砂糖与原料拌均匀,经12~14h后,再补20%的干砂糖翻拌均匀。再放置24h,又补加10%的干砂糖腌渍。由于采用干砂糖腌渍,组织中水分大量渗出,使原料体积收缩到原来的一半左右,透糖速度降低。糖制时间1周左右,最后将原料捞出,沥干表面糖液或洗去表面糖液,即成制品。

g. 烘晒和上糖衣

干态果脯和"返砂"蜜饯制品,要求保持完整和饱满状态,不皱缩、不结晶,质地紧密而不粗糙,水分一般不超18%~20%,因此要进行干燥处理,即烘干或晾晒。

烘干多用于果脯和返砂蜜饯,烘干在烘房中进行,人工控制温度,升温速度快,排湿通气好,卫生清洁,原料受热均匀。烘烤中要注意通风排湿和产品调盘,烘烤时间为12~24h。烘烤至手感不黏、不干硬为宜。

晾晒多用于甘草、凉果类制品。晾晒在晒场进行,设有专门的晾架,晒至产品表面干燥或萎蔫皱缩为止。因产品受自然条件影响大,卫生条件较差。

制作糖衣蜜饯时,可在干燥后上糖衣,即用配制好的过饱和糖液处理干态蜜饯,干燥后使其表面形成一层透明状糖质薄膜。糖衣不仅外观好,并且保藏性强,可以减少蜜饯保藏期中吸湿和"返砂"。

h. 整形、包装

果脯和干态蜜饯,由于原料进行一系列处理后,使原料出现收缩、破碎、折断等,在包装前要进行整形、回软。

整形按原有产品的形状、食用习惯和产品特点进行分级和整形。

果脯和干态蜜饯包装的重要目的是防潮、防霉,一般先用塑料薄膜包装后,再用其他包装。可用大包装或小包装,以利于保藏、运输、销售为原则。带汁蜜饯以罐头包装为宜,挑选后装罐,加入糖液、封罐,在90℃下杀菌20~40min,取出冷却为成品。

(2) 果酱类加工工艺

① 工艺流程

果酱类加工工艺流程如图6-20所示。

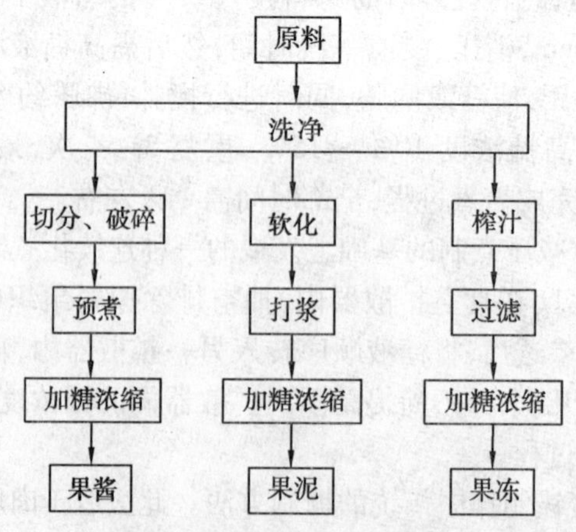

图6-20 果酱类加工工艺流程

(引自赵晨霞《园艺产品贮藏与加工》)

② 果酱、果泥的工艺要点

a. 原料处理

原料进行洗涤、去皮、切分、去心等处理。为软化打浆准备。

b. 软化打浆

软化的主要目的是破坏酶的活性；防止变色和果胶水解；软化果肉组织，便于打浆；促使果肉中果胶渗出。预煮时加入原料10% ~20%的水进行软化，也可以用蒸汽软化，软化时间为10 ~20min，然后进行粗打浆。

c. 配料

果酱的配方按原料分类及产品标准要求而异，一般要求果肉占总原料量40% ~55%，砂糖占45% ~60%。必要时配料中可适量添加柠檬酸及果胶。柠檬酸补加量一般控制成品含酸量为0.5% ~1%，果胶补加量以控制成品含果胶量0.4% ~0.9%为宜。

注意所有固体配料使用前应配成浓溶液过滤备用，砂糖配成70% ~75%的溶液；柠檬酸配成50%的溶液；果胶粉不易溶于水，可先与其重量4 ~6倍的砂糖充分混合均匀，再以10 ~15倍的水在搅拌下加热溶解。

d. 浓缩

浓缩是果酱加工的重要工艺，其目的是排除果肉原料中的大部分水分；破坏酶的活性及杀灭有害微生物，有利于制品保存；使糖、酸、果胶等配料与果肉煮制渗透均匀，改善组织状态及风味；节约包装运输费用。常用的浓缩方法有常压浓缩法和真空浓缩法。

常压浓缩：将原料置于夹层锅内，在常压下加热浓缩。将原料与糖液充分混合后，用蒸汽加热浓缩，前期蒸汽压力较大，后期为防止糖液变褐焦化，蒸汽压力要降低。每次蒸汽量不要过多。再次下料量以控制出品50 ~60kg为宜，浓缩时间以30 ~60min为宜。操作时注意不断搅拌，终点温度为105℃ ~108℃、含糖量达60%以上。

真空浓缩（又称减压浓缩）：指原料在真空条件下加热蒸发一部分水分，提高可容性固形物浓度，达到浓缩。浓缩有单效和双效浓缩两种。具体操作为先通入蒸汽于锅内赶出空气，再开动离心泵，使锅内形成真空，当真空度达0.035 MPa以上时，开启进料阀，待浓缩的物料靠锅内外的压力差压入锅中，达到容量要求后，开启蒸汽阀门和搅拌器进行浓缩。加热蒸汽压力保持在0.098 ~0.147MPa时，锅内真空度为0.087 ~0.096MPa，温度50℃ ~60℃。浓缩过程中若泡沫上升剧烈，可开启锅内的空气阀，使空气进入锅内抑制泡沫上升，待正常后再关闭。浓缩时应保持物料超过加热面，防止焦锅。当浓缩接近终点时，关闭真空泵开关，解除锅内真空，在搅拌下将果酱加热升温至90℃ ~95℃，然后迅速关闭进气阀出锅。

e. 灌装与杀菌

将浓缩后的果酱、果泥直接装入密封容器中密封，在常温或高压下杀菌，冷却后为成品。

③ 果冻的工艺要点

a. 原料处理

原料进行洗涤、去皮、切分、去心等处理。

b. 加热软化

目的是便于打浆和取汁。依原料种类加水或不加水，多汁的果蔬可不加水。肉质致密的果实如山楂、苹果等则需要加果实重量1 ~3倍的水。软化时间为20 ~60min，以煮后便于打浆或取汁为原则。

c. 打浆、取汁

果酱可进行粗打浆,果浆中可含有部分果肉。取汁的果肉打浆不要过细,过细反而影响取汁。取汁可用压榨机榨汁或浸提汁。

d. 加糖浓缩

在添加配料前,需对所制得的果浆和果汁进行 pH 和果胶含量测定,形成果冻凝胶的适宜 pH 为 3 ~3.5,果胶含量为 0.5% ~1.0%,如含量不足,可适当加入果胶或柠檬酸进行调整。一般果浆与糖的比例是 1:(0.6 ~0.8)。浓缩达可溶性固形物含量 65% 以上,沸点温度达 103℃ ~105℃。

e. 冷却成型

将达到终点的黏稠浆液倒入容器中冷却成果冻。

4. 糖制品加工中常见的质量问题及控制措施

在糖糖制品加工中,由于果实种类和质量的不同、操作上不够严格,会出现一些问题,比较常见有以下几种:

(1) 变色

糖制品在加工过程及贮存期间都可能发生变色,在加工期间的前处理中,变色的主要原因是氧化引起酶促褐变,同时在整个加工过程和贮藏期间还伴随着非酶促褐,其主要影响因素是温度,即温度越高变色越深。

控制措施:针对酶褐变主要是做好护色处理,即去皮后要及时浸泡盐水或亚硫酸盐溶液中,有的含气高的还需进行抽空处理。在整个加工工艺中尽可能地缩短与空气接触时间,防止氧化。而防止非酶褐变技术在加工中要尽可能缩短受热处理的过程,特别是果脯类在贮存期间要控制温度在较低的条件,如 12℃ ~15℃。对于易变色品种最好采用真空包装,在销售时要注意避免阳光暴晒,减少与空气接触的机会。注意,加工用具一定要用不锈钢制品。

(2) 返砂和流汤

返砂和流汤的产生主要是由于糖制品在加工过程中,糖液中还原糖的比率不合适或贮藏环境条件不当,引起糖制品出现糖分结晶(返砂)或吸湿潮解(流汤)。

控制措施:主要是在加工中要注意加热的温度和时间,控制好还原糖的比例;在贮藏时要注意控制恒定的温度,且不能低于 12℃ ~15℃。否则由于糖液在低温条件下溶解度下降引起过饱和而造成结晶;对于散装糖制品一定要注意贮藏环境湿度不能过低,即要控制在相对湿度为 70% 左右。如果相对湿度太低则易造成结晶(返砂),如果相对湿度太高则又会引起吸湿回潮(流汤)。糖制品一旦发生返砂或流汤将不利于长期贮藏,也影响制品外观。

(3) 微生物败坏

糖制品在贮藏期间最易出现的微生物败坏是长霉和发酵产生酒精味。这主要是由于制品含糖量没有达到要求的浓度即 65% ~70%。

控制措施: 加糖时一定按要求糖度添加。但对于低糖制品一定要采取防腐措施,如添加防腐剂、采取真空包装、必要时加入一定的抗氧化剂、保证较低的贮藏温度等。对于罐装果酱一定要注意封口严密,以防止表层残氧过高为霉菌提供生长条件,另外,杀菌要充分。

(4) 煮烂和干缩

果脯加工中,由于果实种类选择不当,加热温度和时间不准,预处理方法不正确以及浸糖数量不足,会引起煮烂和干缩现象。原料质地较软的果品常发生煮烂现象。干缩现象产生的主要原因是果实成熟度低而引起的吸糖量不足、煮制浸渍过程中糖液的浓度不够等。

控制措施:煮烂现象主要是选择理想适宜的成熟度、煮前用 1% 食盐水热烫几分钟、注意煮制的温度和时间。对于干缩现象主要是酌情调整糖液浓度和浸渍时间。

(5) 果酱类产品的汁液分泌

由于果块软化不充分或浓缩时间短或果胶含量低未形成良好凝胶。

控制措施:原料软化充分,使果胶水解而溶出果胶;对果胶含量低的可适当增加糖量;添加果胶或其他增稠剂增强凝胶作用。

6.4.3 腌制品生产实例

1. 四川榨菜

(1) 工艺流程

原料选择→剥划、穿串→晾架(搭架)→下架→腌制→修剪、整理→淘洗→拌料装坛→后熟→成品。

(2) 配料

一般每生产 100kg 成品榨菜,耗用鲜菜 300 ~ 350kg,盐 16 ~ 7kg,辣椒粉、香料等适量。

(3) 操作要点

a. 原料选择

应选择质地细嫩、紧密、皮薄、粗纤维少,呈圆球形或椭圆形,体形不太大的青菜头为原料。如草腰子、鹅公苍等。

b. 剥划、穿串

用剥菜刀剥去顶部的老皮,抽去硬筋,不要伤及上部的青皮。每只 300g 以内的不划开,300 ~ 500g 的划成两块,500g 以上的划成 3 块,要求大小均匀,老嫩兼备,青白齐全,呈圆形或椭圆形。不划破的小菜头,从基部到顶端直拉一刀深及菜心,但不划成两片。然后按菜块大小分别用篾丝穿成串,晾晒脱水,每串 4 ~ 5kg。

c. 晾架、搭架

将穿成串的青菜头挂在菜架上,注意切面向外,青面向里,并适当留出间隙,使菜块受风均匀,加速脱水。

d. 下架

如果自然风力能保持 2 ~ 3 级,一般经 7 ~ 8 天便可达到脱水要求。如天气不好,风力又小,晾晒时间应适当延长,但要防止烂菜。脱水合格的干菜块,用手捏周身柔软无硬心,表面皱缩不干枯。下架的干菜块,无霉烂斑点、黑黄空花、发梗生芽及棉花包异变,无泥沙污物,最好不成圆筒形或长条形。一般下架合格率为 35% ~ 41%。

e. 腌制

干菜块下架后应立即进行腌制。

第一次腌制:按每 100kg 用盐 4.5kg,均匀撒在菜块上(底层可适当少些,留作盖面盐),池满后下盐加盖压紧,经 72h 起池。同时利用池内渗出的菜盐水边淘洗,边上囤,并用 2 ~3 人边上囤边适当踩压,以加快菜体中水分的析出。囤高不应超过 1m。24h 后即成半熟菜块。

第二次腌制:方法照第一次的方法进行。按每 10kg 半熟菜块加盐 500g 腌制,每天早晚压 1 次。经 1 星期左右,盐渗透到肉质内部,菜块中的水分析出,再按上法起池、上囤、压紧。24h 后即成毛熟菜块。

第三次腌制:在坛内进行,即在第二次腌制后,经过修剪、去筋、整形、分级、淘洗等工序,加入盐、辣椒、香料等充分拌和,入坛塞紧,使其在坛内进行后熟发酵。

f. 修剪、整理

将经过腌制的菜块用剪刀仔细地剔除菜块上的皮、叶梗基部虚边,用小刀削去老皮,抽去硬筋,削净黑斑、烂点,不要损伤青皮、菜心和菜块形态。同时根据选择标准,将大菜块、小菜块及碎块分别堆放。

g. 淘洗

用已澄清的菜盐水经人工或机械淘洗,除尽菜块上的泥沙污物,再如前法上囤。经 24h 沥干表面水分后即可拌料装坛。淘洗时切忌使用普通水或变质的菜盐水,以免冲淡菜块的含盐量或带入杂菌,影响成品质量。

h. 拌料装坛

经淘洗上囤后的菜块,均按每 100kg 加盐,大块 6kg、小块 5kg、碎块 4kg。另外,加辣椒粉 110g、花椒 3g 和混合香料末 12g,充分拌和后立即装坛。混合香料配料比例为八角 36%,白芷 25%,山奈 12%,朴桂 7%,干姜 10%,甘草 5%,砂头 3%,白胡椒 2%。装坛时每次装 1/5 左右,分层压紧,以排出坛内空气,切勿留有空隙。然后在坛口莱面上撒 60g 红盐(配制比例为盐 100kg,加辣椒粉 2.5kg),再交错盖 2 ~3 层玉米壳,用干萝卜叶扎紧,封严坛口,放在阴凉干燥的地方,使其发酵后熟。

i. 后熟

一般榨菜的后熟期至少需 2 个月。良好的榨菜应保持其优良质量达 1 年以上。每隔 1 ~1.5 个月进行 1 次敞口清理检查。封口时要在中间留 1 小孔,以利继续发酵,防止爆坛突裂。

j. 成品

鲜香嫩脆,咸辣适当,回味返甜,色泽鲜红。

2. 糖桔饼

(1) 工艺流程

选料→清洗→压瓣→盐渍(腌坯)→漂洗→加石灰→漂洗→预煮→冷却→糖渍→煮制→冷却、上糖衣→包装→成品。

(2) 操作要点

a. 选料及处理

桔饼的原料不似其他加工品严格,可用个子较小的橙、蕉柑、桔类果作原料,甚至有用次果、落地但没有腐烂的果实,当然,要做出质量好的桔饼应采用质量好的鲜果。将果洗净并除去果蒂,然后用打瓣刀(机)压成几瓣(但不分离),同时挤出种子,压出的果汁可作果汁饮料或汽水用。加 15% ~20% 的盐,1 周后便可腌制成坯。

b. 预煮

煮制前先把果坯捞起漂水，除去咸味，再放入 2% 左右的石灰水中浸泡 6 ~ 12h，再捞起漂水、压水，重复至基本无灰味；然后放入沸水中烫漂，以脱苦和增进糖的渗透。烫漂后再压水，尽可能压除被吸附的水分。

c. 糖渍

用糖量与坯料重量相等。先将其中的 70% 分层加入坯中，次日糖溶解后再加入所剩的 30% 糖，并翻动让坯均匀吸糖，待糖完全溶解后倒入锅中煮制。

d. 糖煮

以一次煮成，但要控制在 30min 左右，煮时不断搅拌，以防煮焦，通过煮制使糖液浓度浓缩至 70%，随即捞起迅速摊开冷却并不断翻动进行打砂，直至桔饼表面出现少许白霜，然后让其自然冷却。也可以另煮糖衣液，用 40kg 糖、10kg 水煮沸至 118℃ ~120℃，将刚煮好的桔饼倒入糖液中，片刻再捞起冷却，不断翻动。这样打出的糖衣洁白，保护性也较强。还有更简单的，预先将白砂糖碾成粉状，均匀洒在煮好的桔饼表面作糖衣，冷却后包装好便是成品。

(3) 质量标准

具有原料的本色；只形完整，呈扁圆形，饼身干爽，表面有糖粉，无杂质；味甜爽口，饼质滋润，具有柑桔的风味和香气，无异味。含糖量 >70%；含水量 <20%。

3. 猕猴桃脯

(1) 工艺流程

原料选择→清洗→去皮→切片→护色硬化→漂洗→糖制→烘干→包装。

(2) 操作要点

a. 原料选择处理

选用成熟度八成左右的中华猕猴桃果实。剔除过青或过熟果及病、虫、霉变发酵果。洗去表面污物，拣出夹杂物，然后进行去皮，先配浓度 18% ~25% 的烧碱溶液煮沸，将猕猴桃果实倒入浸煮 1 ~1.5min，保持去皮温度 90℃ 以上，轻轻搅动果实，使果实充分接触碱液。当果皮变蓝黑色时立即捞出，用手工（戴橡皮手套）轻轻搓去果皮，用水冲洗干净，倒入 1% 盐酸溶液中护色。

b. 切片

将果实两头花萼、果梗芯切除，然后纵切或横切成 0.6 ~1cm 的果片，切片要求厚薄基本一致。

c. 护色硬化

将果片放入浓度 0.3% 亚硫酸盐和 0.2% 氯化钙混合溶液浸泡 1 ~2h。

d. 糖制

将果片取出漂洗，沥去水分，放入 30% 糖液中煮沸 4 ~5min。放冷糖渍 8 ~24h 后，移出糖液，补加糖液重 15% 的蔗糖，加热煮沸后倒入原料继续糖渍。8 ~24h 后再移出糖液，再补加糖液重 10% 的蔗糖，加热煮沸后回加原料中，利用温差加速渗糖。如此经几次渗糖，达到所需含糖量为止。

e. 烘干

将果片取出沥干糖液，铺放在竹盘上在 50℃ ~60℃ 下干燥，干燥后期以手工整形，将果心捏扁平，继续干燥至不黏手即成，干燥中注意翻盘和翻动果片使受热均匀。

f. 包装

按果片色泽、大小、厚薄分级，将破碎、色泽不良、有斑疤黑点的拣去。用 PE 袋或 PA/PE 复合袋作 50g、100g 等零售包装。

(3) 产品质量

淡绿黄色或淡黄色，色泽较一致，半透明，有光泽；椭圆片或圆片，块形大小较一致，厚薄较均匀，质地软硬适度；具猕猴桃去皮切片糖制后应有的风味和香气，无异味，允许稍有种子苦涩味。含糖量 50% ~60%；含水量 18% ~20%。

4. 苹果酱

(1) 工艺流程

原料处理→清洗→削皮去核去果柄切块→加热软化→打浆→加糖浓缩→装罐→灭菌→贴标签。

(2) 操作要点

a. 原料处理

苹果的好坏直接影响果酱的质量和风味。除腐烂果外，果表有一般污点或缺陷，如虫眼、小痂斑点、外形机械损伤等对果酱没什么影响。但是太生的未熟小果则带有涩味和生苹果的味道，宜剔除不用。另外，在清洗前应把虫蛀部分和干痂削去，腐烂部分要多挖去些。

b. 清洗

把处理好的落果和等外果一起倒入有流动清水的槽内冲洗，注意清洗时间要短，随放随洗。洗净立即捞出，以免清洗时间过长，可溶性果糖果酸溶出。

c. 削皮去果柄切块

把洗净的苹果削皮，挖去核仁部分去掉果柄，再切块，注意这一过程一定要在清洁环境中进行，工作人员必须按照食品卫生法的要求，穿工作服，戴工作帽，手要洗净。

d. 加热软化

把切好的果块倒入沸水锅中（水要尽量少），最好用不锈钢的夹层锅用蒸汽加热，若无夹层锅，用大锅熬煮时要用文火，以免糊锅。加热 15 ~20min，致使苹果充分软化。

e. 打浆

把软化好的果块放入筛板孔径 0.7 ~1.0mm 的打浆机内打浆。

f. 配料

将果糖、柠檬酸按 100：250kg 果块加入 12.5kg 或 17.5kg 糖和 15g 或 20g 的柠檬酸，也可根据产品销售地区群众的口味来调节果浆的酸度和糖度。

另外，配料时先将白糖用 20% 的水溶化，煮沸后过滤，以除去糖中的杂质。

g. 浓缩

先将滤好的糖液倒入果浆中，边倒边搅拌，加热浓缩，当浓缩至固形物达 65% 时即可出锅。出锅前加入柠檬酸（用少量水化成溶液）搅拌均匀。

若散装果酱应在出锅前加防腐剂（即 0.05% 的苯甲酸钠或山梨酸钾），加时先将防腐剂用少量水溶化与果浆搅拌均匀。

h. 罐装

最好用 250g 的四旋盖瓶装。装瓶前把瓶内壁洗净、晾干。当酱液温度下降至 85℃时,即可装瓶,罐装后应立即拧紧瓶盖。瓶盖也应事先清洗消毒,控干水分。

i. 灭菌

果浆装好瓶后应立即在沸水中维持 20min 灭菌,然后在 65℃和 45℃水中逐步冷却,最后取出擦干瓶;贴好标签。保存期为 1 年。

5. 甘草芒果

(1) 工艺流程

芒果盐坯→脱盐→干燥→配料→腌渍→干燥→成品→包装。

(2) 操作要点

a. 脱盐干燥

用清水浸泡芒果盐坯脱盐,浸泡时间约 6 ~ 8h,至含盐量 5% 左右,捞起沥水,日晒或用干燥机干燥到半干燥程度,以备浸料。

b. 配料

芒果坯 100kg、甘草 3kg、砂糖 10kg、糖精钠 45g、柠檬酸 150g、丁香 100g、肉桂 200g。

首先熬煮甘草汁,在锅中加水 30kg,加入甘草、丁香、肉桂。慢火熬煮一定时间后,进行过滤,得甘草香料汁液约 25kg,加入糖精钠、蛋白糖,溶解成甘草香料糖液。

c. 腌渍干燥

将脱盐干燥后的芒果坯置入缸中,倒入甘草香料糖液,腌渍 12 ~24h,捞出进行日晒或机械干燥。干燥至半干时,再倒回缸中腌渍,把味料吸完为止。最后捞起干燥,至含水量不超过 5%,即为成品。

d. 包装

用复合薄膜袋作 50g、100g 包装。

(3) 产品质量

黄褐色;果块完整、大小基本一致,果皮收缩带有皱纹;甜酸咸适宜,有甘草或添加香料味、回味久留,无异味;含水量≤5%。

6.5 园艺产品的速冻技术及实例

近年来,由于“冷链”的形成及发展和家用微波炉的普及,发达国家冷冻食品在食品结构中所占比重愈来愈大,美国冷冻食品的年人均销售量已超过 20 世纪 30 年代,冷冻食品、蔬菜开始进入零售市场。我国的果蔬速冻开始于 20 世纪 60 年代。20 世纪 70 年代在上海、江苏、广州、福建等地兴起速冻蔬菜的加工,已形成一定规模的出口。20 世纪 80 年代开始在国内市场出现速冻蔬菜,全国各地已都有速冻蔬菜业发展,也引进了不少先进设备,内销和外销都有了进一步发展。在商品供应上,速冻制品一般以速冻蔬菜较多,速冻水果多为其他制品的半成品或装饰物。美国冷冻食品人均年消费已超过 60kg ,欧洲国家为 30 ~40kg,而我国仅为 3kg。

由于速冻设备和技术的进步,速冻制品的质量有了较大提高,园艺产品的速冻保藏正处于这样的趋势,也将获得更快发展。

6.5.1 速冻原理

速冻保藏是利用人工制冷技术降低食品的温度使其控制微生物和酶活动,从而达到长期保藏。园艺产品的速冻过程要求在30min或更短时间内将新鲜原料的中心温度降至冻结点以下,使原料中80%以上水分尽快冻结成冰晶,这样就必须采用很低的冻结温度进行迅速排除热量,才能达到要求。在此温度下就能抑制微生物的活动和酶的作用,最大限度地防止腐败及生化作用对制品的影响。一般速冻产品要求在-18℃下保存,其质量是其他加工方法所不及的。

1. 园艺产品的速冻过程

(1)冻结过程

园艺产品的冻结包括降温和结晶两个过程。产品由原来的温度降到其冰点时,内部所含的水分开始由液态变为固态,这一现象即为结晶(冰)。在温差条件下,待全部水结冰后温度才继续下降。

在园艺产品的冻结降温过程中,常出现过冷现象,即当温度降到冰点以下,而再上升到冰点时才开始结晶。也就是说过冷现象是产品发生冻结的先决条件,但过冷现象的出现随着冷冻条件和产品性质的不同而有较大差异。此现象一定出现在结晶之前,否则对产品品质影响较大。

当降温降至过冷时,开始结晶,其过程包括晶核的形成和晶体的增长。晶核的形成是一部分极少的水分子以一定规律结合成颗粒状的微粒,提供晶体增长的基础。晶核的形成必须在某种过冷条件下才能发生。而晶体的增长是将水分子有秩序地结合到晶核上去,继续增大冰晶体的体积。

(2) 冻结温度曲线

在冻结过程中,温度逐步下降。表示食品温度与冻结时间关系的曲线,称为"冻结温度曲线"(图6-21)。此曲线一般可分为三段。

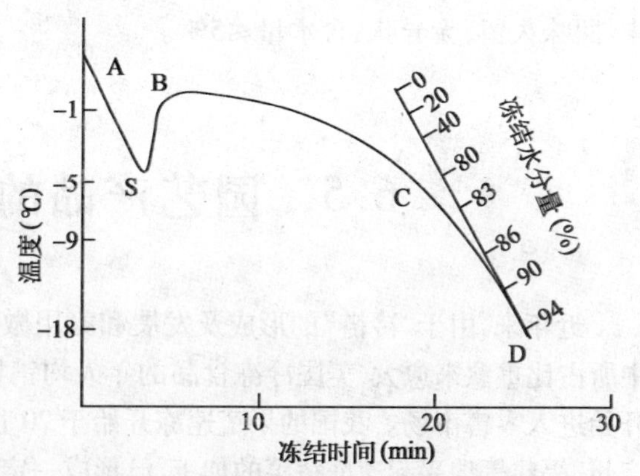

图6-21 冻结温度曲线与冻结水分量
(引自冯志哲等《食品冷藏学》)

初阶段:即从初温至冻结点(冰点)温度,此时放出的是显热,其与冻结过程所排出的总热量相比,量较少,故降温快,曲线较陡。在此阶段会出现过冷(即曲线中的S点)。

中阶段:此时食品中大部分水分冻结成冰。一般食品中心温度降至-5℃时,食品内已有80%以上水分冻结。此阶段由于水变成冰需放出大量热,总热量中的大部分在此阶段释放,故降温慢,曲线平坦。

终阶段：从成冰后到终温。此时放出的热量，一部分来源于冰的降温，一部分来源于内部剩余水的继续结冰，故曲线不及初阶段陡峭。

2. 冻结速度对产品质量的影响

冻结过程中通常要求中阶段的时间要短，这样冻结产品质量才理想。大部分食品在从 -1℃降至 -5℃时，近 80% 的水分可冻结成冰晶，故此温度范围称为“最大冰结晶生成带”，最好能快速通过此温度带，以保证速冻产品的质量。快速冻结要求食品在 30min 内通过最大冰结晶生成带，否则为缓慢冻结。

冻结速度直接影响产品的质量。当食品进行缓慢冻结时，由于细胞间隙的溶液浓度低于细胞内，首先产生冰晶，随着冻结继续进行，细胞内水分不断外移结合到这些冰晶上，从而形成了主要存在于细胞间隙的体积大、数目少的冰晶分布。此种分布，容易造成细胞的机械损伤和脱水损伤，使细胞破裂，解冻后，造成汁液流失、组织变软、风味劣变等现象。快速冻结则不然，此时细胞内外的水分几乎同时形成冰晶体。故形成的冰晶体分布广、体积小、数目多，对组织结构几乎不造成损伤，解冻后，可最大限度恢复组织原来状态，从而保证产品的质量。冻结速度的快慢往往与冷却介质导热快慢关系很大。如盐水导热快于空气，同温度盐水冻结速度快；流动空气冻结快于静止空气。另外，还与产品初温、产品与冷却介质接触面、产品体积厚度等有关系，在生产中应综合考虑。

3. 冻结对微生物的影响

微生物的生长和繁殖都有适宜的温度范围，其生长繁殖最快的温度称为最适温度，高于或低于此温度，微生物活动即抑制、停止甚至引起死亡。大多数微生物在低于 0℃ 的温度下生长即被抑制，其繁殖的临界温度是 -12℃。因此，速冻食品的冻藏温度一般要求低于 -12℃，通常采用 -18℃ 甚至更低。表 6-4 列出了冷冻食品中微生物的生存期。低温能使微生物的存活数急剧减少，但其对微生物的作用主要是抑制而不是杀死作用，而且长期处于低温下的微生物能产生新的适应性，一旦条件适宜，会重新引起制品的腐败变质。速冻制品一旦解冻，腐败菌会迅速繁殖起来，足以使制品发生腐败。甚至产生相当数量的毒素，食用不安全。保证冷冻食品安全的关键是避免加工品和原料的交叉污染；加工中坚持卫生高标准；避免物料积存和加工时间拖延；保持冷冻产品在合适温度下贮藏。

表 6-4　冷冻食品中微生物的生存期（引自赵晨霞《园艺产品贮藏与加工》）

微生物	速冻制品	贮藏温度（℃）	生存期
霉菌	罐装草莓	-9.4	3 年
酵母	罐装草莓	-9.4	3 年
一般细菌	冷冻蔬菜	-17.8	9 个月以上
副伤寒杆菌	樱桃汁	-17.8 及 -20	4 周
肉毒梭状芽孢杆菌	蔬菜	-16	2 年以上

在冻结条件下，由于冻结使食品内部水分结成冰晶，降低了微生物生命活动和生化反应所需的有效水分，水分活性大大降低，从而剥夺了微生物生长的首要条件，故冻结温度越低，微生物的损伤就越大。同时，冻结速度对微生物也有很大影响。通常，缓慢冻结将导致微生

物的大量死亡。这是因为缓冻能形成大颗粒的冰晶体,对微生物细胞产生机械损伤及促进其蛋白质变性,则导致微生物死亡率增加,故冻结速度越慢,对微生物的伤害就越大。

4. 冻结对酶的影响

大多数酶的适宜活动温度是30℃~40℃,低温并不能使酶失活,也不能完全抑制酶的作用,只是使其活动减慢而已。因此,低温对酶的影响是降低了酶的活性化学反应速度。一般温度在-18℃以下,酶的活性受到显著抑制,冻藏温度以-18℃为较适宜。

速冻产品的色泽、风味、营养等的变化,多数有酶的参与,由此会导致制品褐变、变味、软化等现象。因此,冻结前应采取抑制或钝化酶活性的措施,如烫漂或添加护色剂等措施,以减少酶引起的品质劣变。

6.5.2 速冻方法和设备

食品冷冻装置有多种,按使用的冷冻介质及与食品接触的状况,可分为间接接触冻结(空气冻结、接触冻结)、直接接触冻结(浸渍式冻结、喷淋式冻结)等。

1. 间接接触冻结及设备

(1) 空气冻结

空气冻结有静止空气冻结、气流冻结和流化床冻结三种方法。静止空气冻结是将原料放入低温(-25℃~-35℃)库房中,利用空气自然对流冷却、冻结,其冻结速度慢,水分蒸发多,但设备简单,费用低。小型冷库、冰箱即为此类。气流冻结是利用低温空气在鼓风机推动下形成一定速度的气流对食品进行冻结。气流的方向可以与食品方向同向、逆向或垂直方向。常用设备有带式连续速冻装置、螺旋带式连续冻结装置、隧道式冻结装置等。流化床冻结又称悬浮式冻结,其是使用高速的冷风从下而上吹送,将物料吹起成悬浮状态(图6-22),在此状态下,物料能与冷空气全面接触,冻结速度极快。这种方法适用于小型单体食品的速冻,如蘑菇、草莓、豌豆等。

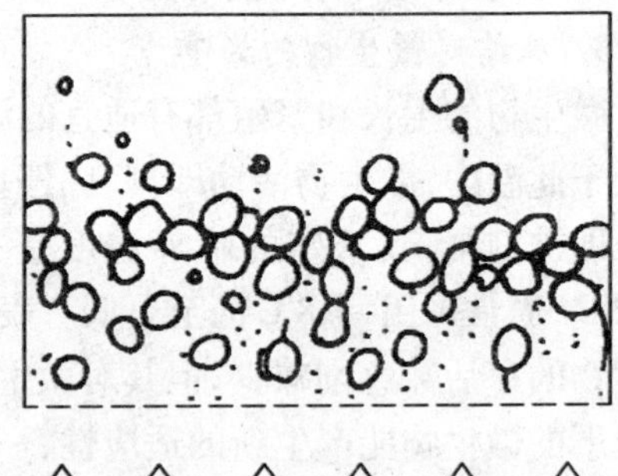

图6-22 悬浮式冻结物料状态
(引自赵晨霞《果蔬贮藏与加工》)

(2) 接触冻结

利用被制冷剂冷却的金属空心平板与物料密切接触而达到冻结目的。空心平板一般由多块组装而成,物料被夹在两平板之间。如平板冷冻机即为此类。这种方式要求原料应扁平,厚度要薄,多用于小型的水产品加工。

2. 直接接触冻结及设备

(1) 浸渍冻结

将原料直接浸渍于低温冷却介质中,使食品快速冻结。食品直接与冷却介质接触,冻结速度快。常用的冷却介质有氯化钠、氯化钙、甘油-冰水、丙二醇。23%氯化钠溶液可得到-21.1℃的冻结温度;67%的甘油可得到-46.7℃的低温。浸渍冷冻法主要适用于包装食品,否则会影响制品的风味。

(2) 超低温制冷剂喷淋冻结

将高纯度食用级冷却介质直接喷淋于食品上,达到冻结目的。常用的冷却介质有液态氮、液态二氧化碳、二氧化氮等。喷淋冻结因其制冷剂在液态到气态的相变过程中,吸收大量的热量,因此,冻结速度极快,且冻结范围广、冻结质量高、干耗少、冻结过程无氧化现象发生。但因冻结速度过快,有时会有龟裂现象发生。喷淋冻结所用机械设备有隧道式液氮连续喷淋速冻机、液态二氧化碳速冻机等。

6.5.3 速冻工艺

1. 工艺流程

速冻工艺流程见图6-23。

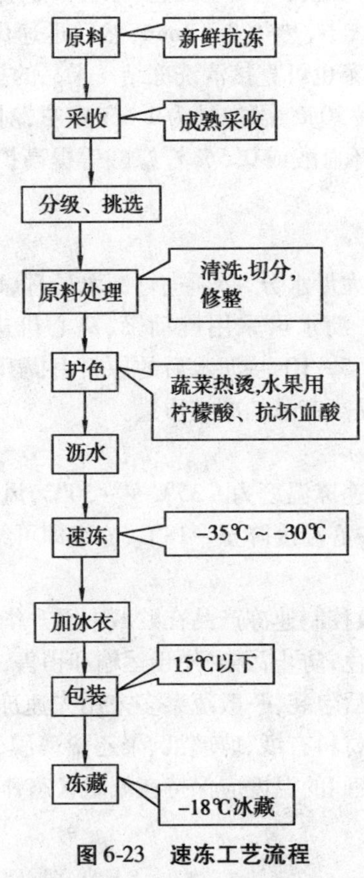

图6-23　速冻工艺流程

(引自赵晨霞《园艺产品贮藏与加工》)

2. 工艺要点

(1) 原料选择

速冻制品一般要求原料品种优良、成熟适宜,风味、色泽俱佳,冷冻适应性强的品种。另外,要求原料鲜嫩、规格整齐、无病虫害、无农药残留及微生物污染、无机械损伤。采收后的

原料要及时进厂，并要求不浸水、不捆扎、不重叠挤压，避免剧烈颠簸和阳光暴晒。进厂后的原料若不能及时处理，应进行短时间冷藏。

（2）预处理

进厂后的原料，应及时进行处理。加工间的温度以控制在15℃以下为宜。处理措施包括挑选、分级、去除不可食部分、清洗、切分等。挑选即除去带伤、有病虫害、畸形及不熟或过熟的原料，并按大小、长短分级。除去皮、核、芯、蒂、筋、老叶及黄叶等不可食部分。然后进行原料的清洗处理，对一些易遭虫害的蔬菜，如花椰菜、菜豆等应用2%～3%的盐水浸泡20～30min进行驱虫处理。对一些速冻后脆性明显减弱的果蔬，可以将原料浸泡在0.5%～1%的碳酸钙或氯化钙溶液中10～20min，以增加其硬度和脆度。清洗后的原料按产品要求切分成各种规格形状。

（3）护色

为了防止原料在加工及贮藏过程中发生变色，原料要进行护色处理。蔬菜常采用烫漂处理，即在95℃以上热水或蒸汽下，热烫2～3min，然后迅速用低5℃的冷水冷却。对于部分天然风味浓或酶活性低的蔬菜也可直接清洗冻结。果品的护色常使用适当浓度的糖液浸渍，一般糖液浓度控制在30%～50%，添加量为1∶3左右，对苹果、桃等酶活性强的原料，还可在糖液中加入0.1%的抗坏血酸或0.5%柠檬酸等提高护色效果；另外，也可采用拌干糖的方法进行护色。

（4）沥水

经烫漂冷却后的原料带有大量水分，必须进行沥水处理，以避免产品冻结时黏结成坨，影响产品的外观形状和质量。沥水可采用震动筛、离心机进行。震动沥水时间以10～15min为宜，离心机甩水时间为5～10s。沥水后的原料由提升机输送到振动布料机对原料均匀布料，以实现均匀冻结和提高产品的冻结质量。

（5）速冻

园艺产品的速冻一般要求速冻温度为－35℃～－30℃，风速保持在5～8m/s，这样才能保证原料的速冻，冻结至产品中心温度降至－18℃，冻结即可结束。

（6）包装

速冻产品的包装，可以有效控制速冻产品在贮藏中因升华现象而引起的表面失水干燥；防止产品长期接触空气氧化变色；防止污染、便于运输和销售；保持产品的卫生。

包装可在速冻前包装或冻后包装，一般蔬菜多采用先速冻后包装的形式，即冻后包装，而果品可采用冻前包装。包装材料有纸、玻璃纸、聚乙烯薄膜、铝箔及其他塑料薄膜。包装形式有袋、托盘、盒、杯等。包装间的温度应保持在低温状态，同时要求在最短时间内完成包装，及时入库冻藏。

（7）冻藏

速冻产品要求在－18℃以下或更低的温度下进行冻藏，以保持其冻结状态。冻藏过程中要保持冻藏温度的稳定，防止重结晶的发生；不宜与其他有异味食品混藏。在此条件下，速冻产品的冻藏期一般可达到10～12个月，甚至两年。表6-5列出了部分冻藏制品的贮藏期。

表 6-5　部分冻藏制品的贮藏期(引自赵晨霞《果蔬贮藏与加工》)

名　称	贮藏期限(月)			名　称	贮藏期限(月)		
	-18℃	-25℃	-30℃		-18℃	-25℃	-30℃
加糖桃	12	18	24	胡萝卜	18	>24	>24
加糖草莓	12	18	24	甘蓝	15	24	>24
加糖樱桃	18	24	24	豌豆	18	>24	>24
不加糖草莓	12	>18	>24	菠菜	18	>24	>24

3. 速冻果蔬的解冻

速冻产品在食用前要进行解冻恢复到冻前的新鲜状态。解冻是冻结的逆过程,其进行的好坏,对解冻后产品的最终质量影响很大。

解冻方法,可以在冰箱或室温下及冷水、温水中进行,也可用微波或高频迅速解冻。速冻蔬菜可结合烹调同时进行,即可投入热水、热油中直接烹饪。解冻后的果蔬要及时食用,否则,长时间室温下放置,对产品色泽、风味都有影响,且容易重新引起微生物的污染而变质。

6.5.4　速冻果蔬生产中常见的质量问题及控制措施

当速冻条件不当、冻藏中温度波动较大、时间较长,也会引起产品品质下降。

1. 重结晶

在冻藏过程中,由于冻藏温度的波动,引起速冻产品反复解冻和再冻结,造成组织细胞内的冰晶体体积增大,以致于破坏速冻产品的组织结构,产生更严重的机械损伤。重结晶的程度直接取决于单位时间内冻藏温度波动的幅度和次数,波动幅度越大,次数越多,重结晶的程度就越深。

控制措施:采用深温冻结方式,提高产品的冻结率,减少残留液相水分;控制冻藏温度,避免温度的变动,尤其是避免-18℃以上的温度变动。

2. 干耗

速冻产品在冷却、冻结和冻藏过程中,随热量带走的同时,部分水分同时被带走,从而会造成干耗发生。通常空气流速越快,干耗就越大;冻藏时间越长干耗问题就越严重。产生干耗的原因主要是表面冰晶直接升华所造成的。

控制措施:对速冻产品采用严密包装;保持冻藏库温与冻品品温的一致性;有时也可以通过上冰衣来降低或避免干耗对产品品质的影响。

3. 变色

因为酶的活性在低温下不能完全抑制,所以凡是常温下发生的变色现象,在长期的冻藏过程中同样会发生,只是进行速度减慢而已,且冻藏温度越低,变色速度越慢。

控制措施:为了防止此类变色的发生,在速冻前应对原料进行烫漂等护色处理。

4. 流汁

由于缓慢冻结容易造成果蔬组织细胞的机械损伤,解冻后,融化的水不能重新被细胞完全吸收,从而造成大量汁液的流失,组织软烂,口感、风味、品质严重下降。

控制措施:提高冻结速度可以减少流汁现象的发生。

5. 龟裂

由于水变冰的过程体积增大约9%,造成含水量多的果蔬冻结时体积膨胀,产生冻结膨胀压,当冻结膨胀压过大时,容易造成制品龟裂。龟裂的产生往往是冻结不均匀、速度过快造成的。

控制措施:注意控制冻结的速度。

6.5.6 速冻制品生产实例

1. 速冻菠菜

(1) 工艺流程

原料选择→预处理→洗净→热烫→冷却及沥水→精选→排盘→冻结→挂冰衣→包装→贮藏。

(2) 操作要点

a. 原料选择

用于速冻的菠菜必须是采收后不久的新鲜产品,应选择成熟度适当、不抽薹、无腐烂的植株。

b. 预处理

剔除枯黄老叶、病叶、虫叶及破损叶片,从根颈以下0.5cm处切去根部,并根据植株的大小分成不同等级,以便使冻结产品质量一致。

c. 洗净

将菠菜投入流水中充分冲洗,去除杂质。

d. 热烫

将菠菜根、梢对齐,排装在竹筐中,置于100℃沸水中烫40~50s。热烫时,应先将叶柄部浸入沸水中,然后将叶片部浸入,以防叶片变软。有研究指出,菠菜在76.6℃的水温中热烫,可以更好地保持其鲜绿色。热烫时,在水中加入一定量的食盐(氯化钠)或氯化钙、柠檬酸、维生素可以防止蔬菜氧化变色。

e. 冷却及沥水

热烫后,迅速将原料用3℃~5℃的冷水浸漂、喷淋,或用冷风机冷凉到5℃以下,以减少热效应对菠菜品质和营养的破坏。如果不及时冷却或冷却的温度不够低,会使叶绿素受到破坏,失去鲜绿光泽,在贮藏过程中逐渐由绿色变为黄褐色。所以在冷却过程中应经常检测冷却池中的水温,随时加冰降低水温。

冷却以后的原料在冻结以前,还需要采用震荡机或离心机等设备,沥去沾留在原料表面的水分,以免在冻结过程中原料间互相黏连或黏连在冻结设备上。

f. 精选

将冷却后的原料分批倒入不锈钢板上或搪瓷盘中,逐个检查,剔除不合格的原料及杂质。

g. 排盘

为了使原料快速冻结,通常采用盘装。将沥干水分的原料平放在长方形小冰铁盘中,每

盘装 0.5kg，共放两层，各层的根部分别排在盘的两侧。排盘时，先取一半菜根部朝向一侧，整齐地平铺在小冰铁盘里，超出盘的叶部折回；然后将另一半菜的根部朝向盘的另一侧，按照同样方法再排一层，便成为整齐的长方形。

h. 冻结

蔬菜新鲜品质的保存，在很大程度上取决于冷冻的速度。冷冻的速度愈快，蔬菜新鲜品质的保存程度愈高。将经过上述一系列工艺操作的原料，应立即送入冷冻机中，在 -40℃ ~ -30℃的低温下冻结。要求在 30min 内，原料的中心温度达到 -18℃ ~ -15℃。

i. 挂冰衣

速冻菜从冰铁盘中脱离（称脱盘）以后，置于竹篮中，再将竹筐浸入温度为 2℃ ~5℃的冷水中，经 2 ~3s 提出竹筐，则冻菜的表面水分很快形成一层透明的薄冰。这样可以防止冻品氧化变色，减少重量损失，延长贮藏期。挂冰衣应在不高于 5℃的冷藏室中进行。

j. 包装和贮藏

包装的工序包括称重、装袋、封口和装箱，均须在 5℃以下的冷藏室中进行。按照出口规格的要求，每个塑料袋装 0.5kg，用瓦楞纸箱装箱，每箱装 10kg。装箱完毕后，黏封口胶带纸，标上品名、重量及生产日期，运至冷藏库里冷藏。

冷库贮藏的温度应保持在 -21℃ ~ -18℃，温度的波动幅度不能超过 ±1℃；空气相对湿度保持在 95% ~100%，波幅不超过 5%。冻品中心温度要在 -15℃以下。一般安全贮藏期为 12 ~18 个月。运输和销售期间也应尽量控制稳定的低温。如果温度大幅度变动，使冻品反复解冻和冻结，将严重影响产品质量，从而丧失速冻的作用。

2. 速冻荔枝

(1) 工艺流程

原料挑选→清洗→去皮（去核）→浸泡→漂烫→冷却→速冻→称量包装→冷藏。

(2) 操作要点

a. 原料挑选

将采摘下来的荔枝去掉枝叶，选出大小均匀、无病虫害的果实为原料。

b. 清洗

将挑选出来的荔枝果实用清水冲洗干净，除去泥沙等杂物。

c. 去皮

采用手工去皮的方法，先用小刀从荔枝果实的柄处向下划开，用手剥去皮，必要时可用力将核挤出（为了保持良好形态，也可以只去皮而不除核），将去皮后的荔枝果实立即投入浸泡液中。

d. 浸泡

配制 1% 氯化钙加 0.5% 柠檬酸的浸泡液，浸泡去皮荔枝果实 20 ~25min，起到防止果肉热烫时软烂和防止果肉褐变的作用。

e. 漂烫

漂烫的目的主要是进一步进行灭酶处理，防止酶促褐变现象的发生。将浸泡液中的荔枝果实捞出，投入含有 0.5% 氯化钙、0.5% 柠檬酸 100℃的漂烫液中，漂烫 0.5 ~1min。

f. 冷却

漂烫后的荔枝果实应迅速捞出，放入清水中漂洗冷却至10℃以下。

g. 冷冻

将冷却后的荔枝果实沥去水分，散开摊在输送带上，迅速送入-40℃～-30℃的冷冻室中，冷冻50～60min。

h. 称量包装

将已冻结的荔枝果实除去颜色、形状不佳的部分，准确称量后装入快餐饭盒或塑料包装袋中，其称量误差不得大于±2%。

i. 冷藏

将包装好的荔枝果实装入保温、防水的厚纸箱中，上下接缝用胶带贴好，放在-18℃条件下冷藏，待贴标出厂。

(3) 产品质量

色泽呈半透明状，颜色自然，不得有褐斑点出现；形状大小均匀一致，个体饱满，不应有相互黏连的现象，自然解冻后不黏连，不软烂；不得在冻结时人为地加入水分，外观应无冰晶产生；自然解冻后其果肉具有鲜果特有的香、甜滋味，有特有的气味和口感。

6.6 园艺产品的干制技术及实例

在我国干制技术有着悠久的历史，《齐民要术》中就有园艺产品干制方法的记载。红枣、柿饼、葡萄干、荔枝干、桂圆、金针菜、干香菇等都是我国著名的特产，这些干制品不仅盛销国内，而且还远销国外。干制加工要求的设备可简可繁，加工技术较易掌握。近年来，由于干制的研究不断深入，先进的干制技术得以应用，干制品的产量和质量不断提高，干制品的品质与营养更接近新鲜原料，因此干制品加工具有很大的发展潜力。

6.6.1 干制的基本原理

园艺产品的干制是借助于热力作用，将原料中水分减少到一定的限度，使产品中的可溶性物质提高到不适于微生物生长的程度。与此同时，由于水分的下降，酶的活性也受到抑制，这样产品就可得到较长时间的保存。园艺产品干制过程是热现象、扩散现象、生化现象的复杂综合体。干制品的质量受到原料性质、干制中水分的变化规律、干燥介质的影响。

1. 园艺产品中水分存在的状态

新鲜园艺产品中含有大量的水分。一般果品含水量为70%～90%；蔬菜为75%～95%。无论含水量多少，一般认为它们都是以游离水（自由水）和结合水两种不同的状态存在于组织中。

游离水指以游离状态存在于食品组织中的水分。园艺产品中的水分绝大多数都是以游离水的状态存在。如苹果总含水量为88.7%，其中游离水占64.6%；胡萝卜总含水量为

88.6%，游离水占66.2%。游离水具有水的全部性质，能作为溶剂溶解许多物质，其流动性大，能借毛细管和渗透作用向外或向内迁移，所以在干制时容易被蒸发排除。

结合水指与园艺产品组织中的化学物质与水通过氢键形式相结合的水分。结合水仅占总水量的极小部分。结合水比较稳定，难以蒸发，一般不能将其从食品中分离出来。在干制过程中，只有在游离水蒸发完后，才能被排除一部分（这部分结合水也称准结合水）。结合水也不能作溶剂，不能被微生物和酶利用，不易引起食品腐烂变质。

2. 水分活度与干制品的保藏性

（1）水分活度与含水量

水分活度就是指溶液中水蒸气分压（p）与同温度下纯水蒸气压（p_0）之比。通常以 Aw 表示水分活度，即 $Aw = p/p_0$。由于食品水分中溶有各种无机盐和有机物，且总有一部分是以结合水的形式存在，故其水蒸气压远低于纯水的蒸气压，则 $Aw < 1$。食品中结合水含量越高，食品的水分活度就越低。可见，用水分活度可用来表示食品中水分被束缚的程度和被微生物利用的程度。食品的水分活度与食品含水量是两个不同的概念。通常食品的含水量是指在一定温度、湿度等外界条件下，处于平衡状态时食品的水分含量。而水分活度主要决定游离水的含量。一般情况下，食品的含水量越高，水分活度也越高，但当食品的含水量处于低含水量区时，极少量的水分含量变化即可引起水分活度极大的变动。另外，不同类型食品的水分活度虽然相同，但含水量却可能相差很大（表6-6）。

表6-6　Aw =0.7 时若干食品的含水量（引自叶兴乾《果品蔬菜加工工艺学》）

食品种类	含水量（g/g 干物质）	食品种类	含水量（g/g 干物质）
香蕉	0.25	大豆	0.10
凤梨	0.28	干淀粉	0.13
苹果	0.34	干马铃薯	0.15

（2）水分活度与保藏性

各种产品都有一定的 Aw 值，各种微生物的活动和各种化学与生物化学反应也都有一定的 Aw 阈值（表6-7）。当食品的水分活度值高于微生物生长发育所必需的最低 Aw 时，微生物即可导致食品变质。由此可见，测定 Aw 值对于估价食品的耐藏性和腐败情况有着重要的作用。降低水分活度，可以提高产品的稳定性，减少腐败变质。一般认为，在室温下贮藏干制品，其水分活度应降到0.7以下方为安全。

表6-7　一般微生物生长繁殖的最低 Aw 值（引自叶兴乾《果品蔬菜加工工艺学》）

微生物种类	生长繁殖的最低 Aw 值
革兰阴性杆菌、一部分细菌的孢子、某些酵母菌	0.95～1.00
大多数球菌、乳杆菌、杆菌科的营养体细胞、某些霉菌	0.91～0.95
大多数酵母菌	0.87～0.91
大多数霉菌、金黄色葡萄球菌	0.75～0.80
耐干燥霉菌	0.65～0.75
耐高渗透压酵母	0.60～0.65
任何微生物均不能生长	<0.60

引起干制品变质的原因除微生物外还有酶。酶的活性也与水分活度有关,水分活度降低,酶的活性也降低。在园艺产品干制时,酶和底物二者的浓度同时增加,使酶的生化反应速率变得较为复杂。在实际生产中,通常是采用烫漂处理以钝化酶的活性。

3. 园艺产品的干制机制

园艺产品的干燥实质上就是水分蒸发的过程。水分的蒸发是依靠水分外扩散和内扩散完成的。外扩散是指水分由原料表面向周围介质中蒸发的过程,而内扩散是指水分由原料的内层向外层转移的过程。当原料与干燥介质相接触时,由于原料所含的水分超过该温湿度条件下的平衡水分,促使自由水分由表面向干燥介质中转移,即外扩散。随着这种水分的转移又使原料外层与内层之间存在湿度梯度,也促使水分由原料内层向外层扩散,即内扩散。由于水分不断蒸发,而使原料内容物浓度逐渐增加,水分向外扩散的速度也逐渐缓慢,直至原料与干燥介质之间达到扩散平衡,干燥作用结束,完成干制过程。

在整个干制过程中,水分的外扩散和内扩散是同时进行的,二者相互促进,不断打破旧的平衡,建立新的平衡,完成干制过程。在生产中要合理控制干燥介质的条件,使内外扩散互相衔接,保持相对平衡,促使原料内外水分均匀、快速蒸发。一方面要避免原料表面因过度干燥而形成硬壳即“结壳”现象;另一方面,又要避免因过多水分集结于原料表面产生较大膨压,造成原料表面出现胀裂现象的发生,从而达到提高干制品质量的目的。

4. 影响干燥速度的因素

干燥速度的快慢对于干制品品质起着决定性的作用。一般干燥速度愈快,产品质量就愈好。影响干燥速度的主要因素有干燥介质的温度、湿度、空气流动速度、原料的性质和状态、原料装载量以及干燥方法等。

在相对湿度不变的条件下,干燥介质温度越高,干燥速度就越快;相对湿度越小,达到饱和所需的水分越多,干燥速度越快;空气的流动速度越大,越容易带走原料附近的潮湿空气,有利于原料水分的蒸发,干燥速度就越快;可溶性固形物含量高、组织致密的原料,其干燥速度就慢;单位面积上装载原料越多,厚度越大,越不利空气流动和水分蒸发,干燥速度减慢。此外,干制前进行去皮、切分、热烫、浸碱脱蜡、熏硫等预处理均有利于水分蒸发,对干制过程均有促进作用。在干燥过程中,应尽量创造适宜的干燥条件,以加快干燥速度。

6.6.2 干制方式和设备

园艺产品干制的方式根据热能来源不同,可分为自然干制和人工干制。

1. 自然干制

自然干制是指在自然条件下,利用太阳辐射能、热风等使园艺产品干燥的方法。自然干制方法简便,设备简单。但自然干制受气候条件影响大,如在干制季节,阴雨连绵,会延长干制时间,降低产品质量,甚至会霉烂变质。自然干制包括晒干或日光干制和阴干或晾干。一般比较适于大多数蔬菜干、葡萄干以及柿饼等产品的制作。

2. 人工干制

人工干制是人为控制干燥条件和干燥过程的干燥方法。它不受气候条件限制,方便、卫生、干燥速度快、产品质量好。但人工干制需要干制设备和能源消耗等,成本较高,技术比较复杂。

现在采用的人工干制方法很多,需根据原料的不同、产品的要求不同,而采取不同的干制方法。

(1) 烘制

① 烘灶干制

烘灶是我国农村、山区所应用的一种最简单的干制设施,其构造是在地面砌灶或地下挖坑,在灶坑生火,上架木檩、铺席箔,原料摊在席箔上干燥,通过火力大小控制干制所需的温度,达到干制目的。

② 烘房干制

采用砖木结构,设备费用低,操作管理简单,干燥速度快,产品质量好,适宜于大量生产。常用于果脯、菜干、果干的生产。烘房的形式很多,但结构基本相同,主要有烘房主体建筑、加热升温设备、通风排湿设备和装载设施组成。

(2) 热风干燥

热风干燥能控制干制环境的温度、湿度和空气的流速,因此,干燥时间短,制品质量好。目前我国生产上普遍使用这种干燥方式。

① 隧道式干燥

这种干燥机的干燥室为狭长的隧道形,地面铺铁轨。装好原料的载车,沿铁轨经隧道,完成干燥,然后从隧道另一端推出,下一车原料又沿铁轨再推入。干燥室一般长 12 ~18m、宽 1.8m、高 1.8 ~2m。隧道式干燥机可根据被干燥的产品和干燥介质的运行方向分为逆流式、顺流式和混合式(又称复式或对流式)三种形式。

逆流式干燥:原料车前进的方向与干热空气流动的方向相反。原料由隧道低温高湿的一端进入,由高温低湿的一端完成干燥过程出来。适合于桃、杏、李、葡萄等含糖量高的果实干制。

顺流式干燥: 原料车的前进方向和空气流动的方向相同。原料从高温低湿的热风一端进入,而干制品从较低温和潮湿的一端取出。适宜于含水量高的蔬菜干制。

对流式干燥: 又称混合式干燥机(图 6-24)。该干燥机综合了逆流和顺流式干燥机的优点。它将隧道分为两段,即先 1/3 顺流,后 2/3 逆流。原料车首先进入顺流式隧道,用高温低湿的热风吹向原料,加快原料水分的蒸发。随着载车向前推进,温度逐渐下降,湿度也逐渐增大,水分蒸发趋于缓慢,有利于水分的内扩散,不致发生硬壳现象,待原料大部分水分蒸发以后,载车又进入逆流隧道,之后愈往前推进,温度愈高,湿度渐低,最终完成于相对高温低湿的环境条件下,使原料干燥比较彻底。对流式干燥机具有能连续生产,温湿度易控制,生产效率高,产品质量好等优点。目前,园艺产品干制大多采用对流式(混合式)。

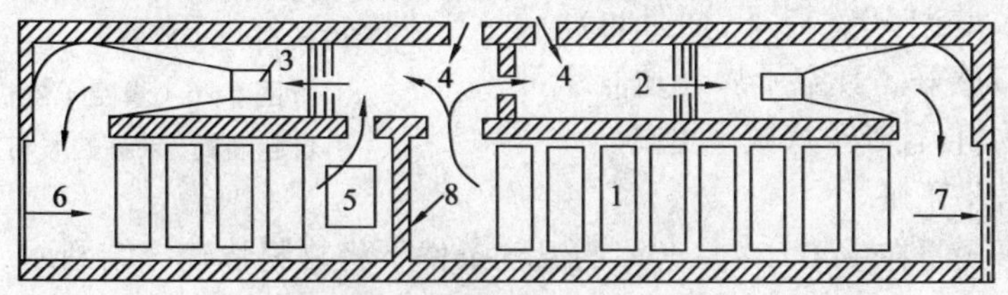

1: 载车; 2: 加热器; 3: 电扇; 4: 空气入口; 5: 空气出口;
6: 新鲜品入口; 7: 干燥品出口; 8: 活动隔门

图 6-24　混合式干燥机示意图

(引自方宗涵等《果蔬加工学》)

② 带式干燥

带式干燥机是使用环带作为输送原料装置的干燥设备。一般将原料放置在用帆布带、橡胶带、涂胶布带、钢带和钢丝网带等制作的传送带上,用装在每层传送带中间的暖管提供热源进行干制(图6-25)。带式干燥机适应与单品种、整季节的大规模生产。苹果、洋葱、胡萝卜、马铃薯、甘薯等都可用此干燥机干燥。

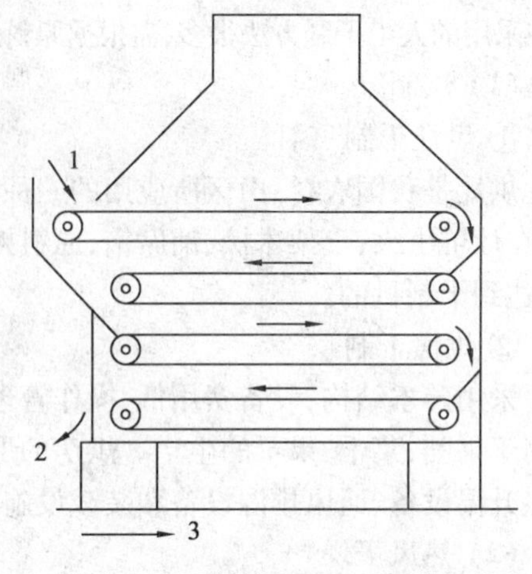

1:原料进口;2:原料出口;3:原料运行方向

图6-25 带式干燥机

(引自方宗涵等《果蔬加工学》)

③ 滚筒式干燥

它由一只或两只中空的金属滚筒组成。滚筒随水平轴转动,滚筒内部由蒸汽、热水或其他加热剂加热。这样,滚筒壁就成为被干燥产品接触的传热壁。当滚筒的一部分浸没在稠厚的浆料中或者将稠厚的浆料洒到滚筒的表面上时,因滚筒的缓慢旋转使物料呈薄层状附着在滚筒外表面进行干燥。当滚筒旋转3/4~7/8周时,物料已干到预期的程度,用刮刀将其刮下。滚筒的转速根据具体情况而定,一般为2~8r/min。滚筒上的薄层厚度约为0.1~1.0mm。滚筒干燥机主要适宜于苹果沙司、南瓜酱、甘薯泥和糊化淀粉的干燥。

(3) 真空干燥

真空干燥又称减压干燥。主要利用真空干燥机将物料于真空条件下进行加热干燥。它由密闭箱体(干燥室)、真空泵、加热系统、冷凝器四部分组成(图6-26)。干燥室内有数层固定的夹层加热板(管)。干燥时,用真空泵进行抽气抽湿,使干燥室内抽成真空状态,利用蒸汽(或热水、热油)通入加热板(管)对物料进行加热,物料中的水分在真空状态下易被蒸发,蒸发出的水蒸气被吸入冷凝器经冷凝后排出。如采用真空干燥可将香蕉片(5mm厚)干燥到含水量达10%以下,而且色泽美观、质地松脆、口感好。真空干燥还适宜于液浆物料和散粒物料,且其干燥效率更高。

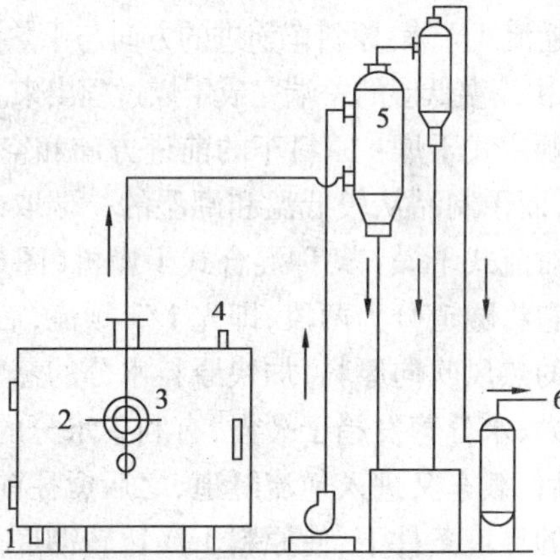

1:冷凝水出口;2:干燥箱;3:观察孔;4:蒸汽入口;5:冷凝器;6:连接真空泵

图6-26 真空干燥机

(引自赵晨霞《果蔬贮藏与加工》)

(4) 冷冻升华干燥

冷冻升华干燥是在-40℃~-30℃的温度条件下将物料快速冻结到冰点以下,使原料中的水分冻结成细小冰晶,然后送入真空干燥室,在高真空度(通常不超过100Pa)和较低温度(一般不超过50℃)的条件下,使原料中的冰晶不经液态而直接升华为气态被除去,从而达到干燥的目的。冷冻升华干燥设备一般由物料预处理系统(含速冻库)、真空升华干燥仓(冻干箱)、真空系统、加热系统及制冷系统等组成(图6-27)。

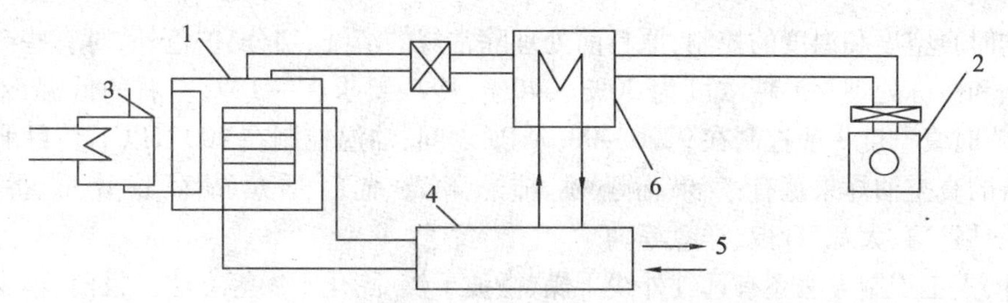

1：冻干箱；2：真空系统；3：加热系统；4：水冷系统；5：制冷系统；6：凝水器

图 6-27　冷冻真空干燥机结构示意图

（引自艾启俊《果品深加工新技术》）

这种方法的特点在于加工的成品能较好地保持产品的色、香、味和营养价值，蛋白质不易变性，且复水容易，复水后产品接近新鲜产品。因此，比其他加热烘干要优越得多。如在≤60Pa 下，冻干的荔枝肉，外观形状基本不变，断面呈多孔海绵样疏松状，保持了荔枝原有的颜色，具有浓郁的新鲜荔枝芳香气味，且复水较快。复水后芳香气味更为强烈，接近新鲜荔枝的风味。但是这种干燥方法成本比较高，目前仅适用于高价值和高品质的果蔬干制品（如功能性食品、高档脱水果蔬、高档调味品等）和生化制品的干燥。

（5）喷雾干燥

喷雾干燥机由空气加热器、送风机、喷雾器、干燥室等部分组成（图 6-28）。干燥时先将原料浓缩，经喷嘴使浆料喷成微细的雾状液滴（直径为 10 ~ 100μm），增大其蒸发表面的面积，再进入干燥间与 150℃ ~200℃的热空气接触进行热交换，于是分散悬浮的微小液滴瞬间干燥成粉粒，集落在加热器下方的收集器内。此法具有干燥速度快、制品分散性好、物料热损害少等特点，尤其适合液态果蔬的干燥等。

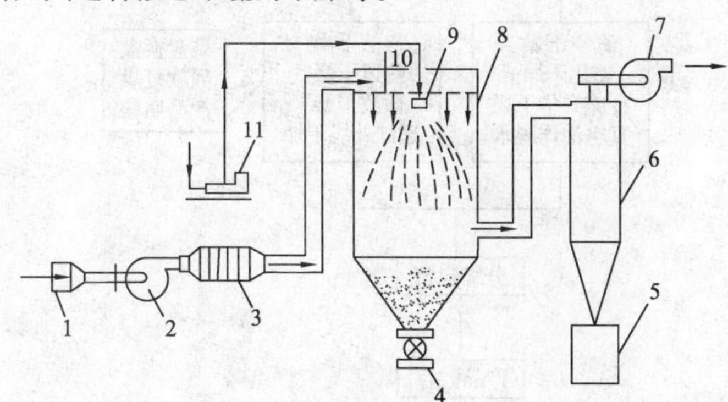

1：空气过滤器；2：送风机；3：空气加热器；4：旋转卸料间；5：受料器；
6：旋风分离器；7：排风机；8：喷雾干燥室；9：喷雾系统；10：空气分配器；11：料泵

图 6-28　喷雾干燥机

（引自赵丽芹《果蔬加工工艺学》）

（6）真空低温油炸脱水

真空低温油炸脱水是利用减压条件下，产品中水分汽化温度降低的特性，在短时间内迅速脱水，实现在低温下使产品通过油炸脱水达到干燥的目的。热的油脂作为产品的脱水供热介质，还能起到膨化及改进产品风味的作用。真空低温油炸的技术关键在于原料的前处理及油炸时真空度和温度的控制,原料前处理除常规的清洗、切分、护色外,对有些产品还需进行渗糖和冷冻处理。渗糖浓度为30% ~40%,冷冻要求在 -18℃左右的低温冷冻16 ~20h。油炸时真空度一般控制在92.0 ~98.7kPa之间,油温控制在100℃以下。目前国内外市场出售的真空油炸果蔬有:苹果、猕猴桃、柿子、草莓、葡萄、香蕉、胡萝卜、南瓜、番茄、四季豆、甘薯、马铃薯、大蒜、青椒、洋葱等。

此外,人工干制方法还有远红外线干燥、微波干燥、膨化干燥等方法。目前,不少科学工作者还正在努力探索超声波干燥、表面活性剂干燥等干燥方法在生产上的应用。

6.6.3 干制品加工工艺

1. 工艺流程

干制品加工工艺流程见图6-29。

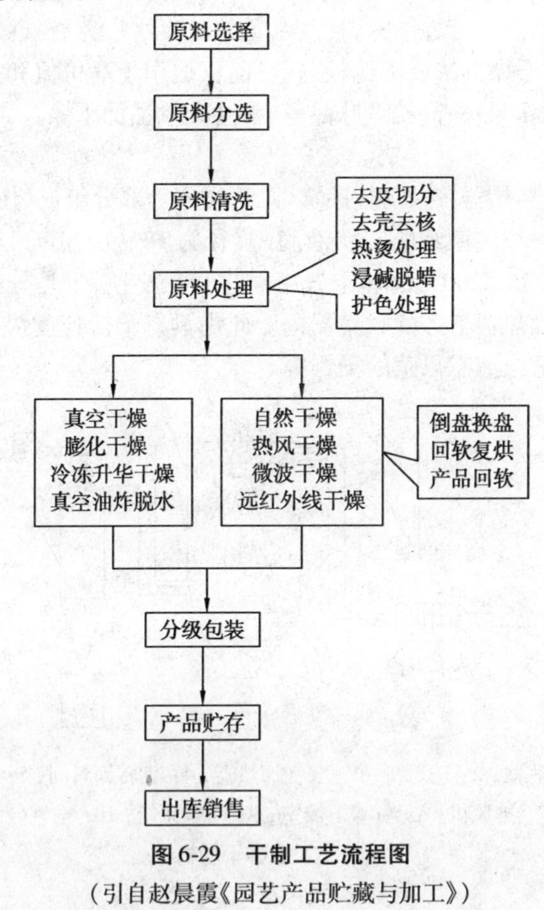

图6-29 干制工艺流程图

(引自赵晨霞《园艺产品贮藏与加工》)

2. 工艺要点

(1) 原料选择

干制对原料的基本要求是:干物质含量高,可食部分多,风味色泽好,肉质厚,组织致密,粗纤维少,不易褐变,成熟度适宜。

（2）原料处理

原料处理主要是分级、清洗、去皮、热烫和熏硫等。有的原料须切片、切条、切丝或颗粒状，以加快水分的蒸发；有的还要进行浸碱脱蜡、护色等处理。

① 热烫处理

热烫可以钝化酶活性，减少氧化变色；可以增强细胞透性，有利于水分蒸发，缩短干制时间；可以排除组织中的空气，使制品呈半透明状态，改善制品外观。热烫可采用热水或蒸汽处理。热烫的温度和时间应根据原料种类、品种、成熟度及切分大小不同而异。一般热烫水温为 80℃ ~100℃，时间为 2 ~8min，以烫透而不软烂为宜。值得注意的是白洋葱、荸荠等原料热烫不彻底，其变红的程度反而比未热烫的还要严重。

② 浸碱脱蜡

对于果皮上含有蜡质的果蔬，应进行浸碱处理，以除去附着在表面的蜡质，有利于水分蒸发，促进干燥。浸碱可用氢氧化钠、碳酸氢钠或碳酸钠。碱液处理的时间和浓度依果实附着蜡粉的厚度而异，葡萄一般用 1.5% ~4.0% 的氢氧化钠处理 1 ~5s，李子用 0.25% ~1.50% 的氢氧化钠处理 5 ~30s。

（3）升温干燥

在热风干燥时，应依据原料的种类和品种，选择适宜的干燥温度和升温方式（表 6-8）。干燥温度一般在 50℃ ~70℃ 的范围内，升温方式有低温—较高温—低温、高温—较高温—低温、恒定较低温三种。其中低温—较高温—低温适宜于可溶性物质含量高或需整形干制的果蔬原料；高温—较高温—低温方式适宜于可溶性物质含量低的蔬菜原料；恒定较低温方式适宜于极大多数蔬菜原料。

表 6-8　常见几种果蔬热风干燥预处理与干燥条件（引自赵晨霞《园艺产品贮藏与加工》）

名称	原　料　处　理	干燥温度（℃）	干燥时间（h）
洋梨干	切成两片，去柄，去心，热烫 15 ~25min，在 3% SO_2 中熏 2 ~3h	55 ~65	30.0 ~36.0
桃干	切半，去核，1% ~1.5% NaOH 热液中烫漂 30 ~60s，去皮，冲洗，蒸烫 5min，熏硫 1h	55 ~65	14.0
葡萄干	用 1.5% ~4.0% NaOH 浸果 1 ~5s，薄皮品种可用 0.5% Na_2CO_3 处理 3 ~6s 后冲洗干净	45 ~75	16.0 ~24.0
红枣	挑选分级，沸水热烫 5 ~10min	55 ~75	24.0
柿饼	去皮，烘烤 12 ~18h 果面结皮稍呈白色时，回软后进行第一次捏饼，以后用间歇法烘制，并再捏饼 2 次	40 ~65	36.0 ~48.0
龙眼干（桂圆）	挑选，加细砂摩擦果皮蜡质，洗净、沥干果实后，熏硫 30min 后用间歇法烘制	60 ~70	30.0 ~36.0
菠菜	拣选，削整，除去老叶和根部，洗净，处理消耗为 45% ~60%	75 ~80	3.0 ~4.0
洋葱干	切除葱梢，根蒂，剥去葱衣，老皮至露出鲜嫩葱肉，将洋葱横切成厚 4.0 ~4.5mm，漂洗、沥干后烘制	58 ~60	6.0 ~7.0
脱水蒜片	剥蒜瓣、去薄蒜衣后，用切片机切成厚度为 0.25cm 的蒜片，漂洗三四遍，置于离心机中甩水 1min 后，装入烘盘烘烤	65 ~70	6.5 ~7.0
香菇	按大小、菇肉厚薄分别铺放在烘盘上，不重叠，菌盖向上，菌柄向下	40 ~60（低→高→中）	10.0 ~16.0

(4) 通风排湿

在干燥过程中,由于水分的大量蒸发,使烘房内的相对湿度急剧上升,而要使原料尽快干燥,就必须及时进行通风排湿。一般当相对湿度达到70%以上时,就需通风排湿。具体的方法和时间,应根据烘房内相对湿度的高低和外界风力的大小来决定。一般每次通风10~15min为宜。

(5) 倒盘换盘

采用非真空干燥时,当干制一段时间后,由于干燥机或烘房内温度、湿度不完全一致,应将烘盘上下、内外倒换,以保证干制品受热均匀,干制程度一致。

(6) 产品包装

① 包装前的处理

为了防止干制品的虫害,改进制品品质,便于包装,一般经过干燥之后的干制品需要进行一些处理才能包装和保存。

回软:非真空系列干燥和喷雾干燥的产品在干燥后一般要进行回软处理,即堆集起来或放在密闭容器中(一般菜干1~3天,果干2~5天),使产品呈适宜的柔软状态,便于产品处理和包装运输。

挑选分级:目的是使干制品符合有关规格标准。按照干制品质量一般将干制品分为标准品、未干品和废品。分级时,根据品质和大小,分为不同等级,软烂的、破损的、霉变的均须剔除。

压块:压块是将干燥后的产品压成砖块状。脱水蔬菜大多要进行压块处理,可使体积大为缩小(蔬菜压块后可缩小3~7倍),同时减少了与空气的接触,降低氧化作用,也便于包装和运输。压块可采用螺旋压榨机,机内另附特制的压块模型,也可用专门的水压机或油压机。压块压力一般为$70kg/cm^2$,维持1~3 min,含水量低时,压力要加大。

② 包装方式

常用的包装材料有木箱、纸箱、纸盒、无毒PE塑料袋、铝箔复合薄膜袋、马口铁罐等。包装方法有以下几种:

普通包装:多采用纸盒、纸箱或普通PE袋包装,先在容器内衬防潮纸或涂防潮涂料,后将制品按要求装入,上盖防潮纸,扎封。多用于自然干燥和热风干燥制品的包装。

不透气包装:采用不透气的铝箔复合薄膜袋包装。其内也可放入脱氧剂,将脱氧剂包装成小包与干制品同时密封于不透气的袋内,提高耐藏性。适用于真空干燥、真空油炸、冷冻升华干燥、喷雾干燥制品的包装。

充气包装:采用PE袋或铝箔复合薄膜袋包装,将干制品按要求装入容器后,充入二氧化碳、氮等气体,抑制微生物和酶的活性。适用于真空干燥、真空油炸、冷冻升华干燥制品的包装。

真空包装:将制品装入容器后,用真空泵抽出容器内的空气,使袋内形成真空环境,提高制品的保存性。多用于含水量较高的干制品如红枣、湿柿饼的包装。

(7) 贮存

干制品贮存的适温为0℃~2℃,不宜超过10℃~14℃,高温会加速干制品的变质。贮藏环境的相对湿度以不超过65%为宜,并在通风避光条件下贮存。

(8) 干制品复水

复水是干制品吸收水分恢复原状的一个过程。脱水蔬菜一般均需在复水后才能食用。通常干制品复水后恢复原来新鲜状态的程度越高,则说明产品质量越好,所以,干制品复水程度的高低以及复水速度的快慢是衡量干制品质量的重要指标,不同的干燥工艺的复水性存在着明显的差异。

6.6.4　园艺产品干制中常见的质量问题及控制措施

1. 干缩

当用高温干燥或用热烫方法使细胞失去活力之后,细胞壁多少要失去一些弹性,干燥时易出现制品干缩,甚至干裂和破碎等现象。另外,在干制品块片不同部位上所产生的不相等收缩,又往往造成奇形怪状的翘曲,进而影响产品的外观。

控制措施:适当降低干燥温度、采用冷冻升华干燥可减轻制品干缩的现象。

2. 褐变

物料在干制过程中或干制后的贮藏中,常出现颜色变黄、变褐或变黑等现象。

控制措施:干制前,进行热处理、硫处理、酸处理等,对抑制酶褐变有一定的作用。避免高温干燥可防止糖的焦化变色,用一定浓度的碳酸氢钠浸泡原料有一定的护绿效果。

3. 硬化

在自然干燥和热风干燥时易出现表面硬化(硬壳)。表面硬壳产生以后,水分移动的毛细管断裂,水分移动受阻,大部分水分封闭在产品内部,形成外干内湿的现象,致使干制速度急剧下降,进一步干制发生困难,同时也影响制品的品质。

控制措施:采用真空干燥、真空油炸、冷冻升华干燥等干燥方式可有效减轻表面硬化的现象。

4. 营养损失

园艺产品中所含的营养成分,在干制过程中由于各种处理和干燥环境的影响而发生不同程度的损失,尤其是糖和维生素的损失较大。

控制措施:缩短干制时间,降低干燥温度和护色处理有利于减少养分的损失。

6.6.5　干制品生产实例

1. 新疆葡萄干

(1) 工艺流程

原料选择→剪串→预处理(浸碱)→干制→回软→包装。

(2) 操作要点

① 原料选择

选用葡萄一般要求皮薄、无籽、果肉丰满柔软、含糖量高、外观美观、充分成熟的果实。一般以无核白、无籽露为好,玫瑰香、牛奶等有籽葡萄也可用作制干。

② 剪串

采收后,剪去太小和受伤害及腐烂果粒;果串太大时要剪成几个小串,在晒盘上铺放一层。

③ 预处理

为了加速干燥,缩短水分蒸发时间,采用浸碱处理,除去表层上的蜡质层。一般在1.5% ~4.0%的氢氧化钠溶液中浸渍1 ~5s,薄皮品种可用0.5%的碳酸钠或碳酸钠与氢氧化钾的混合液处理3 ~6s,也可用93.3℃的0.2% ~0.3%的氢氧化钠溶液浸渍几秒时间,或在0.3%氢氧化钠、0.5%碳酸钾和0.4%橄榄油的混合液中,在35% ~38℃下浸渍1 ~4min。制作白葡萄干时,还需薰硫3 ~5h,每吨葡萄需用硫磺2kg左右。

④ 干制

将葡萄装入晒盘,在烈日下曝晒10天左右。当表面有一部分干燥时,可以全部翻动一遍,至2/3的果实呈干燥状,用手捻果粒无葡萄汁液渗出时,即可将晒盘叠起来,阴干1周,在气候条件较好时,全部干燥时间约需20 ~25天。我国新疆气候条件适宜制作葡萄干,不采用直接日晒的方法,而是挂在通风室内阴干。这种阴干法制成的葡萄干,质量优良,呈半透明状,不变色。其晾房四壁布满梅花孔,大约经过40天的干热风吹晾即成。葡萄干也可以进行人工干制。经过碱液处理的葡萄装入烘盘中,送入烘房。顺流干燥始温为90℃,终温70℃;逆流干燥始温为45℃ ~50℃,终温70℃ ~75℃,空气相对湿度低于25%。果实装量15kg/m^2。果实干燥率为(3 ~4):1。

⑤ 回软

将果串堆放2 ~3周,使之干燥均匀。最后除去果梗即成。

⑥ 包装

塑料食品袋防潮包装。

(3) 产品质量

口味甜蜜鲜醇,不酸不涩。白葡萄干的外表要求略泛糖霜,去掉糖霜后色泽晶绿透明。红葡萄干外表要求略带糖霜,去掉糖霜后呈紫红色,半透明。含水量12% ~15%。

2. 脱水蒜片

(1) 工艺流程

挑选→清理→切片→漂洗→脱水(烘干)→均湿→分选→包装→成品。

(2) 工艺要点

① 选料

选无腐烂、无病虫害、无严重损伤及疤痕的白皮、瓣大、无干瘪的大蒜头。

② 清理

先用清水清除蒜头附着的泥沙、杂质等。然后用不锈钢刀切除蒜蒂,剥出蒜瓣,去净蒜衣膜,剔除瘪瓣及病虫蛀瓣。经清理后的蒜瓣立即装入竹筐中,在流动清水槽中反复漂洗或用高压水冲洗几遍。注意光裸蒜瓣必须在24h之内加工完毕。否则,将影响干制品的色泽。

③ 切片、漂洗

一般采用机械切片。切片时,要求刀片锋利,刀盘平稳,速度适中,以保证蒜面平滑、片条厚薄均匀。蒜片厚度以1.5mm为宜。片条过于宽厚,则干燥脱水慢,色泽差;片条过于薄窄,色泽虽好,但碎片率高,片形不挺。切片时须不断加水冲洗,以洗去蒜瓣流出的胶质汁液

及杂质。切出的蒜片立即装入竹筐内，用流动水清洗。清洗时可用手或竹、木耙将蒜片自筐底上下翻动，直至将胶汁漂洗净为止。

④ 脱水（烘干）

将洗净的蒜片装入纱网袋内，采用甩干机甩净附着水，将甩净水的蒜片摊在晾筛上，放入烤炉或烤房内，于55℃左右温度下持续6～7h。烘干过程中，注意保持干燥，室内温度、热风量、排湿气量稳定，并严格控制烘干时间及烘干水分。若烘干时间过长、温度过高，会使干制品变劣，影响其商品价值。一般烘干成品水分含量控制在4%～4.5%即可。

⑤ 均湿

由于蒜片大小不匀，使其含水量略有差异。所以烘干后的蒜片，待稍冷却后，应立即装入套有塑料袋的箱内，保持1～2天，使干品内水分相互转移，达到均衡。

⑥ 分选、包装

将烘干后的大蒜片过筛，筛去碎粒、碎片，根据蒜片完整程度划分等级，采用无毒塑料袋真空密封，然后用纸箱或其他包装材料避光包装待售、贮运。另外，筛下的碎片、碎粒可另行包装销售，也可再添加糊精、盐、糖等置粉碎机粉碎为大蒜粉。

⑦ 贮藏

贮藏成品蒜片必须在干燥、凉爽的库房内。在贮运过程中不得与有毒有害物质接触。

(3) 产品质量

脱水蒜片成品为白色略淡黄，无深色。蒜片成品的水分不得超过6%。

6.7　园艺产品的其他加工技术及实例

6.7.1　最少处理（MP）加工

MP果蔬是美国于20世纪50年代以马铃薯为原料开始研究的，60年代在美国开始进入商业化生产。尤其是20世纪80年代以来，在美国、欧洲、日本等国得到了较快的发展。目前工业化生产的MP果蔬的品种主要有甘蓝、胡萝卜、生菜、韭菜、芹菜、马铃薯、苹果、梨、桃、草莓、菠萝等。

1. MP果蔬加工的基本原理

MP果蔬与传统的果蔬保鲜技术相比，货架期不仅没有延长，而且明显缩短，更不用说与传统的果蔬加工制品相比了。MP果蔬必须解决两大基本问题。一是果蔬组织仍是有生命的，而且果蔬切分后呼吸作用和代谢反应急剧活化，品质迅速下降。由于切割造成的机械损伤导致细胞破裂，导致切分表面木质化或褐变，失去新鲜产品的特征，大大降低切分果蔬的商品价值。二是微生物的繁殖，必然导致切割果蔬迅速败坏腐烂，尤其是致病菌的生长还会导致安全问题。因此，MP果蔬的保鲜主要是保持品质、防褐变和防病害腐烂。其保鲜方法主要有低温保鲜、气调保鲜和食品添加剂处理等。

2. MP 果蔬加工的设备

主要设备有切割机、浸渍洗净槽、输送机、离心脱水机、真空预冷机或其他预冷装置、真空封口机、冷藏库等。MP 果蔬运输或配送时一般要使用冷藏车(配有制冷机),短距离的可用保温车(无制冷机)。

3. MP 果蔬的加工工艺

(1) 工艺流程

MP 果蔬的加工工艺流程如图 6-30 所示。

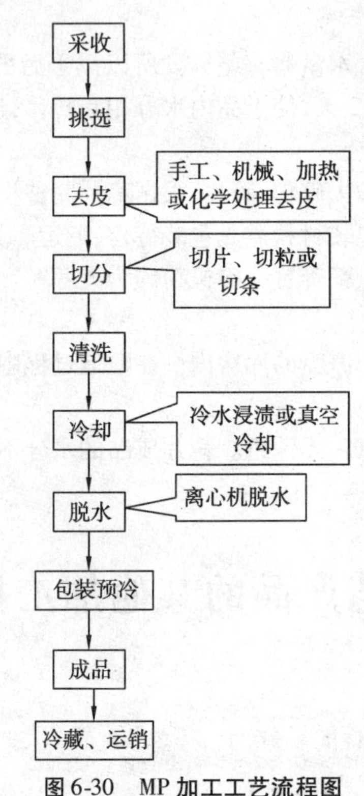

图 6-30 MP 加工工艺流程图

(引自赵晨霞《园艺产品贮藏与加工》)

(2) 工艺要点

① 挑选

通过手工作业剔除腐烂次级果蔬、摘除外叶黄叶,然后用清水洗涤,送往输送机。

② 去皮

方法有手工去皮、机械去皮,也有加热或化学处理去皮。

③ 切割

按产品质量要求,切片、切粒或切条等,一般用机械切割,有时也用手工切割。

④ 清洗、冷却

经切割后,在装满冷水的洗净槽里洗净并冷却。叶菜类除用冷水浸渍方式冷却外,也可采用真空冷却。其原理是利用减压使水分蒸发时带走产品的汽化热,从而使产品冷却,同时还有干燥效果,所以真空冷却有时可省去脱水工序。

⑤ 脱水

洗净冷却后，控掉水分，装入布袋用离心机脱水处理。

⑥ 包装、预冷

经脱水处理的果蔬，即可进行抽真空包装或普通包装。包装后尽快送预冷装置冷却到规定的温度。真空预冷则先预冷后包装。

⑦ 冷链流通

预冷后的产品再用专用塑料箱或纸箱包装，然后送冷库贮藏或立即运送目的市场。

6.7.2 园艺产品加工副产物的综合利用

园艺产品加工处理后常剩余各种副产物，包括残次果、果肉碎片、果皮、果芯、果核、果梗、种子等。这些副产物若不及时加工处理，不仅会造成环境污染，而且也会造成原料浪费，降低企业的经济效益。因此，搞好综合利用对于减少浪费，降低生产成本，增加收入，减少环境污染具有重要意义。园艺产品加工副产物可利用的途径很多，其综合利用途径详见表6-9。

表 6-9 园艺产品加工副产物的综合利用途径(引自赵晨霞《园艺产品贮藏与加工》)

利用途径	利用的副产物	副产物来源(实例)
提取果胶	富含果胶的皮渣	柑橘、葡萄、香蕉、苹果、山楂、西番莲、甜菜等
提取香精油	富含香精油的果皮	柑橘等
提取蛋白酶	富含蛋白酶的皮渣	菠萝、番木瓜等
提取色素	富含色素的皮渣	葡萄、红苹果、红枣、柑橘等
提取多酚(单宁)	富含多酚(单宁)的皮渣	葡萄、苹果等
提取黄酮	富含黄酮的皮渣、叶	银杏、山楂、柑橘等
提取籽油	富含油脂的籽(种仁)	葡萄、柑橘等
制取膳食纤维	富含膳食纤维的皮渣	苹果、梨、椰子等
提取有机酸	富含有机酸的皮渣	苹果、柑橘、葡萄、菠萝等
提取白藜芦醇	富含白藜芦醇的皮、叶、梗、籽	葡萄等
制作蜜饯	果皮	柑橘等
制作干制品	种仁	桃、杏等
制作活性炭	果(种)壳、皮渣	核桃、桃、椰子等
制作饲料	皮渣	苹果、葡萄等
酿酒(醋)	皮渣	苹果、葡萄、枣、山楂、柿、猕猴桃等
栽培食用菌	皮渣	苹果、香蕉等

1. 果胶的提取与分离

果胶除用作果酱、果冻、果汁等的增稠剂(胶凝剂)外，还是冰淇淋的优良稳定剂。低甲氧基果胶还可制成低糖、低热值的疗效果酱果冻类制品；它又是铅、汞、钴等金属中毒的良好解毒剂。

果胶是一种呈乳白色或淡黄色的胶体，在酸、碱条件下能发生水解，不溶于酒精和甘油。果胶是作为亲水性胶体，其最重要的特性是胶凝化作用，即果胶水溶液在适当的糖、酸共存时能形成胶胨。果胶的这种特性与其酯化度（DE）有关，也就是酯化的半乳糖醛酸基与总的半乳糖醛酸基的比值。DE 大于 50%（相当于甲氧基含量在 7% 以上）的称为高甲氧基果胶（HMP）；DE 小于 50%（相当于甲氧基含量在 7% 以下）的称为低甲氧基果胶（LMP）。一般水果中含有 HMP，大部分蔬菜中含有 LMP。

（1）工艺流程

原料选择→预处理→提取→脱色、分离→浓缩→沉淀→干燥、粉碎→标准化处理→包装→成品。

（2）工艺要点

① 原料选择

尽量选用新鲜、果胶含量高的原料。常见果蔬中果胶含量见表 6-10。果蔬加工厂清除出来的果皮、瓤囊衣、果渣、甜菜渣等都可作为提取果胶的原料。在生产中具有工业提取价值的果胶主要是柑橘类的果皮、苹果渣及甜菜渣等，其中最富有提取价值的首推柑橘类的果皮。表 6-10 列出了常见果蔬中果胶含量。

表 6-10　常见果蔬中果胶含量（引自赵晨霞《园艺产品贮藏与加工》）

名称		果胶含量（%）	名称	果胶含量（%）
柑橘	柚皮	6.00	李子	0.20～1.50
	柠檬	4.00～5.00	桃	0.56～1.25
	橙	3.00～4.00	南瓜	7.00～17.00
苹果	果皮	1.24～2.00	甜瓜	3.80
	果渣	1.50～2.50	胡萝卜	8.00～10.00
梨		0.50～1.40	番茄	2.00～2.90

若原料不能及时进入提取工序，原料应迅速进行 95℃以上、5～7min 的加热处理，以钝化果胶酶避免果胶分解；如需长时间保存，可以将原料干制（65℃～70℃）后保存，但在干制前也应及时进行热处理。

② 预处理

将原料破碎成 2～4 mm 的小颗粒，然后加水进行热处理钝化果胶酶，然后用温水（50℃～60℃）淘洗数次，以除去原料中的糖类、色素、苦味及杂质等成分，提高果胶的质量。有时为了防止原料中的可溶性果胶的流失，也可用酒精浸洗，最后压干待用。

③ 提取

提取是果胶制取的关键工序之一，方法较多，有酸解法、微生物法、离子交换树脂法、微波萃取法等。

酸解法是根据原果胶可以在稀酸下加热转变为可溶性果胶的原理来提取。在粉碎、淘

洗过的原料中加入适量的水，用酸将 pH 调至 2 ~ 3，在 80℃ ~ 95℃下，抽提 1 ~ 1.5h，使得大部分果胶抽提出来。常使用的酸有硫酸、盐酸、磷酸、柠檬酸、苹果酸等。该法是传统的提取方法，抽提时的加水量、pH、时间、酸的种类对果胶的提取率和质量都至关重要，在果胶提取过程中果胶会发生局部水解，生产周期长，效率低。

微生物法是利用酵母产生的果胶酶，将原果胶分解出来。先将经预处理的物料加原料重 2 倍的水，放置于发酵罐内，然后再接种帚状丝孢酵母，用量为发酵物料的 3% ~5%。在 30℃下发酵 15 ~ 20h，再除去残皮和微生物。此法生产的果胶分子量大、凝胶强、质量高、提取完全。

离子交换树脂法，即将粉碎、洗涤、压干后的原料，加入 30 ~ 60 倍的水，同时按 10% ~ 50% 加入离子交换树脂，用盐酸调节 pH 为 1.3 ~ 1.6，在 65℃ ~ 95℃下保温搅拌 2 ~ 3h，过滤后即得到果胶提取液。此法提取的果胶质量稳定、效率高，但成本高。

微波萃取法是微波技术应用于果胶提取的新方法。将原料加酸进行微波加热萃取果胶，然后给萃取液中加入氢氧化钙，生成果胶酸钙沉淀，然后用草酸处理沉淀物进行脱钙，离心分离后用酒精沉析，干燥即得果胶。

④ 脱色、分离

一般提取液中果胶含量约为 0.5% ~2%，可先经脱色，再行压滤分离。脱色通常采用 1% ~2% 的活性炭，60℃ ~80℃条件下保温 20 ~ 30min，然后进行压滤，以除去抽提液中的杂质。压滤时可加入 4% ~6% 的硅藻土作助滤剂，以提高过滤效率。也可以用离心分离的方式取得果胶液。

⑤ 浓缩

将分离提取的果胶液浓缩至 3% ~4% 以上的浓度。为了避免果胶分解，浓缩温度宜低，时间宜短。最好采用减压真空浓缩，真空度约为 13.33kPa 以上，蒸发温度为 45℃ ~ 50℃。浓缩后应迅速冷却至室温，以免果胶分解。若有喷雾干燥装置，可不冷却立即进行喷雾干燥取得果胶粉，然后通过 60 目筛筛分后进行包装。

⑥ 沉淀

在果胶提取液经过脱色、分离或浓缩后，还应进一步沉淀洗涤，以提高纯化果胶的纯度。沉淀的方法通常有以下几种：

酒精沉淀法：在果胶液中加入 95% 的酒精，使混合液中酒精浓度达到 45% ~50%，果胶即呈絮状沉淀析出，过滤后，再用 60% ~80% 的酒精洗涤 1 ~ 3 次。也可以用异丙醇等溶剂代替酒精。此法得到的果胶质量好、纯度高、胶凝能力强，但生产成本较高，溶剂回收也较麻烦。

盐析法：采用盐析法生产果胶时不必进行浓缩处理。一般使用铝、铁、铜、钙等金属盐，以铝盐沉淀果胶的方法为最多。先将果胶提取液用氨水调整 pH 为 4.0 ~ 5.0，然后加入饱和明矾，再重新用氨水调整 pH 为 4.0 ~ 5.0，果胶即可沉淀析出。若结合加热（70℃）有利于果胶析出。沉淀完全后滤出果胶，用清水洗涤数次，除去明矾。然后以少量的稀盐酸（0.1% ~0.3 %）溶解果胶沉淀物，再用酒精再沉淀和洗涤。此法可大大节约酒精用量，是国外常用的工艺。

超滤法：将果胶提取液用超滤膜在一定压力下过滤，使得小分子物质和溶剂滤出，从而

使大分子的果胶得以浓缩、提纯。其特点是操作简单,得到的物质纯,但对膜的要求很高。

⑦ 干燥、粉碎

将湿果胶在60℃左右温度下进行干燥(最好采用真空干燥)。干燥后的果胶含水量应在10%以下,然后将果胶送入球磨机等设备进行粉碎,并通过60目筛筛分,即得果胶制品。

⑧ 标准化处理

所谓标准化处理,是为了使果胶应用方便,在果胶粉中加入蔗糖或葡萄糖等均匀混合,使产品的胶凝强度、胶凝时间、温度、pH一致,使用效果稳定。必要时进行标准化处理。

2. 香精油的提取与分离

各种水果中都含有香精油,以柑橘类香精油为最普遍,其中果皮中含量达到1%~2%。香精油具有很高的价值,广泛应用于食品、食用化工及医药等工业方面。迄今为止,世界上已提取出来的香精油在3 000种以上,其中有商业价值的为500多种。香精油的提取方法有蒸馏法、浸提法、冷榨法、擦皮法(磨油法)等。目前,国内工业生产上以冷榨法为主。冷榨法也称压榨法,是利用机械加压可使外果皮的油胞破裂,得到香精油和水的混合物,再经油水分离即可得到冷榨香精油。

其提取工艺为:新鲜原料(或晾晒1天)浸泡于1.5%~3%石灰水溶液(pH 10~12)中6~10h→漂洗除灰→沥干→压榨、过滤→离心取油(或用油水分离器)→静置除杂(5~10℃下,5~7天)→过滤→成品。

此外,应用超临界CO_2萃取技术萃取香精油已获得成功,此法具有生产效率高、产品高品质和全天然等特点,但前期一次性投资较大。相信不久的将来超临界CO_2萃取香精油定会成为生产香精油的主要方法。

3. 柠檬酸的提取

柠檬酸在食品工业上用途很广,是制作饮料、蜜饯、果酱、糖果等所不可缺少的添加剂。另外,柠檬酸在医药、化学工业也有广泛的用途。果实柠檬酸经过中和作用生成钙盐析出,再以酸解取代钙,经过浓缩、晶析便可制得。

现将柑橘残次果中柠檬酸的提取工艺介绍如下:原料→榨汁→发酵、澄清(加酵母液1%,发酵4~5天,再加适量单宁,加热沉淀胶体物质)→过滤→中和澄清液(煮沸澄清橘汁后,按柠檬酸10份,石灰4份慢慢加入石灰乳,不断搅拌)→收集柠檬酸钙沉淀→清水洗涤→酸解沉淀(加清水煮沸沉淀后按每50kg柠檬酸钙干品添加30波美度硫酸40~43kg,继续煮沸,搅拌0.5h,促进硫酸钙沉淀)→压滤、洗涤硫酸钙沉淀→收集滤液(柠檬酸)→真空浓缩(至40~42波美度)→晶析(在缸中放置浓缩液3~5天)→离心分离(除去水分与杂质)→干燥(70℃,使含水量≤1%)→过筛、分级、包装→成品。

4. 色素的提取与分离

果蔬中所含的天然色素安全性较高,部分天然色素还有一定的营养和药理作用,并且色泽更接近天然原料的颜色。葡萄红色素和胡萝卜中的类胡萝卜素均是天然食用色素,国内外已生产和应用,并对其理化性质和安全性做了大量研究。以下简单介绍它们的提取工艺。

(1) 葡萄皮红色素的提取工艺

葡萄皮渣→破碎→浸提(加皮渣等量重的酸化酒精或甲醇溶液,在75℃~80℃和pH为3~4条件下浸提1h)→护色(添加维生素C或聚磷酸盐)→速冷→粗滤→添加酒精(除去果胶和蛋白质)→离心过滤→减压浓缩(45℃ ~55℃,0.906 ~0.959MPa) →喷雾干燥或减压干燥→成品(粉状)。

(2) 类胡萝卜素色素的提取工艺

胡萝卜皮渣→破碎→软化(沸水中热烫10min) →石油醚与丙酮混合溶剂(1∶1)浸提24h→分离提取液→第二次、第三次浸提(至浸提液无色为止)→合并提取液→过滤→真空浓缩(50℃、67kPa)→收集膏状产品(并回收溶剂)→干燥(35℃ ~40℃)→成品(粉状)。

5. 黄酮类化合物的提取与分离

黄酮类化合物存在于花、叶、果等植物组织中,一般以苷的形式存在。常用的提取方法有溶剂萃取法、碱提酸沉法、炭粉吸附法、离子交换法等。以下介绍橙皮苷和山楂黄酮的提取工艺。

(1) 橙皮苷的提取

橙皮苷是橙皮中的黄酮类化合物,不仅具有抗氧化作用,还具有防霉抑菌作用,特别适合于作酸性食品的防霉剂,同时还是一种功能成分,具有止咳平喘、降低胆固醇和血管脆性、抗衰老等功效,可用于生产保健食品。橙皮苷具有酚羟基,呈弱酸性,可采用碱提酸沉的方法提取。其提取工艺如下:

柑橘果皮→石灰水浸提6 ~12h (pH 为11 ~13)→压榨过滤→收集滤液→用1∶1的盐酸调其pH为4.5左右→加热至60℃ ~70℃,保温50 ~60min→冷却静置→收集黄色沉淀物→离心脱水→干燥(70℃ ~80℃烘7h,使含水量≤3%)→粉碎→橙皮苷粗品。

(2) 山楂黄酮的提取

山楂中的黄酮类化合物具有很好的医疗保健价值。山楂黄酮可抗心肌缺血,能使血管扩张。山楂果渣不仅含有大量的果胶、纤维素等,而且还含有一定量的黄酮类物质,具有很高的利用价值。山楂黄酮的提取工艺如下:

山楂果渣→水浸泡→0.4% ~0.6% KOH溶液70℃ ~90℃下保温浸提(2次,每次1h)→过滤→合并滤液→浓缩至40% ~50%→95%酒精沉淀去杂质(去淀粉、果胶、蛋白质等)→离心分离→收集滤液→蒸馏→过滤→乙酸乙酯提取→黄酮类浓缩液(同时回收溶剂)→真空干燥→粉碎→黄酮类粗品。

本章小结

园艺产品加工是以新鲜园艺产品为原料,依据不同的理化特性,采用不同的加工工艺和设备,杀灭或抑制微生物的生长繁殖,改变或保持园艺产品的原有品质,制成各种制品的过程。园艺产品加工的制品有别于新鲜原料,在于通过各种手段抑制和钝化了外界微生物和自身内在的生物酶,采用了适当的保藏措施,使制品得以长期贮藏。

园艺产品的加工技术主要包括制汁、酿造、罐制、腌制、速冻、干制、最少处理(MP)加工及副产品的综合利用等。

制汁就是将新鲜果蔬经挑选、清洗、压榨或浸提等预处理制成汁液,装入包装容器中,再经密封杀菌,能得以长期保藏的一种加工技术;产品主要有澄清果汁和混浊果汁。

酿造包括果酒和果醋酿造。果酒是利用酵母菌将果汁或果浆中可发酵性糖类经酒精发酵作用成酒精，再在陈酿澄清过程中经酯化、氧化、沉淀等作用，制成酒液清晰、色泽鲜美、醇和芳香的制品。而果醋主要利用残次的果皮、果屑、果心等为原料，经酒精发酵和醋酸发酵，最后生成醋酸。由于很多果醋因具有特殊的保健功效而被作为保健饮品饮用。

罐制就是将果蔬原料经预处理后密封在容器或包装袋中，通过杀菌工艺杀灭大部分微生物的营养细胞，在维持密闭和真空的条件下，得以在室温下长期保存的加工技术。

腌制包括糖腌和盐腌。糖腌加工主要依靠食糖抑制微生物的活动。食糖本身对微生物无毒，且低浓度糖液还有利于微生物生长和繁殖，但一定浓度的食糖具有强大的渗透压，使微生物的细胞原生质脱水失去活力。产品有蜜饯类和果酱类。蔬菜盐腌是利用食盐的高渗透、微生物的发酵及蛋白质的分解等一系列的生物化学作用，达到抑制有害微生物的活动。其产品根据腌制工艺和食盐用量、成品风味等的差异，分为发酵性腌制品和非发酵性腌制品两大类。

速冻就是利用人工制冷降低食品的温度使其控制微生物和酶活动，而达到长期保藏。园艺产品的速冻要求在30min或更短时间内将新鲜原料的中心温度降至冻结点以下，使原料中80%以上水分尽快冻结成冰晶，这样就必须采用-18℃甚至更低的冻结温度进行冻结，才能达到要求。在此温度下能抑制微生物的活动和酶的作用，最大限度地防止腐败及生化作用对制品的影响。一般速冻产品要求在-18℃下保存，其质量是其他加工方法所不及的。

干制是借助于热力作用，将原料中水分减少到一定的限度，使产品中的可溶性物质提高到不适于微生物生长的程度。与此同时，由于水分的下降，酶的活性也受到抑制，这样产品就可得到较长时间的保存。园艺产品干制过程是热现象、扩散现象、生化现象的复杂综合体。干制产品要求在干燥条件下保藏。

此外，还有最少处理(MP)加工和园艺产品的综合利用。

复习思考

(1) 澄清果蔬汁的澄清方法有哪些？浓缩果蔬汁的浓缩方法有哪些？
(2) 试述混浊果蔬汁生产中均质、脱气的目的、方法。
(3) 影响酒精发酵的主要因素有哪些？生产上怎样控制？
(4) 红葡萄酒与白葡萄酒酿造上的不同点是什么？
(5) 用箭头表示红葡萄酒或白葡萄酒的酿造工艺流程。
(6) 影响罐制品杀菌的主要因素有哪些？
(7) 试述罐制品的生产工艺要点。
(8) 果脯蜜饯加工的主要工艺有哪些？
(9) 食盐的保藏作用有哪些？
(10) 影响乳酸发酵的因素有哪几方面？
(11) 为什么要对制品进行快速冻结？生产中如何提高冻结速度？
(12) 水分活度与食品含水量有何关系？
(13) 在园艺产品干燥过程中，应如何提高干燥速度，缩短干燥时间？
(14) 什么叫MP加工？其工艺要点如何？

考证提示

1. 典型果蔬罐头加工的操作技术及常见质量问题的分析和控制。
2. 典型速冻果蔬加工的操作技术及常见质量问题的分析和控制。
3. 典型果蔬干制品的操作技术及常见质量问题的分析和控制。
4. 典型果蔬腌制品的操作技术及常见质量问题的分析和控制。
5. 葡萄酒酿造操作技术及常见质量问题的分析和控制。
6. 设计一以典型果蔬为原料的混浊果汁生产工艺。
7. 果蔬综合利用工艺流程的设计。

实验实训 6 糖水菠萝罐头的制作

1. 实训目的

通过实训，掌握糖水菠萝罐头的加工工艺和操作要点。

2. 材料用具

菠萝、白糖、柠檬酸、杀菌锅、排气箱（锅）、铝锅、手持折光仪、温度计、粗天平、台秤、罐头瓶及罐盖、封罐机等。

3. 工艺流程

原料选择→切端、去皮、捅心→挑刺→清洗、切分→预煮→装罐、注液→排气→密封→杀菌→冷却→揩罐→入库。

4. 操作要点

① 原料选择：选择新鲜、无病虫害，七八成熟，肉质好，硬度高，果个大小均匀一致的菠萝果实。

② 切端、去皮、捅心：用刀切除果实两端，切端厚度为 12 ~ 25cm，要求切面平整，以便于机械捅心、去皮；用去皮、捅心机去掉菠萝的外皮和硬心，残留的果皮用人工进一步去除干净。

③ 挑刺：用挑刺刀按果眼的螺旋纹路挑去果眼，要求沟纹整齐，深浅恰当，挑刺干净。

④ 清洗、切分：将果面清洗干净，然后切成厚约 1.1 ~ 1.3cm 的圆片或 1.2 ~ 1.4cm 的扇形片。

⑤ 装罐、注液：一般果肉的重量约 3/5，糖液的重量是 2/5，糖液的浓度 20% ~30%（具体按公式计算），糖液中加入 0.2% ~0.3% 柠檬酸。依据 GB 13207 -91，500mL 的玻璃罐头瓶，按净重 510g 装果肉 300g（约为净重的 58%），煮沸过滤的热糖液 210g，保留顶隙 6mm 左右。

⑥ 排气、密封：热力排气，95℃ ~100℃，8 ~ 10min，使罐头的中心温度达 75℃ 以上；真空抽气，密封真空度应达到 50kPa 以上。如果选用四旋式玻璃瓶，可采用手工密封，并将密封完的玻璃瓶滚动，不漏汁液为合格。

⑦ 杀菌、冷却：按杀菌公式 5′—20′/100℃ 进行杀菌，然后冷却（或分段冷却）至 38℃ ~40℃。

⑧ 擦罐、入库：擦干罐身，在20℃的库房中存放1周，经敲罐检验合格后，贴上商标即可出厂。

⑨ 产品质量标准：具有菠萝特有的色、香、味，果肉大小、形态均匀一致，无杂质，无异味，破碎率不超过5%～10%，果肉不少于净重的55%。糖水开罐浓度要达到14%～16%。

5．实训任务

① 在教师指导下，按照实例中所述的制作工艺加工出符合其产品质量标准的糖水菠萝罐头。

② 自行设计并完成一套糖水桃或猕猴桃罐头的工艺试验方案。

③ 完成实训报告：列表记载新鲜原料重、去皮后原料重，砂糖用量，成品的色泽、滋味、气味、组织形态，排气与灭菌时间，开罐糖液浓度等内容；计算成品率和加工成本（不含人工费）；比较两种加工成品的色泽、滋味、气味、组织形态、工艺区别等。

6．实训建议

① 工艺试验方案的设计宜利用课后时间完成，并要查阅和根据相关技术资料或经验进行修改、完善，必要时由实训指导教师审阅、修改后确定。

② 罐头存放2周以上后，使用手持折光仪测定开罐糖液浓度。

③ 本实训可以4～6人一组合作进行。

④ 老师根据学生的请求，对其拟定的试验方案提出修改建议，并在实训操作过程中，及时提示学生正确操作各关键工序环节。

⑤ 安排20min左右的实训交流活动，师生共同总结实训的经验与教训，分析开罐糖液浓度符合度，并对两种加工成品的色泽、滋味、气味、组织形态、工艺区别等进行评价。

7．实训思考与考核

① 加工罐头时，为何有时会出现同一批产品的开罐糖液浓度相差较大？如何避免？

② 考核标准：见表6-11。

表6-11　菠萝罐头制作考核标准

<table>
<tr><td>班级</td><td colspan="2"></td><td>小组</td><td></td><td>姓名</td><td colspan="2"></td><td>日期</td><td></td></tr>
<tr><td rowspan="2">号序</td><td rowspan="2">考核项目</td><td colspan="4">考核标准</td><td colspan="4">等级分值</td></tr>
<tr><td>A</td><td>B</td><td>C</td><td>D</td><td>A</td><td>B</td><td>C</td><td>D</td></tr>
<tr><td>1</td><td>实训态度</td><td>实验认真，积极主动，操作仔细，认真记录</td><td>较好</td><td>一般</td><td>较差</td><td>10</td><td>8</td><td>6</td><td>4</td></tr>
<tr><td>2</td><td>工艺设计</td><td>工艺设计科学合理，创新性强</td><td>较好</td><td>一般</td><td>较差</td><td>20</td><td>16</td><td>12</td><td>8</td></tr>
<tr><td>3</td><td>操作能力</td><td>熟练操作各工序要点</td><td>较好</td><td>一般</td><td>较差</td><td>30</td><td>24</td><td>18</td><td>12</td></tr>
<tr><td>4</td><td>成品质量</td><td>果肉大小、形态均匀一致，色、香、味好，无杂质，净重与开罐糖液浓度符合要求</td><td>较好</td><td>一般</td><td>较差</td><td>20</td><td>16</td><td>12</td><td>8</td></tr>
<tr><td>5</td><td>实训报告</td><td>书写认真、格式规范、内容完整真实，结果分析到位，独立按时完成</td><td>较好</td><td>一般</td><td>较差</td><td>20</td><td>16</td><td>12</td><td>8</td></tr>
<tr><td colspan="7">本实训考核成绩（合计分）</td><td colspan="3"></td></tr>
</table>

实验实训 7 泡菜的制作

1. 实训目的

通过实训,使学生掌握泡菜等腌菜的制作原理与方法。

2. 材料用具

甘蓝、白菜、萝卜、青椒、花椒、生姜、尖红辣椒、白糖、茴香、干椒、生姜、八角、花椒、其他香料、氯化钙、泡菜坛、不锈锈钢刀、砧板、盆等。

3. 工艺流程

原料选择→清洗、预处理→配制盐水入坛→密封→发酵→成品。

4. 操作要点

① 清洗、预处理: 将蔬菜用清水洗净,剔除不适宜加工的部分,如粗皮、老筋、须根及腐烂斑点;对块形过大的,应适当切分。稍加晾晒或沥干明水备用,避免将生水带入泡菜坛中引起败坏。

② 盐水(泡菜水)配制: 泡菜用水最好使用井水、泉水等饮用水。如果水质硬度较低,可加入 0.05% 的 $CaCl_2$。一般配制与原料等重的 5% ~8% 的食盐水(最好煮沸溶解后用纱布过滤一次)。再按盐水量加入 1% 的白糖或红糖,3% 的尖红辣椒,5% 的生姜,0.1% 的八角,0.05% 的花椒,1.5% 的白酒,还可按各地的嗜好加入其他香料,将香料用纱布包好。为缩短泡制的时间,常加入 3% ~5% 的陈泡菜水,以加速泡菜的发酵过程,黄酒、白酒或白糖更好。

③ 装坛发酵: 取无砂眼或裂缝的坛子洗净,沥干明水,放入半坛原料压紧,加入香料袋,再放入原料至离坛口 5 ~8cm,注入泡菜水,使原料被泡菜水淹没,盖上坛盖,注入清洁的坛沿水或 20% 的食盐水,将泡菜坛置于阴凉处发酵。发酵最适温度为 20℃ ~25℃。

成熟所需时间,夏季一般 5 ~7 天,冬季一般 12 ~16 天,春秋季介于两者之间。成熟后便可食用。

④ 泡菜管理: 泡菜如果管理不当会败坏变质,必须注意以下几点:

保持坛沿清洁,经常更换坛沿水。或使用 20% 的食盐水作为坛沿水,揭坛盖时要轻,勿将坛沿水带入坛内;

取食泡菜时,用清洁的筷子取食,取出的泡菜不要再放回坛中,以免污染;

如遇长膜生霉花,加入少量白酒,或苦瓜、紫苏、红皮萝卜或大蒜头,以减轻或阻止长膜生花;

泡菜制成后,一面取食,一面再加入新鲜原料,适当补充盐水,保持坛内一定的容量。

⑤ 产品质量标准: 清洁卫生、色泽美观、香气浓郁、质地清脆、组织细嫩、咸酸适度;含盐量为 2% ~4%,含酸量(以乳酸计)为 0.4% ~0.8%。

5. 实训任务

① 在教师指导下,按照实例中所述的制作工艺加工出符合其产品质量标准的泡菜。

② 自行设计并完成一套腌制韩国式泡菜或咸大头菜的工艺试验方案。

③ 完成实训报告:列表记载新鲜原料的种类与处理前后的重量,香辛料的种类与用量,

腌制温度,成熟所需时间,砂糖用量,产品的色泽、香味、风味等内容;比较中国式泡菜与韩国式泡菜或咸大头菜的色泽、香味、风味、脆性等。

6. 实训建议

① 工艺试验方案的设计宜利用课后时间完成,并要查阅和根据相关技术资料或经验进行修改、完善,必要时由实训指导教师审阅、修改后确定。

② 腌制1周后,开坛品尝,观察并列表记载有关内容。

③ 本实训可以4~6人一组合作进行。

④ 老师根据学生的请求,对其拟定的试验方案提出修改建议,并在实训操作过程中,及时提示学生正确操作各关键工序环节。

⑤ 安排20min左右的实训交流活动,师生共同总结实训的经验与教训,对中国式泡菜与韩国式泡菜或咸大头菜的色泽、香味、风味、脆性、营养性等进行评价。

7. 实训思考与考核

① 中国式泡菜与韩国式泡菜在腌制原料和工艺上有何异同点?

② 如何提高腌菜的脆性?

③ 考核标准:见表6-12。

表6-12 腌菜腌制考核标准

班级		小组		姓名			日期		
号序	考核项目	考核标准				等级分值			
		A	B	C	D	A	B	C	D
1	实训态度	实验认真,积极主动,操作仔细,认真记录	较好	一般	较差	10	8	6	4
2	工艺设计	工艺设计科学合理,创新性强	较好	一般	较差	20	16	12	8
3	操作能力	熟练操作各工序要点	较好	一般	较差	30	24	18	12
4	成品质量	色、香、味好,质地清脆,咸酸适度,未长膜生花	较好	一般	较差	20	16	12	8
5	实训报告	书写认真、格式规范、内容完整真实,结果分析到位,独立按时完成	较好	一般	较差	20	16	12	8
本实训考核成绩(合计分)									

参 考 文 献

1. 李晓静,张瑞宇,陈秀伟.果品蔬菜贮藏运销学. 重庆:重庆出版社,1990
2. 方宗涵,郭玉蓉.果蔬加工学.南京:江苏科学技术出版社,1993
3. 陈学平.果蔬产品加工工艺学.北京:中国农业出版社,1996
4. 李喜宏,陈丽.实用果蔬保鲜技术.北京:北京科学技术文献出版社,2000
5. 冯志哲,沈月新.食品冷藏学.北京:轻工业出版社,2001
6. 应铁进.果蔬贮运学.杭州:浙江大学出版社,2001
7. 华中农业大学.蔬菜贮藏加工学. 北京:中国农业出版社,2001
8. 韦三立.花卉贮藏保鲜.北京:中国林业出版社,2001
9. 叶兴乾.果品蔬菜加工工艺学.北京:中国农业出版社,2002
10. 张平真.蔬菜贮运保鲜及加工.北京:中国农业出版社,2002
11. 邓伯勋.园艺产品贮藏运销学.北京:中国农业出版社,2002
12. 张子德.果蔬贮运学.北京:中国轻工业出版社,2002
13. 刘光华,陈继信.果品蔬菜贮藏运销学.北京:中国农业出版社,2002
14. 王文辉.果品采后处理及贮运保鲜.北京:金盾出版社,2003
15. 艾启俊,张德权.果品深加工新技术.北京:化学工业出版社,2003
16. 瞿衡.酿酒葡萄栽培及加工技术.北京:中国农业出版社,2003
17. 陆兆新.果蔬贮藏加及质量管理技术.北京:轻工业出版社,2004
18. 赵晨霞.果蔬贮藏与加工.北京:高等教育出版社,2005
19. 赵晨霞.园艺产品贮藏与加工.北京:中国农业出版社,2005
20. 赵丽芹.园艺产品贮藏加工学.北京:中国轻工业出版社,2005
21. 赵晨霞,程战斌.果蔬贮藏加工实验实训教程.北京:科学出版社,2006
22. 杨清香,于艳琴.果蔬加工技术.北京:化学工业出版社,2006
23. 潘静娴.园艺产品贮藏加工学.北京:中国农业大学出版社,2007
24. 罗云波,蔡同一.园艺产品贮藏加工学(贮藏篇).北京:中国农业大学出版社,2007
25. 罗云波,蔡同一.园艺产品贮藏加工学(加工篇).北京:中国农业大学出版社,2007
26. 冯双庆.水果蔬菜花卉贮藏保鲜技术.北京:中国农业出版社,2007
27. 程战斌.果蔬加工技术.北京:化学工业出版社,2008
28. 陈月英.果蔬贮藏技术.北京:化学工业出版社,2008